전기·전자시리즈 2

최신자동차전기

김민복 · 장형성 · 이정익 · 장용훈 ◈ 共著

책을 펴내며

자동차를 움직이기 위한 기본 구성 요소는 기계적인 메커니즘에 의해 이루어지지만 이 기계적인 구성 요소를 효율적으로 움직이게 하기 위해서는 전기적인 구성 요소 없이는 불가능하다.

실제 자동차를 만들기 위해서는 기계적 구성 요소뿐만 아니라 전기장치는 필수 구성 부품으로 그 중요성이 날로 증가하고 있는 것이 현실이다. 특히 최근에는 전자 기술의 발달과 더불어 자동차 전장화가 급속히 진행되고 있어 전기적 구성 요소인 전기장치 없이는 자동차를 생각 할 수 없게 되었다. 이러한 시대적 환경 변화에 따라 자동차 전기에 관한 중요성을 기술인과 같이 서로 공감하고 평소 생각해 오던 내용을 관심 있는 분과 같이 공유하게 돼 대단히 기쁘게 생각한다.

이 책의 특징은 자동차용 퓨즈 및 전선, 전구 및 릴레이 등을 종류별로 구분하여 특성 및 특징을 쉽게 정리하였다. 또한 자동차 전기장치의 구성 부품과 기능을 원리 중심으로 이해하기 쉽게 기술하여 자동차 전기장치에 대해 학습을 요하는 학생이나 전문가에 이루기까지 손색이 없도록 노력하였다.

특히 최근에 적용되고 있는 전장장치 들을 다양하게 다루어 이해의 폭을 넓히도록 노력 하였지만 다소 부족한 점이 있으리라 생각한다.

자동차 전장 기술을 함께하는 여러분께 많은 관심과 조언을 부탁드리며 앞으로도 독자 중심에 서서 기술인에게 사랑받는 책이 되도록 노력하겠다.

끝으로 이 책이 탄생하기까지 필요성을 공감하고 많은 조언과 협조 해 주신 골든벨 출판사의 김길현 대표님과 편집부 여러분께 깊은 감사를 드린다.

2007년 1월

지은이

차 례

제1장 퓨즈와 전선

제2장 전구와 릴레이

제 3 장

배터리

제 4 장

시동장치

제 5 장

충전장치

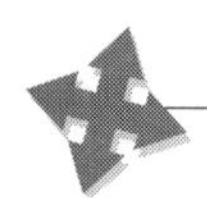

제6장

등화장치

제7장

점화장치

제 8 장

계기장치

제 9 장

편의장치

제10장

에어백

제11장

냉방장치

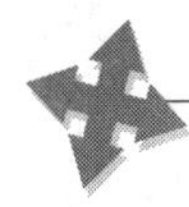

제12장

부　　록

01 퓨즈와 전선

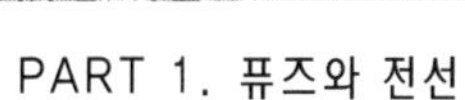

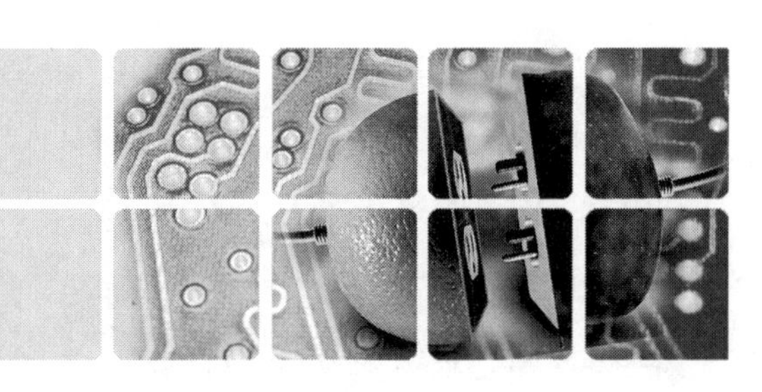

1 CHAPTER

퓨즈와 전선

1 자동차용 퓨즈

1. 퓨즈의 종류

전기 기기나 장치를 과전류로부터 보호할 목적으로 금속의 온도에 의한 용단 특성을 이용해 회로의 전류를 차단하는 것이 퓨즈(fuse)이지만 반대로 퓨즈는 정상 전류 상태에서는 끊어지지 않아야 하는 특성을 가지고 있어야 한다.

따라서 퓨즈(fuse)는 용단 특성에 따라 전자 기기를 보호 할 목적으로 사용하는 속단형 퓨즈와 서지 전류(surge current), 러시 전류(rush current)가 일어나기 쉬운 곳에 사용되는 지연형(tine lag)퓨즈가 있다.

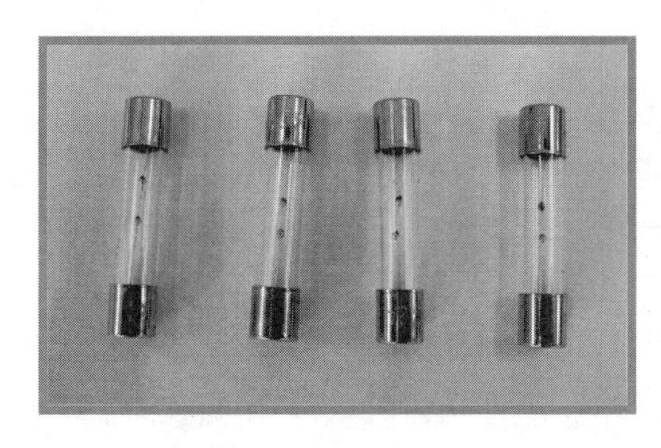

사진1-1 그라스 튜브형 퓨즈

사진1-2 브레드형 퓨즈

속단형 퓨즈는 전자 기기 등을 과전류로부터 보호하기 위해 용단 속도가 빠른 특성을 가지고 있는 반면에 지연형 퓨즈는 모터의 기동 전류나 러시 전류(rush current)로부터

불필요한 용단이 일어나지 않도록 일정 시간 지연되는 특성을 가기고 있다. 이들 퓨즈의 성분은 보통 납과 주석, 카드뮴을 일정 성분 섞인 합금을 사용하고 있다. 주석은 납보다 융점이 높아 주석 성분이 클수록 퓨즈의 용단 시간은 길어지는 특성을 이용하여 퓨즈의 용단 시간을 조절하고 있다.

자동차용 퓨즈로는 서지 전압에 강한 지연형 퓨즈를 사용하고 있으며 이들 퓨즈를 형태별로 구분하면 글라스 튜브형 퓨즈(glass tube fuse), 브레이드 퓨즈(blade fuse)로 구분 할 수 있다. 글라스 튜브형 퓨즈는 진동에 약하다는 단점으로 현재에는 자동차용으로 브레드형(blade type) 퓨즈가 주류를 이루고 있다.

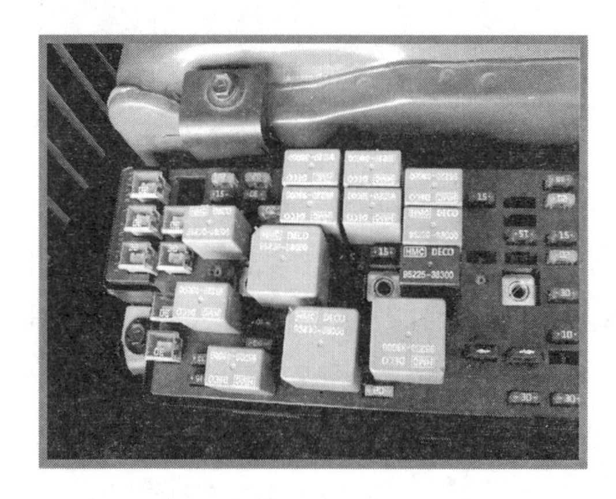

사진1-3 엔진 룸 정션 박스

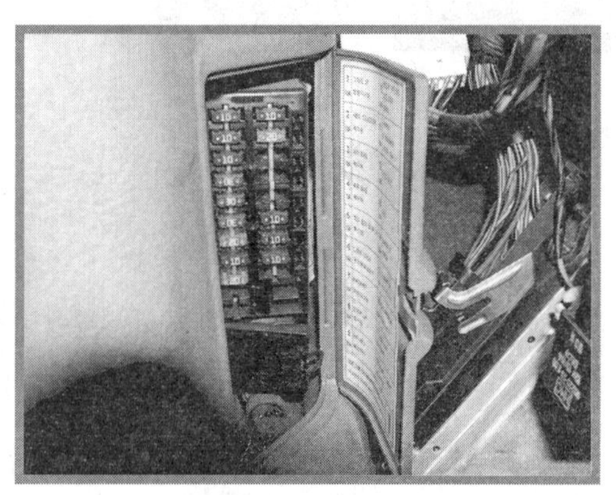

사진1-4 실내 퓨즈 박스

2. 퓨즈의 규격

자동차용 퓨즈의 규격은 표(1-1)과 표(1-2)에서 나타낸 것처럼 자동차용 퓨즈는 정격 전류 이상 흐른다고 해서 바로 용단 되는 것은 아니다. 보통 정격 전류에 150% 이상 전류가 흘렀을 때 퓨즈는 단선이 되며 정격 전류에 135% 이내에 단선이 되는 경우는 약 1분에서 최대 60분까지 일정 시간 지연 후 단선되게 된다. 또한 자동차에는 대전류에 의한 전기 화재를 예방하기 위해 퓨즈가 용단 되지 않더라도 와이어 하니스(전선) 중간에 퓨즈블 링크를 삽입하여 자동차 전장 회로를 보호하고 있기도 하다.

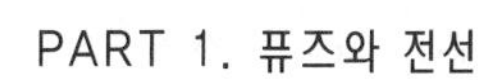

[표1-1] 튜브형 퓨즈의 용단 규격표(JASO 규격)

규 격	통 전 전 류	용 단 전 류			
		정격 전류 대비			
		100%	135%	150%	200%
20A 이하	통전 전류가 110%까지 단선되지 않을 것	-	60분 이하	15초 이하	-
30A		-	60분 이하	30초 이하	-
40A 이상		-	60분 이하	-	1분 이하

[표1-2] 블레드형 퓨즈의 용단 규격표

규 격	통 전 전 류	용 단 전 류			
		정격 전류 대비			
		100%	135%	150%	200%
20A 이하	통전 전류가 110%에서 100시간까지 단선되지 않을 것	-	0.75초 이상 ~ 60분 이하	0.25초 이상 ~ 15초 이하	0.15초 이상 ~ 5초 이하
30A		-			
40A 이상		-			

[표1-3] 퓨즈블 링크의 규격

단면적 mm^2	선경mm	소선수	정격전류	5초이내 용단전류	색상
0.3	0.23	7	15A	150A	Br(갈)
0.5	0.32	7	20A	200A	G(녹)
0.85	0.32	11	25A	250A	R(적)
1.25	0.32	16	35A	300A	B(흑)

사진1-5 블레드형 퓨즈

사진1-6 블레드 E형 퓨즈

퓨즈가 용단될 때 그 용단 형상은 전류의 흐르는 량과 시간에 따라 퓨즈의 용단 형상은 달라지는데 보통 정격 전류에 150% 이상 흘렀을 때의 퓨즈의 용단 형상은 그림(1-1)의 (a)와 같이 중앙 부근이 끊어지는 경우가 많다. 퓨즈가 용단 된다는 것은 회로의 어딘가 쇼트(단락) 또는 과부하에 의해 과전류가 흐르는 것으로 원인이 무엇인지를 근원적으로 찾아 해결해 주어야 한다.

그림 (1-1)의 (b)의 형상은 정격 전류에 110%~ 135%의 전류가 흘러 퓨즈가 용단되는 경우로 전장 회로의 쇼트(short)에 의한 현상 보다는 모터의 회전 부하에 의한 과전류나 전장품의 추가 설치로 인한 부하 전류 증대 또는 퓨즈 홀더의 접촉 불량에 의한 과열 등을 생각해 볼 수 있다.

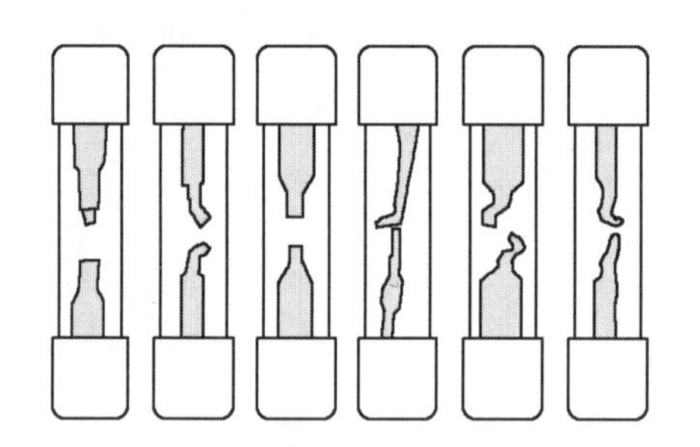

(a) 회로의 쇼트에 의한 퓨즈의 용단 형상

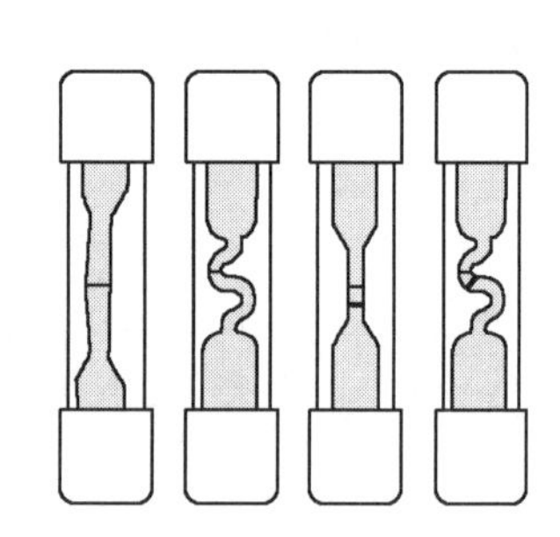

(b) 접촉저항에 의한 퓨즈의 용단 형상

그림1-1 전류량에 의한 퓨즈의 용단 형상

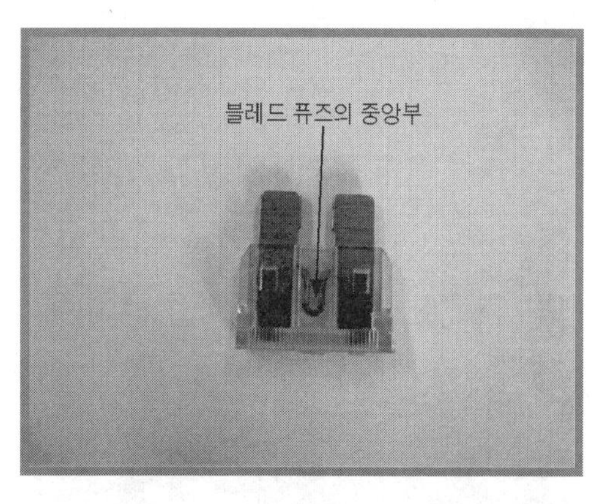

사진1-7 블레드 퓨즈의 중앙부

사진1-8 블레드 퓨즈의 중앙부

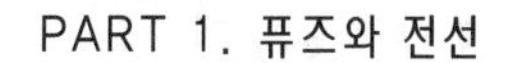

3. 퓨즈의 단선 점검

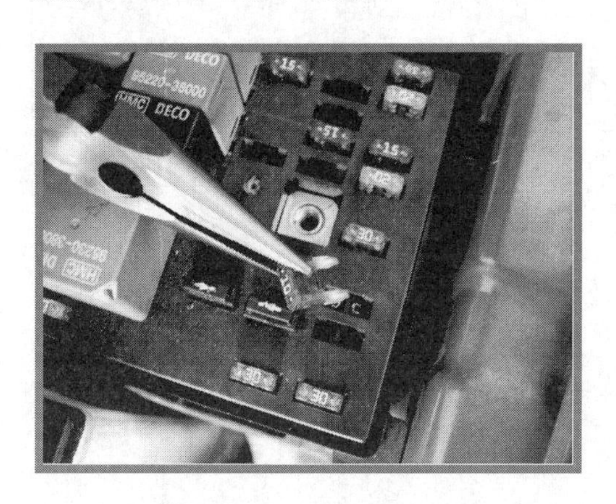
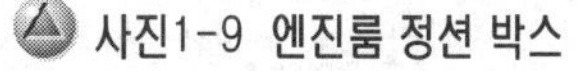
사진1-9 엔진룸 정션 박스

사진1-10 실내 퓨즈 박스

퓨즈(fuse) 용단시 점검은 먼저 퓨즈의 용단시 현상을 파악하는 것이 좋다. 자동차의 와이어 하니스(배선)는 엔진룸, 실내, 트렁크에 이루기까지 배선이 커넥터를 통해 연결되어 있어 용단시 현상을 꼼꼼히 파악하지 않으면 점검 시간이 의외로 많이 소요 될 수가 있어 현상 파악이 무엇보다 중요하다 하겠다. 퓨즈가 단선 되었을 때 파악 할 내용을 살펴보면 다음과 같다.

■ 퓨즈의 단선시 현상 파악 항목

① 용단 퓨즈는 어떤 용도의 퓨즈인가 ?

② 용단된 퓨즈에 의해 어떤 장치가 작동되지 않는가 ?

③ 퓨즈의 용단 부위의 형상은 어떠한가 ?

④ 어떤 조건일 때 퓨즈가 용단 되는가 ?

- 퓨즈를 교환하면 바로 용단 되는 경우
- 어떤 장치의 작동 스위치를 ON시켰을 때 용단 되는 경우
- 특정 장치를 사용하였을 때 만 용단 되는 경우
- 일정 시간이 경과 후에 용단이 되는 경우
- 차량의 충격이나 진동이 있을 때 용단이 되는 경우
- 간헐적으로 용단이 되는 경우

현상 파악에 의거 작업 시간을 최소화하기 위해 관련 회로를 해석하는 단계로 회로 해석은 전기의 기초 지식 토대로 예상 가능 부분을 설정하는 단계이다. 퓨즈가 용단되는 회로의 해석이 끝나면 부품을 탈착하지 않고도 점검이 가능한 점검하기 쉬운 곳부터 우선 점검하는 것이 좋다. 이러한 과정은 불필요한 부품의 탈착으로 점검 시간이 길어지는 방지하기 위한 것으로 표(1-4)를 참고하기 바란다.

■ 점검 절차

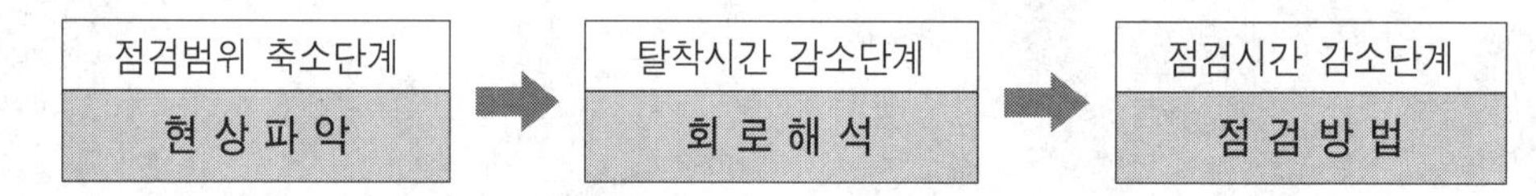

■ 회로 해석에 의한 점검 포인트 결정

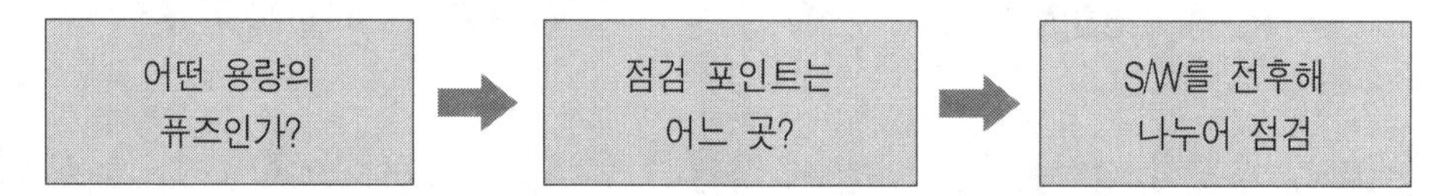

[표1-4] 점검 범위를 줄이는 방법

현 상 구 분	점검 부위를 줄이는 방법
퓨즈 상시 용단	• 점검하기 쉬운 곳부터 우선하여 점검 • 탈착하기 쉬운 곳부터 점검 • 병렬 부하인 경우는 분기 커넥터부터 점검
S/W ON시 용단	• S/W 관련 회로부터 우선하여 점검 • S/W는 전후를 나누어 점검하여 범위를 줄인다.
특정장치 사용시 용단	• 특정 장치의 부하를 제거하여 본다. • 점검하기 쉬운 곳부터 우선하여 점검
일정시간 경과 후 용단	• 특정 장치의 부하를 제거하여 본다. • 전류계를 연결하여 부하를 제거하여 본다.
간헐적으로 용단	• 예상 가능 부위를 우선하여 점검한다.

■ 탈착하기 쉬운 점검 POINT (예)

① 엔진 룸 정션 박스 & 인-판넬 정션 박스

② 부하 커넥터 ③ 중간 조인트 커넥터 & 병렬 부하의 분기 커넥터

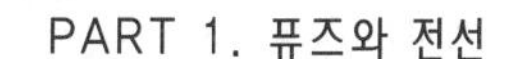

참고로 멀티 테스터로 쇼트(단락)점을 찾기 위해 도통 체크를 할 때 주의 할 사항으로 미등 회로가 있다. 미등 회로는 전구가 많이 병렬로 연결되어 있어 저항값을 측정하면 약 0.5~4.0Ω 정도 나타나 초보자인 경우는 이러한 경우를 쇼트(단락)로 오판 할 수가 있다. 따라서 병렬 부하가 많은 곳은 병렬 부하를 일부 제거하여 점검하는 것도 한 방법이라 생각 할 수 있다. 또한 최근에는 회로의 쇼트(short) 부위를 찾아내는 전용 쇼트 테스터가 발매되고 있지만 이러한 테스터는 전선에 전류가 흐를 때 전선의 자기장을 이용해 쇼트 부위를 검출하는 방식으로 전류가 교차하여 흐르는 배선인 경우는 자계 방향이 상쇄되어 쇼트로 오판 할 수 있는 결점이 있기도 하다.

2 자동차용 전선

1. 전선의 종류

사진1-11 정션박스의 연결 커넥터

자동차용으로 사용하는 전선은 DC 12V, DC 24V를 사용하는 낮은 직류 전압용 전선으로 자동차용 저압 전선으로 규정하고 있다. 이들 전선을 용도별로 구분하면 일반 전원 및 신호 전달용으로 사용하는 자 AV(자동차용 저압 비닐 전선) 전선이 있으며 센서의 신호 전달용이나 계기 장치의 신호 전달용으로 사용하는 AVX SW, AVV SW(자동차용 저압 비닐 절연 쉴드선)으로 구분 할 수 있다.

AV(automobile vynil)선의 도체로는 전기용 연동선을 사용하여 내유성이 뛰어나 작업성이 좋고 절연체로는 난연성이 우수한 PVC(polyvinyl chloride)를 사용하고 있어서 자동차의 내부 일반 배선으로 사용하고 있다. AVV SW(automobile vynile shield wire) 쉴드선은 주석 합금선을 사용하여 부식성이 좋고 쉴드 조직이 조밀하여 잡음에 대한 차폐 효과가 우수하다. 이 쉴드선의 피복 절연체로는 난연성이 우수한 PVC를 사용하

고 있다.

또한 자동차 저압 전선의 피복 절연체는 자동차 실내에 사용되는 일반 PVC(정격 사용 온도 범위가 60℃ 인 PVC) 전선을 사용하며 엔진-룸(engine room)과 같은 고열부에 사용되는 전선은 내열성 PVC(정격 사용 온도 범위가 90℃ 인 PVC) 전선이 사용되고 있다. 이러한 AV 전선을 사용에 따라 배선하기 쉽도록 여러 가닥의 묶음으로 만든 것이 사진 (1-1)과 같은 와이어 하니스(wire harness)이다. 자동차 와이어 하니스에는 메인 와이어 하니스를 비롯하여 엔진 와이어 하니스, 컨트롤 와이어 하니스 등이 있다.

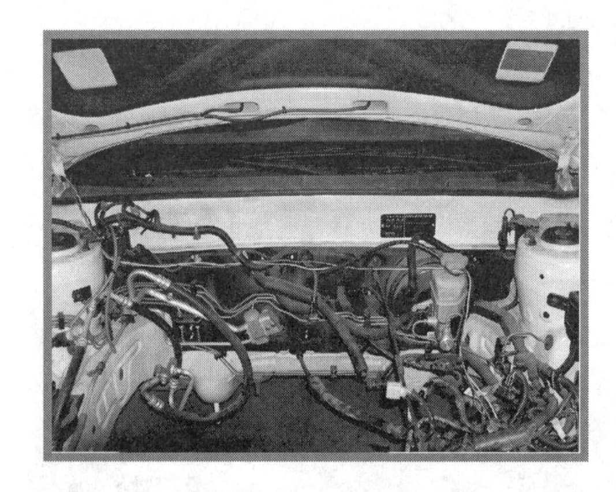

사진1-12 엔진 룸의 와이어 하니스

사진1-13 엔진부 접지

2. 전선의 규격과 허용 전류

자동차의 저압 전선의 규격은 표 (1-5)에 나타낸 것처럼 도선의 단면적에 대한 허용 전류 값을 기준으로 하고 있다. 도선에는 전류가 잘 흐르는 연동선을 사용하지만 도선에는 아무리 작은 저항이라도 자체에 고유 저항을 가지고 있어 도선에 전류가 흐르면 반드시 I^2R에 의한 주울 열이 발생하게 된다. 이렇게 도선에 열이 발생하게 되면 전선에는 온도가 상승하게 되고 일정 시간이 경과 후에 도선에는 안정 전류가 흐르게 된다.

그러나 전선에는 지나친 전류가 흐르게 되거나 전선의 절연 피복 재질이 맞지 않으면 전류가 흐르는 도선에는 주울 열이 발생하게 되어 전선 피복은 노화하게 되거나 심한 경우에는 전선 피복이 녹아 버리는 경우가 발생하게 된다.

[표1-5] 자동차 저압전선의 규격

구분	단면적 (mm²)	소선지름 (mm)	소선수	외경 (mm)	허용전류 (A) 40℃	도체저항 (Ω/m)	비고
AV	0.3sq	0.26	7	1.78	-	0.0501	참조) JIS규격
	0.5	0.32	7	2.2	9	0.0325	AV : 자동차용 저압전선
	0.85	0.32	11	2.4	12	0.0205	AVX : 저압전선 내열선
	1.25	0.32	16	2.7	15	0.0141	sq : square
	2	0.32	26	3.2	20	0.0086	
	3	0.32	41	3.9	27	0.0055	
	5	0.32	65	4.7	37	0.0034	
	8	0.45	50	5.9	47	0.0022	
	15	0.45	84	6.8	59	0.0013	
	20	0.8	41	8.2	84	0.0009	
	30	0.8	70	10.8	120	0.0005	
	40	0.8	85	11.3	135	-	

참조) 허용전류 40℃일 때 기준치이며, 도체저항은 20℃일 때 기준치 임.
AV : 자동차용 저압 비닐전선의 최대 허용온도는 60℃임.

사진1-14 저압 비닐 전선

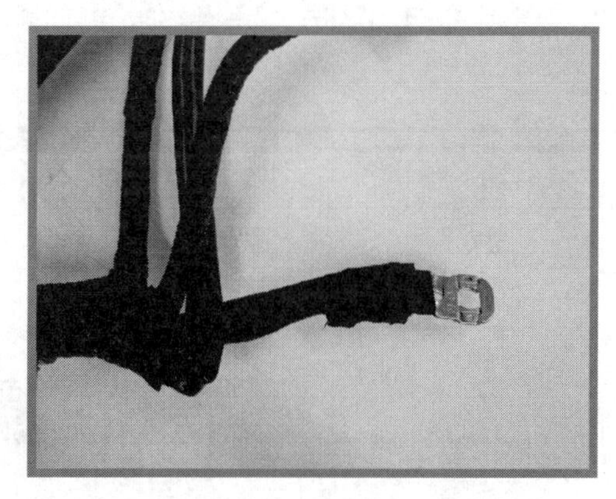

사진1-15 와이어 하니스의 어스선

이렇게 절연 피복이 노화하면 전선 중에 도선이 노출하게 돼 외부 전선과 쇼트(단락)를 일으키거나 사람의 신체에 접촉하게 돼 감전사고로 이어질 수도 있다. 따라서 전선에는 절연물 자체에 노화가 일어나지 않는 범위에서 전류를 흘려주어야 한다. 이러한 이유로 전선에 흐를 수 있는 범위를 규정하여 놓은 것이 전선에 허용 전류이다. 자동차용 저압전선의 경우는 최고 사용 온도 범위를 60℃로 규정하고 있으며 절연 피복의 재질에 따라 내

열선인 경우는 90℃ 이상 되는 폴리에틸렌 전선을 사용되고 있다.

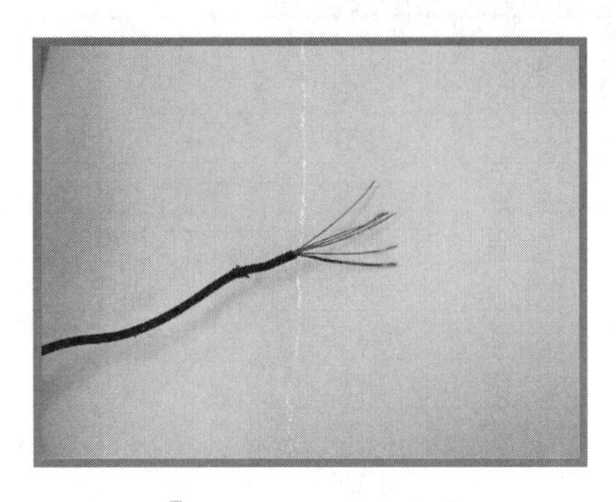

사진1-16 스트립된 전선

사진1-17 스트립된 쉴드선

그러나 이러한 전선을 사용한다 하여도 전선은 주위의 온도가 상승하게 되면 전선에 흐르는 전류는 감소하게 돼 사용 장소에 따라 전선 규격을 맞추어 주어야 한다. 표(1-6)과 같이 자동차용 저압 전선은 사용 온도를 40℃ 일 때를 기준으로 하고 있어 주위 온도가 40℃ 이상 상승하면 큰 폭으로 전류가 감소하게 돼 실제 설계 시에는 이를 고려하여야 한다.

[표1-6] 전선의 주변 온도에 의한 전류 감소율

구 분	AV 저압 전선				비고
주위온도	40℃	45℃	50℃	55℃	
전류감소율	1	0.8	0.7	0.5	

[표1-7] 전선의 소선수에 의한 전류 감소율

구 분	AV 저압 전선					비고
소선수	3	4	5~6	7~10	11~15	
전류감소율	0.7	0.63	0.59	0.49	0.2	

예를 들면 AV 1.25 전선에 10A의 전류가 흐르는 부하로 가정하면 주위 온도가 50℃가 되면 전류의 감소율은 0.7로서 AV 1.25에 흐르는 전류는 7A 밖에 흐르지 못하게 되어 부하의 작동에 영향을 줄 수 있기 때문이다. 따라서 설계시에는 주위 온도를 고려하지

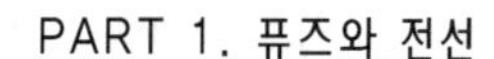

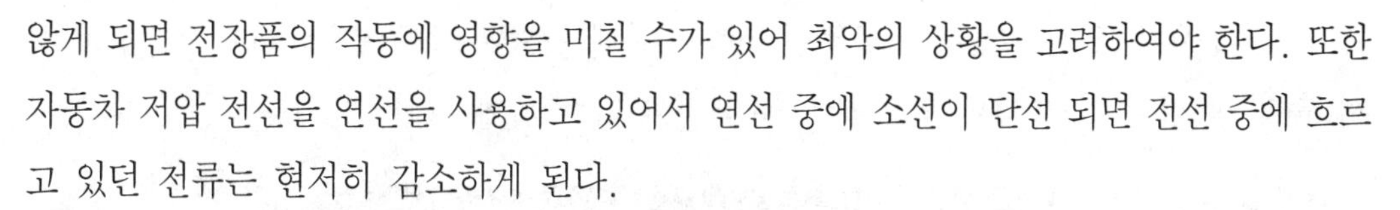
않게 되면 전장품의 작동에 영향을 미칠 수가 있어 최악의 상황을 고려하여야 한다. 또한 자동차 저압 전선을 연선을 사용하고 있어서 연선 중에 소선이 단선 되면 전선 중에 흐르고 있던 전류는 현저히 감소하게 된다.

전선 중에 소선이 단선되는 경우는 커넥터 핀(connector pin)에 소선을 압착하기 위해 전선을 스트립핑(stripping) 할 때나 스트립 된 소선을 압착 툴(tool)에 삽입하여 압착 할 때 주로 발생이 되며 압착된 전선에 불필요한 스트레스(stress) 줄 때 발생하게 된다.

3. 자동차용 전선의 색깔

자동차용 전선은 회로상에 그림(1-2)와 같이 표시하게 되는 데 여기에 나타낸 부호는 그림(1-3)에 나타낸 것과 같이 앞의 아라비아 숫자는 도선의 단면적을 나타낸 것이며 뒤의 알파벳은 전선의 색깔을 나타낸 것이다.

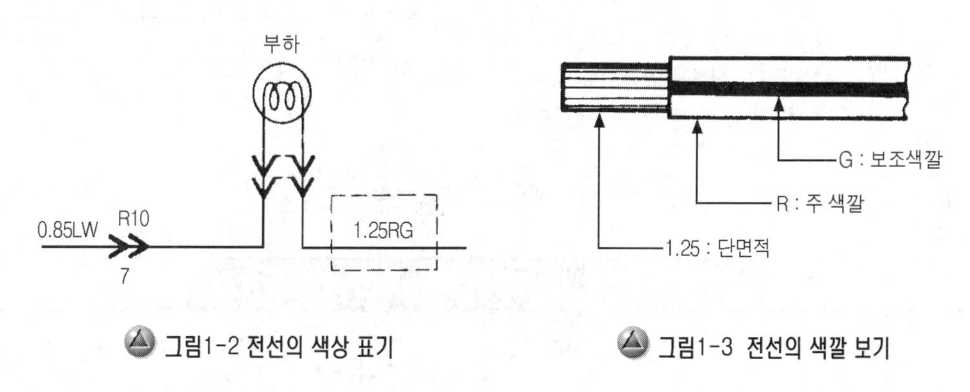

그림1-2 전선의 색상 표기

그림1-3 전선의 색깔 보기

전선의 색깔 표기는 첫번째 알파벳은 전선의 바탕색(주색 또는 기준색)을 표시하며 두번째 알파벳은 전선의 보조색(바탕색에 띠 모양으로 나타낸 색)표시한다. 이렇게 나타낸 전선의 색깔은 표(1-8)과 같이 자동차의 각 장치별 구분하여 사용하고 있다. 전선의 바탕색(기준색)이 적색인 경우는 전원 line 의 의미를 가지고 있으며 흑색인 경우는 접지(어스) 및 시동 장치 line의 의미를 가지고 있고 백색인 경우는 충전 계통의 전선 line이라는 의미를 가지고 있다. 또한 녹색인 경우는 신호 line의 의미를 가지고 있으며 노랑색인 경우는 계기 장치의 전선을 의미한다.

보조색의 경우는 최근에 자동차의 전장품의 증가로 인해 표시하는 색깔이 증가하고 표준화가 되어 있지 않아 각 메이커 마다 나타내는 색깔이 차이가 있다. 표(1-8)은 국내 차

종과 표 (1-9)은 일본 차종의 대표적인 예를 나타낸 것으로 실제 차량에서는 전장품의 옵션 증가 및 설계 변경 등에 의해 전선의 색상이 다소 차이가 날 수 있다.

[표1-8] 자동차 배선의 색상(현대)

계통	사용하는 부하	색 상		비고
		기준색	보조색	
전원, 조명회로	전원선, IG전원, 시스템전원 헤드램프, 미등, 안개등, 기타 조명등	R, (W, V)	W, B, G, L	RW, RB : IG전원, 시동장치
시동, 점화회로	시동장치, 점화장치	B, (W)	R, W, B, Y	
충전회로	충전장치	W, (Y, O)	B, L, Y	
신호회로	전원S/W류, 센서신호 방향지시등, 정지등, 혼	G, (Br, Lg)	W, B, L, Y, Br G	
계기회로	각종 게이지류, 경고등 에어백, 센서전원, 액추에이터 전원	Y, (R, O)	W, Y, Br, G	
보조회로	와이어, 인 사이드 미러, 오디오, 시트벨트, 히터, 에어컨	L, (Br, Y)	R, W, B, Y, G	
어스회로	상기회로에 공통으로 사용되는 접지회로	B, -	-	Y : Acc전원

【참고】 상기 배선 표준색상표는 차종에 따라 다소 차이가 있음(에쿠스 기준)

[표1-9] 자동차 배선의 표준색상(닛산)

계통	사용하는 부하	색 상		비고
		기준색	보조색	
전원, 조명회로	전원선, IG전원, 시스템전원 헤드램프, 미등, 안개등	R	W, B, G, L	
시동, 점화회로	시동장치, 점화장치 디젤 글로우 회로 등	B	W, R, G, Y	
충전회로	충전장치	W (Y)	B, R, L	
신호회로	방향지시등, 정지등, 혼등	G (Br, Lg)	W, B, R, L, Y,	
계기회로	수온계, 연료계, 각종 미터, 경고등	Y	W, B, G, R, L	
보조회로	와이어, 라디오, TV 히터, 에어컨 등	L (Br)	W, B, R	
어스회로	상기회로에 공통으로 사용되는 접지회로	B -	-	

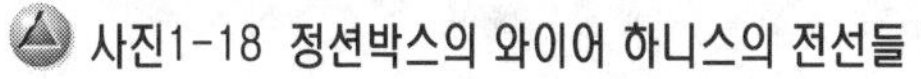

사진1-18 정션박스의 와이어 하니스의 전선들

사진1-19 메인 와이어 하니스의 전선들

[표1-10] 배선의 색상 약어 표시

약 어	색 상	약 어	색 상	약 어	색 상
B	흑색(black)	G	녹색(green)	S	은색(slive)
W	백색(White)	L	청색(blue)	Be	베이지(beige)
R	적색(red)	Lg	연두(light green)	V	보라(violet)
Y	황색(yellow)	Br	갈색(brown)	Pp	자주(purple)
O	주황(orange)	Gr	회색(grey)		
P	분홍(pink)	T	황갈(tewny)		

따라서 자동차 배선의 표준 색상은 기준선을 기준으로 숙지하여 두면 좋다. 자동차의 전장품의 증가는 자동차의 와이어 하니스 증가로 나타나 최근에는 다수의 와이어 하니스를 줄일 목적으로 송신 모듈과 수신 모듈(컴퓨터)을 두어 각 전장품에 공급되는 전원선 및 신호선을 제어(control)하는 멀티플렉스 시스템(multiplex system)을 도입하고 있다

4. 자동차용 커넥터의 종류와 특성

커넥터는 사용 목적에 따라 그 종류가 무수히 많아 여기서는 대표적인 것만 몇 가지 소개하고자 한다. 먼저 커넥터는 용도별로 구분하면 전자 제품에 사용되는 커넥터와 전기 제품에 사용하는 커넥터를 구분 할 수 가 있다. 그 중 자동차에 사용되는 커넥터는 그림(1-4)와 같이 ECU에 사용 되는 다극 커넥터를 예를 들 수가 있고 와이어 하니스와 하니

스 간에 연결에 사용하는 중계형 커넥터를 예를 들 수 있다. 또한 AV시스템이나 내비게이션 장치에 적용되는 통신용 커넥터를 예를 들 수 있다.

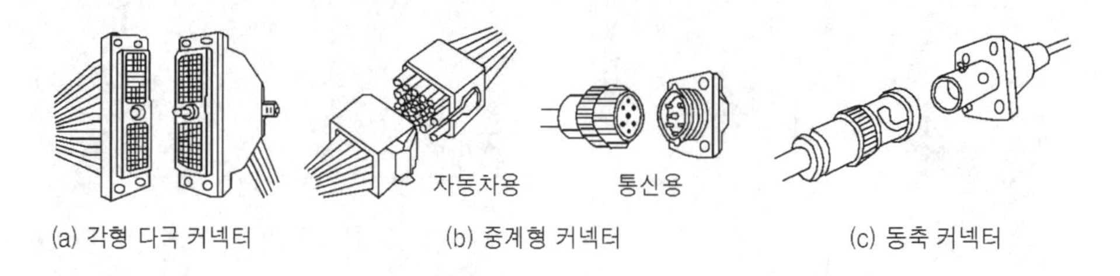

그림1-4 커넥터의 종류

그 중에 많이 사용하는 중 계형 커넥터는 커넥터의 소켓 (socket) 및 핀(pin)종류에 따라 소켓이 자루 모양을 하고 있는 탕 커넥터(그림 1-5), 핀이 면도날처럼 되어 있다 하여 브레드 커넥터(그림 1-6)로 구분 할 수 있다.

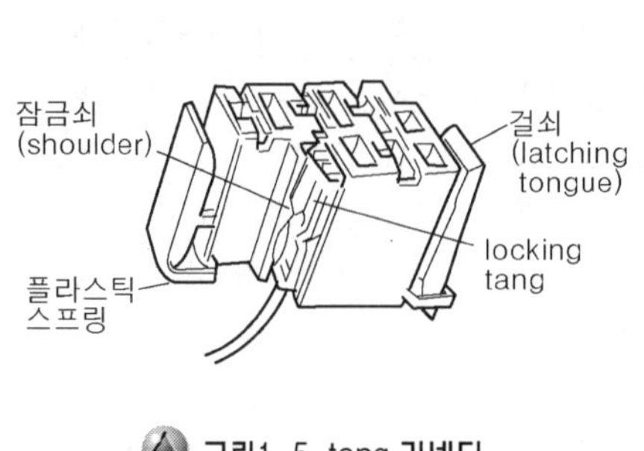

그림1-5 tang 커넥터

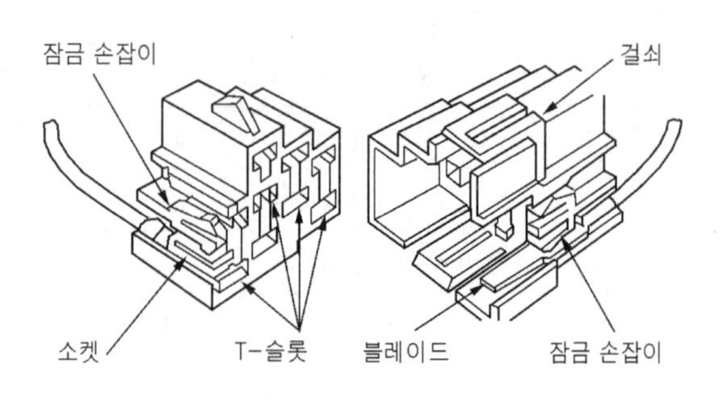

그림1-6 브레드 커넥터

커넥터의 형태에 따라 소켓을 웨지(wedge)로 고정하는 로킹-웨지 형 커넥터(locking wedge connector), 프린트 기판(printed circuit board)에 이용되는 프린티드 서킷 커넥터, 그리고 커넥터 주변에 수분이 유입 될 수 있는 곳에 사용되는 방수형 커넥터 등이 사용되고 있다.

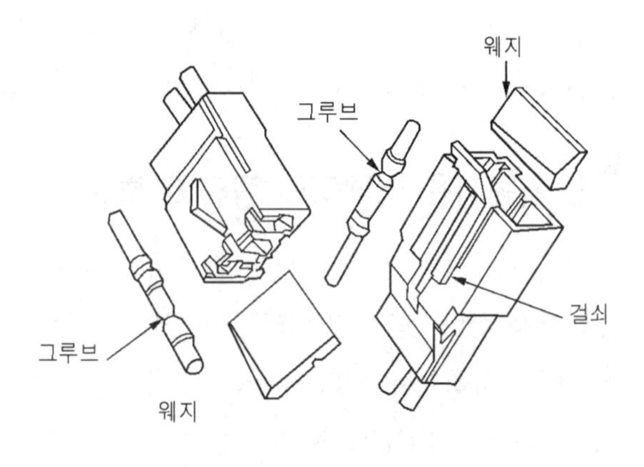

그림1-7 로킹 웨지 커넥터

커넥터에는 각 커넥터 메이커에서 정한 정격 전류 및 사용 온도, 절연 저항, 그리고 신뢰성 시험 조건인 내압 및 최대 사용 전압 등을 규정하고 있어서 용도 및 정격에 맞는 커넥터를 사용할 수 있게 하고 있다. 특히 자동차용 커넥터는 진동 및 기후 변화에도 접촉 불량이 발생되지 않아야 하므로 내진동시에는 수 Hz ~ 수백 Hz 까지 진동 시험에 1(μs) 이하의 순간 단선도 일어나서는 안되는 엄격한 규정을 요구하고 있다. 또한 커넥터의 핀이 삽입력 및 탈거력에 까지도 규정하고 있으며 이 값은 커넥터의 접촉력의 보증치로 활용 하고 있기도 하다. 커넥터의 접촉 저항은 커넥터의 종류 별로 차이는 있지만 보통 1 포인트에 30mΩ 이하로 규정하고 있다

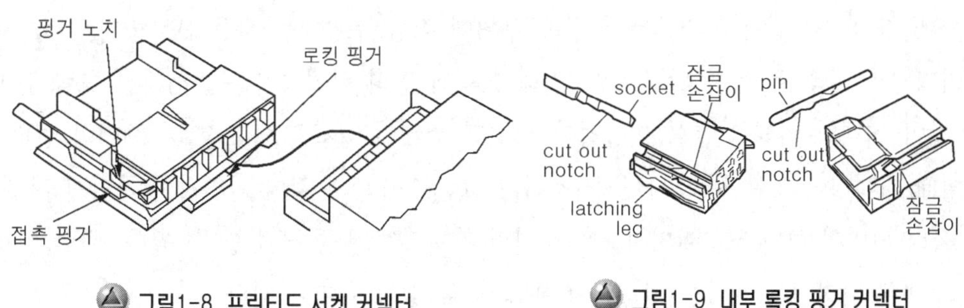

그림1-8 프린티드 서켓 커넥터

그림1-9 내부 록킹 핑거 커넥터

그림(1-10)은 커넥터의 핀 배열 순서를 나타낸 것으로 그림(a)은 와이어 하니스 측에서 본 핀 배열을 나타낸 것이며 그림(b)는 커넥터 핀 측에서 본 핀 배열을 나타낸 것이다.

8	7	6	5			4	3	2	1
18	17	16	15	14	13	12	11	10	9

(a) 암 커넥터(와이어 하니스측)

1	2	3	4			5	6	7	8
9	10	11	12	13	14	15	16	17	18

(b) 암 커넥터(receptacle측)

그림1-10 커넥터 핀(pin) 배열 표기

사진1-21 receptacle측에서 본 핀 배열

사진1-20 배선측에서 본 핀 배열

5. 커넥터의 리페어

자동차의 전장 계통의 트러블은 커넥터의 접촉 불량에 기인하는 것이 다수를 차지하고 있어 커넥터는 이에 대한 신뢰성이 요구 되고 있기도 하다. 커넥터의 접촉 불량은 여러 가지 요인에 의해 발생되지만 특히 중요하게 다르고 있는 것이 커넥터의 삽입 횟수에 의해 커넥터 핀의 면 접촉이 느슨해져 진동에 의한 접촉 불량을 야기 할 수가 있다. 또한 커넥터 핀의 삽입에 의한 핀의 도금막 손상으로 인해 공기 중에 수분과 접촉이 되어 부식이 증가하여 커넥터 핀의 접촉 저항 증가로 이어질 수가 있다. 따라서 중요한 연결부위는 커넥터를 탈착 후 재 결합시 커넥터의 접촉 부위에 접점 부활제를 사용하면 좋다.

커넥터의 여러 회 반복 탈착으로 인해 커넥터 핀의 삽입력이 느슨해지면 그림(1-11)과 같이 커넥터 리페어 툴을 이용하여 커넥터 소켓의 삽입력을 교정 해 주어야 한다.

이때 커넥터에 맞는 툴(tool)을 사용하여 그림(1-11)과 같이 삽입하여 가볍게 위로 들어 올려 와이어 하니스를 살며시 잡아당기면 커넥터 소켓을 제거 할 수 있다. 이렇게 제거한 소켓은 압착 툴(tool)을 사용하여 원래 되로 줄여 주어야 한다.

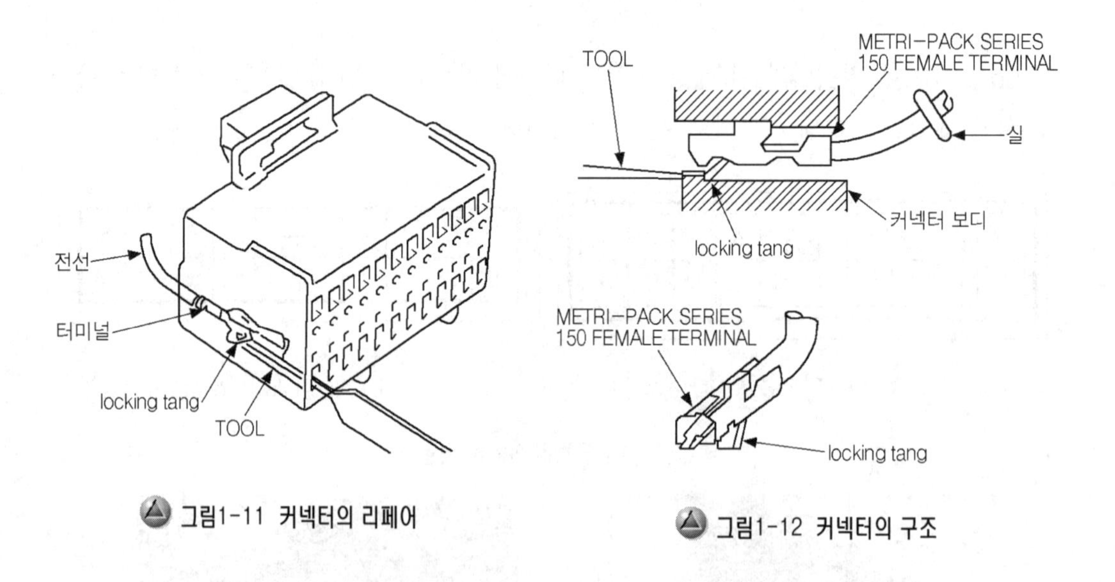

그림1-11 커넥터의 리페어

그림1-12 커넥터의 구조

그림(1-13)은 방수용 커넥터의 리페어(repair)하는 것을 그림으로 나타낸 것으로 커넥터 핀 또는 소켓 제거는 전과 동일한 방법으로 하지만 중요한 것은 방수용 실(seal)이 삽입 되어 있어 리페어시 손상이나 빠뜨리지 않도록 하여야 한다.

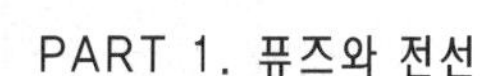

사진1-22 제거한 소켓 a

사진1-23 제거한 소켓 b

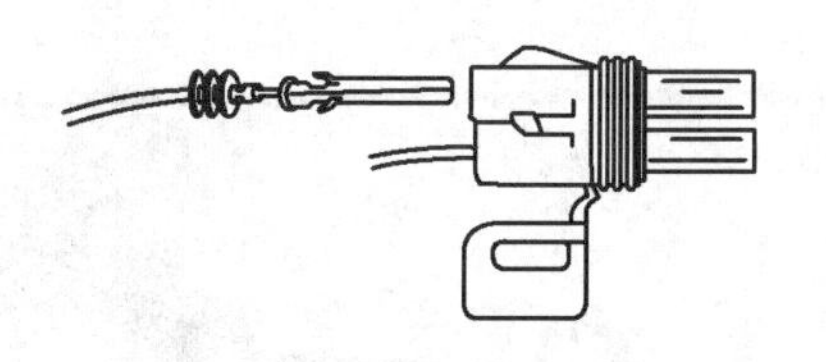

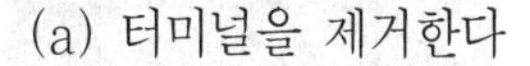

(a) 터미널을 제거한다

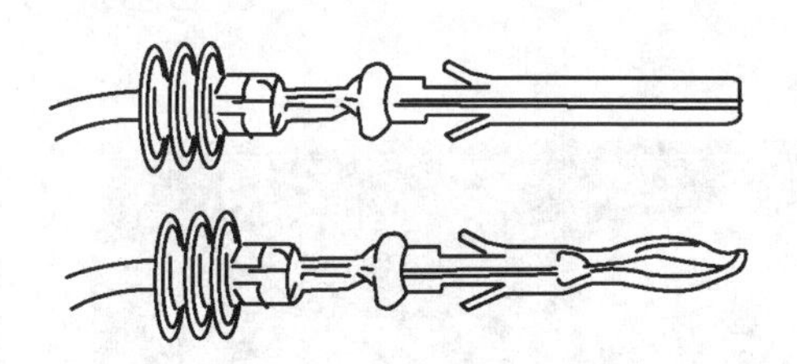

(b) seal & crimp 적용 예

그림1-13 방수용 커넥터 리페어

그림 (1-14)는 와이어 하니스 리페어(wire harness repair)시 와이어 리페어에 대한 그림을 나타낸 것으로 그림(a)는 절연 피복을 스트립(strip)한 전선을 나타낸 것으로 스트립시 연선이 손상이 가지 않도록 가능한 전용 스트립퍼(stripper)를 사용하여 전선의 피복을 벗기는 것이 좋다. 그림(b)는 스프라이스 클립(splice clipe)을 이용하여 압착 툴(tool)로 압착한 그림을 나타낸 것이며 그림(c)는 수축 튜브를 사용하여 절연한 것을 나타낸 그림이다. 와이어 하니스 리페어 시에는 전선 부위를 납땜하여 절연을 하여 놓는 것이 좋으나 리페어의 작업성을 향상하기 위해 그림 (1-14)와 같이 스프라이스 클립을 사용하면 좋다.

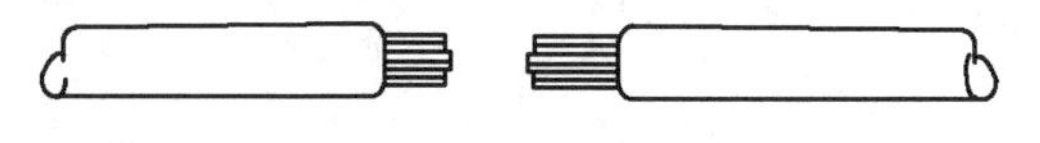

(a) 절연피복을 제거한 전선

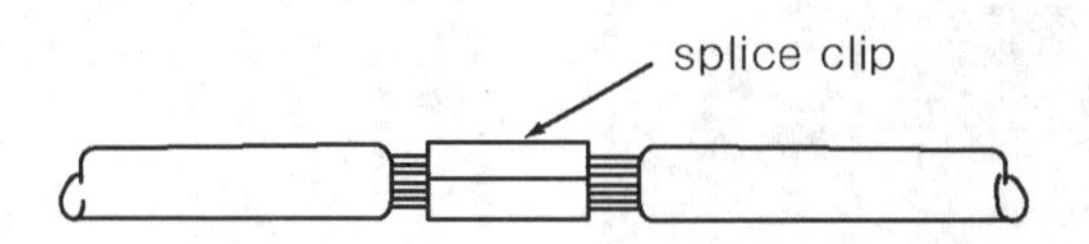

(b) 2개의 전선을 스프라이스 클립을 이용하여 압착한 모양

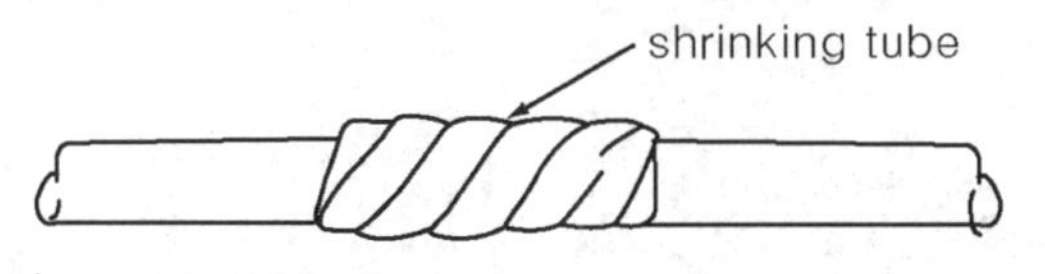

(c) 수축튜브를 사용하여 절연한 모양

그림1-14 전선의 리페어

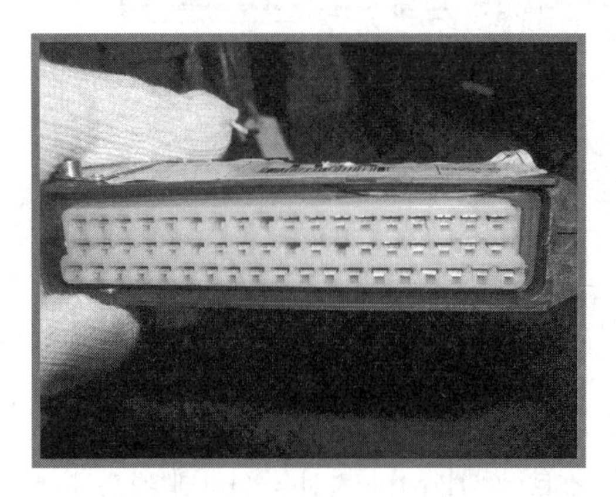

사진1-24 ECU용 다극 커넥터

사진1-25 센서용 방수용 커넥터

02

전구와 릴레이

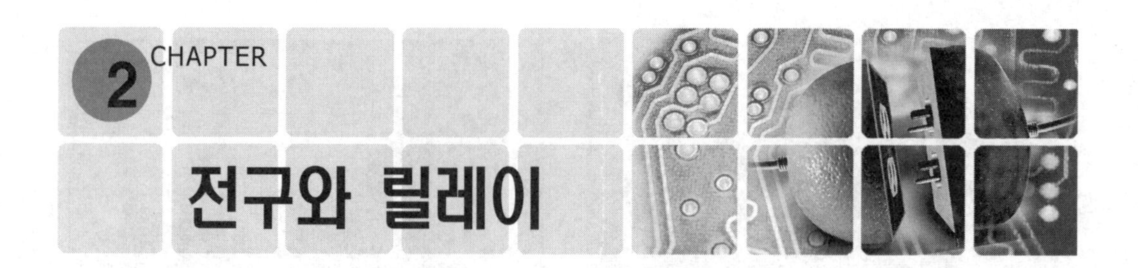

2 CHAPTER 전구와 릴레이

1 자동차용 전구

1. 전구의 종류

사진2-1 여러 가지 전구들

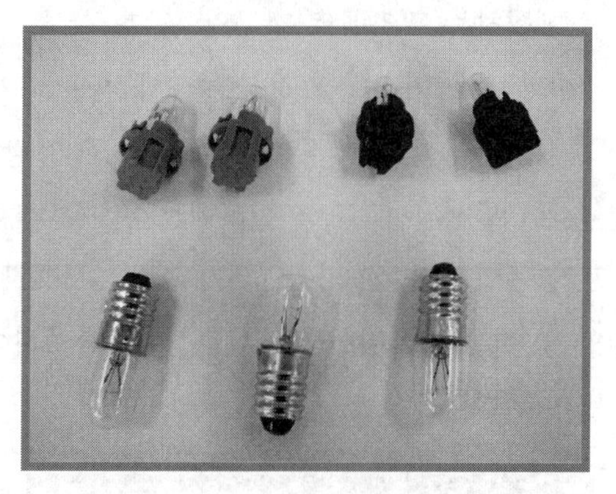
사진2-2 스몰 램프

자동차용 전구의 종류는 용도에 따라 다양하게 구분되고 있지만 구조에 의해 분류하여 보면 진공관 내에 발열부를 내장한 필라멘트(filament) 전구와 전구의 수명과 촉광을 향상하기 위한 가스관 전구, 그리고 반도체의 에너지 준위차를 이용한 LED(발광 다이오드)를 예를 들 수 있다. 또한 전구의 종류는 사용 목적에 따라 조명등과 신호등으로 구분할 수 있다. 이들 전구 중 조명등은 보통 전조등(head light)을 제외하고는 필라멘트 전구를 사용하고 있다. 필라멘트 전구는 진공관 내에 텅스텐 및 니크롬을 소재로 한 필라멘트를 만들고 있어 소등시와 점등시 큰 온도 계수를 가지고 있는 특성이 있다.

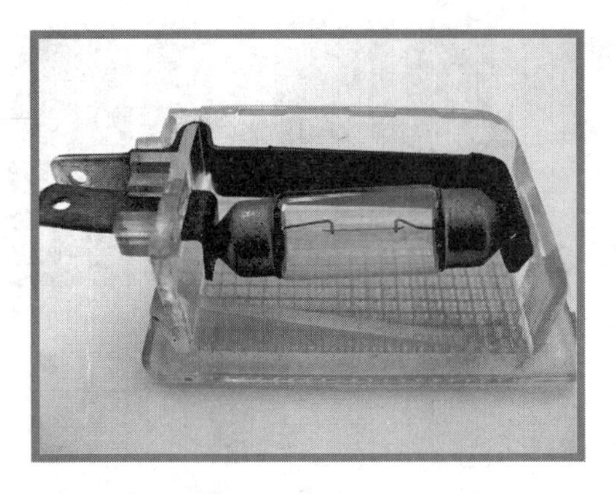

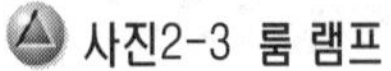
사진2-3 룸 램프

사진2-4 사이드 턴 시그널 램프

필라멘트에 전류가 흐르기 전에는 낮은 저항값을 가지고 있지만 전구가 점등이 되면 필라멘트의 높은 고온에 의해 저항값이 10~15배 정도 차이가 나 ECU와 같은 제어 장치로 제어하는 필라멘트 전구의 출력 회로는 충분한 전류를 고려하여 주어야 한다.

이와 같은 필라멘트 전구는 오래 사용하면 필라멘트 부가 소모되어 필라멘트가 단선을 하게 되는데 이러한 경우는 사진(2-5)와 같이 전구의 글라스(glass)부가 검게 그을리는 현상이 발생된다. 또한 필라멘트 전구는 과전압으로 인해 필라멘트가 단선이 되는 경우도 전구의 글라스(glass)부가 검게 그을리는 현상이 발생하게 되는데 이러한 경우는 전압 및 전류를 측정 규정치에 있는지 확인하여 과전압의 발생 근원을 제거하여 주지 않으면 안된다.

사진2-5 필라멘트가 소모되어 단선된 경우

사진2-6 전구 필라멘트

필라멘트가 단선되어 전구의 글라스(glass)부가 하얗게 나타나는 현상은 전구에 공기가 침입된 경우로 판단 할 수 있으며 이 경우에는 전구의 자체 불량인 경우도 있지만 전구의 충격과 진동에 의해 공기가 침입되는 경우도 있으므로 취급시 주의하여야 한다.

또한 전구의 글라스(glass) 부위가 푸른색을 때는 경우에는 전구에 수분이 침입된 경우로 전구 주위에 물이나 습기에 노출되지 않도록 하여야 한다.

2. 전조등의 종류

전조등(head lamp)의 종류는 헤드램프의 구조에 따라 실드 빔(sealed beam)형 헤드램프와 세미 실드 빔(semi-sealed beam)형 헤드램프, 프로젝트형 헤드램프(project type head lamp)로 구분 할 수 있다. 헤드램프는 구조에 따라 단극 필라멘트와 2극 필라멘트형으로 나누어진다. 헤드램프의 가스 봉입 종류에 따라 할로겐 가스 봉입 헤드램프와 크세논(xenon) 가스 봉입 헤드램프로 구분되어 지는데 이들 모두 할로겐 계열의 가스 주입 램프이다.

실드 빔(sealed beam)형 가스 헤드램프는 그림(2-1)과 같이 반사경과 헤드램프가 일체가 된 전조등을 말하며 헤드램프가 반사경과 일체로 되어 있어 물이나 수분 침투가 안된다는 이점이 있다. 반면 램프의 필라멘트 단선시 전조등 일체를 교환하여야 하는 문제로 현재에는 헤드램프 만을 교환 할 수 있는 세미 실드형 헤드램프를 많이 사용되고 있다. 그림(2-2)는 세미 실드형 헤드램프 방식의 할로겐 가스 봉입형 헤드램프의 구조를 나타낸 것이다.

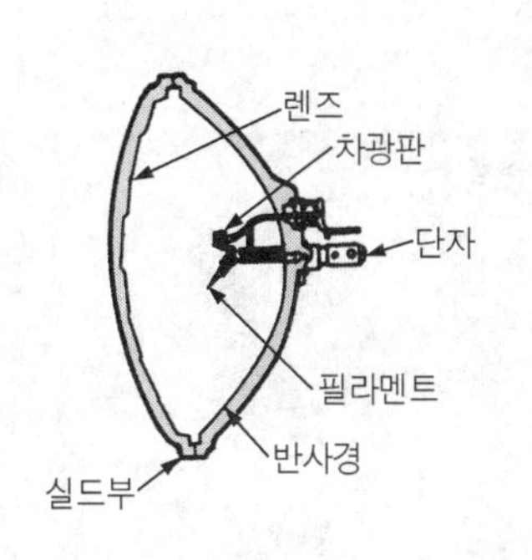

그림2-1 실드빔형 헤드램프 구조

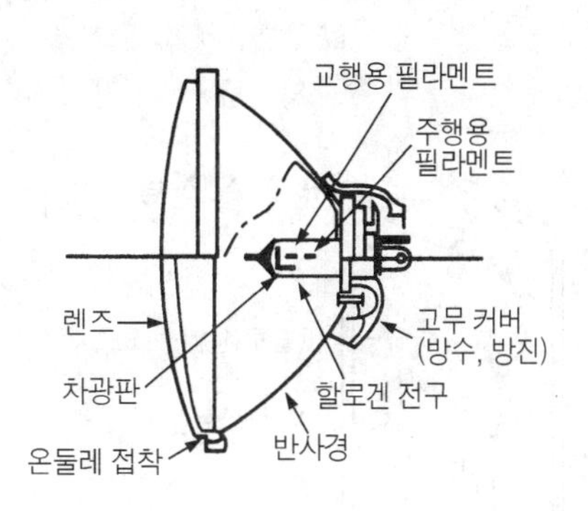

그림2-2 할로겐 헤드램프 구조

헤드램프는 빛이 촉광이 밝은 할로겐 가스 봉입형 헤드램프가 주류를 이루고 있으며 할로겐 가스 봉입형 램프는 필라멘트가 소모 되는 방지하기 위해 할로겐 사이클(cycle)을 이용하고 있다. 할로겐 사이클이란 헤드램프가 필라멘트에 전류가 흘러 램프가 점등되면 할로겐 사이클을 반복하는 것을 말한다.

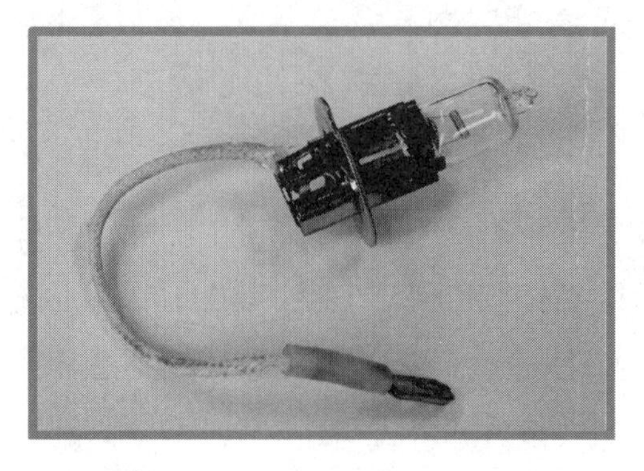

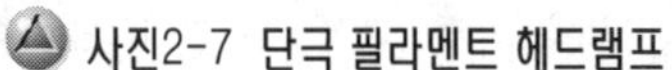
사진2-7 단극 필라멘트 헤드램프

사진2-8 2극 필라멘트 헤드램프

★ 할로겐 사이클

(1) 가열된 필라멘트는 고온에 의해 필라멘트로부터 증발한 텅스텐은 그림(2-3)과 같이 전구의 표면을 떠다니게 되며
(2) 증발된 텅스텐 가스 입자는 온도가 낮은 글라스 표면에서 할로겐 원소와 결합하여 할로겐화 된 텅스텐이 된다.
(3) 화학 반응에 의해 활로겐화 된 텅스텐은 고온이 된 필라멘트 부근에서는 할로겐 원소와 텅스텐의 분해하여 텅스텐은 필라멘트에 부착하게 된다.

$W + 2I \leftrightarrow W.I^2$: W (텡스텐), I (요오드 또는 요소)

17족 할로겐 원소 계열 : I (요오드), Cl(염소), F(불소), Br(브롬)

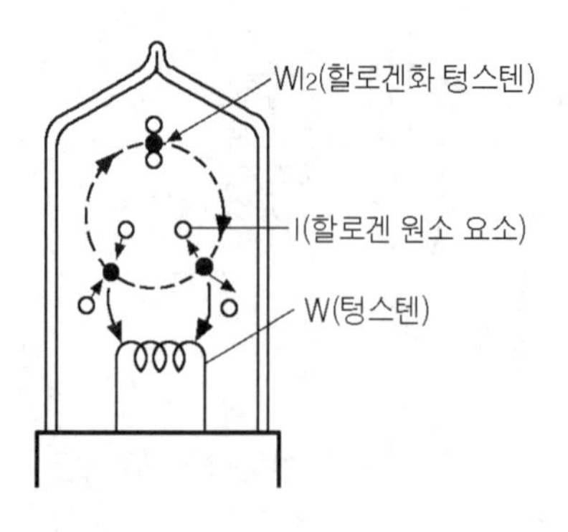

그림2-3 할로겐 사이클 원리

사진2-9 할로겐 헤드램프

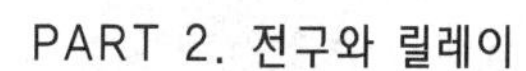

즉 할로겐 램프는 텅스텐과 요오드(요소)가 가역적 화학 반응에 의해 할로겐화 텅스텐이 되고 그 할로겐화 텅스텐은 높은 온도의 필라멘트 부근에서 텅스텐과 요오드로 분해되어 텅스텐은 필라멘트에 부착되는 현상을 반복하게 되어 필라멘트가 온도가 올라가도 필라멘트는 소모되는 것을 억제 할 수가 있다. 또한 할로겐 사이클에 의해 필라멘트의 촉광은 대단히 밝아지게 된다.

일반 전구의 필라멘트 한계 온도는 약 2600℃ 정도이지만 할로겐 램프의 필라멘트 한계 온도는 그 보다 높은 약 3200℃ 정도까지도 상승 할 수 있게 되어 필라멘트의 촉광은 백색을 띠며 밝아지게 된다. 일반 필라멘트 전구는 필라멘트가 소모되어 글라스(glass) 표면에 검게 텅스텐 입자가 흡착하는 현상이 발생하지만 할로겐 램프는 할로겐 사이클에 의해 글라스(glass) 표면에 텅스텐 입자가 흡착하는 흑화 현상은 생기지 않게 되어 수명이 길다. 할로겐 램프내의 차광판 기능은 빛의 상향으로 반사하는 것을 방지하기 위해 설치하여 놓은 것으로 할로겐 사이클과 관계없이 빛이 반사하여 눈이 부시는 현상을 없애주기 위한 것이다.

프로젝트 헤드램프도 세미 실드 빔(semi sealed beam) 헤드램프의 일종으로 반사경과 렌즈를 사용하는 것은 일반 전조등과 동일하지만 그림(2-4)와 같이 빛의 집점될 수 있도록 빛의 반사를 이용한 것으로 같은 램프를 사용하더라도 빛이 밝은 것이 이점이다. 타원형의 반사경에는 2개의 빛을 모우는 집점이 있다. 하나는 할로겐 램프가 빛을 모우는 제 1 집점과 다른 하나는 반사경에 의해 집속하는 제2 집점을 통해 빛을 방사하도록 되어 있어 빛이 방사 효율이 높으며 볼록 렌즈에 의해 거의 평행으로 빛을 변환한다.

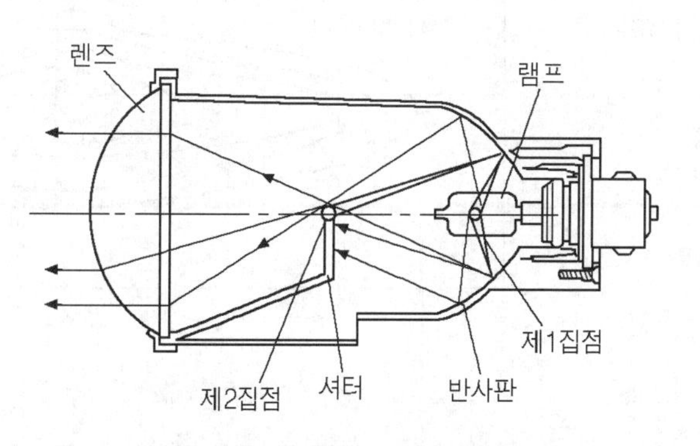

그림2-4 프로젝트 헤드램프

일반적으로 전조등은 2등식을 많이 사용하고 있지만 2등식은 4등식에 비해 광폭이 좁고 조명 효율이 떨어져 고급 차량에서는 4등식 전조등(헤드램프)을 채용하고 있다.

헤드램프에는 전방의 차에 의해 눈부신 현상이 없애기 위해 헤드램프에는 2극의 필라멘트를 사용하고 있는데 하나는 주행용 필라멘트이고 다른 하나는 크로스 빔(cross

beam)형 필라멘트이다. 이것은 각 필라멘트에 의해 빛을 반사경에 반사시켜 렌즈에 의해 적절한 배광을 하도록 하고 있다.

사진2-10 2극 필라멘트 헤드램프(a)

사진2-11 2극 필라멘트 헤드램프(b)

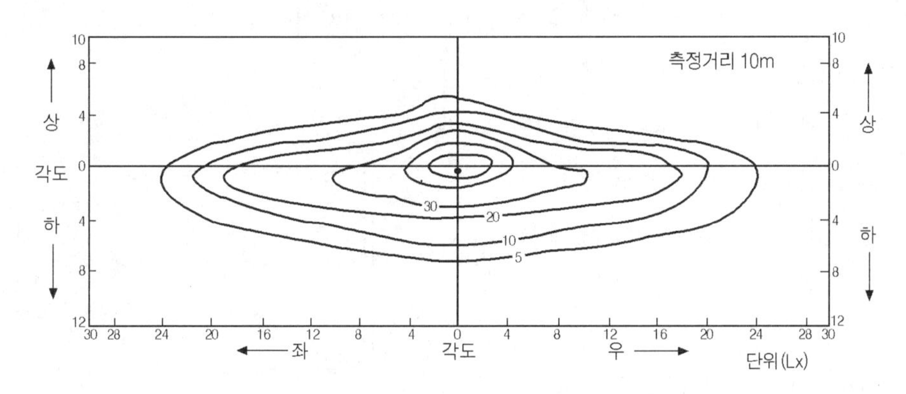

(a) 주행용 빔

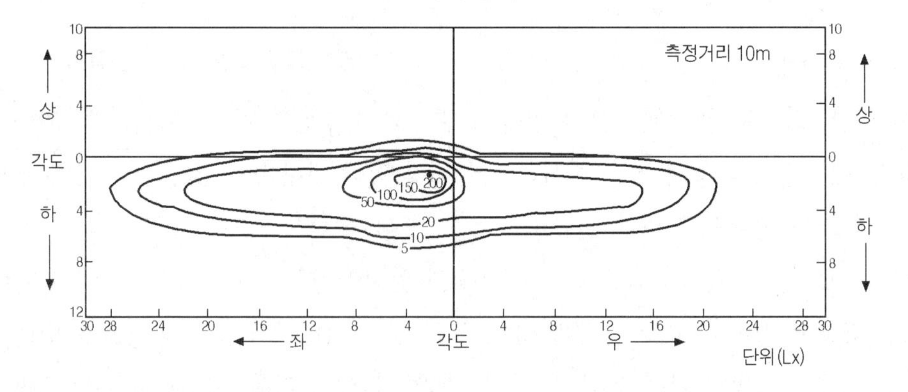

(b) 크로스 빔

그림2-5 2등식 헤드램프의 배광 특성도(예)

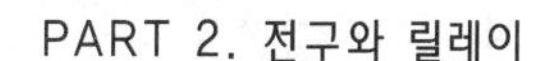

3. 고전압 방전 헤드램프

고전압 방전 헤드램프는 Xe(크세논) 가스를 봉입하여 사용하므로 일명 크세논 헤드램프라고 부르기도 하며 다른 표현으로는 전구 내에서 금속 요오드화물을 아크 방전(arc discharge) 시킨다 하여 메탈 헬라이드 램프(metal halide lamp)라고도 부르는 것으로 기존의 할로겐 램프에 비교하여 Xe(크세논) 헤드램프는 소비 전력과 수명이 2배 정도가 긴 이점을 가지고 있다.

뿐만 아니라 전구의 밝기 또한 태양광에 가까운 백색광을 발하며 할로겐 램프에 비해 약 2개 정도가 밝다. 하지만 크세논 헤드램프(디스차지 헤드램프)는 아크 방전(arc discharge)을 시켜 동작시키기 때문에 별도의 고압 회로가 필요하다는 결점을 가지고 있다.

디스차지 헤드램프(discharge head lamp)의 구조는 그림(2-6)과 같이 석영 유리관 속에 2개의 텅스텐 전극을 두고 Xe(크세논) 가스 및 금속 요오드화물(할로겐 화합물)을 봉입하여 놓은 것이다.

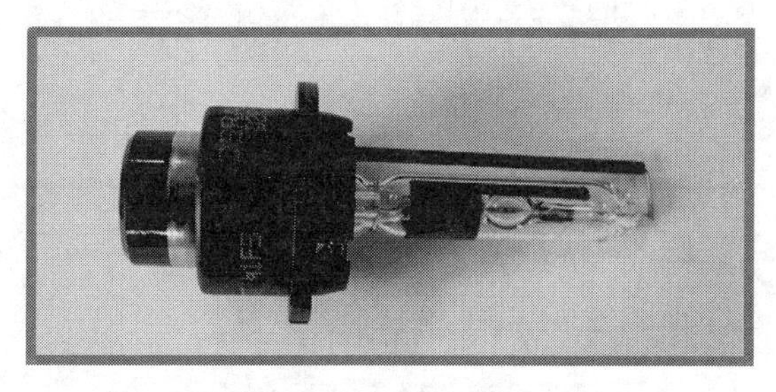

사진2-12 디스차지 헤드램프

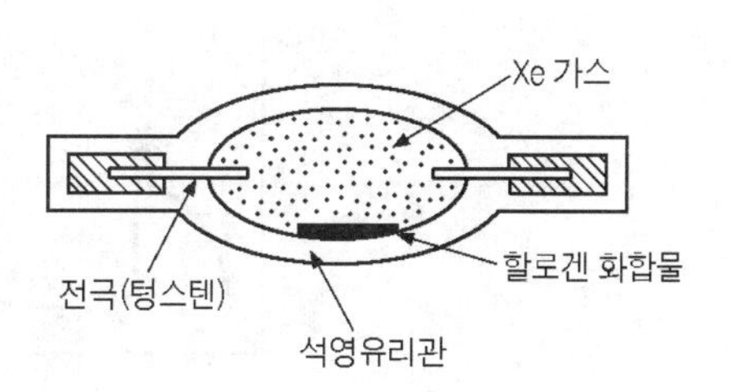

그림2-6 디스차지 헤드램프의 구조

디스차지 헤드램프(discharge head lamp)의 동작은 그림 (2-7)과 같이 디스차지 헤드램프(크세논 헤드램프) 양단에 고전압 발생 회로를 연결하여 고전압을 가하면 전극 양단에는 아크 방전이 일어나게 되는데 이때 아크 방전에 의해 Xe(크세논) 가스는 활성해 아주 밝은 빛을 발광하게 된다.

이와 같은 HID(high intensity discharge)형 헤드램프의 발광 원리는 석영 유리관 내에 있는 텅스텐 전극에 그림(2-8)과 같이 최대 약 20KV의 높은 전압의 펄스(pulse)를 걸면 램프 안에 봉입 되어 있는 Xe(크세논) 가스는 활성화 되고 램프 내에 온도가 상승하면 수은이 증발해 두 텅스텐 전극은 아크 방전을 시작하게 된다. 이때 금속 요드화물

은 증발하여 금속 원자가 활성화 될 때 아크 방전에 의한 가속 전자는 금속 원자와 충돌해 발광하게 된다.

따라서 HID(high intensity discharge)형 헤드램프는 촉광이 밝을 뿐만 아니라 별도의 고전압 펄스 제어 회로가 필요하다.

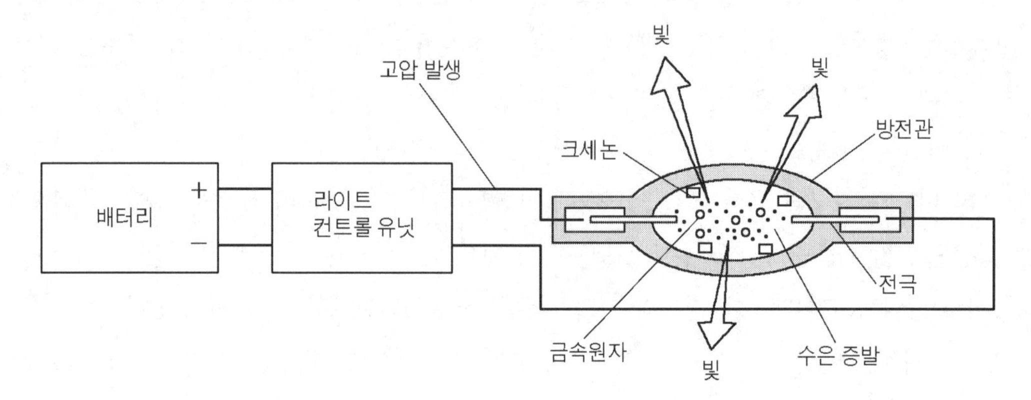

그림2-7 디스차지 헤드램프의 원리

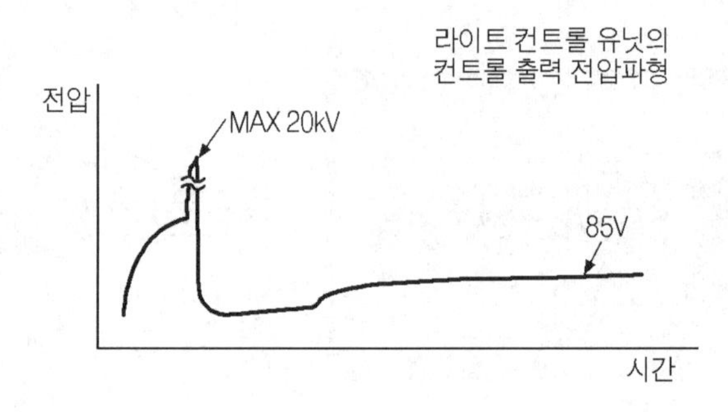

그림2-8 출력 전압 파형

① 광속 : 광원으로부터 빛이 방사 되면 사람의 시각은 방사된 빛의 일부만을 감지하게 된다. 이 빛을 우리는 광속이라 하는데 광속이 많이 발생하는 광원은 밝다고 말 할 수 있으며 단위는 lm(루멘)을 사용한다.

② 광도 : 같은 전구를 사용하여도 반사경을 사용하면 어느 한 방향에는 빛이 밝기가 밝은 것을 확인 할 수 있는데 이것은 광원으로부터 그 방향으로 광속수가 많기 때문이다. 즉 광도라고 하는 것은 광원으로부터의 일정한 거리에서 미소 입체각 중(단위 면적 중)에 통과하는 광속의 수로 나타낼 수 있다. 광도의 단위는 cd(칸델라)를 사용하고 있으며 이것은 광원으로부터 1(m) 떨어진 거리에서 1(㎡)의 면에 1 lm(루멘)의 광속이 통과할 때 그 방향의 빛의 크기를 1(cd)칸델라로 규정하고 있다

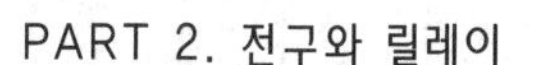

③ 휘도 : 광원이 안에 있는 글로브(glove)의 면을 보아도 광채를 띈다. 또 반투명의 플라스틱 판을 표면측으로부터 조사하고 그 반대측에서 보았을 경우에도 밝게 보이는데 이것을 휘도라 하며 휘도의 단위는 sb(스틸브)를 사용하고 있다

④ 조도 : 같은 전구를 사용하여도 장소에 따라 밝기는 다르기 때문에 조도는 광원으로부터의 거리에 따라 빛의 밝기를 나타내고 있다. 즉 빛의 조사면이 밝기의 정도를 나타낼 때 조도를 사용하며 단위는 Lx(룩수)를 사용하고 있다.

2 자동차용 스위치와 릴레이

1. 스위치의 종류와 특성

사진2-13 여러 가지 스위치

사진2-14 키 스위치

각종 장치를 작동시키기 위해 사용되는 자동차용 스위치(switch)는 사용 용도 및 형태에 따라 아주 다양하며 이들 스위치들의 종류를 구분하면 크게 나누어 기계식 접점스위치와 전자식 접점스위치로 구분할 수 있다. 스위치의 조작 형태에 따라서는 버튼(button)을 누르는 푸시(push) 스위치, 레버(lever)를 상하로 조작하는 토글(toggle) 스위치, 손잡이를 회전 시키는 로터리(rotary) 스위치, 레버를 좌우 또는 상하로 밀어 조작하는 슬라이딩(sliding)스위치, 손잡이를 상하로 당기는 푸시 풀(push pull) 스위치, 스위치의 버튼(button)에서 손을 떼면 버튼이 튀어서 되돌아오는 모멘터리(momentary) 스위치 등으로 분류 된다.

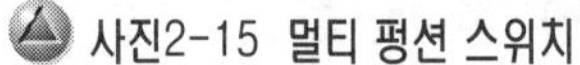

사진2-15 멀티 펑션 스위치

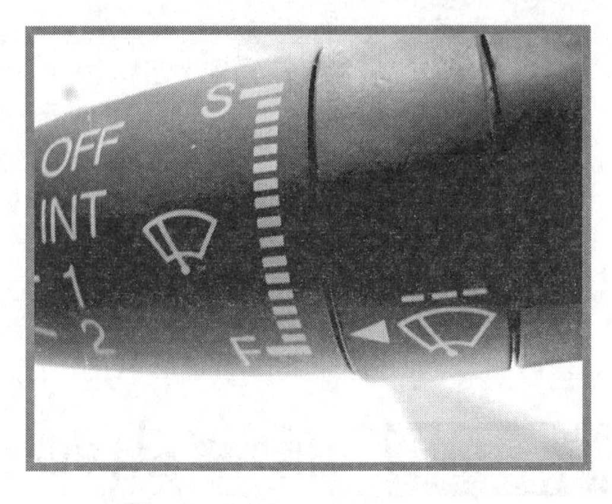

사진2-16 코보식 로터리 스위치

또한 스위치의 접점 연결 형태에 따라서는 그림(2-9)와 같이 접점이 연결 축(aim)이 하나와 접점이 하나인 스위치를 SPST(single point single through) 접점 스위치라 하며 이 스위치는 접점이 상시 열려있다 하여 NO(normal open) 스위치 또는 상개 접점 스위치라고 표현하기도 한다.

그림(2-10)은 접점이 연결축(aim)이 하나와 연결 접점이 5개가 있는 스위치로 SP5T(single point five through) 접점 스위치라 부르며 연결축(aim)의 위치에 따라 접점이 연결되는 스위치로 주로 로터리 스위치(rotary switch) 에서 많이 볼 수 있는 스위치이다.

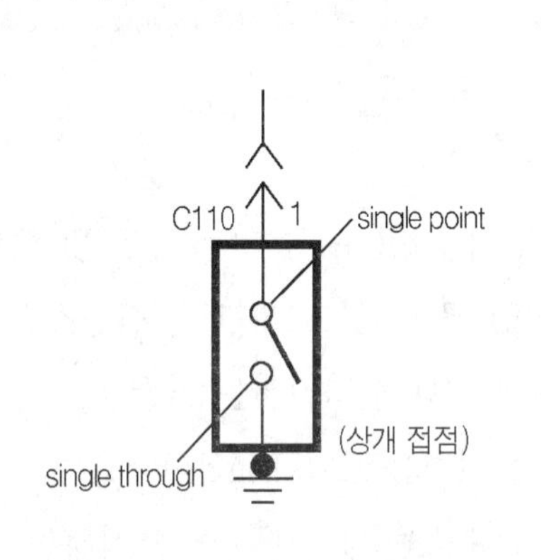

그림2-9 SPSP 접점 스위치

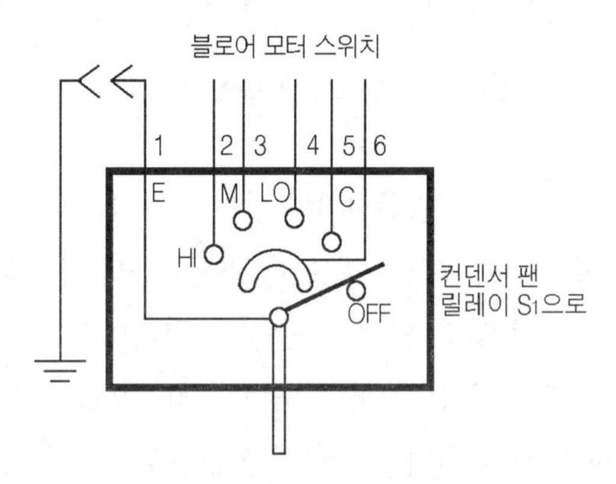

그림2-10 SP5T 접점스위치

그림 (2-11)과 같은 스위치는 연결축(aim)이 2개가 동시에 연동해서 2개의 접점에 연결되는 스위치로 DPDT(double point double through) 접점 스위치라 하며 스위치의

조작에 의해 연결축(aim)이 연동해서 동시에 움직이는 스위치이다.

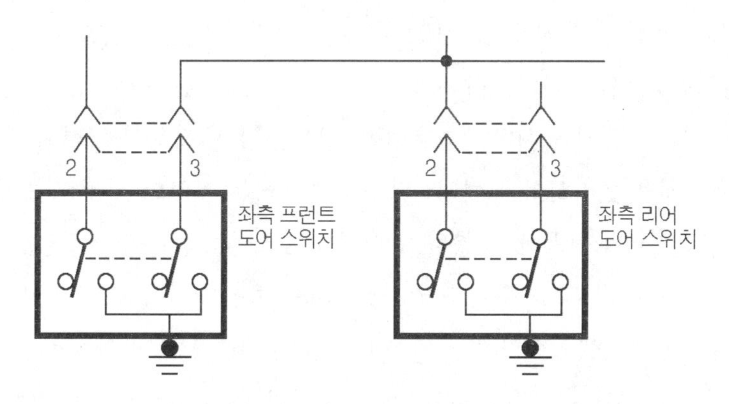

그림2-11 DPDT 접점 스위치

또한 스위치의 전류 용량에 의해 대전류용 스위치와 소전류용 스위치로 구분되어 지는데 대전류용 접점과 소전류용 접점은 접촉 면적 및 접점의 재질, 접점면이 도금막 다르기 때문에 사용 목적에 맞게 스위치를 적용하는 것은 물론이지만 특히 대전류용 접점 스위치를 소전류용 접점에 사용하면 트러블(trouble)의 원인이 되기 때문에 사용에 주의하여야 한다. 소전류용 스위치의 접점은 접촉 안정성과 도전율 향상하기 위해 접점에 금과 같은 귀금속 도금을 하게 되는데 일반 대전류용 스위치 접점과 달리 공기 중에 노출 및 아크 방전에 의해 공기 중에 황화 가스등의 부식성 가스로 인해 접점의 저항이 증가하면 소전류용 스위치의 접점을 거쳐 흐르는 전류는 감소로 이어져 부하의 작동에 영향을 줄 수 있기 때문에 스위치(switch)는 사용 목적과 용도에 맞게 사용하여야 한다.

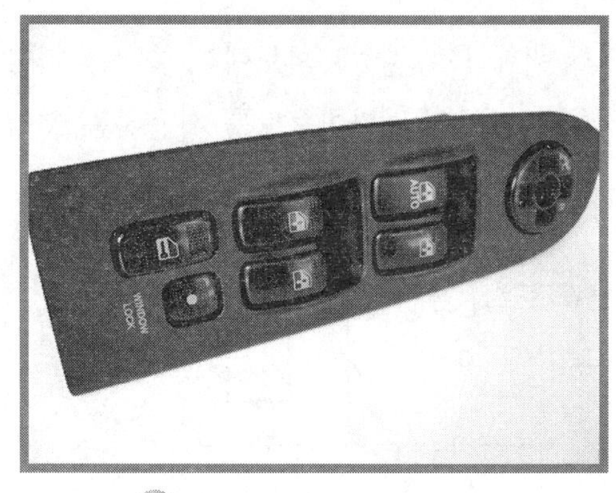

사진2-17 도어 모듈 스위치

사진2-18 도어 모듈 스위치 내부

스위치의 정격 표시에는 접점의 재질, 전류 용량, 접촉 저항, 절연 저항, 내압 등의 규정을 하고 있다. 또한 정격에 맞는 선택은 스위치를 거쳐 흐르는 전류량 및 사용하는 부하에 따라 달라지는데 예를 들면 저항 부하인 경우에는 정격 전류의 70% 정도 흐르도록 하는 것이 일반적이다. 모터를 사용하는 부하의 경우는 초기 작동시 정상 전류의 3~8배 정도 흐르게 되는 것을 고려하여야 하며, 전구를 사용하는 부하의 경우는 초기 순간 전류가 10~15배 정도 흐르기 때문에 충분한 러시 커렌트(rush current)를 고려하여야 한다.

이들 스위치 중에는 특히 자동차의 전장품 등을 제어 할 목적으로 스위치의 스위칭 횟수(ON, OFF 횟수) 또는 스위칭 시간(switching time)를 계수하여 스위칭 신호로서 처리하는 디지털 스위치(digital switch) 또는 전자 스위치들이 적용 되고 있기도 하다.

전자 스위치에는 D-flip flop 같은 전자 회로를 사용하여 제어하는 전자 회로 모듈 디지털 스위치가 있으며 컴퓨터의 프로그램에 의해 제어되는 디지털 스위치가 있지만 스위치의 접점(contact) 의한 종류 구분은 기계식 스위치와 동일하다.

2. 스위치의 보호 회로

DC(직류)인 경우에는 AC(교류)와 달리 전압, 전류가 제로가 되어 손실이 일어나는 경우가 없어 작은 부하라도 큰 아크(arc) 방전이 발생하게 되어 스위치의 접점 손상이 쉽게 일어난다. 일반적으로 DC 30V이하에서의 사용은 AC 125V에 상당한 전류치 까지 사용이 가능하다. 콘덴서(condenser) 부하인 경우는 스위치를 ON 할 때 러시 커렌트(rush current)는 이론적으로 무한대가 되므로 회로적으로 피크(peck) 전류를 억제 할 필요가 있으므로 콘덴서와 직렬로 저항을 연결하여 사용하면 좋다.

그림 (2-12)회로는 스위치의 접점을 보호하기 위해 DC(직류) 회로에 자주 사용하는 회로로 부하와 병렬로 연결된 다이오드는 서지(surgy) 전용 다이오드를 사용하는 것이 좋다.

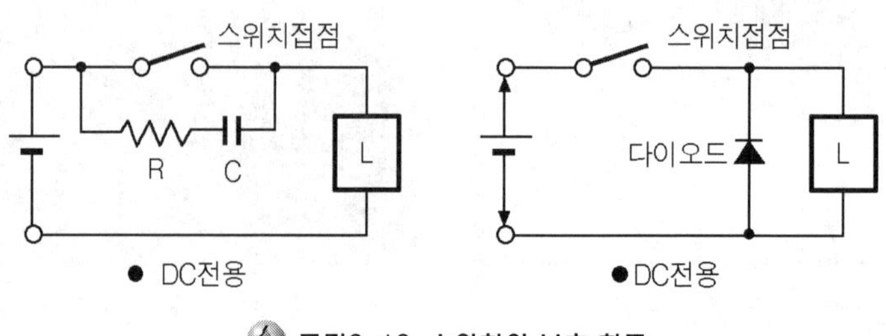

그림2-12 스위치의 보호 회로

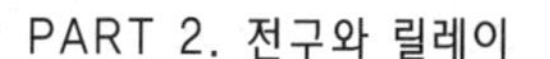

2. 릴레이의 종류

자동차 전장 회로에는 부하의 전원을 제어하기 위해 다양한 릴레이(relay)들을 이용하고 있다. 이들 릴레이(relay)의 종류는 접점에 흐르는 전류 용량에 따라 대전류용 릴레이와 소전류형 릴레이로 구분한다.

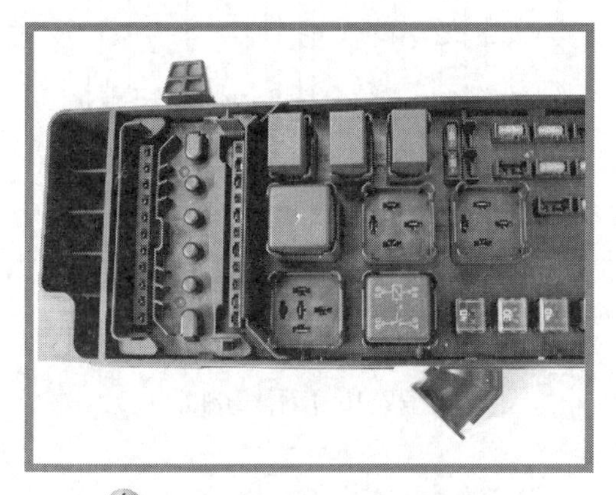

사진2-9 정션 박스 내의 릴레이들

사진2-20 여러 가지 릴레이

자동차에 사용되는 릴레이는 주로 중전류용 릴레이가 주로 사용되며 전자 기기에는 소전류형 릴레이가 많이 사용된다. 또한 릴레이는 접점의 동작 형태에 따라 그림(2-13)과 같이 접점이 상시 개폐 되어 있는 M 접점 릴레이 또는 일명 A 접점 릴레이가 있으며 M 접점 릴레이(A 접점 릴레이)는 접점이 상시 열려 있다가 코일에 전류가 흐르면 접점이 마크(make) 된다 하여 마크 접점 또는 노말 오픈(normal open) 접점 릴레이라 표현하기도 한다.

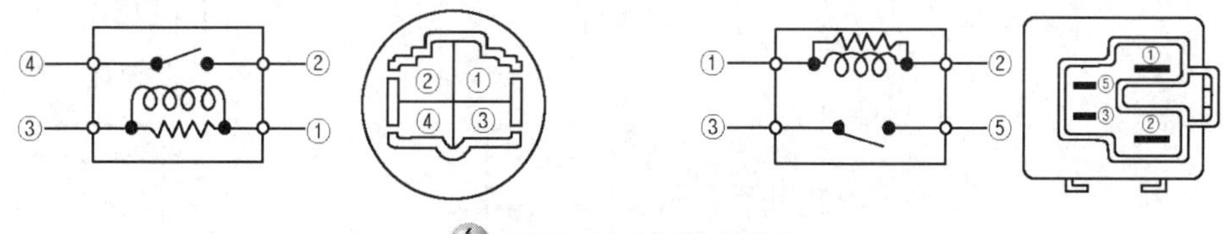

그림2-13 M접점 릴레이

그림(2-14)와 같은 릴레이는 접점이 상시 닫혀 있다가 코일에 전류가 흐르면 접점이 떨어진다 하여 브레이크(break) 접점 릴레이 또는 B 접점 릴레이라 부르며 이것은 접점이 상시 닫혀 있다 하여 노말 클로스(normal cross) 접점 릴레이라고 표현하기도 한다.

그림(2-15)은 T 접점 릴레이를 나타낸 것으로 코일에 전류가 흐르지 않을 때는 접점 ③번과 ⑤번이 닫혀 있다가 코일에 전류가 흐르면 그림(2-16)과 같이 접점은 ⑤번에서 ④번으로 접점이 절환된다 하여 트랜스퍼(transfer) 접점 릴레이라 표현한다.

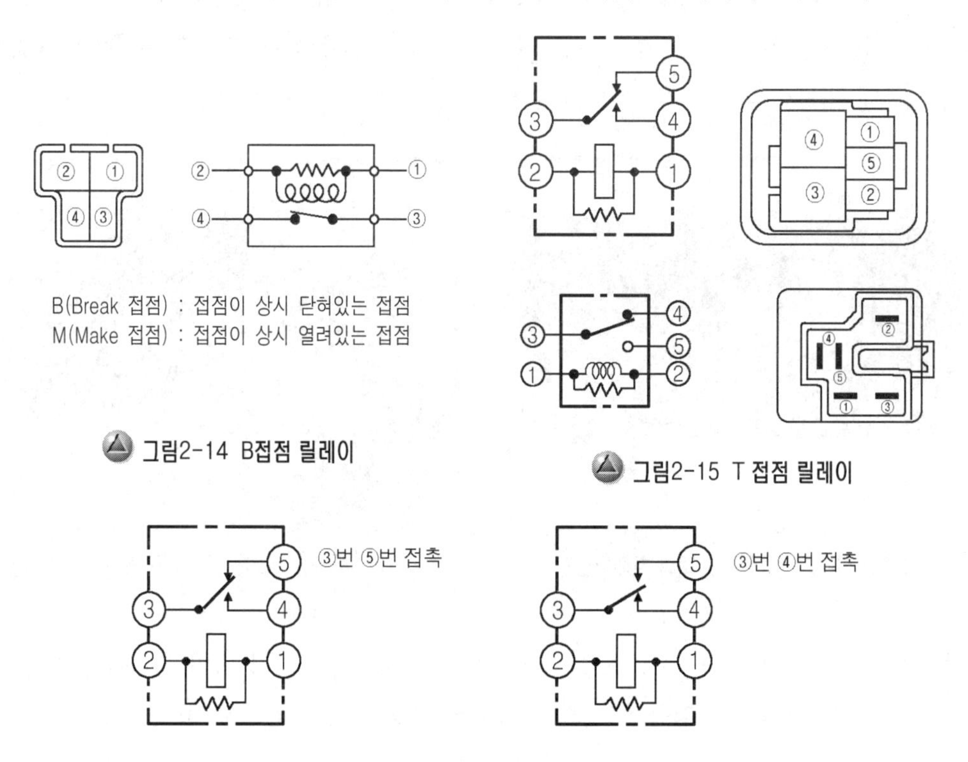

그림2-14 B접점 릴레이

그림2-15 T 접점 릴레이

그림2-16 T 접점 릴레이의 동작

그림 (2-17)은 MB 접점 릴레이의 회로를 나타낸 것으로 접점이 동작 형태는 코일에 전류가 흐르면 접점이 연동해서 접촉되는 형식의 릴레이로 한쪽은 접점이 상시 닫혀 있는 상태이고 다른 한쪽은 접점이 상시 열려 있는 형태를 취하고 있다가 코일에 전류가 흐르면 닫혀 있던 접점은 열리고 열려 있던 접점을 닫히게 되어 MB 접점 릴레이 또는 마크 앤 브레이크(make & break) 접

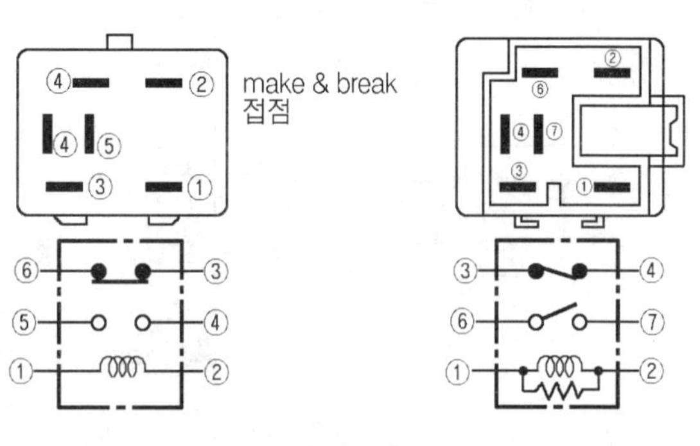

그림2-17 MB접점 릴레이

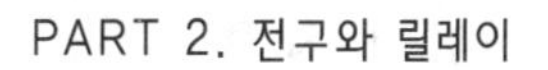

점이라 부른다. 이외에도 다수 의 기계식 접점 릴레이가 있으며 이들 기계식 릴레이는 접점이 ON 상태일 때 접점 저항이 적고 OFF시에는 절연저항이 크며 내압이나 접점이 전류 용량이 큰 이점이 있어 현재에도 전장 회로 등에 많이 사용되고 있다.

▶M접점 릴레이(상개 접점 릴레이) = A 접점 릴레이
= NO(normal open 접점 릴레이) = make 접점 릴레이
▶B접점 릴레이(상폐 접점 릴레이) = B 접점 릴레이
= NC(normal cross 접점 릴레이) = break 접점 릴레이

3. 릴레이의 구조와 특징

일반적으로 릴레이(relay)의 구조는 그림(2-18)과 같이 코일과 철편, 접점으로 이루어져 있어 코일 내에 철심을 넣고 코일에 전류를 흘리면 철심의 비투자율(μ)이 공기보다 100~20,000배 크기 때문에 철심은 강하게 자화되어 전자석이 된다. 이때 스프링의 힘에 의해 당겨져 있던 철편이 전자석의 흡인력에 끌려 B접점(상폐 접점)에 있던 기동접점이 M접점(상개 접점)으로 이동하게 된다. 이렇게 전자석을 이용해 접점을 이동시키는 전자석 릴레이는 접점 저항이 100mΩ 이하로 접점의 정격은 최대치로 표시하고 있다.

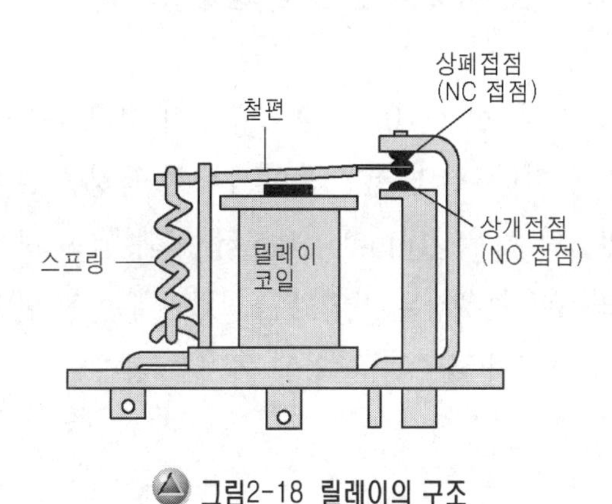

그림2-18 릴레이의 구조

사진2-21 릴레이의 구조

또한 릴레이의 접점은 회로의 러시 커렌트(rush current) 및 과부하에 의한 접점면이 아크 방전이나 주울 열에 의해 접점면이 손상되거나 전이 되어 융착하는 현상이 발생하기도 하고 접점면이 두드러져 열화하는 현상이 발생하기도 한다. 접점이 닫힌 상태에서 과

전류가 흐르게 되면 접점 자계와 코일 자계의 상호 작용에 접점의 체터링(chattering) 현상을 일으키거나 주울 열에 의해 접점이 현저히 손상 될 수도 있다. 따라서 접점의 정격 전류는 최대 개폐 전류보다 크게 설정하여야 하며 필요한 경우에는 접점의 보호 회로를 적용하는 게 좋다. 릴레이 코일 양단에 다이오드(diode)를 삽입하는 것은 코일에 순간 역기전력에 의해 외부 전장 회로가 손상되는 것을 방지하기 위해 삽입하는 것으로 다이오드(diode) 대신 부품의 원가를 감소하기 위해 저항을 삽입하여 사용하기도 한다. 자동차용 릴레이는 통상 코일측에 흐르는 전류는 약 50~200(㎃)정도 흐르지만 접점 측에 흐를 수 있는 정격 전류는 대개 10~30(A)정도이다.

사진2-22 연료펌프 컨트롤 릴레이

사진2-23 연료펌프 컨트롤 릴레이의 구조

이와 같은 기계식 릴레이의 접점 동작 속도는 보통 1~10(㎳)정도로 전자 릴레이에 비해 속도는 떨어지지만 내압 및 전류 용량, 접촉 저항, 절연 저항 등이 우수한 특징을 가지고 있다. 릴레이의 하우징(housing)은 플라스틱 하우징(plastic housing)과 금속 하우징(metal housing)을 주로 사용하는데 플라스틱 하우징은 가볍고 소형화가 용이한 반면 금속 하우징을 사용하는 릴레이는 자기 차폐 효과가 우수한 특징을 가지고 있다.

4. 릴레이의 식별

자동차용 릴레이의 식별은 메이커 마다 다소 차이는 있지만 색상에 의해 구분하면 검정색 릴레이는 코일에 저항을 삽입한 릴레이가 주류이며 노랑색 릴레이는 코일과 병렬로 다이오드가 내장되어 있는 릴레이 이며 백색인 경우는 사진(2-23)과 같이 외형은 릴레이

모양을 하고 있지만 다이오드가 삽입된 것을 말한다. 릴레이는 코일에 흐르는 전류는 접점에 흐르는 전류에 비해 1/100 정도 밖에 되지 않기 때문에 릴레이의 단자를 식별 할 때는 단자가 굵은 것이 접점을 의미하며 단자가 가는 것은 코일측을 의미한다.

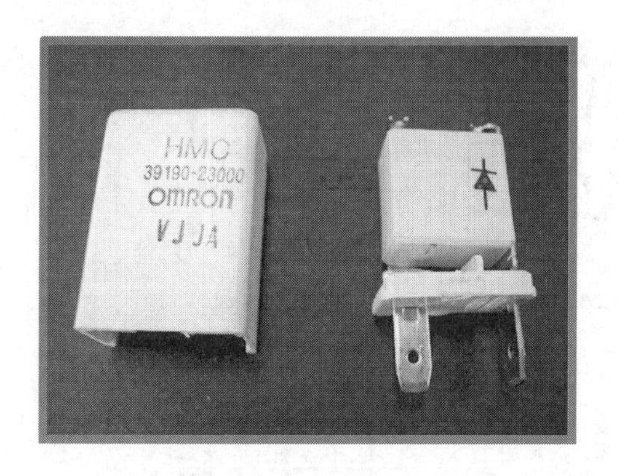

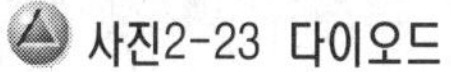
사진2-23 다이오드

사진2-24 릴레이의 단자 식별

또한 자동차용 릴레이의 단자 식별은 표(2-1)과 같이 숫자로서 단자를 다음과 같이 나타내고 있다.

★ 릴레이의 단자 식별

- 30(com) : 기동 접점 또는 공통 접점을 나타냄
- 87 : M 접점(make 접점) 또는 상개 접점을 나타냄
- 87q : B 접점(break 접점) 또는 상폐 접점을 나타냄
- 85 & 86 : 코일 측(coil 측)을 나타냄.

5. 릴레이의 점검

릴레이의 단품 점검을 하기 위해 코일 저항 만을 측정하는 것은 릴레이의 특성에 대해 정확히 이해하지 못 한데서 비롯된다. 릴레이의 코일을 점검하기 위해 저항을 측정하는 것은 코일의 내부 쇼트(short)나 단선을 확인하기 위한 것이지만 릴레이의 트러블(trouble)은 코일측 보다는 접점측이 문제가 많이 발생하기 때문에 릴레이의 접점을 점검하는 것에 비중을 두는 것이 중요하다.

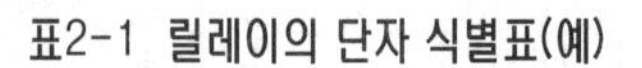

표2-1 릴레이의 단자 식별표(예)

A-접점 릴레이(4pin)

① socket에서 보았을 때

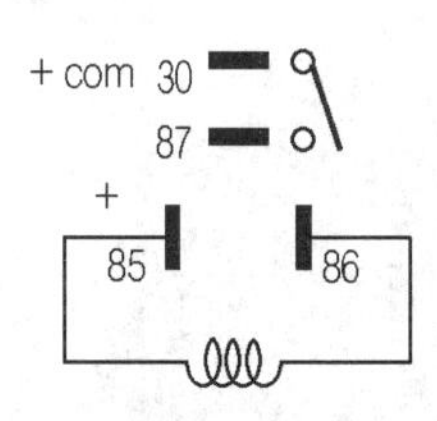

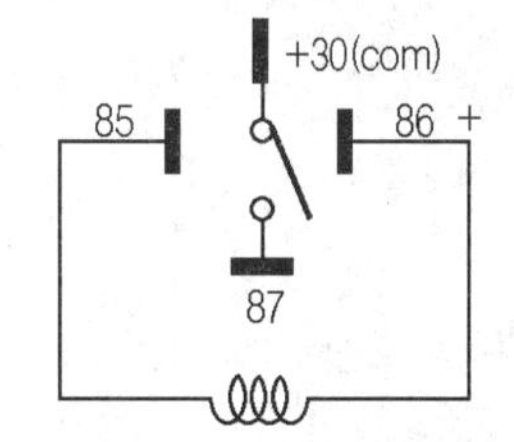

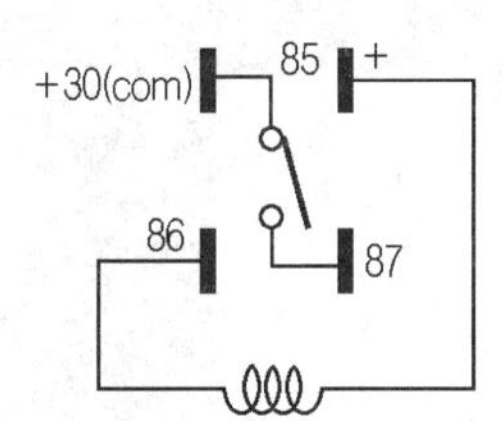

② relay에서 보았을 때

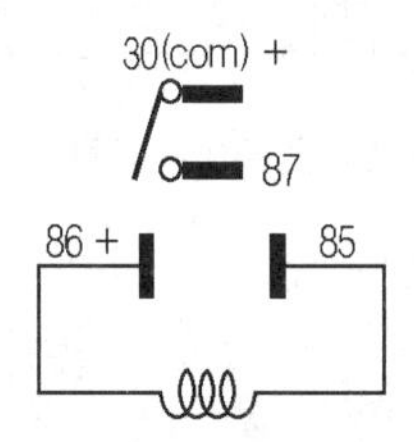

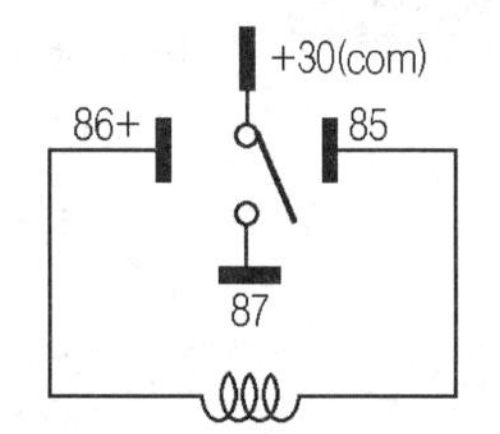

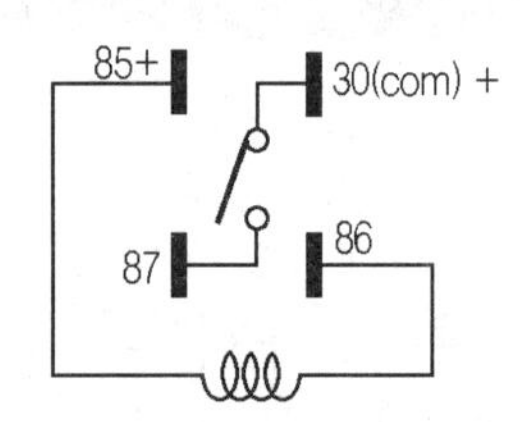

T-접점 릴레이(5pin)

① socket에서 보았을 때

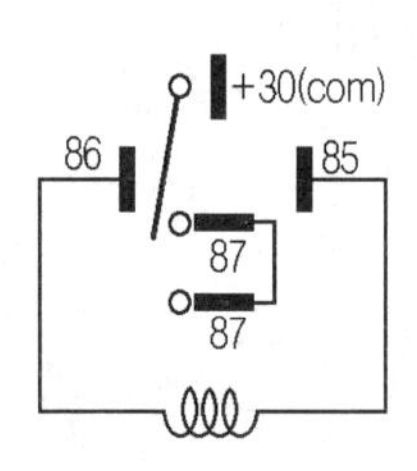

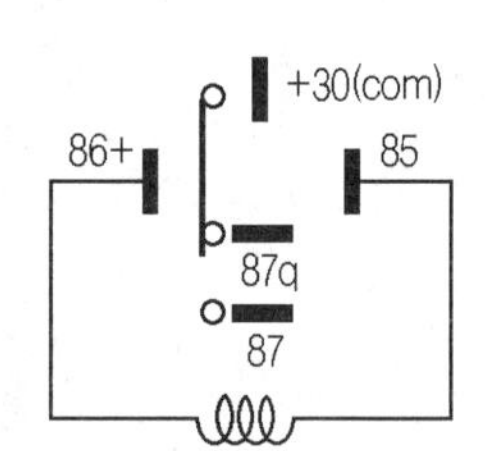

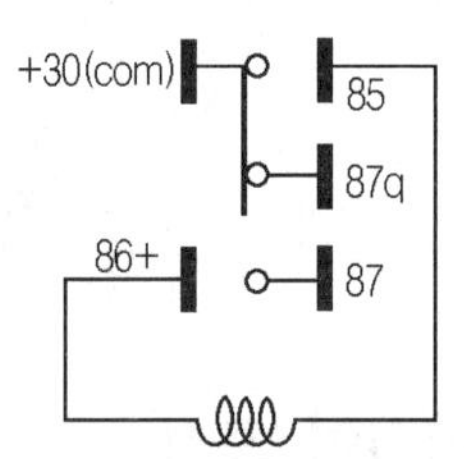

② relay에서 보았을 때

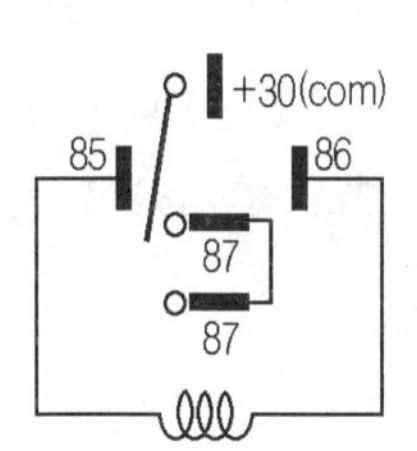

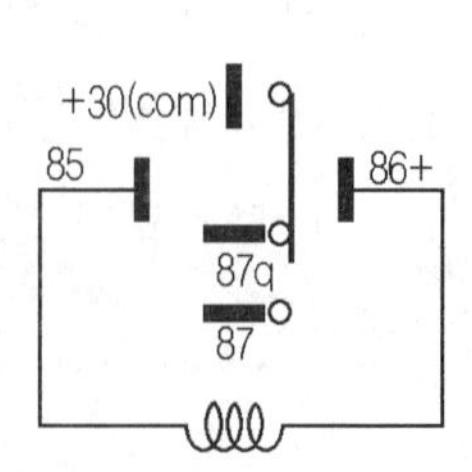

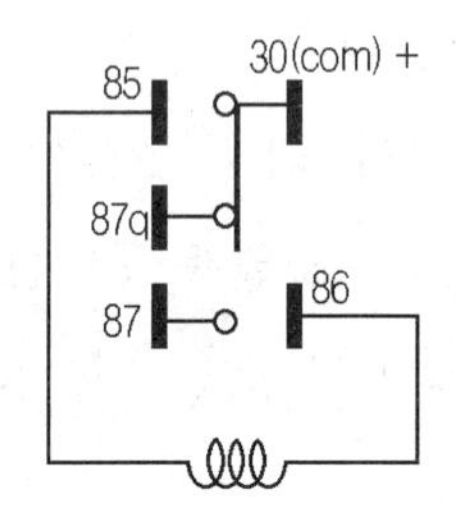

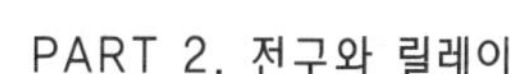

릴레이의 접점 이상은 부하의 동작이 불안정하거나 부하의 동작이 안 되는 경우로 이어지므로 릴레이의 접점점검은 그림(2-18)과 같이 멀티테스터의 선택 스위치를 저항 레인지에 위치하여 B접점(상폐 접점) 릴레이인 경우는 접점이 양단간 저항이 0Ω(실제는 0.02Ω 정도 표시됨) 이어야 하며 M 접점 릴레이인 경우는 ∝Ω이여야 한다. 만일 접점이 저항이 ∝Ω 이어야 함에도 불구하고 0Ω이 측정 되는 경우는 접점이 융착되어 있는 것으로 판단할 수 있다. 다음은 그림(2-19)와 같이 코일 측에 배터리(battery)를 연결하여 접점 양단간 저항을 측정하면 접점 저항은 B접점(상폐 접점)인 경우에는 ∝Ω 이어야 하며 M 접점(상개 접점) 인경우는 0Ω 이어야 한다. 그러나 실제 릴레이는 자동차의 정션 박스에 삽입되어 있는 경우가 대부분으로 실차측에서 점검하는 것이 바람직스럽다. 실차 측에서 접점의 점검은 접점에 부하 전류가 흐르도록 한 상태에서 접점의 전압을 측정하여 0.2V 이하이면 좋다.

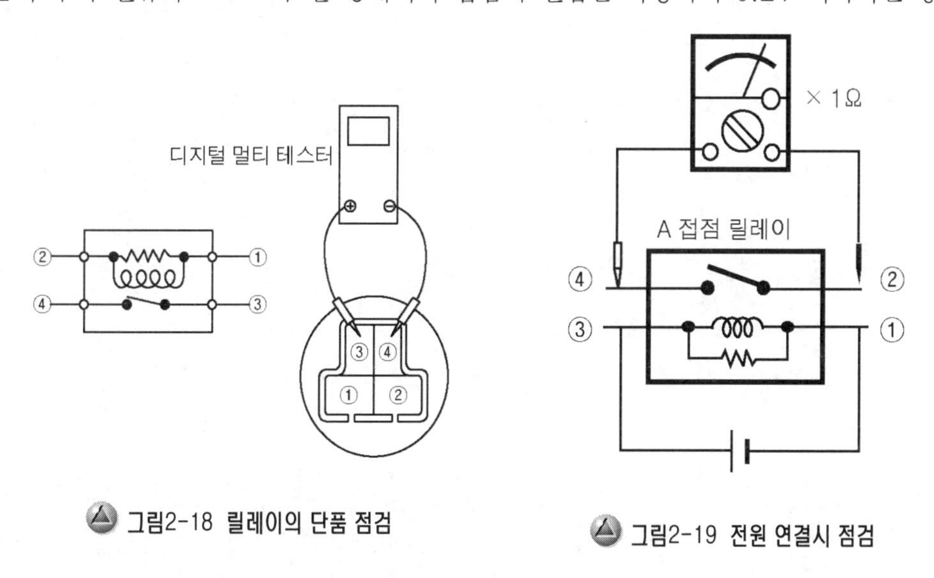

그림2-18 릴레이의 단품 점검

그림2-19 전원 연결시 점검

만일 접점의 전압이 0.7V가 측정 되는 경우는 릴레이 부하 측이 원활히 동작된다 하여도 예방 정비 차원에서도 릴레이를 신품으로 교환하여 주는 것이 좋다. 릴레이의 저항 측정은 실제 릴레이가 동작을 하지 않거나 릴레이가 뜨겁게 발열을 하는 경우는 릴레이의 코일 저항을 측정하여 보는 것이 좋다. 보통 자동차용 릴레이의 코일 저항은 100Ω 정도가 일반적이지만 이보다 현저히 차이가 나는 경우는 릴레이 코일의 내부 쇼트(short)라고 판단하여도 좋다. 끝으로 릴레이 코일의 저항은 종류에 따라 다소 차이가 날 수 있으므로 참고하기 바란다.

03 배터리

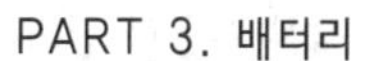

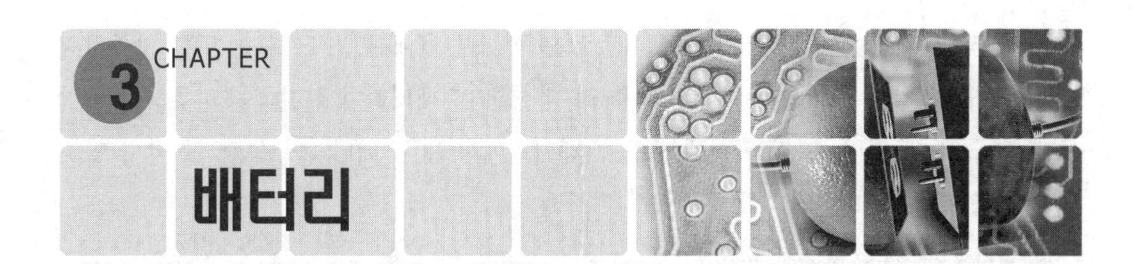

3 CHAPTER 배터리

1 자동차용 배터리

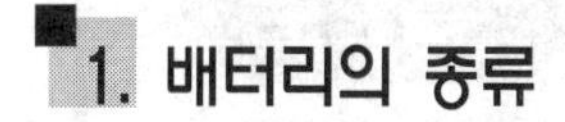

1. 배터리의 종류

기술의 발달은 자동차의 성능은 물론 생활 문화를 창조해 가는 메커니즘(mechanism)으로 자리를 잡으면서 단순히 교통수단으로서의 기능뿐만 아니라 이동하는 생활공간으로 카-일렉트로닉스(car electronics)화가 급격히 진행되가고 있다. 이에 따라 자동차의 내부 환경이 급속히 변화하여 전원 공급원으로 사용되는 배터리 또한 고성능화를 요구하게 되었다.

자동차 배터리의 환경 변화

- 자동차의 car electronics 화
- 전기 부하의 증가
- 엔진 룸의 고온화

배터리의 요구 조건

- 장수명화
- 대용량화
- 고온 내구성 향상
- 고율 방전에 의한 시동 성능
- maintenance free화

자동차용 배터리(battery)는 납축전지에서 고성능 배터리로 발전하게 되면서 전해액을 보충하지 않는 일명 MF 배터리가 보급화 되었다. 또한 전기 자동차 및 하이브리드(hybrid) 자동차에 사용되는 배터리는 납 축전지와 달리 중량이 작게 나가면서 한번 충전에 장시간 사용 할 수 있는 EV 전용 배터리가 개발되어 사용되고 있다.

EV(electronic vehicle) 전용 배터리는 현재의 성능을 보다 향상하기 위해 각 제조 메

이커 및 연구 기관에서는 미래의 프로젝트로 연구 개발 중에 있기도 하다. 또한 자동차의 중량을 최소화하기 위해 기존의 12V 배터리 대신 36V 배터리가 선진국을 비롯하여 활발하게 연구 중에 있다. 따라서 현재의 12V 배터리에서 36V 배터리가 등장 할 날도 멀지 않을 것으로 예측 되어진다.

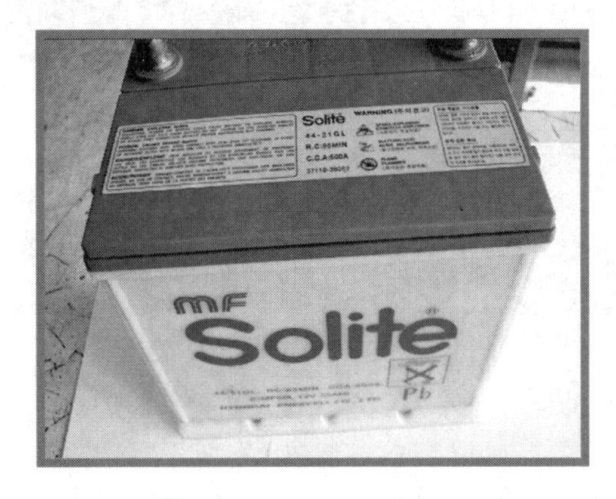

사진3-1 자동차용 배터리

사진3-2 절개된 배터리

화학 작용을 이용한 배터리에는 표(3-1)과 같이 한번 사용으로 수명이 다하는 1차 전지(1차 배터리)가 있으며 방전된 배터리를 충전하여 재 사용이 가능한 2차 전지(2차 배터리)가 있다. 이들 중 충전하여 재사용이 가능한 2차 전지(2차 배터리) 중 자동차용 배터리는 성능에 따라 분류하고 있는데 시동 성능에 따라 표준 배터리와 고성능 배터리로 구분하고 있다. 이들 배터리의 구분은 배터리의 형식에 따라 각 메이커가 규정한 규격을 규격화하여 알파벳 및 숫자로 표시하고 있다.

[표3-1] 배터리의 구분

배터리 구분	종 류
1차 전지	망간전지, 알카리 망간전지, 산화은전지, 공기아연전지, 리듐전지, 니켈카드뮴전지 등
2차 전지	납축전지, 알카리전지, 산화은전지, 니켈카드뮴 전지, 니켈아연전지, 니켈수소전지, 리듐이온전지 등

이를 테면 N, NS 첨자가 있는 배터리는 표준 배터리를 의미하며 NT, NX의 첨자가 있는 배터리는 고성능 배터리로 구분하고 있다.

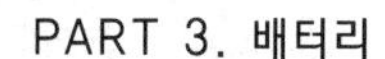

또한 배터리의 종류를 보수 형식으로 구분 하여 보면 표(3-2)과 같이 표준 배터리와 LM 배터리(low maintenance battery), MF 배터리(maintenance free battery)로 구분 할 수 있으며 표준형 배터리와 LF 배터리는 전해액 충진 구멍을 통해 전해액 보충이 가능하다하여 개방형 배터리라 분류하기도 하며 MF 배터리와 같이 전해액 보충 구멍이 없이 밀폐되어 있는 밀폐형 배터리로 분류하기도 한다.

[표3-2] 배터리의 보수 형식에 의한 구분

배터리 종류	보수 구분
표준 배터리	사용중 전해액의 감소는 사용 조건에 따라 차이는 있지만 보통 3개월에 한번 정도 보충이 필요한 배터리
LM 배터리	표준 배터리에 비해 약 1/2 정도 감소되는 배터리로 1년 정도 무보충이 가능한 배터리
MF 배터리	표준 배터리에 비해 전해액이 약 1/5 정도 감소되는 배터리로 보충이 거의 필요없는 배터리

또한 자동차 배터리에는 자동차의 저공해, 저연비 실현을 목적으로 개발한 전기 자동차 및 하이브리드 카(hybrid car)에 적용하기 위해 개발된 배터리는 극판의 재질과 형태에 따라 현저히 달라지게 되므로 배터리의 극판 재질에 따라 배터리의 종류는 표(3-3)과 같이 구분하고 있다.

[표3-3] EV용 배터리

배터리 종류	물질	전압/CELL	특 징
납축전지	Pb	2.0V	가격이 저렴 자기 방전이 적다
니켈-카드뮴 전지	Ni Cd	1.2V	납축전지에 1.3배의 에너지 밀도
니켈-수소전지	Ni MH	1.2V	납축전지에 1.7배의 에너지 밀도
리듐 이온 전지	Li ion	3.6V	납축전지에 3배의 에너지 밀도

이들 배터리 중 납 축전지는 비교적 가격이 저렴하고 자기 방전이 적은 이점은 있지만 에너지 밀도가 낮고 수명이 짧아 EV 용 배터리로는 부적합 하다고 할 수 있다. 반면에 니켈 카드뮴 전지는 납 축전지에 비해 수명도 길고 에너지 고율 충방전이 가능하며 에너

지 밀도 도 1.3배 큰 장점을 가지고 있다. 또한 방전 상태에서 장기간 방치하여도 용량 회복이 쉽다는 이점이 있지만 가격이 비싸고 환경오염 물질인 카드뮴을 사용하고 있어서 이에 대한 환경 대책이 요구되는 단점을 가지고 있다.

니켈 수소 전지는 양극은 수산화니켈을 음극은 수소 흡장 합금을 사용하고 전해액으로 알칼리 용해액을 사용하고 있는 배터리로 수명이 아주 뛰어 나며 에너지 밀도 도 납축전지에 비해 1.7배로 우수하며 고율 충방전이 가능하지만 가격이 비싸고 온도가 상승하면 자기 방전이 비교적 크며 배터리의 셀(cell)당 전압이 납축전지에 비해 낮은 단점을 가지고 있다. 리듐 이온 전지의 양극으로는 알루미늄 막에 탄산 리튬과 산화코발트를 도포하여 코발산리듐을 만들고 음극은 은박막 상에 수산화 리듐을 함침 시켜 만들어 셀(cell) 당 전압이 높고 에너지 밀도가 납 축전지에 비해 3배 정도로 매우 뛰어난 특징을 가지고 있지만 저온 특성이 나쁘고 과충전 및 과방전애 의한 배터리 회복력이 약하는 등 안전성이 떨어지는 결점을 가지고 있다.

[표3-4] EV용 배터리의 성능 비교

배터리 종류	중량밀도 (Wh/kg)	체적 밀도 (Wh/ℓ)	자 원	수 명
납축전지(개방형)	38	70	풍 부	보 통
납축전지(밀폐형)	35	60	풍 부	보 통
니켈 카드뮴 전지	50	110	결 핍	우 수
니켈 수소 전지	65↑	140↑	보 통	매우 우수
리듐 이온 전지	100↑	240↑	보 통	우 수

2. 배터리의 구조와 원리

(1) 납 축전지의 구조

납 축전지의 구조는 사진(3-3)과 같이 6개의 셀(방)로 나누어져 있으며 각 셀은 2.1(V) 기전력이 발생하는 전지가 내장 되어 있는 구조로 되어 있다. 각 셀(cell)의 전지는 그림(3-1)과 같이 직렬로 6개의 셀(cell)이 연결되어 있어서 배터리의 단자(터미널)에는

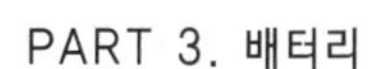

12.6(V)가 출력하게 되어 있다.

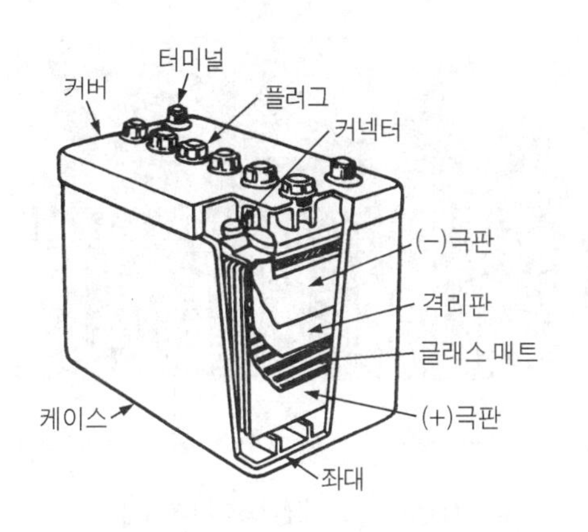

그림3-1 배터리의 구조

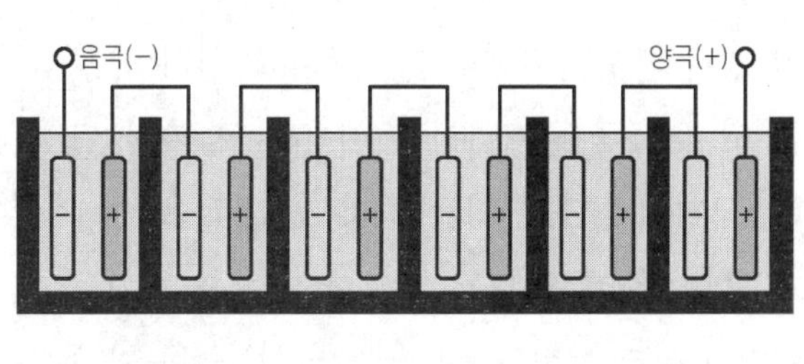

그림3-2 배터리 극판의 연결(직렬 연결)

사진3-3 배터리의 내부 셀

이들 셀(cell)은 그림(3-3)과 같이 세퍼레이터(saperator)를 중심으로 양극판과 음극판으로 나누져 있으며 셀의 전조 안에는 전해액 H_2SO_4(묽은 황산)을 넣어 전해액을 넣은 전조 속에 PbO_2(과산화납)으로 만들어진 양극판과 Pb(납)으로 만든 음극판을 넣어 화학 반응을 일으키도록 하고 있다.

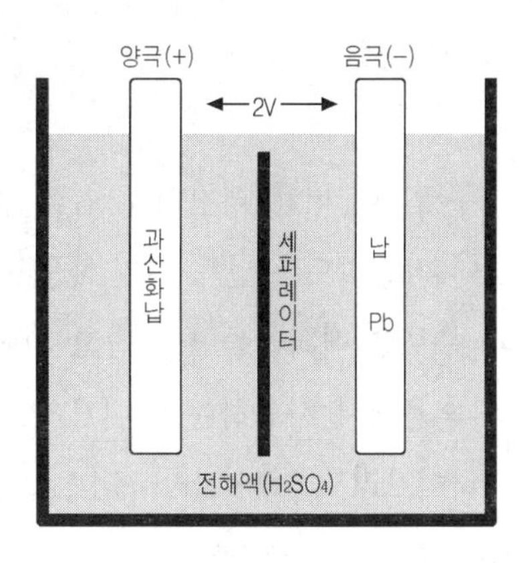

그림3-3 셀의 기본 구조

배터리의 극판은 순도가 높은 납을 미립자상으로 만들어 납가루 및 산화 납 가루를 H_2SO_4(묽은 황

산)과 같이 페스트(paste) 상태로 만들어 납합금제 격자(grid)에 충진하여 건조하는 과정을 거쳐 전해액 처리 등의 공정을 거치면 양극판은 암갈색을 띤 PbO_2(2산화납)판이 되고 음극판은 회색을 띤 Pb(납)판이 된다. 극판의 골조가 되는 격자(grid)는 외부에 전류가 흐르도록 하는 중요한 역할을 가지고 있으며 이들 격자(grid)는 그림(3-4)와 같이 여러 가지의 모양을 가지고 있다. 그 중 표준격자는 표준 배터리에 적용한 일반 격자를 나타낸 것이며 파워 격자는 고성능 배터리에 적용한 격자라 하여 파워 격자(power grid)로 분류하고 있다.

사진3-4 납 축전지의 내부 구조

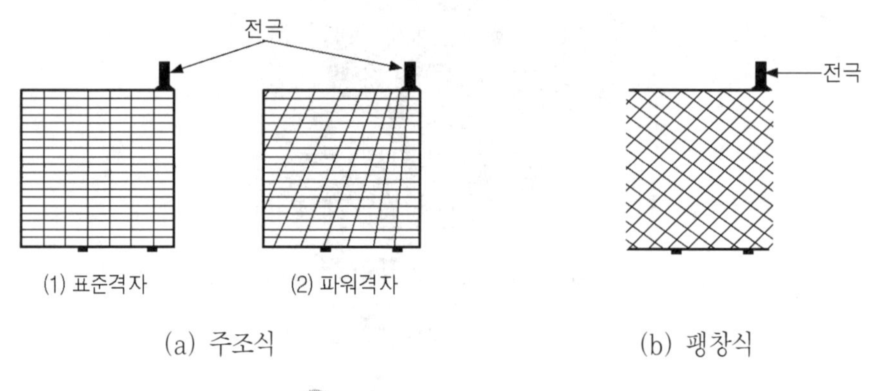

그림3-4 극판의 격자 구조

주조식에 비해 팽창식(expansion type)격자는 공정 생산성을 높이기 위해 자동화 가공이 가능하도록 만든 격자로 MF 배터리에 적용하고 있다. 최근에 배터리는 고성능 특성과 무보수 배터리를 요구하고 있어 이것에 사용되는 극판 또한 파워 격자와 팽창식 격자를 혼용해서 사용하는 하이브리드 격자가 주류를 이루고 있다

하이브리드 격자(hybrid grid)는 양극판은 파워power) 격자를 음극판은 팽창(expansion) 격자를 사용하는 방식을 말한다.

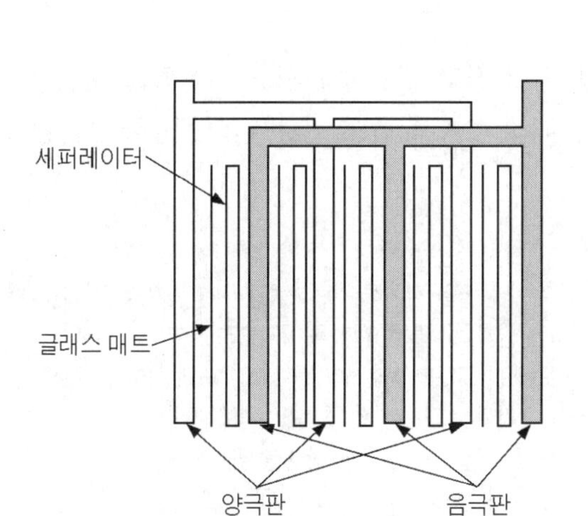

그림3-5 1셀의 극판 구조

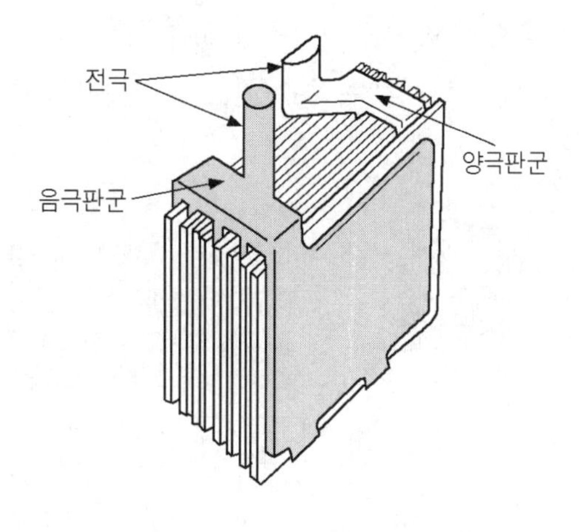

그림3-6 1셀의 극판 묶음

(2) 전지의 원리

금속 원자는 가전자 수가 1~3개를 가지고 있어 이온(ion)이 되는 경우에는 불안전한 원자는 안정된 상태를 갖기 위해 가지고 있던 전자를 떼어 놓아 원자는 전기적으로 +전하를 띠게 된다. 이것을 우리는 양이온이라 하며 이렇게 양이온이 되는 경우에도 원자의 가전자 수와 전자의 궤도 거리에 따라 이온이 되기 어려운 상태와 이온이 되기 쉬운 상태는 달라지게 된다. 따라서 금속의 종류에 따라 가전자 수와 궤도의 거리에 따라 이온화 경향이 다르기 때문에 전지에 사용되는 금속의 활물질로는 이온화 경향이 쉬운 물질을 사용한다. 즉 이온화 경향이 쉬운 물질은 화학 반응이 쉽게 일어나는 물질로 활물질이라 표현하고 있다.

금속 원소에서 이온화 경향이 쉬운 원소를 순서대로 나열 해 보면

K (칼륨) > Ca(칼슘) > Na > Mg(망간) > Al > Zn(아연) > Fe > Ni (니켈)

Sn(주석) > Pb > H(수소) > Cu > Hg(수은) > Ag > Pt(백금) > Au (금) 등으로 나열 해 볼 수 있다.

따라서 전지는 이온화 경향이 쉬운 서로 다른 2개의 활물질을 전극의 극판으로 활용해 전해액 중에 넣으면 전지를 만들 수가 있다. 그러나 이온화 경향이 쉬운 물질을 전해액 중에 넣어도 대부분의 전지는 일시적으로 사용 할 수 없게 되는데 이것은 분극 작용에 의해 양극에서 발생하는 작은 수소 기포가 극판을 덮어 전자의 이동을 방해하기 때문이다. 이

와 같은 현상은 전지로서 오래 사용 할 수 없게 되어 전지로서 오래 사용하기 위해서는 양극에서 발생하는 수소 가스를 억제하는 물질이 필요로 하게 되는데 이것을 우리는 감극제라 한다.

① 이온(ion) : 원자에는 전자와 양자의 수가 동일한 전기적으로 중성인 수를 가지고 있다가 외부의 어떤 힘에 의해 전자가 이탈하면 원자는 이탈한 전자를 가져오려고 외부에 양전하를 띠게 되는데 이 원자를 우리는 +로 대전 되었다 하며 이것을 양이온이라 하며 반대로 원자가 외부로 부터 전자를 흡입하여 원자가 −대전된 것을 음이온이라 한다.
② 전리 : 물질이 이온화 되어 양이온과 음이온으로 분리된 상태를 말함
③ 전해질 : 물질에는 물에 용해 할 때 전류가 잘 흐르는 물질과 잘못 흐르는 물질이 있는데 이렇게 수용액 중에는 전류가 잘 흐르는 물질을 전해질 이라하며 전류를 잘 못 흐르는 물질을 비전해질이라 한다.
④ 활물질 : 배터리(battery)는 활물질과 전해질로 구성되어 있는데 활물질은 화학 반응을 일으키는 원재료의 물질을 활물질이라 한다.
예를 들면 양극의 활물질은 PbO_2 (과산화납), 음극의 활물질은 Pb(해면상 납)을 말한다.

(3) 납 축전지의 원리

양극판은 격자체로 전해액이 침투가 쉽게 하기 위해 다공질 판으로 만들고 활물질로는 PbO_2 (과산화납)으로 되어 암갈색을 띠고 있다.

[표3-5] 배터리의 구성 부품

구성 부품	물질(재료)
양극판	PbO_2(과산화납)
음극판	Pb(납)
전해액	H_2SO_4(묽은 황산)
세퍼레이터	강화섬유, 에보나이트, 합성수지
글라스 매트	특수 글라스
전조	에보나이트, 합성수지

음극판은 양극과 같이 전해액이 침투가 쉽게 하기 위해 다공질로 되어 있고 활물질로는 Pb(해면상납)을 사용하며 회색빛을 띠고 있는 극판을 전해액인 H_2SO_4 (묽은 황산용액)에 넣으면 양극의 PbO(과산화납)과 음극의 Pb(납)은 전해액 H_2SO_4 (묽은 황산)과 작

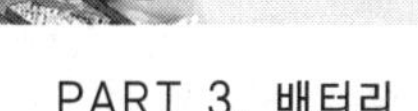

용을 해 방전 중인 경우에는 양극판은 $PbSO_4$(황산납)으로 변화하게 되고 전해액 중에는 H_2O(물)이 생성 돼 전해액의 비중이 내려가게 된다.

반대로 충전 중인 경우에는 양극판과 전해액은 원래 상태로 돌아가 양극판은 PbO_2(과산화납)으로 음극은 Pb(납)으로 전해액은 H_2SO_4(묽은 황산)으로 원래 상태로 돌아가게 된다.

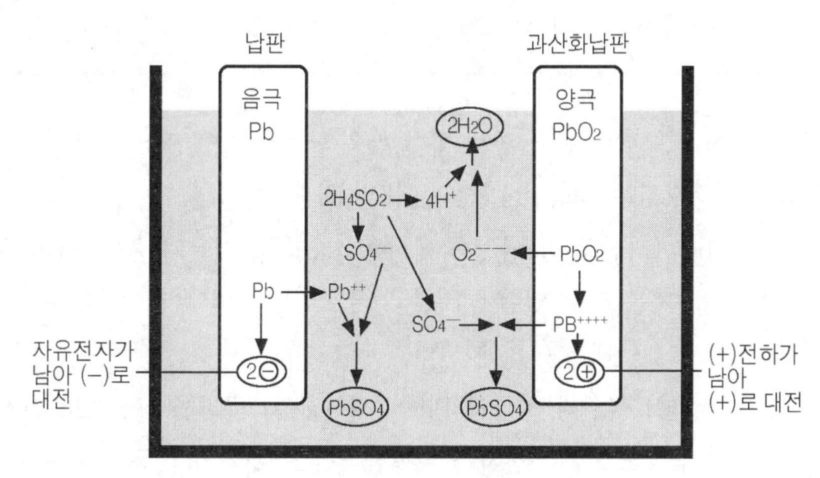

그림3-7 납축전지의 화학 반응 원리

납 축전지 같은 경우에는 이와 같은 화학 반응에 의해 양극에 발생하는 H_2(수소 가스)는 양극의 PbO_2(과산화납) 중의 O_2(산소)와 반응해 H_2O(물)이 되기 때문에 분극 작용이 일어나지 않고 장기간 사용이 가능하게 된다.

양극		전해액		음극	방전 / 충전	양극		전해액		음극
PbO_2	+	$2H_2SO_4$	+	Pb	⟷	$PbSO_4$	+	$2H_2O$	+	$PbSO_4$

배터리의 화학 반응을 좀더 자세히 살펴보면 음극에는 Pb(납)이 이온(ion)화 하여 떨어져 나온 전자는 음극판 상에 남고 전자가 떨어져 나오면서 생성된 Pb^{++}(양이온)은 전해액 중에서 전리되어 SO_4^{--}(황산) 이온과 화합하여 불용성 과산화 납으로 변화한다.

● **음극의 반응**

납의 이온		황산이온		황산납
Pb^{++}	+	SO_4^{--}	⟶	$PbSO_4$

양극에는 PbO_2(과산화납)와 전해액 H_2SO_4(묽은 황산)가 반응하여 이온되면 4가의 Pb^{++++}(납이온)과 2가의 SO_4^{--}(황산)이온 및 물 분자가 된다. 여기서 4가인 Pb^{++++}(납이온)은 양극으로부터 전자를 빼앗아 자신은 2가인 Pb^{++}(납이온)가 된다.

● **양극의 반응**

납의 이온		황산이온		황산납		황산이온
Pb^{++}	+	$2SO_4^{--}$	⟶	$PbSO_4$	+	SO_4^{--}

여기서 2가인 Pb^{++}(납이온)과 앞서 화학 반응 할 때 2가인 SO_4^{--}(황산 이온)과 반응을 하게 돼 전기적으로는 중성인 $PbSO_4$(황산납)과 2가인 SO_4^{--}(황산 이온)이 되게 된다. 이와 같이 PbO_2(과산화 납)의 양극에서는 4가인 납 이온과 2가인 납이온으로 변화할 때 2개의 (−)전자를 갖고 있던 전자를 양극으로부터 빼앗아 양극에는 (−)전자가 결핍 되어 상대적으로 (+)대전을 하게 된다.

따라서 음극의 Pb(납) 극판과 양극의 PbO_2(과산화납) 극판을 도선으로 연결하면 전자의 여분으로 있던 음극으로부터 전자가 부족한 양극으로 즉시 이동하게 된다. 즉 전자가 불평형 상태에 놓여 있던 전자(전위차가 발생 되어)가 평행 상태로 가기 위해 이동을 하게 된다. 이때 발생 되는 전위차는 약 2(V)정도로 이것을 6개 직렬로 연결하여 만든 것이 12V용 배터리(battery)이다.

[표3-6] 납축전지의 화학 반응

	음 극	전해액	양 극
충전상태	Pb(납)	$2H_2SO_4$(묽은황산)	PbO_2(과산화납)
전리상태	$2e^-$ Pb^{++}	SO_4^{--} $4H^+$ SO_4^{--}	Pb^{++++} O_2^{----}
기전력기구	2(−) $PbSO_4$ (중화)	$2H_2O$ (중화)	$PbSO_4$ + 2(+) (중화)
방전상태	$PbSO_4$ 황산납	$2H_2O$ 물	$PbSO_4$ 황산납

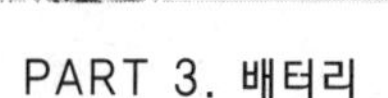

(4) MF 배터리

무보수 배터리(일명 MF 배터리)의 구조는 양극은 PbO_2(과산화납)을 사용하고 음극은 Pb(납)을 사용하고 있어 기존의 보수형 배터리(납 축전지)와 크게 차이는 없지만 활, 물질을 유지하고 있는 격자체의 합금은 보수형 배터리인 경우는 납-안티몬계 합금이나 납-칼슘계 합금을 사용하고 있는 대신 MF 배터리(maintenance free battery)는 납-칼슘계 합금을 사용하고 있다. 또한 보수형 배터리(납 축전지)는 양극판과 음극판을 사이를 분리하기 위해 중간에 세퍼레이터(separator)판을 넣어 양극판과 음극판이 쇼트(short)가 일어나지 않도록 하고 있는 대신 MF 배터리의 경우는 양극판과 음극판의 쇼트 방지는 물론 세퍼레이터(separator)를 메트(mat) 상태로 만들어 전해액을 함침하는 기능을 갖고 있다. 따라서 MF 배터리에서는 전해액(H_2SO_4)은 거의 양극과 음극, 세퍼레이터(격리판)에 함침되어 유동하는 전해액은 거의 없는 셈이다.

보수용 배터리(납 축전지)의 전해액 감소는 충전 중에 전기 분해에 의해 산소 가스와 수소 가스 및 물로 되어 외부로 증발하여 버리기 때문에 일정한 기간이 지나면 전해액이나 증류수를 보충 해 주어야 한다.

그러나 MF 배터리(무보수 배터리)의 경우는 충전 중에 양극에서 발생하는 O_2(산소 가스)를 음극에서 흡수하여 다시 H_2O(물)로 되돌려 주기 때문에 전해액 감소는 일어나지 않는다 . 또한 충전 중에 수소 가스가 발생하면 수소 가스는 흡수 할 수 없기 때문에 MF 배터리에서는 수소 가스가 발생하지 않는 납-칼슘계 의 합금 격자체를 사용하고 있는 이유도 이 때문이다

MF 배터리는 납-안티몬계의 합금 격자체를 사용한 배터리에 비해 자기 방전이 약 1/3 정도로 작아 장기 보관에 유리하며 보수용 배터리(납 축전지)에 비해 수명이 약 30% 정도 길며 전해액 보충이 불필요하게 돼 배터리의 체적을 작게 할 수 있는 이점이 있다.

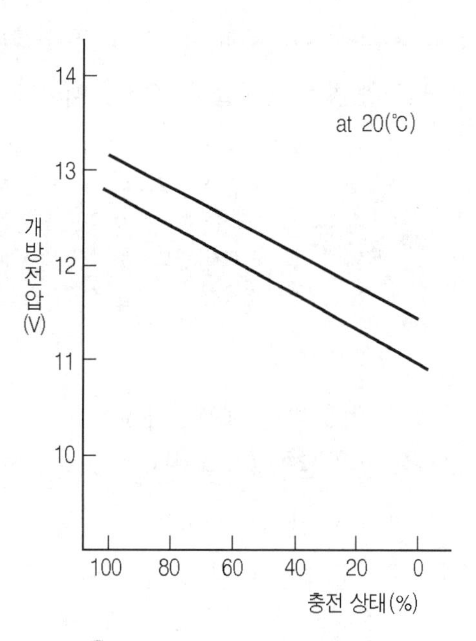

그림3-8 MF 배터리 충전 상태

또한 시동 성능이 보수용 배터리에 비해 우수하다.

그림(3-8)은 MF 배터리의 충전 상태의 전압 특성을 나타낸 것으로 MF 배터리는 전해액 보충구가 없어 비중을 측정 할 수 없기 때문에 배터리의 전압 측정 만으로 충전 상태를 확인하여야 한다.

음극		가스흡수
Pb	+	$1/2O_2 \rightarrow PbO$
PbO	+	$H_2SO_4 \rightarrow PbSO_4 + H_2O$

(5) EV 배터리

전기 자동차 및 하이브리드 카(hybrid car)에 사용되는 EV(electronic vehicle) 전용 배터리는 기존의 납 축전지와 달리 배터리의 자체가 자동차의 주 동력원으로 사용하여야 하는 과제 때문에 납축전지에 비해 그 요구 조건이 훨씬 까다롭다. EV용 배터리는 첫째 한 번 충전에 오래 달릴 수 있어야 할 것과, 둘째 급속 충전이 가능 할 것, 셋째 전지의 파워(power) 밀도가 높을 것, 넷째 가벼우면서 안전할 것, 다섯째 수명이 길 것 등이 요구 되고 있다. 따라서 이러한 배터리의 요구 조건을 개량 할 수 있는 요소(factor)로는 배터리의 중량 밀도와 체적 밀도를 사용하여 배터리의 에너지(energy) 효율을 구분하고 있다.

★ **중량 밀도** : 배터리의 중량 1 kg 당 출력 할 수 있는 전기량(Wh)로 단위는 Wh/kg으로 나타내며 중량 밀도 또는 중량 효율이라고도 한다.
★ **체적 밀도** : 배터리의 단위 체적당 전기량을 출력 할 수 있는 수치를 나타낸 것으로 사용하는 단위는 Wh/ℓ로 나타내며 체적 밀도 또는 체적효율이라 표현하기도 한다.

그림 (3-9)의 그래프는 EV용 배터리의 그래프를 나타낸 것으로 가로측은 체적 효율(체적 밀도)을 세로측은 중량 효율(중량 밀도)을 나타낸 것으로 수치가 큰 것 일수록 에너지 효율이 좋은 것을 나타낸다.

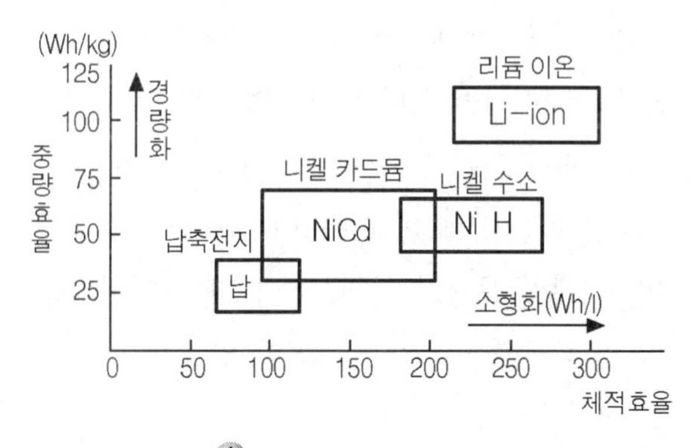

그림3-9 에너지 밀도

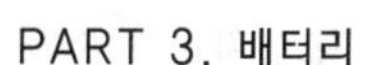

즉 에너지 효율은 (중량 효율 × 체적 효율)로 나타내며 에너지 효율이 가장 좋은 전지로는 리듐 이온 전지를 볼 수가 있다.

(4) 36V용 배터리

자동차의 성능 향상과 환경 대응은 자동차 기술 발달로 전기 자동차 및 하이브리드 카(hybrid car)가 등장하기 시작하면서 종래의 자동차 보다 한층 증가된 전기 부하가 요구되고 있어서 기존의 12V 배터리로는 늘어나는 전기 부하에 한계가 있게 되었다. 따라서 최근 선진 자동차 메이커에서는 36V 배터리를 연구하기 시작하면서 자동차의 새로운 기술 변화를 예견하고 있다.

우선 36V의 배터리를 사용하게 되면 자동차의 전동화 따른 차량 전체의 경량화를 꽤할 수 있다. 전기 동력 향상으로 연비 및 배출 가스 저감이 가능하며 동일 전류의 용량을 사용하더라도 3배의 전기 효율이 향상 되어 자동차에 사용되는 각종 모터류의 효율 향상이 기대가 된다. 또한 와이어 하니스(wire harness)의 경량화가 가능한 이점이 있다. 와이어 하니스의 경량화는 배터리 전압이 36V(실제로는 42V의 전압이 출력 됨)가 출력 되므로서 전선에 흐르는 전류는 12V 배터리에 의해 흐르는 전류보다 1/3 이 감소되어 전선의 규격에 의한 중량은 실제로는 1/6로 감소하는 이점이 생기게 된다.

그러나 기존의 사용하던 12V 전압보다 전압이 3배로 높아 자동차에 사용되는 전장품의 전원 회로나 기타 회로에 보호 회로를 필수적으로 내장하여야 하는 부분과 전원 노이즈(noise)에 대응하기 위해 쉴드 선(sealed wire) 사용이 증가하는 경향을 내포하고 있다. 또한 36V로 전압이 상승하게 되면 릴레이(relay)의 접점, 스위치류의 접점 등은 아크 방전에 의해 12V용 배터리에 비해 접점 소손이 예상되기 때문에 디지털 스위치가 증가하게 되며 부하측 회로에는 잡음에 영향을 받지 않도록 필터(filter)회로나 보호회로가 증가하는 경향을 예상 할 수가 있다.

현재 12V를 사용하는 자동차의 경우에는 전기 부하의 총 소비되는 한계치는 약 180A 정도로 전기 자동차나 하이브리드 카(hybrid car)의 대전류용 모터를 구동하는 데에는 한계가 있게 된다. 따라서 36V 배터리는 이러한 장점 때문에 국내외 자동차 메이커에서는 활발히 연구 중에 있다.

그러면 왜 36V 배터리이어야 하는 문제는 인간의 감전사고를 고려하지 않으면 안되는 전압 한계치이기도 하며 36V 배터리라도 자동차에 필요한 수 KW~10KW 까지 출력을

낼 수 있기 때문에 자동차용으로는 36V 정도이면 충분하다는 것이다.

현재 36V 배터리의 종류로는 납 축전지와 니켈 수소 배터리, 리듐 이온 배터리가 연구되고 있으나 배터리의 COST(가격)와 안전성 문제로 그 동안 기술 축적과 실용성이 가장 좋은 납 축전지가 유력한 배터리의 대안으로 보고 있다.

2 배터리의 특성

1. 배터리의 방전 특성

(1) 방전중인 배터리의 비중 변화

납 축전지는 양극은 PbO_2(과산화납), 음극에는 Pb(해면상납), 전액액은 묽은 황산(H_2SO_4)을 사용하고 있어서 배터리가 방전 중인 경우는 양극과 음극은 $PbSO_4$(황산납)으로 변하게 되는데 이때 양극에는 PbO_2(과산화납)과 전해액 H_2SO_4와 반응해 물분자로 변화하게 된다. 이 때문에 전해액은 방전을 진행하면 전해액은 물분자와 희석이 되어 전해액의 비중은 낮아지게 된다.

이 전해액의 비중 특성은 그림(3-10)과 같이 완전 충전시 전해액의 비중은 1.28에서부터 완전 방전시에는 순수한 물의 비중(물의 비중 = 1)에 가까운 1.08까지 내려가게 된다. 즉 완전 충전시에서 완전 방전시까지 전해액의 비중은 0.2가 저하하게 되므로 이 전해액의 비중을 측정하면 배터리의 방전율 상태를 알 수 있게 되는 것이다. 결국 배터리의 비중을 측정하는 것은 배터리의 방전율을 확인하는 것과 같다.

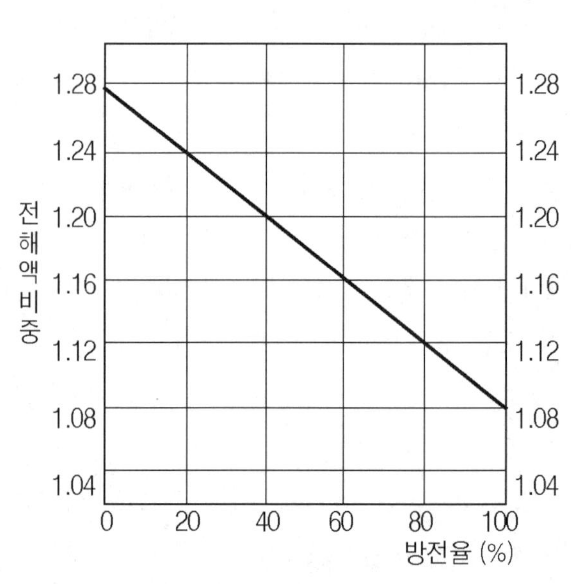

그림3-10 방전율에 따른 비중

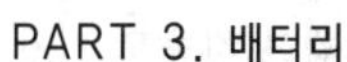

예를 들면 어떤 배터리의 비중을 측정하였더니 1.18 이었다고 가정하면 그 배터리의 방전율은 다음과 같이 산출 할 수 있다. 먼저 완전 충전시의 비중의 차를 구하면 1.28 − 1.18 = 0.1이 되며 완전 방전시까지 전해액 비중이 0.2까지 저하하기 때문에 이 값과 비율을 환산하면 쉽게 구 할 수 있다. 0.1/0.2 × 100% = 50% 은 완전 방전시와 비교하여 50% 방전되었음을 의미하며 바꾸어 말하면 50%는 충전이 되어 있다는 것을 의미 한다.

따라서 이 식을 정리하여 보면 다음과 같이 나타낼 수가 있다.

완전 충전시 전해액 비중 : 1.28

완전 방전시 전해액 비중 : 1.08

$$방전율 = \frac{(완전\ 충전시\ 비중 - 측정시\ 비중) \times 100\%}{완전\ 충전시\ 비중 - 완전\ 방전시\ 비중}$$

(2) 온도에 의한 비중 변화

배터리는 전해액의 온도가 상승하면 전해액은 팽창해 체적이 증가하기 때문에 같은 상태에서 배터리라도 온도에 의해 비중은 저하하게 된다. 반대로 온도가 내려가면 전해액의 체적은 작아져 비중은 증가하게 된다.

온도가 1℃ 변화할 때 변화하는 비중을 온도 계수라 하며 일반적으로 0.0007 값을 사용하고 있다.

전해액의 온도는 1℃ 상승하면 비중은 0.0007 저하하게 되므로 어떤 온도에서 측정한 비중을 20℃ 의 비중으로 환산 할 수가 있다 또한 배터리의 비중의 변화하면 배터리의 단자 전압은 그림(3-11)과 같이 변화하게 된다. 즉 배터리의 비중 변화는 충·방전시 뿐만 아니라 온도의 변화에 따라서도 비중은 변화하게 된다.

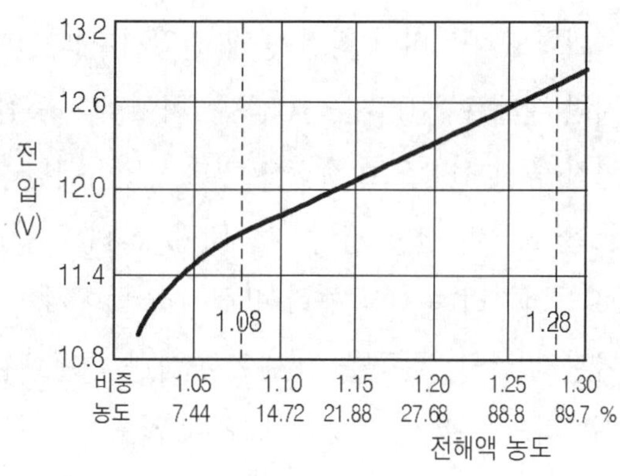

그림3-11 전해액 농도

$$S_{20} = St + 0.0007(t - 20℃)$$

S_{20} : 20℃에서 비중 St : 측정시의 비중 t : 측정할 때의 전해액 온도

배터리의 완충시 전압은 12.6V(2.1V/CELL)이지만 배터리에 부하를 연결하여 전류가 흐르기 시작하면 배터리의 단자 전압은 그림(3-12)와 같이 어느 일정 시간에서는 전압이 지속되다가 어느 시점에서부터는 단자 전압이 서서히 감소하여 방전 종지 전압(10.5V)까지 저하하게 된다.

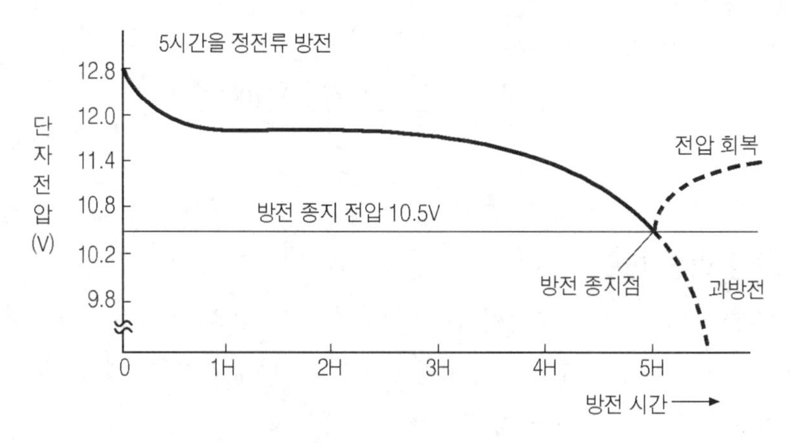

그림3-12 방전중인 배터리 전압

이렇게 배터리의 방전 종지 전압까지 다달아서도 지속적으로 방전하면 0V 까지 저하하지만 실제로 배터리는 10.5V이하에서 사용할 수 없기 때문에 10.5V(1.75 V/CELL)을 방전 종지 전압으로 정하고 있다. 또한 배터리는 방전 종지 전압 이상 과방전을 하게 되면 극판 표면이 질이 떨어지는 PbO_2(과산화납)으로 변화하게 되어 충전을 하여도 원래 데로 돌아가려는 회복 능력이 현저히 떨어지게 된다. 과방전은 극판의 활물질 탈락 현상 및 극판의 균열, 굴곡을 가져오고 심한 경우에는 극판이 단락되는 원인을 유발하게 되므로 배터리의 사용시 과방전이 되지 않도록 주의하여 사용하여 한다.

2. 배터리의 고율 방전 특성

자동차 배터리에 있어서 무엇보다도 중요한 기능은 엔진 시동에 필요한 전류를 충분히

공급 할 수 있어야 하는 능력이다. 배터리가 노화해 기능이 저하해 버리면 크랭킹(cranking)시 시동 모터의 회전속 저하로 이어져 시동 불량을 야기 할 수 있다.

엔진 시동시 시동 모터에 흐르는 시동 전류는 100~500(A)의 대전류가 흐르기 때문에 배터리는 이 같은 고율 방전에 충분한 능력을 갖고 있지 않으면 안된다.

따라서 자동차용 배터리는 이 같은 능력을 고려하기 위해 KS 규격에도 배터리의 고율 방전 특성을 규정하고 있다.

고율 방전 특성은 다음과 같은 조건 하에서 측정하고 있다.

① 완전 충전 후 −15℃에서 대기중에 16시간 이상 방치 한 후

② 150(A), 300(A), 500(A)(배터리의 용량 및 형식에 따라 방전 전류가 다름)의 방전 전류를 흘리고 (예)RANK 50이하의 배터리는 150(A)의 방전 전류를 흘림

③ 방전 개시 후에 그림(3-13)과 같이 5초 또는 30초(배터리의 용량 및 형식에 따라 다름)경과 후 전압을 측정하여 규정치 이상에 있을 것

④ 방전 종지 전압에 다다를 때 까지 규정 시간 이상 전류를 흘릴 수 있을 것

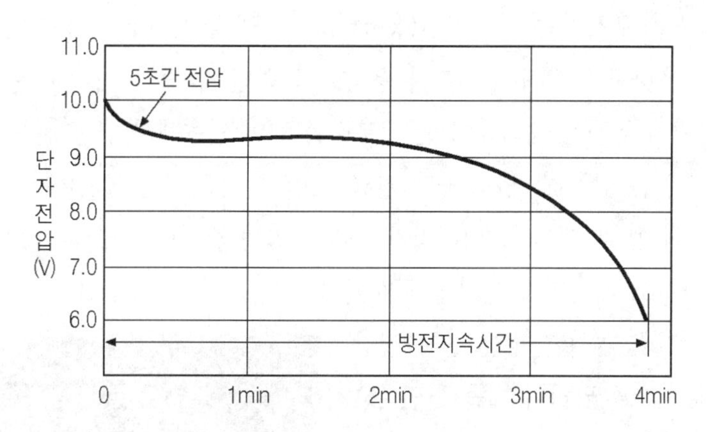

그림3-13 배터리 고율 방전 특성

또한 저온시 고율 방전 특성을 표시하는 데에는 CCA(cold cranking ampere) 시험을 통해 판단하고 있는데 CCA는 배터리가 완전 충전 상태에서 −18±1℃을 유지한 채 15초간 전압이 7.2V 될 때 방전 전류가 규정치 이상이어야 한다는 규정을 가지고 있다. 배터리의 규격 및 성능은 뒤 절에 별도로 나타낸 배터리의 규격표를 참조하기 바란다.

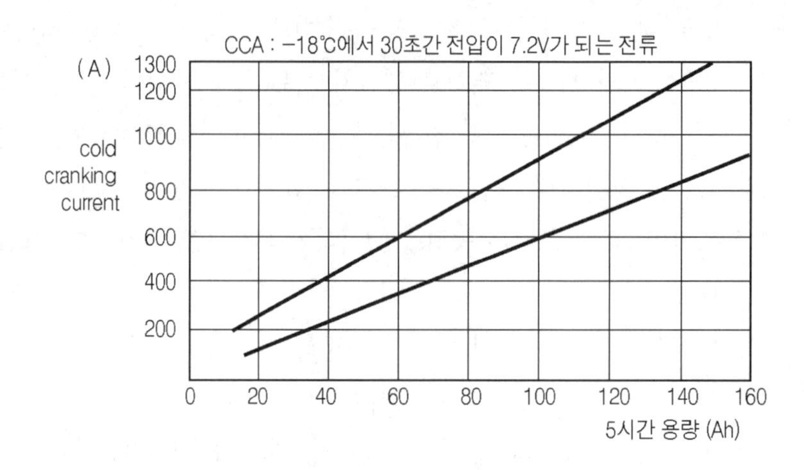

그림3-14 콜드 크랭킹 전류 특성

3. 배터리의 용량

배터리의 용량을 표시하는 데는 Wh(watt hour)와 Ah(ampere hour)을 사용하는데 전자는 많이 사용하지 않으며 배터리의 용량이라 하면 Ah을 의미하게 된다.

배터리의 용량의 규정은 배터리에 일정 부하를 걸어 연속해서 일정 전류를 흐르게 하면 배터리 단자 전압은 감소해 방전 종지 전압 10.5V(1.75V/CELL)에 다다르게 되는데 방전 종지 전압이 될 때 까지 그 배터리가 가지고 있는 전기량을 몇 시간을 지속해서 흐를 수 있느냐를 가지고 배터리의 용량을 표시한다.

즉 흐르는 전류량 곱하기 방전 종지 전압이 될 때 까지 시간을 말하며 예를 들면 2A의 일정 전류를 20시간 동안 흘리면 방전 종지 전압에 다다르는 배터리가 있다하면 이 배터리의 용량은 2(A) × 20(hour) = 40(Ah) 가 된다. 그러나 배터리는 방전 시간에 따라 전류량이 달라지게 되므로 이것을 규정하여 놓은 것이 방전율이다. 예를 들면 40(Ah)의 동일 용량의 배터리라 해도 방전

사진3-5 엔진 룸 내의 실장 배터리

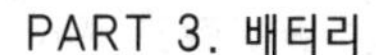

종지 전압 까지 부하의 크기에 따라 30(Ah)의 배터리가 될 수도 있고 40(Ah)의 용량을 가진 배터리가 될 수가 있으므로 이것을 방지하기 위해 규정하여 놓은 것이다.

예를 들어 20(A) 배터리를 5시간 방전율(표 3-5 참조)을 사용한다 하면 전류는 4(A)가 흘러야 방전 종지 전압에 다다르지만 실제로는 5시간율을 적용하면 3.3(A)흐르면 방전 종지 전압에 다다르게 된다. 따라서 20시간율을 적용하면 100%의 용량이 되지만 5시간율을 적용하면 82 % 용량인 상태에서 방전 종지 전압에 도달하게 된다. 따라서 일반적으로 자동차에 사용되는 배터리는 20시간 방전율을 많이 사용하여 표시하고 있다.

4. 배터리의 충전 특성

배터리는 충전을 하게 되면 비중 및 단자 전압이 상승하게 된다.

그림 (3-15)는 일정 전류를 흘렸을 때 비중 및 단자 전압의 변화 추이를 나타낸 것으로 충전 초기에는 전압이 급격히 상승하다 그 이후에는 일정 시간 전압이 서서히 증가하며 13.8~14.4V에 다다르면 전압은 급격히 상승하게 된다. 이 때는 산소 가스와 수소 가스가 다량 발생하게 되다가 그 이후 다시 전압 상승은 둔화하다가 다시 일정 전압에 이루게 된다. 이 때에는 충전을 계속하여도 전압은 상승하지 않게 되고 충전 완료점에 이루게 된다. 그러나 계속 충전을 하게 되면 충전 전압은 상승하지 않더라도 가스 발생으로 전해액의 감소는 물론 극판에 악영향을 미치는 상태가 되므로 배터리의 수명은 현저히 감소하는 결과를 가져오게 된다. 따라서 배터리의 과충전은 배터리의 수명을 단축하는 결과를 가져오기 때문에 과충전을 하지 않도록 주의 할 필요가 있다.

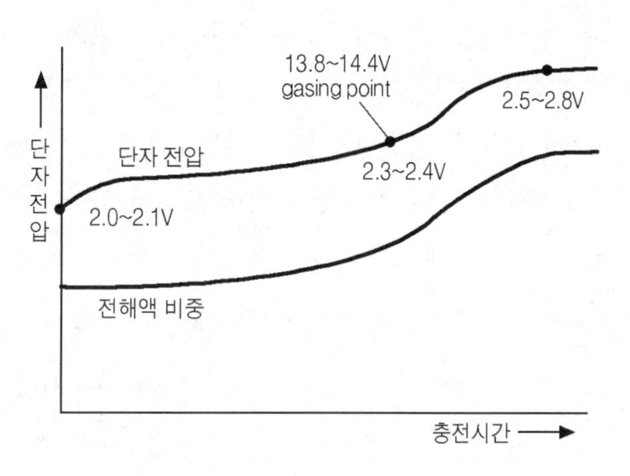

그림3-15 정전류 충전시 충전 특성

일반적으로 납축전지의 충전 종기 전압은 15~16.8V(2.5 V/CELL ~ 2.8V/CELL)로 완충시 배터리 전압 12.6~13.2V 보다 높게 나타나지만 충전을 종료한 후 잠시 시간이 경과 하면 원래 배터리의 충전 전압 12.6~13.2V로 돌아가게 된다.

충전 중에 전압이 배터리의 완전 충전시 전압보다 높게 나타나는 이유는 배터리의 내부 저항 때문으로 충전중에 내부 저항의 전압 강하분 만큼 증가하게 되어 나타나는 수치로 충전 후에는 내부 저항이 낮아지며 원래 데로 돌아가게 된다.

또한 충전 중에 전압이 급격히 상승하며 가스를 다량으로 발행하는 시기는 충전의 약 80 % 정도가 진행한 지점이다.

5. 배터리의 수명

배터리의 수명은 완충시 용량보다 재 충전시 50% 용량이 감소하는 것을 기준으로 그 배터리의 수명으로 결정하게 되는데 이것은 배터리의 충방전에 의해 배터리 극판에 결정화 된 $PbSO_4$(황산납) 또는 류산연과 극판의 석출에 의한 노화에 기인하는 것이다.

따라서 배터리의 수명은 정전류 방전과 정전류 충전을 1회 하였을 때를 1사이클(cycle)로 하고 그림(3-16)과 같이 몇 회를 반복하여 그 배터리의 용량에 50% 저하 할 때를 배터리의 수명(충방전 횟수)으로 규정하고 있다. 이때 사용되는 정전류 방전 및 충전 전류는 각 배터리의 형식과 용량에 따라 KS 규격에 별도로 방전율에 의한 충전 및 방전 전류를 설정하여 놓고 있다.

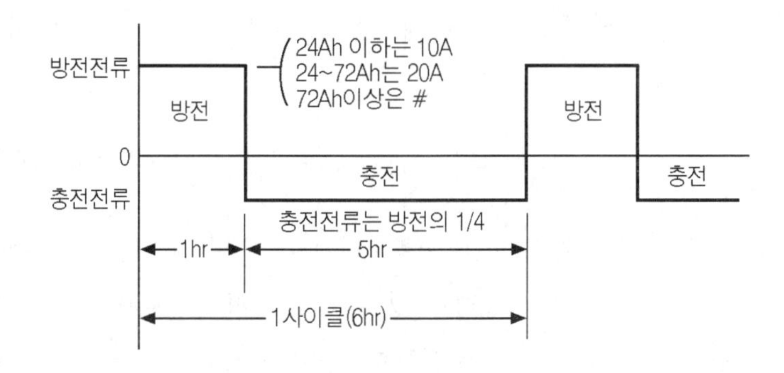

그림3-16 수명시험의 충전 및 방전 전류 사이클

방전인 경우에 배터리는 음극과 양극은 $PbSO_4$(황산납) 또는 류산연으로 변화하게 되며 다시 충전을 하게 되면 원래의 활물질로 돌아가게 된다. 그러나 배터리는 방전 후 곧 충전하지 않고 방치하거나 과방전을 하는 경우에는 방전시 화학 반응에 의해 양극판과 음극판의 $PbSO_4$(황산납)가 결정화 되어 충전을 하더라도 원래의 상태로 돌아가지 않게 되

어 배터리로 기능이 현저히 저하하게 된다. 이와 같이 양극과 음극에 $PbSO_4$(황산납)이 결정화되는 현상을 설페이션(sulfation) 현상이라 한다.

따라서 배터리의 설페이션 현상이 발생되지 않고 오래 사용하기 위해서는 과 방전이나 방전된 상태로 방치하여서는 안된다.

★ **설페이션(sulfation) 현상** : 배터리의 방전에 의해 극판에 백색 결정성 황산염(황산납)이 생성되는 현상을 말한다. 배터리를 방전 상태로 방치하게 되면 전해액에 용해되어 있던 황산납(황산염)의 미립자가 포화 상태가 되어 온도가 저하할 때 결정화 되고 석출을 반복하면서 차례로 황산납 결정체로 성장하게 된다. 이러한 백색 결정의 황산납은 단지 방전에 의해 생기는 황산납과 달라서 충전을 하여도 원래의 상태로 회복을 기대할 수가 없게 된다.

3 배터리 충전과 점검

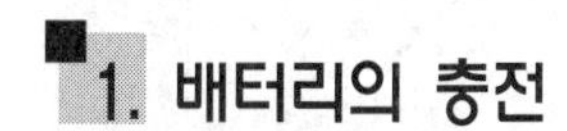

1. 배터리의 충전

(1) 배터리의 충전 방법

배터리의 충전 방법은 크게 나누어 보면 정전류 충전 방법과 정전압 충전 방법으로 구분 할 수가 있다.

● **정전류 충전 방법**

정전류 충전 방법은 배터리의 충전 전류를 처음부터 충전 종료시까지 일정한 전류로 충전하는 방법으로 가장 일반적인 방법이라 할 수 있는 충전 방법이다. 이 충전 방법은 충전이 시작하면 그림(3-17)과 같이 배터리 단자 전압이 서서히 상승하기 때문에 일정한 충전 전류를 흘려주려면 충전기의 전압 또한 서서히 증가 시켜주어야 한다.

사진3-6 배터리의 jumper

충전 종기에는 배터리에 충전 전류는 거의

흐르지 않게 되는 데에도 다량의 산소 가스와 수소 가스가 발생하게 되어 충전 효율이 악화되고 일정 전류를 흐르게 하기 위해 충전기의 전압을 상승시키기 때문에 다른 충전 방법보다 전해액의 온도 상승과 과충전 되기 쉬운 단점이 있다.

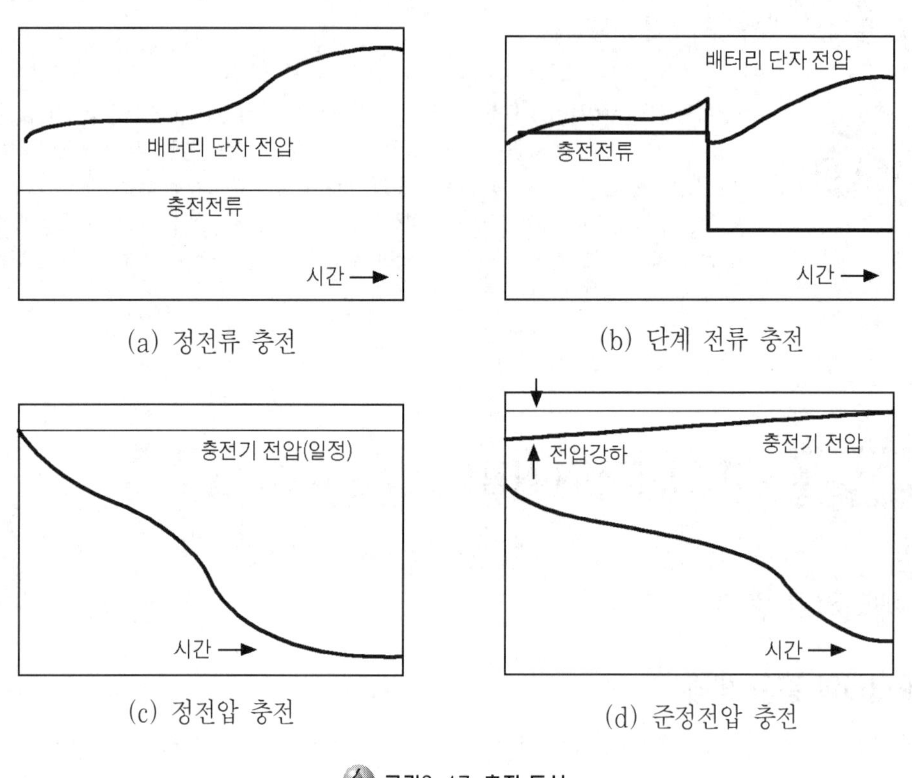

(a) 정전류 충전 (b) 단계 전류 충전

(c) 정전압 충전 (d) 준정전압 충전

그림3-17 충전 특성

● 단계 전류 충전 방법

이 충전 방법은 정전류 충전 방법을 하면서 단계적으로 전류 값을 감소 시킴으로서 충전 종기에 충전 효율을 향상 할 수 있는 방법이다. 일반적으로 이 방법은 2단계 전류로 충전하는 것이 많으며 충전 초기에 충전 개시 전류를 흘려보내고 충전 종기에는 충전 종기 전류를 흘려 보내므로서 배터리의 온도 상승을 작게 할 수 있고 충전 시간을 단축 할 수 있는 이점이 있다.

충전 방법은 충전시 배터리의 단자 전압이 14.4 V(2.4V/CELL)에 다다르면 개싱 포인트(gasing point)에 다다르는 점으로 이때 충전 종기 전류로 전환하여 충전을 하여야 한다. 만일 이 시기에 충전 종기 전류를 절환하지 않으면 다량의 가스 발생과 온도 상승으

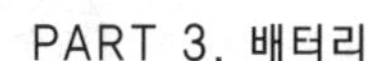

로 인해 배터리에 치명적인 손상을 받을 수가 있으므로 주의하여야 한다.

● **정전압 충전 방법**

이 충전 방법은 배터리의 단자에 일정한 전압을 가해 충전하는 방법으로 충전 초기에는 충전 전압과 배터리의 단자간 전압차가 크므로 많은 전류가 흐르기 시작하다 충전을 계속 진행하면 충전 전압과 배터리의 단자간 전압차가 작아져 서서히 충전 전류는 감소하기 시작 한다. 이 방법은 자동차의 올터네이터(alternator)에 의한 충전 방법을 예를 들 수 있는 방법으로 충전 종기에 충전 전류가 감소된 상태로 충전이 진행되기 때문에 다량의 가스 방출 없이 단시간에 충전 할 수 있는 이점이 있다.

● **준 정전압 충전 방법**

정전압 충전 방법은 충전 초기에는 많은 충전 전류가 흐르기 때문에 이것을 줄이기 위해 충전기 내부의 전원 변압기(transformer)에 저항이 큰 것을 이용하여 충전 초기에 많은 전류가 흐르는 것을 전원 변압기의 내부 저항을 통해 전압 강하를 하게 하고 이것을 배터리 단자에 공급하여 전압 강하 분 만큼 배터리의 충전 초기 전류를 억제하는 충전 방법이다. 이렇게 충전 초기에 전류를 억제하면 충전이 계속 돼 배터리의 단자 전압이 상승하여도 전류는 감소하여 충전기 내에 저항에 의한 전압 강하도 작아지게 되지만 실제 배터리에 가해진 충전 전압은 상승하게 된다.

사진3-7 충전기

(2) MF 배터리의 충전 방법

앞서 설명한 정전류 충전 방법은 공칭 용량에 1/10 ~ 1/20의 전류를 일정하게 흐르게 하는 충전 방법으로 충전 종기에 2.5V /CELL 이상(16~18V)이 되기 때문에 MF 배터리의 충전 방법에는 맞지 않는 방법이다.

또한 단계별 정전류 충전 방법도 충전 초기에는 공칭 용량에 1/4 전류값을 흘려주다가 충전 종기에는 공칭 용량에 1/20 이하로 전류를 흘려주어야 하는 문제로 이 과정이 정확히 이루어 지지 않으면 배터리에 치명적인 손상을 줄 우려가 있으므로 MF 배터리에는 적

당한 방법이라 말 할 수 없다. 정전압 충전 방법은 충전 전압을 일정히 하여 충전하는 방법으로 충전 초기에는 대전류가 흐르지만 충전이 진행 되면서 충전 전류가 서서히 감소해 나가기 때문에 충전 종기 비교적 가스 발생이 적고 효율적인 충전 방법으로 MF 배터리에는 적합한 방법이라 할 수가 있다.

그러나 정전압 충전 방법은 차량에 실장 돼 올터네이터(alternator)에 의해 충전하는 것은 좋지만 배터리의 단품을 충전하기 위해 충전기를 사용하는 경우는 충전 초기에 대전류가 흐를 수 있는 대용량 변압기(transformer)가 필요하게 되는 단점을 가지고 있다.

따라서 충전기를 사용하여 MF 배터리를 충전하는 방법에는 정전류와 정전압 충전법을 병행하여 사용하는 방법이 좋다.

이것은 충전시에 배터리의 단자 전압이 14.4 ~15.0V(2.4V/CELL ~2.5V/CELL) 될 때까지 정전류 충전을 진행하다가 충전 종기 시점인 게싱 포인트(gasing point) 14.4~15V 이상이 되면 정전압 충전으로 절환하여 충전하는 방법이다.

MF 배터리용 충전기는 정전류 충전에서 정전압으로 절환하여 충전하는 충전기는 내부 제어 회로에 의해 충전기가 자동으로 절환하여 충전하도록 제작되어 있어 충전시 적절한 조작만으로 가능하다

2. 배터리의 점검

배터리는 완전 충전 되지 않은 상태에서 지속 사용하면 설페이션(sulfation)현상에 의해 배터리의 수명은 급격히 감소하게 되며 결국 연비 악화 및 차량의 출력이 떨어지게 되기도 한다. 또한 과충전에 의한 전해액 감소 및 극판 손상은 배터리의 극판 단락으로 이어져 배터리의 외관상에 증상으로 표출되기도 한다.

사진3-8 배터리의 탈착

(1) 육안에 의한 점검

배터리는 충전중에 고온 상태가 되어 배터리의 외관이 심하게 변색되기도 하고 극판이 산화하면 배터리의 케이스(case)가 옆으로 부풀어 올라 오는 경우가 생기기도 하는데 이

러한 배터리는 수명이 다한 배터리로 생각할 수 있다.

특히 개방형 배터리에는 충전시 발생하는 가스 배출구가 있는데 이 배출구가 어떠한 원인에 의해 가스 배출구가 막힌 상태에서 과충전을 지속하게 되면 다량의 가스 방출로 인해 배터리의 폭발로 이어질 수 있으므로 점검시 배터리의 케이스(case) 변형 상태를 육안 점검하여야 한다. 또한 개방형 배터리인 경우에 전해액 량 점검은 상한선(upper level)에서 하한선(low level)사이에 있으면 정상이지만 전해액 량 점검은 배터리의 각각 셀(cell)마다 하나의 전조로 되어 있어 하나 하나 점검하지 않으면 안된다. 각 셀(cell)의 점검시 전해액 량이 한 개만 유난히 감소한 경우는 해당 셀(cell)이 극판의 내부 쇼트를 예상 할 수 있어 수명이 다한 것으로 판단 할 수 있다. 전해액의 급격히 감소하는 것은 배터리의 충전 능력이 떨어지면 배터리의 내부 저항이 증가하게 되고 내부 저항의 증가는 전해액의 온도 상승으로 이어져 전해액은 급격히 감소하게 된다.

배터리 중에는 전해액의 량을 점검할 수 있는 조그만 원형 창(indicator)이 있는 배터리도 있다. 이 창(indicator)을 통해 색깔이 청색이면 양호, 적색이면 액량 부족, 백색이면 충전 부족으로 판단하도록 되어 있지만 이것은 단지 오너 드라이버(owner driver)를 위해 쉽게 확인 할 수 있는 편의 장치로 전문가라면 이것을 통해 배터리를 점검하는 것은 바람직하지 않다.

전해액의 보충은 배터리의 극판이 충분히 담기는 상한선(upper level)과 하한선(low level)사이에 오도록 보충하는 것이 좋으며 전해액이 지나치게 많이 보충하면 배터리 충전시 전해액은 온도 상승과 가스 발생으로 배터리의 캡(cap)통해 비산하게 된다. 전해액은 부식성이 강해 배터리 터미널이나 기타 금속에 접촉하게 되면 쉽게 부식해 접촉 불량을 야기 할 수 있으므로 적당량을 보충하는 것이 좋다. 이와 같은 이유로 배터리의 단자(terminal) 부근에 백색의 결정체가 덮여 있는 경우에는 배터리의 전해액의 과다 보충이나 배터리의 극판 손상에 의한 액온 상승에 의해 전해액의 비산 한 것으로 볼 수 있으므로 주의 깊게 점검해 볼 필요가 있다.

또한 배터리의 전해액을 보충하는 보충 캡(cap)을 열었을 때 보충 캡(cap)의 안쪽 면이 검게 가스가 부착된 흔적이 보이는 배터리인 경우는 과충전에 의한 게싱(gasing)이 다량 방출되는 경우로 극판 손상 및 세퍼레이터(saperator)의 노화로 연결 되어진 것으로 생각 할 수 있다. 과충전이나 극판 손상에 의해 전해액의 온도가 상승하면 전해액은 다

량의 가스를 배출하게 되는 데 이 때 발생되는 가스는 가스 방출구 측에 흡착되어 검게 그을리게 되는 현상이다.

(2) 비중에 의한 점검

배터리에 전압을 측정하여 배터리의 상태를 판단하는 것은 정확한 방법이라 말 할 수 없다. 충전 후 배터리의 충전 능력을 확인하기 위해 개방형 배터리의 경우는 비중을 측정하게 되는데 비중계를 사용하면 누구나 쉽게 측정이 가능하다. 비중계는 사진(3-9)와 같이 비중값을 읽을 수 읽는 광학식 비중계와 사진(3-10)과 같이 뜨개의 수에 따라 완충과 보충을 구분 할 수 있는 편의식 비중계가 사용되고 있다.

사진3-9 배터리의 점검

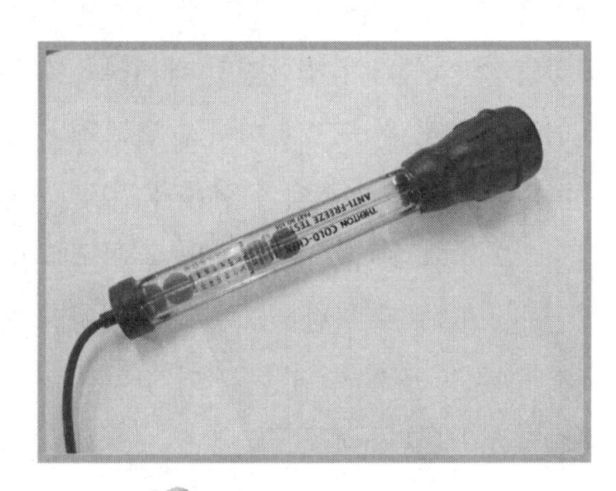

사진3-10 뜨개식 비중계

비중값은 완전 충전시 일반 배터리인 경우는 1.26, 한냉지 배터리인 경우는 1.28이지만 측정시 비중값은 각 셀(cell)당 1.25이상 이면 정상적인 충전 능력을 가지고 있다고 판단하며 각 셀(cell)당 비중 밸런스(balance)가 10% 이내 이면 좋다.

이때 주의 하여야 할 점은 비중은 온도에 따라 변화하기 때문에 낡은 배터리라도 전해액의 온도가 20℃ 이상인 경우는 1.26 이상이 측정 될 수 있으므로 주의하여야 한다. 배터리의 전해액의 온도에 따라 실제 측정한 비중치를 보정하려 며는 다음 식을 사용한다.

이와 같은 개방형 배터리는 현재에는 점점 감소 추세에 있어 배터리의 비중 점검은 참고하여 두는 것이 좋겠다.

$$S_{20} = St + 0.0007(t - 20℃)$$

S_{20} : 20℃에서 비중 St : 측정시의 비중 t : 측정할 때의 전해액 온도

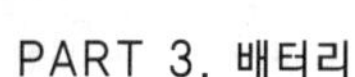

(3) 충전에 의한 점검

충전에 의한 배터리의 양부 판정은 충전 중인 배터리를 전압 및 비충을 완충시 까지 측정하여 봄으로써 판별하는 방법으로 배터리의 상태를 정확히 판단 할 수 있는 이점이 있다. 정상적인 배터리인 경우는 충전 초기에 전류가 잘 흐르지만은 충전 초기에 전압을 18 V이상 높이 올리지 않으면 전류가 잘 흐르지 않는 배터리의 경우는 이미 설페이션(sulfation) 현상이 어느 정도 진행 된 배터리로 완전 충전을 하면 일정 기간 사용은 가능하지만 장기간 사용은 할 수 없는 배터리로 생각 할 수 있다.

충전 종기에는 게싱(gasing)을 하고 있는 상태에서 배터리의 전압을 측정하면 15V이상(2.5V/CELL 이상)이면 정상이지만 14.4V 이하(2.4V 이하)를 밑도는 배터리인 경우는 사용 부적당한 배터리로 판단 할 수 있다

충전 중에 배터리의 전해액 온도가 이상 상승하는 경우는 일반적으로 양극판의 활물질 탈락으로 극판의 하부나 측면 부위에 쇼트를 예상 할 수가 있어 배터리의 수명 한계에 다달은 것으로 판단 할 수 있다. 충전 종기에 가스 발생이 대단히 작은 경우에도 극판 쇼트나 셀페이션 현상을 의심 할 수 있는 배터리이다.

또한 완전 충전한 배터리의 비중이 1.24 (20℃에서) 이상 상승하지 않는 배터리는 이미 설페이션(sulfation)현상이 진행된 배터리나 배터리의 내부 극판 쇼트를 의심 할 수 있는 배터리이다. 개방형 배터리의 경우에는 각 셀(cell)당 비중 밸런스(balance)가 0.04이내(20℃에서) 이어야 한다.

(4) 성능 점검

배터리의 능력을 정확히 알아내는 데에는 무엇보다도 배터리에 일정 부하를 걸어 확인하는 방법이라 할 수 있다. 배터리의 부하 테스트를 하기 위하여는 먼저 배터리가 완충된 상태에서 행해야 한다. 부하 테스트의 방법은 시판 되고 있는 여러 가지 장비가 사용되고 있지만 부하를 걸어 테스트 하는 근본 원리는 같다.

부하 테스트의 방법은 배터리의 용량에 3배의 부하를 15초 동안 흘렸을 때 배터리의 단자 전압이 개방형인 경우는 9.6V이상, MF 배터리인 경우는 10V 이상이면 정상이다. 예를 들어 배터리의 용량이 60Ah인 경우에는 180A의 전류를 15초 동안 전류를 흘려 배터리의 단자 전압을 측정 한다. 이때 전해액에 담김 극판으로부터 다량이 기포가 발생하는 배터리의 경우는 배터리의 수명이 한계 수명에 다다른 것으로 생각해도 좋다

배터리의 부하 테스트는 고율의 방전을 짧은 시간에 진행하는 테스트로 배터리의 부담이 많이 가며 테스트 후 일정량이 방전된 상태로 반복하여 테스트를 진행하면 정확한 판단을 할 수 없으므로 반복하여 테스트를 하여서는 안된다.

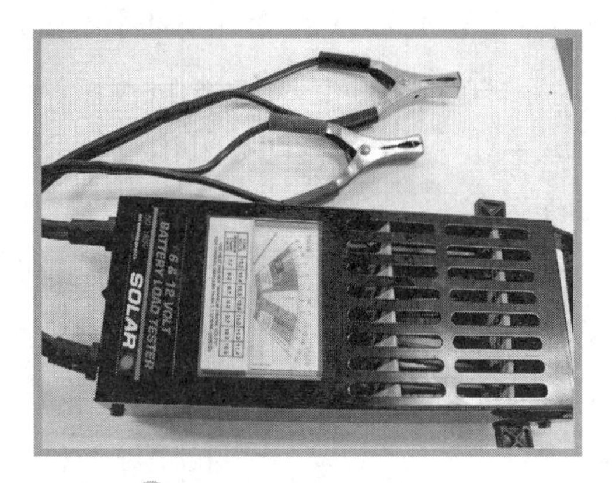

사진3-11 배터리 부하 테스터

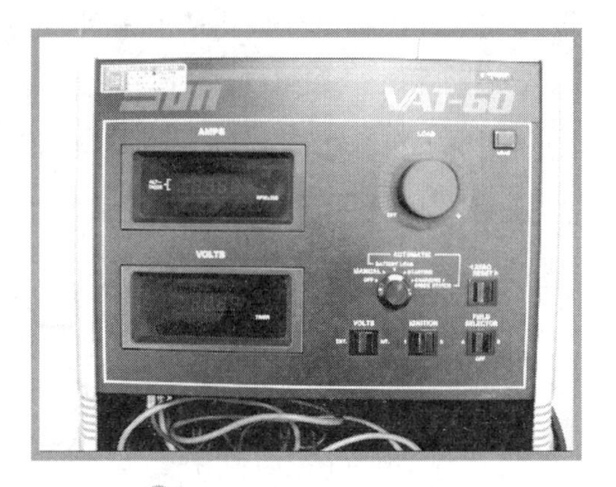

사진3-12 VAT-60 테스터

3. 배터리의 규격

납축전지의 종류는 앞에서 기술한 것과 같이 개방형 배터리와 밀폐형 배터리(MF 배터리)로 구분되어 지며 성능에 따라서는 표준 배터리와 고성능 배터리로 구분되어 진다. 배터리의 규격에는 알파벳과 아라비아 숫자로 성능과 배터리의 크기를 나타내는 데 배터리의 표기상 55D26R이라 하면 첫번째 55는 배터리의 용량과 성능을 나타내는 숫자로 표(3-6)과 같이 나타내고 있다.

사진3-12 배터리의 규격

두번째 알파벳에서 D는 배터리의 높이 213(mm)와 폭 176(mm)를 나타내며 아라비아 숫자 26은 배터리의 길이 306(mm) 인 것을 나타내는 숫자이다. 마지막 알파벳 R과 L은 배터리 터미널의 극성을 나타낸 것으로 R(right)은 마이너스 극성이 오른쪽에 있는 배터리를 의미하며 L(left)은 마이너스 극성이 왼쪽에 있는 것을 의미한다.

[표3-6] 배터리의 규격표(예)

배터리 형식	배터리 size 높이	폭	길이	용량 5HR	20HR	고율 방전 특성 (−15℃) 방전전류 A	6V 까지 지속시간 min	5초간 전압 V	30초간 전압 V	수명 횟수	충전성 A	CCA −18℃ A
26A19R	162	127	187	21	26	150	1.8	8.4		250	2.6	201
28A19R	↑	↑		21	26	↑	1.9	8.8		250	2.6	248
22A19R	↑	↑		24	30	↑	2.6	9.3		275	3	294
28B17R	203	127	167	24	27	↑	2.3	9		250	3	246
34B17R	↑	↑	↑	27	30	↑	3	9.2		200	3.3	279
28B19R	↑	↑	187	24	30	↑	2.3	8.9		275	3	247
34B19R	↑	↑	↑	27	33	↑	3	9.2		225	3.3	272
36B20R	↑	129	197	28	35	↑	3.5	9.2		250	3.5	274
38B20R	↑	↑	↑	28	35	↑	3.5	9.5		250	3.5	332
46B24R	↑	↑	238	36	45	↑	4.2	9.5		300	4.5	325
50B24R	↑	↑	↑	36	45	↑	4.2	9.7		300	4.5	390
55B24R	↑	↑	↑	36	45	300	4.2	9.7		300	4.5	433
32C24R	207	135	↑	32	40	150	3	8.6		200	4	238
50D20R	204	173	202	40	50	150	4	9.6		285	5	306
55D23R	↑	↑	232	48	60	300	1.9	8		315	6	356
65D23R	↑	↑	↑	52	65	300	2.5	8.5	8.4	320	6.5	420
48D26R	↑	↑	260	40	50	150	4	9		285	5	278
55D26R	↑	↑	↑	48	60	300	1.9	7.7		315	6	348
65D26R	↑	↑	↑	52	65	↑	2.5	8.4	8.3	330	6.5	413
75D26R	↑	↑	↑	52	65	↑	2.9	8.9	8.8	330	6.5	490
80D26R	↑	↑	↑	55	65	↑	3.5	9.2	9.1	330	6.5	582
65D31R	↑	↑	306	80	70	↑	2.8		8.2	345	7	389
75D31R	↑	↑	↑	83	70	↑	3.3		8.7	375	7	447
95D31R	↑	↑	↑	88	80	↑	4.3		9.3	375	8	622
95E41R	213	176	410	80	100	300	4		8.8	415	10	512
105E41R	↑	↑	↑	83	100	300	4.5		9.1	430	11	577
115E41R	↑	↑	↑	88	110	500	2.6		8.3	485	11	651
130E41R	↑	↑	↑	92	110	↑	3		8.8	485	11	799
115F51	213	182	505	96	120	↑	2.6		8.2	485	12	638
150F51	↑	↑	↑	108	135	↑	3.3		9	600	13.5	916
145F51	↑	↑	↑	112	140	↑	3.4		8.8	600	14	780
170F51	↑	↑	↑	120	150	↑	4.4		9.4	600	15	1045
145G51	213	222	508	120	150	↑	3.6		8.6	600	15	754
180G51	↑	↑	↑	128	160	↑	4.8		9.4	700	16	1090
165G51	↑	↑	↑	136	170	↑	4.8		9	785	17	933
195G51	↑	↑	↑	140	170	↑	5.4		9.5	700	17	1146
190H52	220	278	521	160	200	↑	5.6		9	785	20	924
245H52	↑	↑	↑	176	220	↑	7.8		9.9	800	22	1532

CCA(cold cranking ampere)는 저온시의 고율 방전 특성을 나타내는 것으로 배터리가 완충 상태에서 −18℃ ± 1℃의 온도를 유지한 채 30초간 방전을 하여 배터리의 단자 전압이 7.2V가 될 때 방전 전류는 표(3-6)에 나타낸 CCA 값 이상이어야 함을 나타낸 것이다.

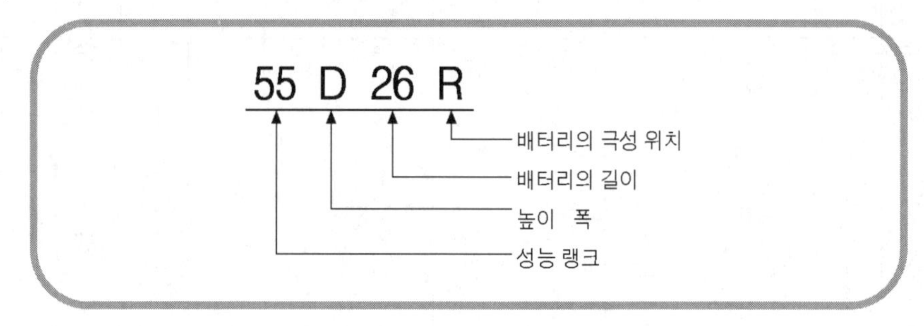

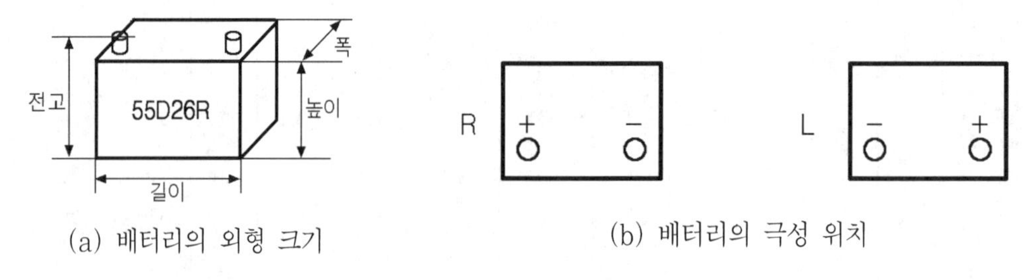

(a) 배터리의 외형 크기

(b) 배터리의 극성 위치

그림3-18 외형 표기 방법

04
시동장치

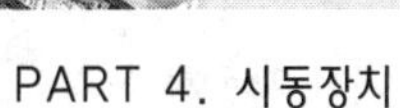

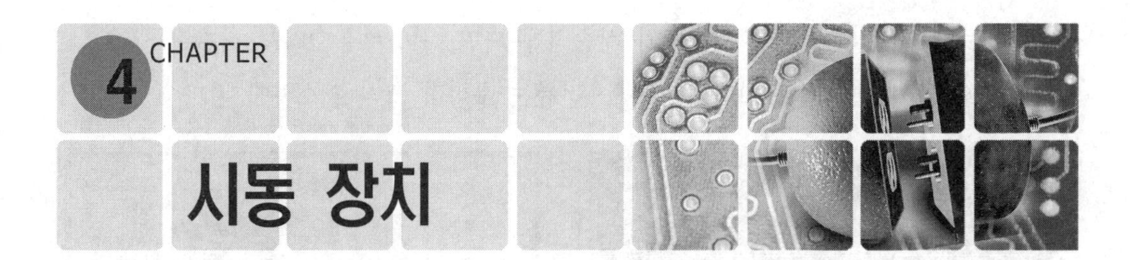

4 CHAPTER 시동 장치

1 시동 모터의 종류와 구조

1. 직류 전동기의 종류

직류 전동기의 코일(권선)에는 회전자인 아마추어 코일(회전 코일)과 고정자인 필드 코일(고정 코일)로 구성되어 있다.

직류 전동기는 이 코일(권선)의 결선하는 방식에 따라 모터의 종류를 직권식 모터, 분권식 모터, 복권식 모터로 구분하고 있다.

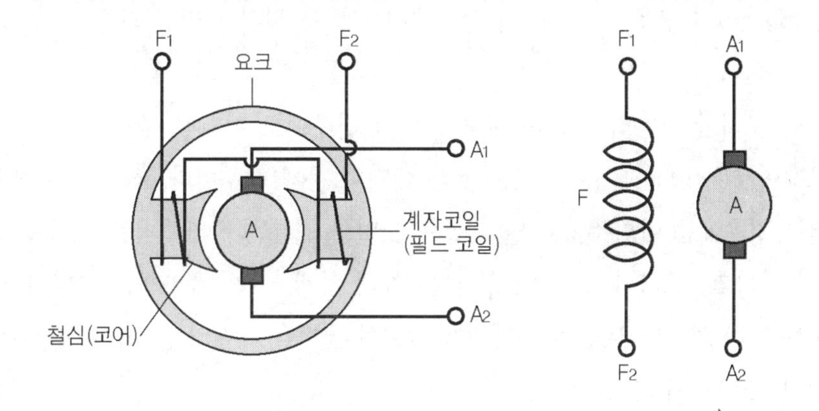

그림4-1 모터의 내부 코일(단선)

(1) 직권식 모터

직권식 모터는 그림(4-2)와 같이 아마추어 코일과 필드 코일(계자코일)이 직렬로 연결된 방식으로 이 방식은 모터에 전류가 흐르는 경우에 아마추어 코일과 필드 코일의 전류

는 같아 무부하 상태에서 회전 속도가 상승하게 되면 아마추어 코일의 회전력 상승으로 역기전력이 크게 발생되어 모터에 흐르는 전류는 오히려 크게 감소하게 된다.

사진4-1 장착된 시동 모터

사진4-2 시동 모터

따라서 필드 코일(계자 코일)에 흐르는 전류도 감속하게 돼 아마추어는 회전 속도의 상승이 탄력을 받게 된다. 필드 코일의 자계가 감소하면 즉 아마추어 코일의 회전속도 증가로 역기전력이 증가하게 되면 모터에 흐르는 전류도 감소하기 때문에 모터의 토크(torque)도 감소하게 된다. 이러한 문제 때문에 직권식 모터를 사용하고 있는 와셔 모터(washer motor)인 경우에는 무부하 상태에서 모터를 회전 시키면 파손 할 위험이 그 만큼 높아지게 된다.

또 직권식 모터를 사용하고 있는 시동 모터의 경우에도 이러한 문제 때문에 언제나 기계적인 브레이크(brake)를 걸고 있는 것이 이러한 문제 때문이다. 직권식 모터에 부하를 강하에 거는 경우에는 아마추어 코일과 필드 코일의 전류는 증가하지만 모터의 회전 속도는 저하 하게 되고 모터의 토크(torque)는 증대 하게 된다. 즉 모터의 부하를 증대하면 회전 속도는 저하 하지만 토크는 증대하기 때문에 엔진을 크랭킹(cranking)하는 시동 모터에 적합하다고 할 수가 있다.

(2) 분권식 모터

분권식 모터인 경우에는 그림 (4-2)의 (b)와 같이 아마추어 코일과 필드 코일이 병렬로 연결 되어 있어서 전원 전압이 일정한 아마추어와 필드 코일에 공급 되는 전압은 일정하여 필드 코일에 흐르는 전류는 일정하게 된다. 필드 코일에 흐르는 전류가 일정하면 필

드 코일의 자계 또한 일정하게 되어 모터의 회전 속도가 변동이 작다는 특징을 가지고 있다. 분권식 모터의 속도 변동율은 대개 5~10% 정도이며 모터의 속도 변동율은 다음과 같이 나타낼 수 있다.

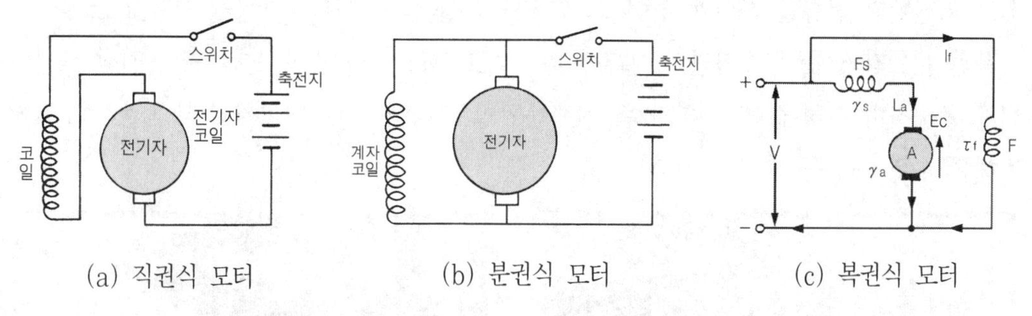

그림4-2 직류 모터의 종류(권선연결방식에 의한 구분)

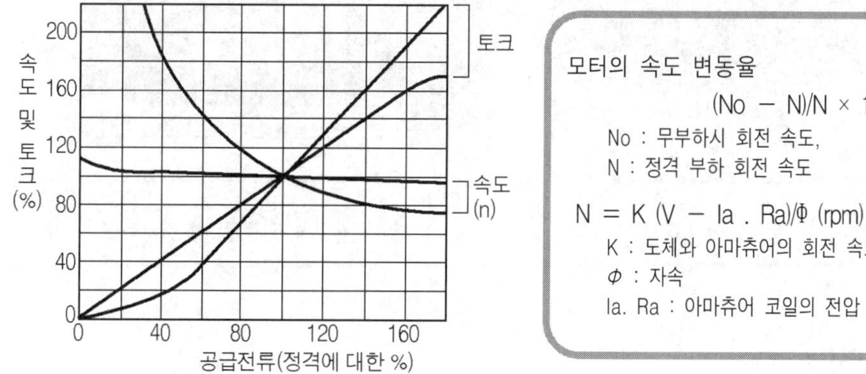

모터의 속도 변동율

$$(No - N)/N \times 100\%$$

No : 무부하시 회전 속도,
N : 정격 부하 회전 속도

$$N = K (V - Ia . Ra)/\Phi \ (rpm)$$

K : 도체와 아마츄어의 회전 속도에 대한 비례상수
Φ : 자속
Ia. Ra : 아마츄어 코일의 전압 강하분

모터의 속도, 토크 특성

이와 같은 분권식 모터는 최근에는 페라이트 자성체의 발달로 필드 코일 대신 페라이트 자석을 사용하여 모터의 소형화와 모터의 효율을 증대하고 있는 추세이다.

(3) 복권식 모터

복권식 모터는 아마추어 코일에 직렬로 필드 코일(계자 코일)을 연결하고 연결된 아마추어 코일과 필드 코일에 병렬로 필드 코일을 추가로 연결하는 방식을 말 한다. 복권식 모터는 주로 와이퍼 모터(wiper motor)에 사용하여 왔으나 최근에는 모터의 효율을 증대하기 위해 필드 코일 대신 페라이트 자석을 사용한 모터를 많이 사용하게 되어 복권식 모

터는 대용량의 와이퍼 모터에 만 일부 적용하고 있다.

와이퍼 모터의 경우 저속시에는 병렬 필드 코일과 직렬 필드 코일에 전류를 흘려 회전 토크(torque)를 증대시키고 고속시에는 병렬 필드 코일에 흐르는 전류를 차단하여 직렬 필드 코일에만 전류를 흘리게 하여 회전 속도를 향상하고 있는 방식을 이용하고 있다.

복권식 모터의 특성은 직권식 모터에 비해 토크(torque)는 떨어지지만 분권식 모터에 비해 우수하며 부하에 의한 회전 속도는 분권식 모터에 비해 떨어지지만 직권식 모터에 비해 우수한 특성을 가지고 있다.

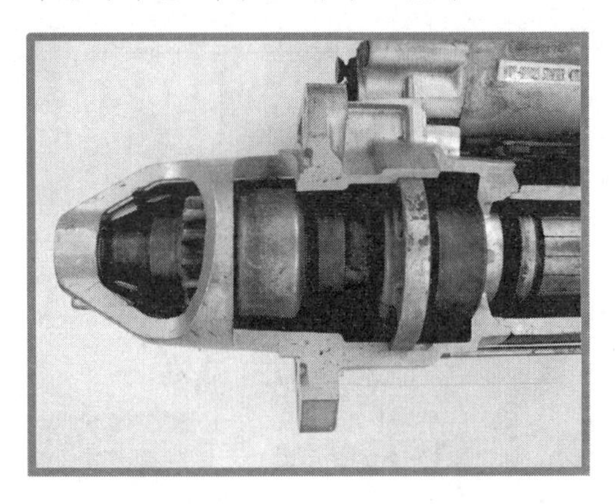
사진4-3 시동모터의 기어부

사진4-4 시동모터의 아마추어

2. 시동 모터의 종류

시동 모터의 종류는 일반적으로 피니언 기어(pinion gear)를 링 기어(ring gear)에 물리는 방식에 따라 전자 피니언 접동식 시동 모터(magnetic shift type starter), 감속 기어식 시동 모터(reduction gear type starter), 관성 접동식 시동 모터(inertia type starter) 또 는 일명 벤딕스식 시동 모터(bendix type starter), 위성 기어식 시동 모터(planetary gear type starter)로 구분한다. 이중 대표적으로 그림(4-4)와 같이 전자 피니언 접동식 시동 모터와 리덕션(reduction)식 시동 모터로 분류할 수 있다.

시동 모터의 조건은 시동시 토크가 크고 소형이면서 가벼워야 하므로 고속 회전, 저 토크형 모터는 시동 모터로 적합하지 않다. 따라서 시동 모터의 종류를 비교하여 보면 리덕션(reduction)식 시동 모터는 전자 피니언 접동식 모터에 비해 모터의 효율은 떨어지지만 출력 토크는 커 현재 주종을 이루고 있는 시동 모터이다.

위성 기어식 시동 모터는 외관상으로는 접동식 시동 모터와 비슷하지만 소형 경량화가 가능하며 토크가 큰 특징을 가지고 있는 시동 모터이다.

(a) 전자 피니언 접동식 시동모터

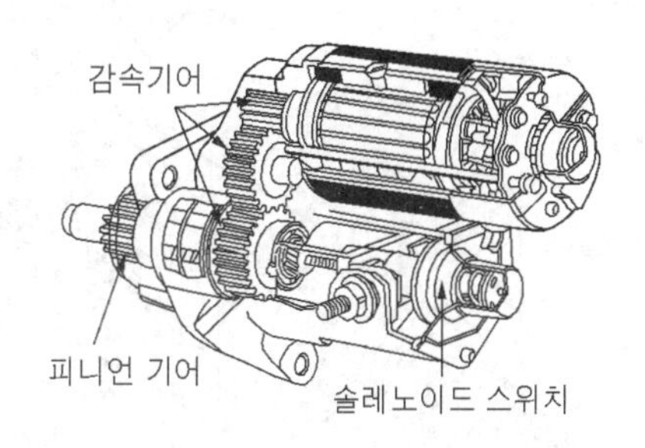

(b) 리덕션식 시동모터

그림4-4 시동모터의 종류

사진4-5 접동식 시동모터의 절개품(1)

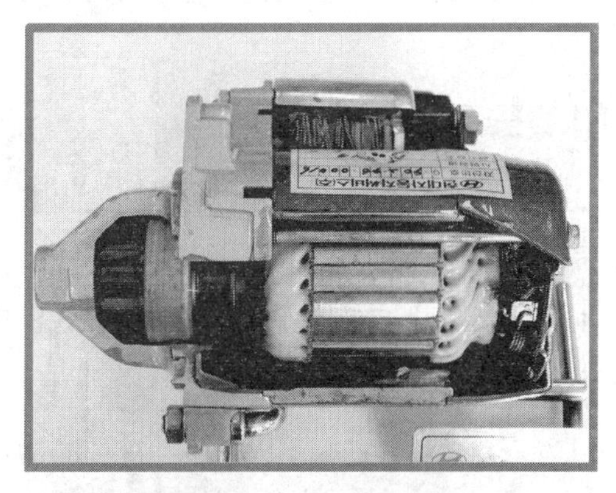

사진4-6 접동식 시동모터의 절개품(2)

3. 시동 모터의 구조

시동 모터의 구조는 크게 나누어 보면 회전자가 회전하는 모터와 모터에 전원을 연결하여 주는 마그넷 스위치, 그리고 모터에 의해 발생된 토크를 엔진의 플라이 휠과 치합하도록 하는 동력 전달 기구, 모터의 회전 관성에 의해 모터가 회전 하는 것을 멈추게 하는 브레이크로 나누어 볼 수 있다.

이 중 모터부에는 회전자인 아마추어와 필드 코일로 구분 할 수 있으며 동력 전달부에는 피니언 기어가 플라이 휠과 치합할 수 있도록 연결하여 주는 시프트부와 엔진의 회전력이 모터부에 전달되지 않도록 하는 오버 런닝 클러치로 이루어져 있다.

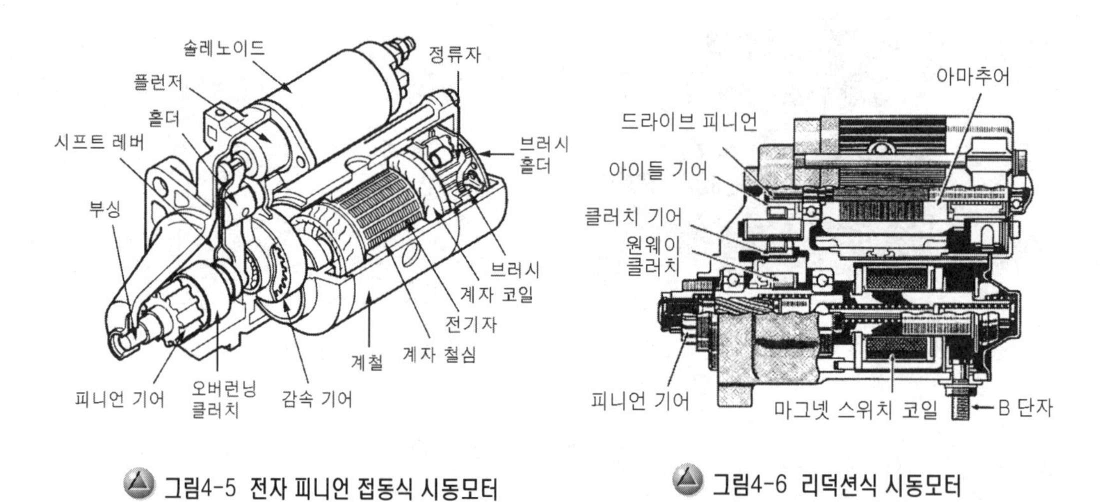

그림4-5 전자 피니언 접동식 시동모터

그림4-6 리덕션식 시동모터

(1) 필드 코일

시동 모터와 같이 엔진을 시동하기 위해서는 강한 회전력이 필요한데 강한 회전력을 얻기 위해서는 결국 강한 자속이 요구 된다. 모터에 강한 자속을 만들기 위해 시동 모터의 필드 코일(field coil)에는 큰 전류가 필요하게 되는데 필드 코일에 큰 전류를 흐르게 하기 위해서는 사진(4-7), 사진(4-8)과 같이 두껍고 넓은 평각 동선을 사용하고 있다.

사진4-7 필드 코일(1)

사진4-8 필드 코일(2)

필드 코일에 코어는 아마추어와 달리 회전중에도 교번 자계와 상관없이 언제나 극성(N극과 S극)이 일정하기 때문에 맴돌이 전류 등은 발생되지 않아 모터의 손실을 줄이기 위해 얇은 철편을 겹쳐 사용 할 필요도 없다 . 또한 필드 코일은 어느 정도 잔류 자기가 존재하여도 크게 문제가 되지 않기 때문에 아마추어의 코일과 비교하여 재질을 선택하는데 선택의 폭이 넓다. 필드 코일에는 강한 자속을 얻기 위해 큰 전류(약 100~500A)가 흐르므로 절연성 및 고온에 의한 발열 대책을 세우지 않으면 안된다. 필드 코일은 절연성 및 내열성을 만족하기 위해 포리에스텔 에나멜을 입힌 권선에 에폭시 수지로 고정하는 방식과 코일에 내열 테이프를 감아 왁스 처리한 방식 등을 사용하고 있다.

필드 코일의 권선은 그림(4-7)과 같이 4개의 필드 코일을 병렬로 연결하여 2개의 브러시를 통해 어스로 전류가 흐르도록 하고 있다. 이 4개 필드 코일의 권선 방향은 하나 건너 하나 씩 서로 역으로 감아 코일에 전류가 흐를 때 필드 코일의 코어가 N극 → S극으로 되도록 하고 있다.

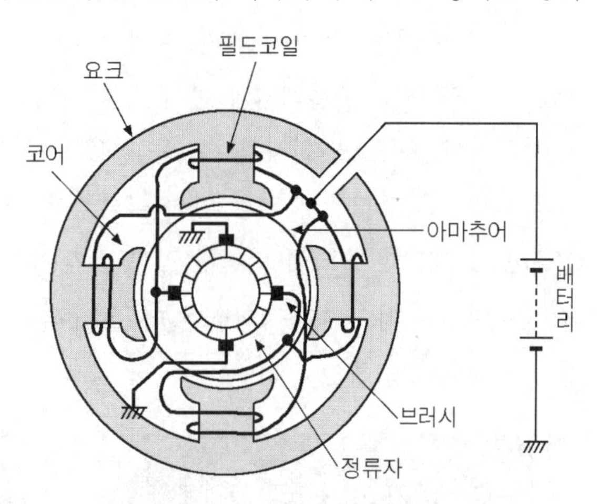

그림4-7 필드코일의 권선 모양

(2) 아마추어

모터의 회전자인 아마추어는 그림(4-8)과 같이 아마추어 코어(전자석이 되는 철심부)와 코어 내의 홈 부위에 코일을 끼워 감은 아마추어 코일, 아마추어 코일에 전원을 연결하여 주는 정류자(commutator)로 구성되어 있다.

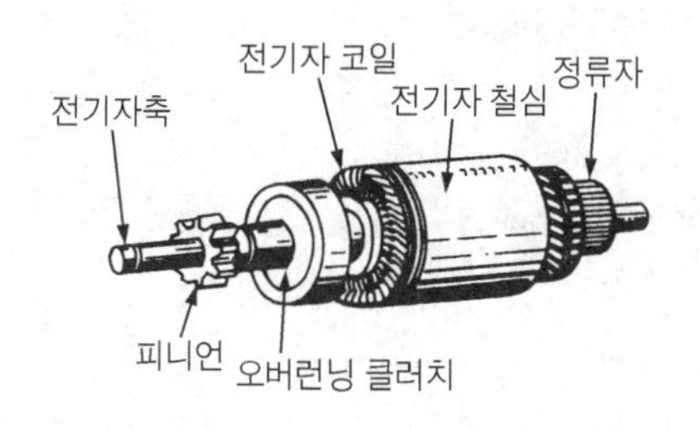

그림4-8 아마추어의 구조

고정된 필드 코일에 발생하는 자계의 방향은 일정하여도 아마추어 코어는 고속으로 회전하게 돼 코어를 관통하는 자속의 방향은 변화하여 교번 자계의 영향을 받게 된다. 이렇게 아마추어 코어에 자속의 변화를 받게 되면 아마추어 코일에는 교류 기전력이 발생하게 되고, 아마추어 코어는 철로 되어 있는 도체이므로 아마추어 코어 내부에는 맴돌이 전류가 흐르게 된다. 맴돌이 전류가 흐른 아마추어는 주울 열에 의한 발열로 모터의 열손실을 유발하게 된다. 이러한 결점을 경감하기 위해 아마추어 코어는 철편을 여러 장 겹쳐 놓은 성층 철심(규소강)을 사용하여 철심간 맴돌이 전류(와류)가 통과하는 것을 어렵게 만들고 있다.

아마추어 코일은 정류자를 통해 배터리로부터 전류가 흐르게 되면 필드 코일(field coil)의 자계와 함께 플레밍의 왼손 법칙에 의해 힘을 받게 되어 아마추어는 회전을 하게 되므로 아마추어 코일 하나하나는 큰 힘을 받게 된다. 아마추어 코일이 이 힘에 의해 움직이게 되면 홈(slot)에 끼워져 있는 아마추어 코일이 진동에 마찰을 하고 코일이 마찰에 의해 코일 피막이 손상이 되면 코일이 쇼트(단락)로 이어져 모터는 소손하게 된다. 이것을 방지하기 위하여 아마추어 코일이 홈(slot)에서 움직이지 않도록 에폭시(epoxy)수지를 사용하여 고정하고 있다.

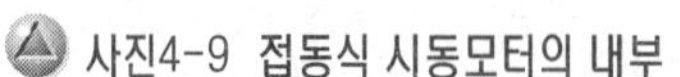

사진4-9 접동식 시동모터의 내부

사진4-10 아마추어 코일

★ **히스테리시스 손** : 철심에 코일을 감고 전류를 흘리면 전자석이 되는 것은 잘 알고 있는 사실이지만 코일에 AC(교류) 전류를 흘려 전자석이 된 자석 옆에 다른 철심을 놓으면 자기 유도 작용에 의해 자석이 되는 것은 DC(직류) 전류를 흘렸을 때와 같다 그러나 AC(교류) 전류를 흘렸을 때는 교번 자계에 의해 자계의 세기와 방향이 변화하게 된다. 즉 자구가 연속해서 변화할 때 자구의 마찰열에 의해 철심은 온도가 상승하게 된다. 이 온도 만큼 전기 에너지는 열로서 공기 중에 발산하게 되므로 이것을 우리는 히스테리시스 손(HYSTERESIS LOSS)라고 한다.

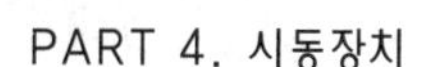

★ **맴돌이 전류손** : 모터의 아마추어 코일(회전 코일)은 자계 중에 놓여 회전하므로 아마추어 코일 자신은 자기 유도 전압이 발생되어 배터리로부터 공급 되는 전원에 역행하는 기전력을 발생하게 되는데 이 때 흐르는 전류는 코일 표피층이 절연되어 있어 아마추어 철심측으로 전류가 흐르게 되며 아마추어의 철심 안을 통하여 흐르는 전류는 외부 자계에 대해 와류형 전류가 흐르게 되어 열로서 발산하게 된다. 이 와류형 전류를 우리는 맴돌이 전류 또는 와류라 하며 이 전류에 의한 손실을 맴돌이 전류손 또는 와류손이라 한다.

(3) 정류자와 브러시

정류자(commutator)는 회전을 하며 배터리로부터 아마추어 코일에 전원을 연결하여 주는 일종의 전원 접속 창구로 고속 회전을 하게 되면 이 부분은 대전류가 흐르는 부분으로 쥬울열과 마찰열이 발생하게 되고 정류자와 브러시(brush)간을 통해 흐르는 전류는 순간순간 단선에 의해 아크 방전이 발생 돼 정류자는 온도적으로 과혹한 조건을 갖게 된다. 따라서 정류자는 내열성이 우수하여야 하며 한편으로는 전류를 원활히 흘려 줄 수 있는 물질을 사용하여야 한다.

현재 정류자의 재질은 전류가 잘 흐르는 동(구리)을 사용하여 냉간 단조에 의해 제조되고 있다. 또한 정류자의 각 세그먼트(segments)와 아마추어 코일과의 접속은 온도에 충분히 견딜 수 있는 용접 또는 압착에 의한 부착을 하여 사용하고 있다. 과거에는 정류자의 세그먼트와 아마추어 코일과의 접속은 납땜에 의한 방법을 사용하였으나 납의 용점은 약 180℃ 부근에서 녹기 시작하기 때문에 현재에는 이 같은 방법은 거의 사용하고 있지 않다.

사진4-11 정류자와 브러시

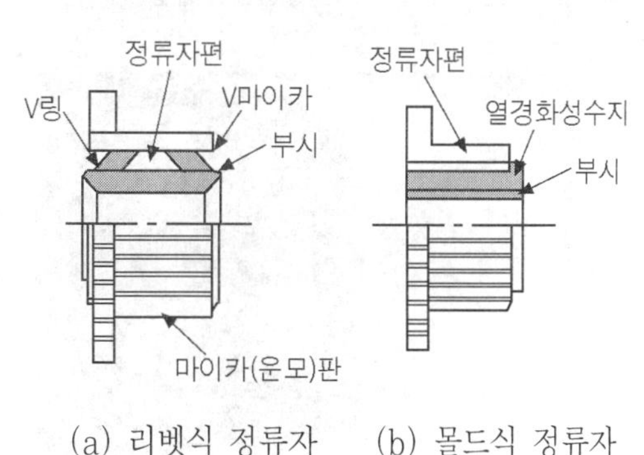

그림4-9 정류자의 구조

이 곳에 사용되는 브러시(brush)는 전류가 잘 흐르는 동 가루와 내마성이 우수한 흑연 가루를 혼합하여 압축 소결하여 만든 것을 사용하고 있다. 동과 흑연의 비는 접속부의 전류량과 열발생 정도에 따라 달라지는데 예를 들면 12V를 사용하는 승용차와 24V를 사용하는 대형차인 경우 브러시(brush)의 동과 흑연의 비는 다르다.

12V용과 24V용 전기 장치를 같은 전력(소모되는 전력)을 사용하는 장치라도 12V용 전기 장치가 전류의 흐르는 량이 많기 때문에 브러시(brush)인 경우는 전류가 잘 흐르도록 저항치를 내려 정류자의 열 발생을 줄이고 있다. 따라서 12V용 브러시인 경우는 동을 약 75%, 흑연을 약 25% 혼합한 것을 사용하게 되며 24V용 브러시인 경우는 동을 약 65%, 흑연을 약 35%을 혼합하여 사용하고 있다

(4) 피니언 기어

피니언 기어는 엔진 크랭킹(cranking)시 플라이 휠(fly wheel)의 링-기어(ring-gear)와 기어의 치합이 원활히 되고 시동 중에는 기어의 이탈이 원활히 되지 않으면 기어의 마모와 엔진측에 정확한 회전 토크가 전달되지 않아 시동 불능으로 이어질 수가 있다. 시동모터는 이러한 문제를 개선하여 현재 주류를 이루고 있는 전자 피니언 접동식 모터(magnetic shift type starter), 위성 기어식 시동 모터(planetary gear type starter)가 사용되고 있다.

또한 피니언 기어는 엔진을 크랭킹(cranking)하기 위해 큰 토크(torque)가 필요하게 되므로 엔진 측의 링-기어(ring gear)와 시동 모터측의 피니언 기어(pinion gear)사이에 기어 감속비는 8 : 1 ~ 20 : 1정도의 범위에서 감속비를 사용하여 8배 ~ 20배의 토크를 증대하여 엔진의 크랭킹을 원활히 하도록 하고 있다.

사진4-12 피니언 기어

사진4-13 오버런닝 클러치

사진4-14 피니언과 링기어

그림4-10 피니언 기어의 기어 치합

그림 (4-10)은 피니언 기어의 치합을 나타낸 것으로 여기서 T는 시동 모터의 회전력을 F는 피니언 기어를 마그넷 스위치(magnet switch)가 레버(lever)에 의해 미는 힘을 말한다. 기어의 치합은 시동 모터의 회전에 의해 회전력 T는 슬립(slip)되어 화살표 방향으로 이동하게 되면 이때 피니언 기어를 미는 힘 F에 피니언 기어와 링-기어는 치합하게 된다. 반대로 엔진이 시동이 되면 엔진 회전수(rpm)에 따라 플라이 휠의 링-기어는 회전을 하게 되면 기어의 감속비에 의해 시동 모터의 피니언 기어는 고속으로 회전을 하게 되어 오버-런닝(over running)상태가 되어 피니언 기어는 이탈하게 된다. 이때 피니언기어를 스무드(smooth)하게 이탈하기 위한 오버-런닝 클러치가 있다.

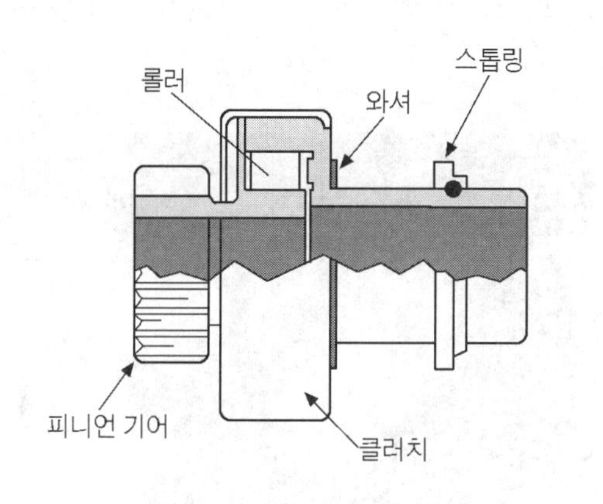

(a) 오버런닝 클러치(롤러식)

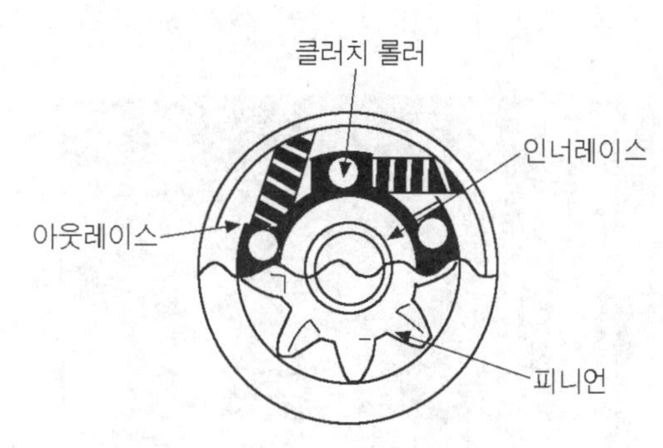

(b) 오버런닝 클러치 구조

그림4-11 시동모터의 오버런닝 클러치

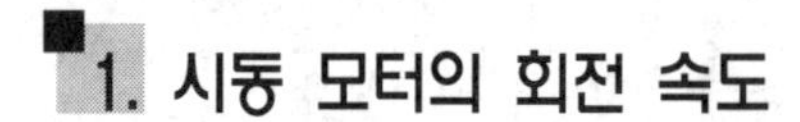

2 시동 모터의 특성

1. 시동 모터의 회전 속도

모터는 회전을 하게 되면 아마추어(armature)는 필드 코일(field coil)의 자계 내에서 회전을 하게 되므로 모터의 아마추어는 유도 기전력을 발생하는 하나의 발전기가 되게 된다. 여기서 모터에서 발생하는 유도 기전력을 e라 하면 다음과 같이 나타낼 수 있다.

유도기전력 $e = B\ell v \ (V)$

B : 자속밀도(Wb/m^2) ℓ : 도체의 길이(m) v : 도체의 회전속도

모터에서 발생 되는 유도 기전력의 크기는 자계의 세기와 코일의 길이, 모터의 회전 속도에 비례하여 유도 기전력이 발생하게 된다.

따라서 모터에 흐르는 전류는 배터리에서 공급하는 전원 전압 V와 이와 반대로 발생되는 모터의 유도 기전력에 의한 전압차 만큼 전류가 흐르게 되므로 모터에 공급되는 전원은 실제로 V − e로 결정되어 지므로 모터에 흐르는 전류 Im은 $Im = (V - e)/Rm$으로 표현 할 수 있다. 여기서 V는 배터리의 전원 전압을, e 는 모터에서 발생되는 유도 기전력을, Rm의 모터의 전기 저항을 나타낸 것이다.

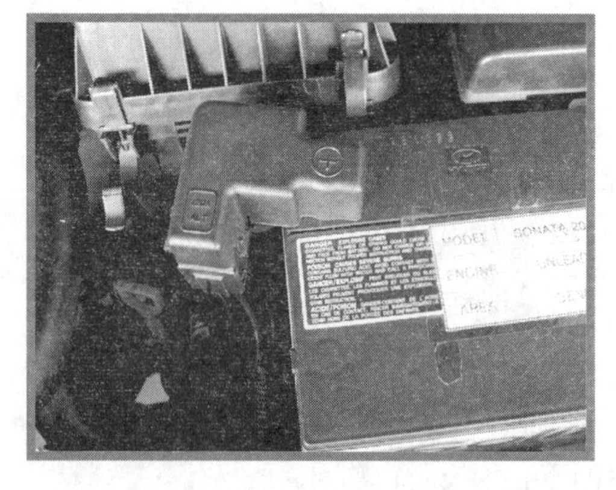

사진4-15 장착된 배터리

사진4-16 시동모터의 기어 치합

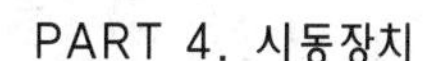

모터가 무부하 상태에서 회전하는 경우에는 모터에서 발생하는 역기전력이 크기 때문에 모터에 흐르는 전류는 작아지지만 모터가 부하 상태에서 회전하는 경우에는 모터에 발생하는 유도기전력이 작기 때문에 모터에 실제 흐르는 전류는 증가하게 된다. 그 이유는 모터가 무부하 상태에서 회전을 하게 되면 모터의 회전 속도는 증가하게 되고 모터의 회전 속도 증가는 모터에서 발생하는 유도 기전력의 크기를 증가시켜 실제 모터에 흐르는 전류는 감소하게 된다. 반면 모터의 부하 상태에서는 모터의 회전 속도가 감소하게 되어 모터에서 발생하는 유도 기전력의 크기는 감소하게 돼 실제 모터에 흐르는 전류는 증가하게 된다. 즉 모터에 발생되는 유도 기전력은 필드 코일에서 만들어지는 자계의 세기가 크면 클수록, 아마추어의 회전 속도가 빠르면 빠를수록, 코일의 길이가 길면 길수록 모터에서 발생되는 유도 기전력은 증가하게 된다.

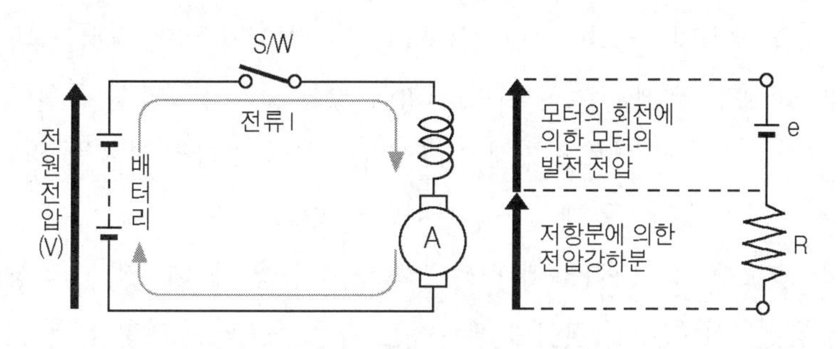

그림4-12 모터의 회전시 전압

따라서 모터의 회전은 모터에 발생하는 각종 손실이 없다고 가정하면 모터에 공급되는 전원 전압 V와 모터에서 발생되는 유도 기전력이 거의 같아 질 때까지 모터의 회전은 상승하여 이후 모터의 속도는 일정한 속도로 회전하게 된다. 즉 $V \fallingdotseq e$ 가 될 때의 회전이 무부하 상태의 회전 속도라 할 수 있다.

여기서 도체의 회전 속도 v를 모터의 회전 속도 n로 치환하고, 도체의 길이 ℓ(m)을 아마추어의 코일이 홈(slot)에 삽입된 총수 Z와 비례하므로 ℓ(m)을 Z로 치환하고, 자속 밀도 B(wb/m^2)은 자극의 유효 자속수 Φ에 비례하므로 B(wb/m^2)을 Φ로 치환하여 놓고 여기서 발생하는 각 비례 상수를 K로 놓으면 다음과 같이 나타낼 수 있다.

②식으로부터 모터의 회전 속도는 전원 전압에 비례하여 상승하게 되고 모터의 자속 밀도와 반비례 하므로 모터의 자극의 세기가 강할수록, 아마추어 코일의 길이가 길수록 모

터의 회전 속도는 감소하는 것을 알 수 있다.

유도 기전력 : $e = B\ell\nu(V) = K \cdot \Phi Z \cdot n$

여기서 모터의 회전 속도 n을 구하면

$$n = (1/K) \times e/(\Phi \cdot Z)(\text{rpm}) \cdots\cdots\cdots ①$$

여기서 모터의 손실이 없는 이상적인 모터로 가정하면 e ≒ V로 나타낼 수 있으므로

$$n \fallingdotseq (1/K) \times V/(\Phi \cdot Z)(\text{rpm}) \cdots\cdots\cdots ②$$

만일 강한 자속 내에서 아마추어(회전자)가 회전을 한다고 가정하면 강한 자속에 의한 회전력(토크)은 증대하지만 모터의 유도 기전력은 증가하게 되어 속도는 오히려 감소하는 결과를 가져오게 된다. 역으로 생각하면 자속의 세기를 점점 약하게 하면 모터의 회전 속도는 점점 증가해 모터의 속도는 오버 런(over run)상태가 되어 모터는 파손에 이루게 된다. 그러나 모터에는 실제로 여러 가지 저항이 있어 모터의 속도는 무한대로 회전하지는 않게 된다. 시동 모터의 경우는 기계식 브레이크 붙어 있어서 시동을 실패 할 때 빨리 모터의 회전을 멈추게 해 바로 재시동이 용이하게 하고 있다

모터의 회전 속도는 그림(4-13)에 나타낸 속도 특성을 가지고 있다. 특성도의 가로측은 시동 모터의 전류를 나타낸 것이며 세로측은 회전 속도와 배터리의 전압을 나타낸 것으로 모터의 부하가 증가하면 모터에 흐르는 전류는 증가하게 되고 전류가 증가한분 만큼 전압 강하를 각각 나타내고 있다.

사진4-17 정류자와 브레이크

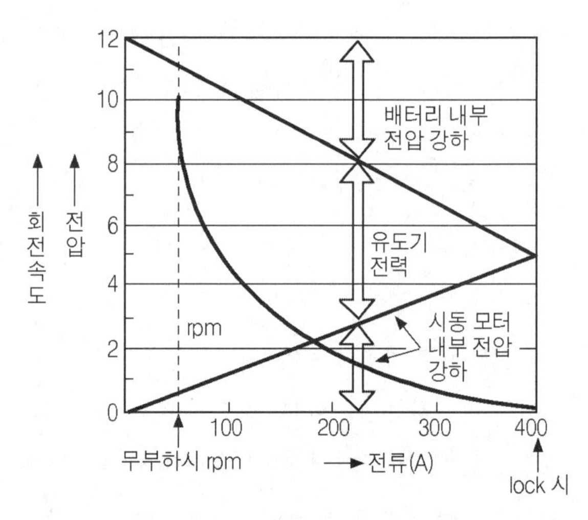

그림4-13 모터의 회전 속도

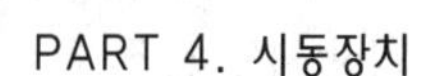

먼저 모터의 부하가 증가하면 모터에는 대전류가 흐르게 되어 배터리의 단자 전압은 저하하게 되는데 이것은 배터리의 내부 저항에 큰 전류가 흘러 내부 저항분 만큼 전압 강하가 일어나게 되는 것을 의미 한다. 또한 시동 모터의 내부에도 저항 성분에 의한 전압 강하가 발생하게 되는데 시동 모터의 전류가 증가함에 따라 전압 강하분은 증가하게 된다. 즉 시동 모터의 부하가 크면 클수록 배터리의 내부 전압강하(I × r)과 시동 모터의 저항 성분에 의한 전압 강하(I × R) 분은 증가하게 되어 시동 모터의 회전 속도는 다음과 같이 표시 할 수 있다.

시동 회전 속도 : $n = K \times (V - I.R) / \Phi$ (rpm)············①

여기서, K : 모터의 회전속, 자속, 코일의 길이에 대한 비례 상수

Φ : 자극의 유효 자속수, I.R : 모터 내부의 전압 강하분

① 식에서 모터의 자극의 유효 자속은 모터에 흐르는 전류가 큰 만큼 증가하가 때문에 모터의 자극이 강하면 모터의 회전 속도는 저하하게 되고 모터에 흐르는 전류가 점점 증가하게 되면 모터의 회전 속도는 거의 0(제로)에 가까워 결국은 모터의 회전은 정지(lock)상태가 되는 것을 볼 수 있다.

반대로 모터의 부하를 무부하 상태로 하였을 때는 모터에 흐르는 전류는 0(제로)쪽으로 가까이 접근하기 때문에 ①식에서 자극의 유효 자속을 0(제로)으로 치환하면 모터의 회전속도는 무한대로 가게 된다. 그러나 실제로는 모터에는 철손, 히스테리시스 손, 마찰 손 등 여러 가지 손실 때문에 모터의 회전 속도는 무한대로 가는 것은 불가능한 일이다.

일반적으로 직권식 모터인 경우는 필드 코일과 아마추어 코일이 직렬로 연결되어 있어서 모터의 회전이 무부하 상태인 경우는 모터의 속도가 오버-런(over run) 상태가 되어 모터가 파손 될 수 있지만 시동 모터인 경우는 무부하시에도 재시동이 용이하도록 브레이크(brake) 장치가 있어 오버-런(over run)상태로 이어지지 않도록 하고 있다.

2. 시동 모터의 출력 특성

배터리의 단자 전압은 완전 충전시 약 12.8V 정도가 되지만 100% 방전시에는 크게 줄어 약 11.8V(완전 방전시 10.5V)가 된다. 시동 모터에 전류가 흘러 대전류가 흐르게 되면 배터리의 내부 저항에 의해 전압 강하가 발생하여 단자 전압은 현저하게 떨어지게

된다. 일반적으로 배터리의 내부 저항은 완전 충전시 0.003~0.008Ω 정도로 매우 작지만 방전한 배터리나 노화 된 배터리의 경우에는 내부 저항이 급격히 증가하여 전압 강하분은 I × r(배터리의 내부 저항)로 늘어나게 된다. 이와 같이 내부 저항에 의한 전압 강하분은 전류가 적게 흐르는 곳은 문제가 되지 않지만 시동 모터처럼 대전류가 흐르는 곳에서는 시동시 문제를 야기 할 수 있어 배터리를 방전 상태에서 방치하는 것은 치명적이다. 시동 모터의 회전력(토크)은 필드 코일의 자계 내에 아마추어가 놓여 자계 중에 회전하려는 힘으로 결정되어 지므로 이것을 수식으로 표현하면 아래와 같이 나타낼 수 있으며 여기서 코일의 길이를 일정하다고 가정하고 자속 밀도를 자 극의 유효 자속으로 치환하면 코일에 받는 힘은 $F \propto \Phi . I$로 나타낼 수 있다.

코일에 받는 힘 : $F = BI\ell$

여기서, B : 자속밀도(wb/m²)　　I : 코일에 흐르는 전류(A)
ℓ : 코일의 길이(m)

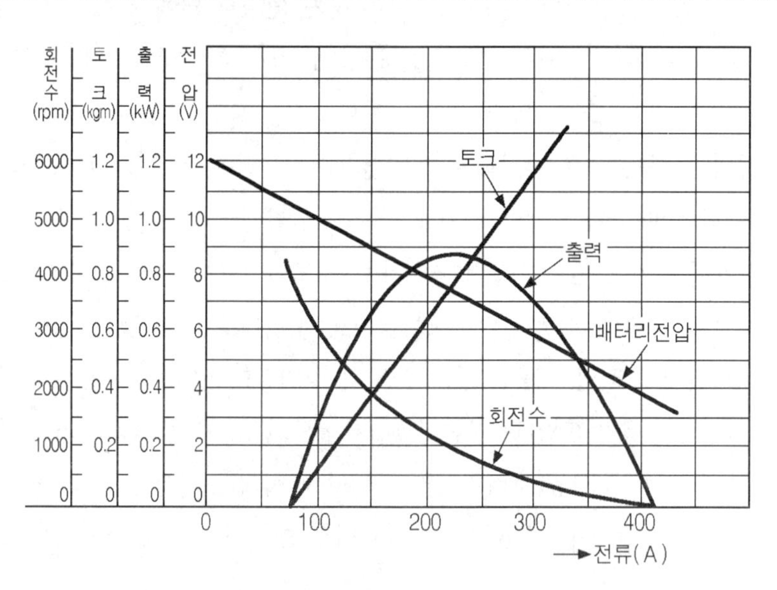

그림4-14 시동모터의 출력 특성도

따라서 코일의 받는 힘은 아마추어의 회전력(토크)에 해당되므로 $T \propto \Phi . I$ 로 나타낼 수 있다. 즉 모터의 토크(torque)는 자속의 크기와 전류에 비례하게 됨을 알 수 있다. 모터의 회전 n 다음과 같이 나타낸다.

부하가 작아지면 모터에서 발생되는 유도 기전력 e 는 증가하게 되고 유도 기전력 e가 증가하게 되며 상대적으로 자극의 유효 자속 Φ는 작아지기 때문에 모터의 회전속도는 그림(4-15)특성과 같이 증가하는 특성을 가지게 된다.

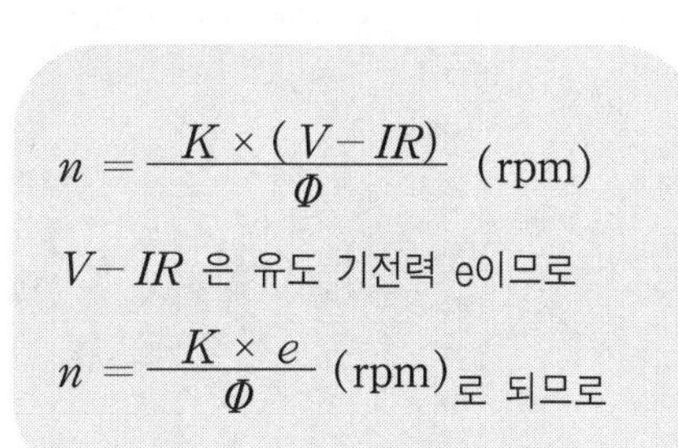

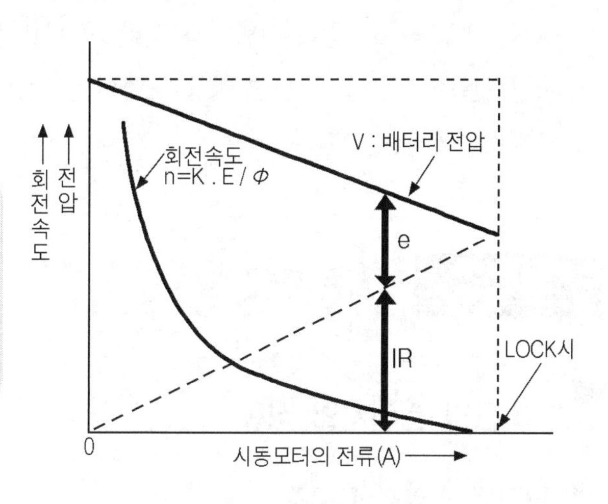

그림4-15 시동모터의 회전 속도

시동 모터에 최대 부하를 걸어 시동 모터가 lock 상태가 되는 경우에는 그림(4-16)과 같이 토크(torque)는 크게 증가하게 되지만 회전 속도는 0(제로)이 되어 출력은 0(제로)이 되게 된다. 시동 모터는 모터의 회전 속도와 토크(torque) 간에는 서로 상반된 특성을 가지고 있어 시동시 무부하 상태시 영역과 최대 부하시 모터가 lock 되는 영역의 중간쯤 되는 영역에서 사용하여야 한다. 즉 엔진 크랭킹(engine cranking)시 모터의 출력이 최대가 되는 영역을 사용하는 것은 당연하다.

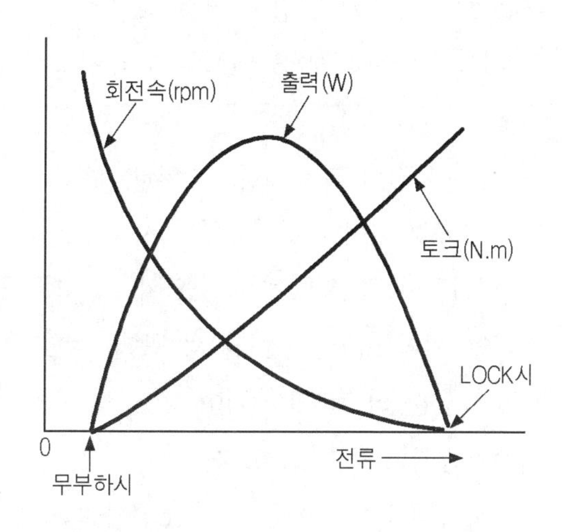

그림4-16 시동모터의 출력 특성

시동 모터의 출력 효율은 배터리에서 공급되는 전력 소모분과 시동 모터에서 발생하는 출력(동력)비로 나타낼 수 있는데 예를 들어 시동 모터로 공급하는 배터리의 소모 전력이

2(kw)라 하고 시동 모터에서 출력(동력)되는 값이 1(kw)라 하면 이 시동 모터의 효율은 50%가 된다.

결국 1(kw)의 전력 분은 손실분으로 대기중에 열로서 발생하게 되므로 시동 모터에서 발생하는 발열량은 일종의 전열기와 같이 커지게 되므로 시동시 크랭킹(cranking)을 15초 이상 연속적으로 하게 되면 시동 모터의 연손될 우려가 예상되므로 15초 이상 연속적을 크랭킹하여서는 안된다.

3 시동 회로

1. 마그넷 스위치의 작동

(1) 마그넷 스위치의 구조

마그넷 스위치(magnet switch)의 구조는 그림(4-17)과 같이 가동 접점을 이동시키는 플런저(plunger)와 메인 접점, 그리고 전자석을 만드는 풀링 코일(pulling coil)과 홀딩 코일(holding coil)로 구성되어 배터리로부터 시동 모터로 대전류가 흐르게 하는 스위치 역할과 피니언 기어(pinion gear)와 플라이 휠(fly wheel)의 링 기어(ring gear)를 치합시키는 역할을 하고 있다.

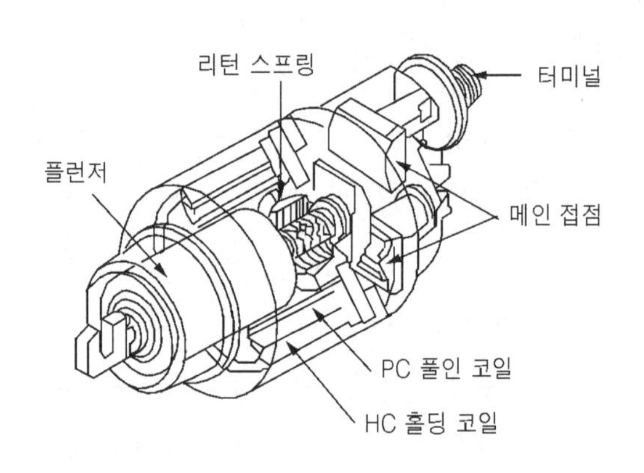

그림4-17 마그넷 스위치의 구조

특히 전자석을 만드는 풀링 코일과 홀딩 코일은 코일의 권선방향을 서로 반대로 감아서 직렬 연결하여 놓아 접점이 ON시와 OFF시 원활한 작동이 이루어지도록 하고 있다. 일반적으로 전기 회로의 단속 역할을 하는 접점은 사용하는 전류의 용량과 부하의 종류에 따라 접점의 재질이 달라지는 데 시동 모터에 사용되는 마그넷 스위치 접점은 엔진을 크랭킹(cranking)시 접점을 통해 흐르는 전류의 용량이 보통 100~500A정도로 높고 코일에서 발생하는 역기전력으로 인해 접점이 단속시 아크 방전(arc discharge)에 의해 접

점이 쉽게 소손이 이루어지는 조건을 갖추고 있어 도전율이 매우 우수한 은이나 백금 같은 고가인 금속은 사용 할 수가 없다.

따라서 마그넷 스위치의 접점은 도전율이 우수하며 가격이 저렴한 동(구리) 접점을 재료로 많이 사용하고 있다.

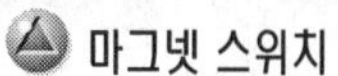
마그넷 스위치

시동모터의 마그넷 스위치 단자

(2) 마그넷 스위치의 작동

그림(4-18)에서 마그넷 스위치의 동작을 살펴보자.

먼저 시동키를 ON시키면 배터리로부터 공급된 전류는 홀딩 코일(holding coil)을 거쳐 어스(earth)로 전류가 흐르게 되고 동시에 풀링 코일(pulling coil)을 거쳐 시동 모터의 필드 코일(field coil)과 아마추어(armature)로 전류가 흐르게 된다.

풀링 코일(pulling coil) → 필드 코일(field coil) → 아마추어(armature) → 어스(earth)로 이어지는 직렬 회로 전류는 약 40A 정도(시동 모터의 용량에 따라 다름)의 전류가 흘러 시동 모터를 충분히 구동 할 수 있는 전류가 되지 못하지만 홀딩 코일은 전원 전압과 병렬로 연결되어 있어 풀링 코일과 같은 방향의 자력선이 만들어져 마그넷 스위치의 플런저(plunger)는 강한 전자석으로 자화 된다.

이로 인해 마그넷 스위치의 가동 접점은 강한 흡인력에 의해 고정 접점(메인 접점)에 강하게 흡착하게 된다.

마그넷 스위치(magnet switch)의 접점이 ON 상태가 되면 지금 까지 풀링 코일을 거쳐 흐르던 전류는 차단되고 배터리로부터 필드 코일을 거쳐 아마추어로 전류가 흘러 시동

모터는 강한 회전력을 얻게 된다.

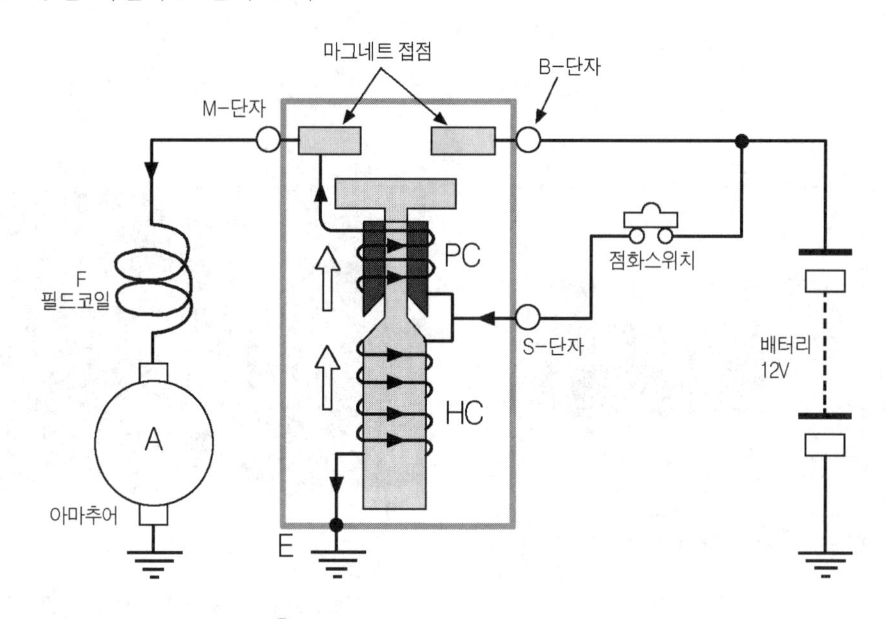

그림4-18 시동모터의 마그넷 스위치

이때 시동 스위치를 거쳐 홀딩 코일(holding coil)로 약 10A 정도의 전류가 흘러 마그넷 스위치(magnet switch)의 접점을 ON상태로 유지하게 되며 시동 키(시동 스위치)를 OFF하면 배터리로부터 시동 키(시동 스위치)를 거쳐 홀딩 코일로 흐르던 전류는 차단이 되고 마그넷 스위치의 메인 접점이 ON 되어 있는 상태이기 때문에 한 쪽은 배터리로부터 메인 접점(main contact point)을 거쳐 풀링 코일(pulling coil)과 홀딩 코일로 전류가 흐르게 되고 다른 한쪽은 메인 접점을 거쳐 필드 코일(field coil)과 아마추어로 전류가 흐르게 된다. 이렇게 풀링 코일과 홀딩 코일로 전류가 흐르게 되면 풀링 코일과 홀딩 코일의 권선 방향이 서로 반대로 되어 있어 자력선이 방향이 서로 상쇄되는 방향으로 작용하여 플런저의 가동 접점은 리턴 스프링(return spring)의 힘에 의해 쉽게 이탈 되도록 하고 있다.

사진4-20 마그넷 스위치의 단자

2. 시동 회로

시동 모터의 기본 회로는 그림(4-19)와 같이 배터리와 시동스위치 및 시동모터로 구성되어 배터리로부터 대전류가 흐르는 시동 모터에는 배터리로부터 전원선이 직접 시동 모터의 마그넷 스위치로 연결시키고 비교적 적은 전류가 흐르는 풀링 코일과 홀딩 코일에는 배터리로부터 전원선이 시동 키(점화 키)를 통해 연결하여 시동시 시동 스위치를 통해 마그넷 스위치의 풀링 코일과 홀딩 코일에 전원을 공급하는 일을 한다.

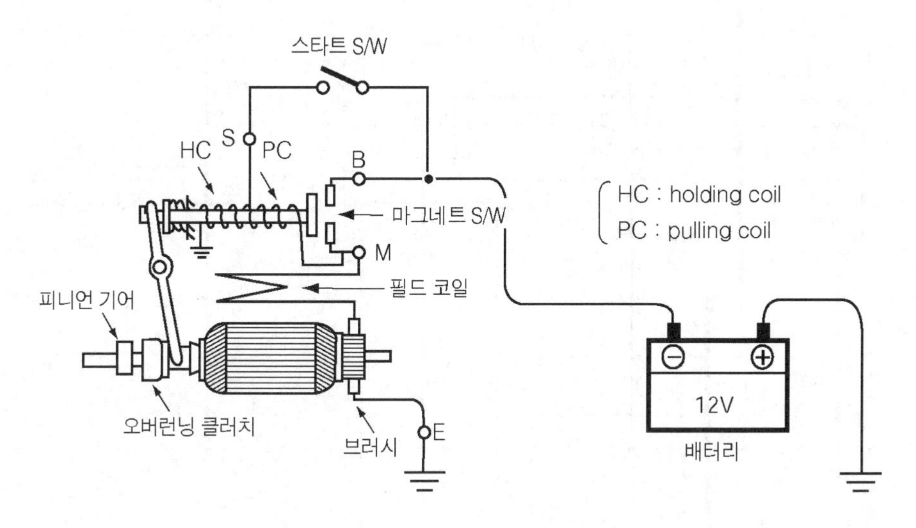

그림4-19 시동모터의 내부 회로

마그넷 스위치의 접점이 ON상태(접촉 상태)가 되면 마그넷 스위치의 메인 접점을 통해 배터리로부터 직접 시동 모터로 전원을 공급하도록 구성되어 있다. 그러나 실제 시동 회로에서는 그림(4-20)과 같이 여러 가지 구성 부품들이 삽입되어 있어서 시동 모터의 기본 회로와는 전혀 다른 회로로 생각 할 수 있지만 앞서 설명 한 시동 회로의 기본 구성과 작동은 동일하다.

사진4-21 엔진에 장착된 시동모터

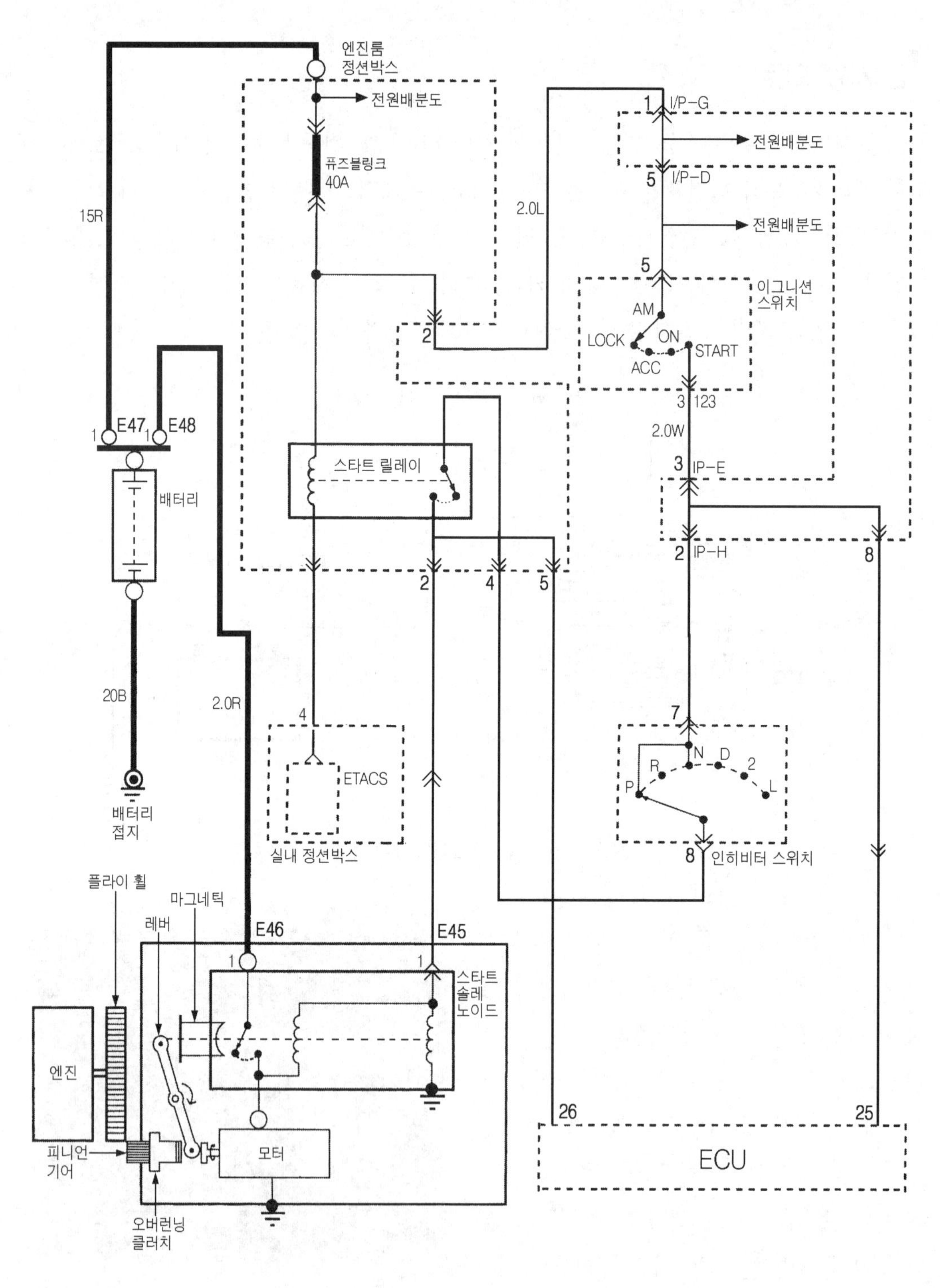
엔진룸
정션박스
전원배분도
퓨즈블링크
40A
15R
2.0L
1 I/P-G
전원배분도
5 I/P-D
전원배분도
5
이그니션
스위치
AM
LOCK
ON
START
ACC
2
3 123
2.0W
E47
E48
스타트 릴레이
3 IP-E
배터리
2 IP-H
8
2
4
5
20B
2.0R
4
ETACS
7
N
D
R
2
P
L
배터리
접지
실내 정션박스
8 인히비터 스위치
플라이 휠
마그네틱
레버
E46
E45
스타트
솔레
노이드
엔진
26
25
피니언
기어
모터
ECU
오버런닝
클러치

그림4-20 시동 회로

그림(4-20)의 시동 회로를 살펴보면 먼저 시동 모터로 대전류를 흐를 수 있도록 배터리 E48단자에서 시동 모터의 E46 단자로 직접 연결되어 있어서 마그넷 스위치의 코일(스타트 솔레노이드) 단자 E45는 스타트 릴레이(start relay)의 접점을 거쳐 스타팅 시 배터리의 전원이 공급되도록 되어 있다. 스타트 릴레이 접점의 전원 공급은 A/T(오토-트랜스미션) 장착 차량인 경우 이그니션 스위치(시동 스위치)를 거쳐 오토-트랜스미션(auto transmission)의 시프트 레버 스위치(shift lever switch) 일명 인히비터 스위치(inhibitor switch)를 거쳐 전원이 공급하고 있다.

여기서 스타트 릴레이를 사용하는 목적은 2가지로 볼 수 있는데 그 첫번째 목적은 시동 스위치를 ON시 시동 모터의 마그넷 스위치(magnet switch)의 풀링 코일(pulling coil)을 거쳐 아마추어(armature)로 흐르는 전류와 홀딩 코일(holding coil)로 흐르는 전류는 20~50A정도 흐르게 되고 시동 스위치 OFF시는 풀링 코일과 홀딩 코일 등에 의해 큰 역기전력이 발생하게 되므로 이를 통한 아크 방전이 시동 스위치의 접점을 손상 할 수 있어 비교적 가격이 저렴하고 교환이 용이한 스타트 릴레이를 적용하게 되며 다른 한 가지 목적은 원격 시동시 크랭킹 시간을 정확히 제어 할 수 있도록 스타트 릴레이를 적용하고 있다.

4 시동 장치의 고장 점검

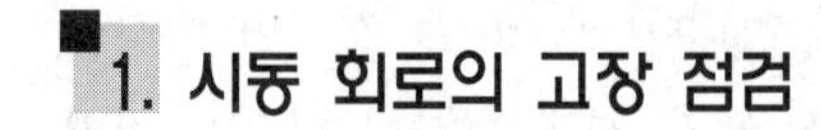

1. 시동 회로의 고장 점검

시동 장치의 고장 현상은 크게 나누어 보면 (1)시동 스위치를 ON상태로 하여도 시동 모터가 전혀 돌지 않는 경우와 (2)시동 모터는 회전을 하는 데도 불구하고 시동이 안 걸리는 경우로 나누어 볼 수 있다. 이 중 먼저 (1)항을 살펴보면 다음과 같다.

(1) 크랭킹이 되지 않는 시동 불능인 경우 점검하여야 할 사항

① 배터리의 양부 점검

② 공급 전원 및 배선의 연결 상태 점검

③ 마그넷 스위치는 접촉하는데 시동 모터의 회전이 안되는 경우는 마그넷 스위치 및

배선의 접촉 상태 점검

④ 시동 모터의 단품 점검

위 (1)항의 경우 원인은 여러 요소를 들 수 있지만 우선 점검하여야 할 것은 시동 모터를 회전하도록 하기 위한 것으로 초점을 맞추어 접근하여야 한다. 그렇게 하기 위해서는 배터리의 양부 점검을 시작으로 IG(ignition) 퓨즈는 물론이고 스타트 릴레이(start relay)를 점검하여야 한다.

사진4-22 장착된 시동 모터

배터리의 양부 점검은 앞서 3장에 이미 기술하여 여기서는 생략하기로 한다.

시동 모터의 ②항 공급 전원에 대한 배선의 연결 상태 점검은 배터리 터미널의 접촉 상태, 시동 모터의 + 케이블(cable)의 연결 상태 점검, 시동 모터의 S 단자까지의 공급 전원의 이상 유무를 멀티 테스터를 통해 점검하여야 한다. 여기서 시동 모터의 S단자는 마그넷 스위치(magnet switch)의 코일을 자화시키기 위한 전원을 말하며 이 전원은 점화 스위치(시동 스위치)를 거쳐 인히비터 스위치(inhibitor switch)를 거쳐 공급하고 있는 것이 일반적이다(그림 4-20 시동 회로 참조).

특히 배선의 연결 상태의 점검 중에는 어스(earth) 상태의 연결 상태 점검이 중요하므로 빼놓지 않고 점검하여야 한다. 이렇게 점검하여 시동 모터에 공급하는 전원이 이상이 없는데도 불구하고 시동 모터가 회전을 하지 않는 경우는 ④항 시동 모터의 단품을 점검하여야 한다. 시동 모터의 오버홀(overhaul) 점검은 특별한 경우가 아니면 점검하는 일이 극히 드물지만 학습 차원에서 진행하고자 한다. 마그넷 스위치의 흡입력 점검은 먼저 그림(4-21)과 같이 M단자를 떼어 시동 모터가 회전을 하지 않도록 하고 S단자를 배터리의 +단자와 연결하고 배터리의 (−)단자를 시동 모터의 버디(몸체)와 B단자를 연결하여 마그넷 스위치의 플런저(plunger)가 흡인하여 ON상태가 되면 풀링 코일(pulling coil)과 홀딩 코일(holding coil)은 정상이다.

만일 플런저(plunger)가 이동하지 않으면 풀링 코일과 홀딩 코일은 단선 및 내부 쇼트를 예상 할 수 있다. 마그넷 스위치가 ON상태에서 그림(4-22)와 같이 B단자를 떼었을

때 마그넷 스위치가 그대로 ON상태를 유지하면 홀딩 코일(holding coil)은 정상이다. 이때 마그넷 스위치의 접점이 ON된 상태에서 멀티 테스터를 이용하여 도통 테스터를 하여 본다.

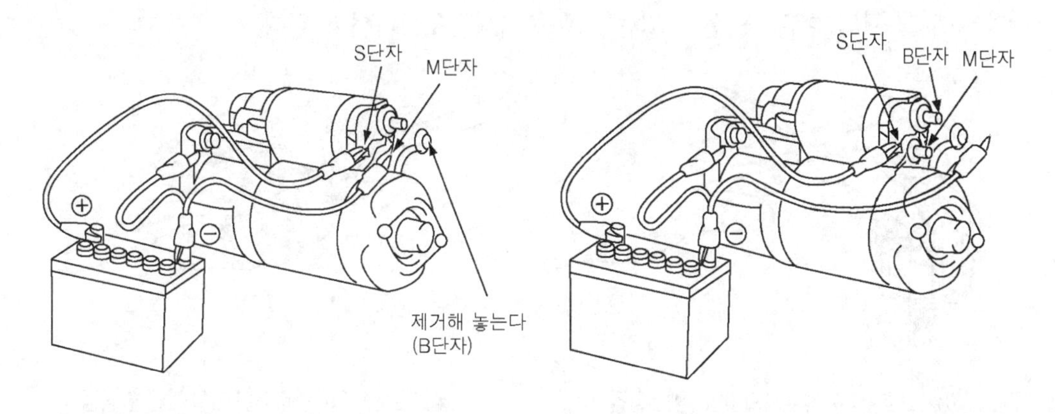

그림4-21 마그넷 SW의 흡인력 점검

그림4-22 마그넷 스위치의 유지력 점검

그림(4-23)과 같이 버니어 켈리퍼스를 이용하여 피니언 기어(pinion gear)와 스톱퍼(stopper)간 간극을 측정하여 규정치 내에 있는지 확인 한다. 피니언 기어와 스톱퍼간 간극이 지나치게 크면 플라이 휠(fly wheel)의 링 기어(ring gear)와 피인언 기어의 기어 치합 결함으로 이어지는 문제를 야기하게 된다.

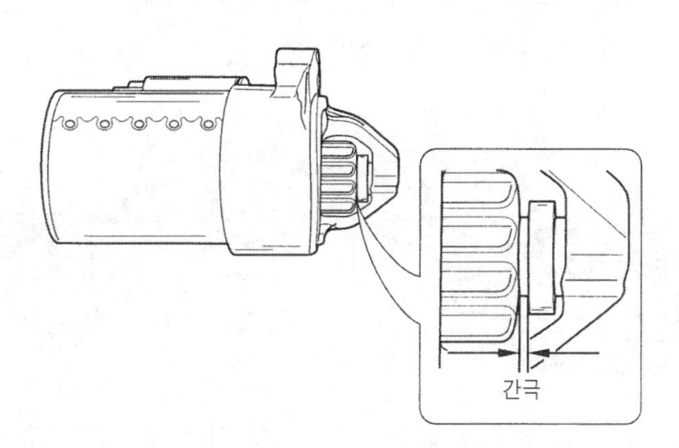

그림4-23 피니언과 스톱퍼간 간극 점검

시동 모터를 분해하여 아마추어의 정류자(commutator)를 육안 검사 한다. 정류자의 손상이 있는 경우는 브러시의 마모 상태 및 브러시 스프링(brush spring)의 장력을 점검

한다. 그림(4-24)와 같이 버니어 켈리퍼스(vernier calipers)를 이용하여 마모 및 원형 상태를 측정하여 이상이 있는 경우는 수정 작업을 한다. 그림(4-25)와 같이 멀티 테스터를 저항 레인지로 선택하여 정류자의 간극과 간극 도통 테스트를 하여 아마추어 코일이 단선 여부를 확인 한다. 단선이 있는 경우는 교환 조치하여야 한다.

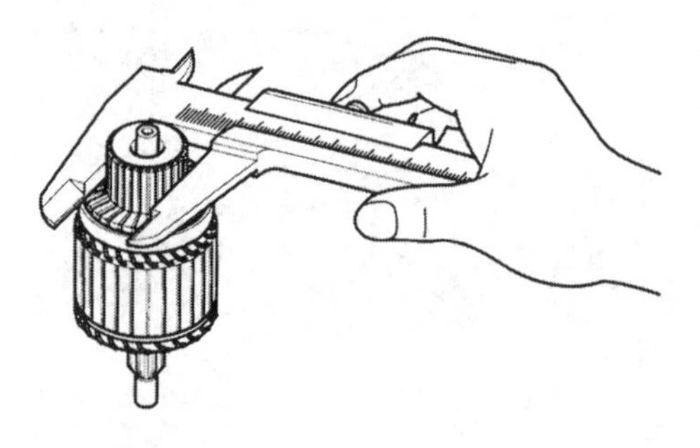

그림4-24 정류자의 마모 정도 점검

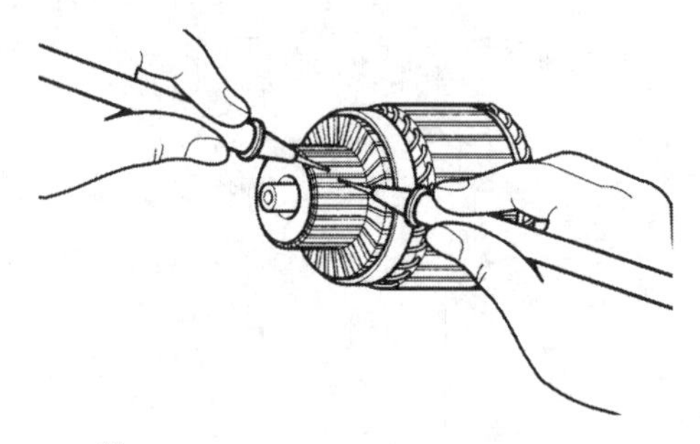
그림4-25 아마추어 코일의 단선 점검

아마추어 코어(armature core)와 아마추어 코일(armature coil)간을 그림(4-26)과 같이 절연 테스터를 이용하여 절연 상태를 점검한다. 만일 절연 테스터가 없는 경우에는 멀티 테스터를 이용하여 선택 스위치를 kΩ 레인지로 설정하여 점검한다. 이때 절연 불량인 경우는 저항값이 표시되면 절연 불량으로 교환 조치하여야 한다.

아마추어 코일의 내부 쇼트를 확인하기 위해 그림(4-27)과 같이 그로울러 테스터(growler tester)를 이용하여 점검하는 방법이 있다.

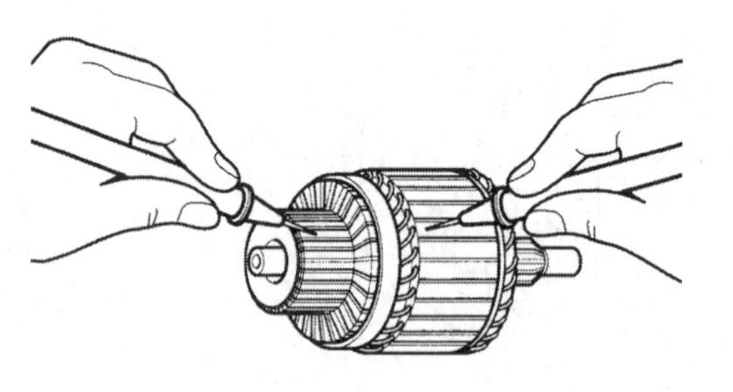
그림4-26 아마추어 코일과 코어간 절연상태 점검

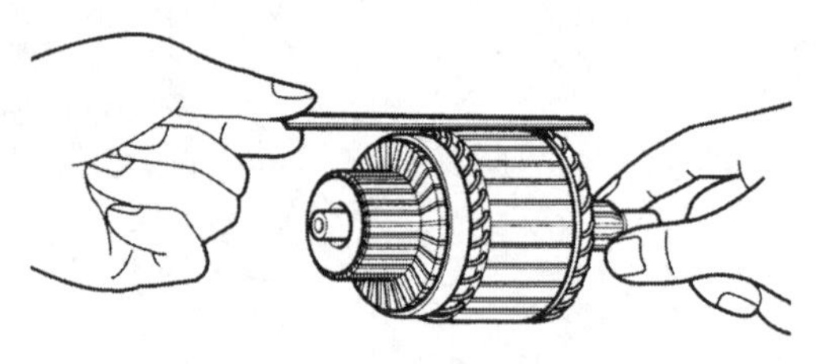
그림4-27 아마추어 코일의 내부 쇼트 점검

그로울러 테스터의 기본 원리는 그로울러 테스터에는 교류 전압을 가해 놓고 아마추어 코일을 정반 위에 올려놓으면 그로울러 테스터를 통해 만들어진 교번 자계가 아마추어 코

어의 철편을 통해 이동하게 되는데 이 교번 자계에 의해 아마추어 코일 각각은 기전력을 발생하게 된다. 여기서 발생되는 기전력은 코일이 내부 쇼트가 없는 경우에는 각각의 코일에 발생되는 기전력의 합은 0(제로)이 되지만 아마추어코일 내부가 쇼트가 되어 있은 경우에는 코일 내부에 발생된 기전력은 폐회로를 구성해 전류가 흐르게 되고 이 전류에 의해 코일 내부가 쇼트 된 해당 아마추어 코어에는 전자석이 되어 철편을 갖다 되면 강하게 흡인하는 작용을 하게 되고 아마추어 각 코일에서 발생되는 유도 기전력은 규형이 깨져 전체의 기전력의 합은 0(제로)이 되지 않게 된다.

따라서 코일 내부에 쇼트가 있는 경우에는 그로울러 테스터에 위에 올려놓은 아마추어 코일을 천천히 돌려 보며 아마추어 코어에 철편을 갖다 대면 쇼트 된 코일에 의해 발생되는 기전력에 의해 해당 코어는 전자석이 되고 여기에 철편을 올려놓으면 강하게 흡인하는 현상이 발생되는 것이다.

그림(4-28)은 요크(york)와 필드 코일(field coil)이 쇼트(short)가 되어 있는 것을 확인하기 위한 것으로 멀티 테스터를 통해 도통 시험하여 쇼트가 있는 경우는 교환하여야 한다. 그림(4-29)는 브러시와 브러시 홀더(brush holder)간의 쇼트 상태를 점검하는 것으로 멀티 테스터의 저항 레인지를 선택하여 점검한다.

그림(4-30)과 같이 피니언 기어를 손으로 잡고 한쪽 방향으로 돌려 보면 부드럽게 돌아가게 되고, 반대쪽 방향으로 돌려 돌아가지 않게 되면 시동 모터의 오버런닝 클러치는 정상이다.

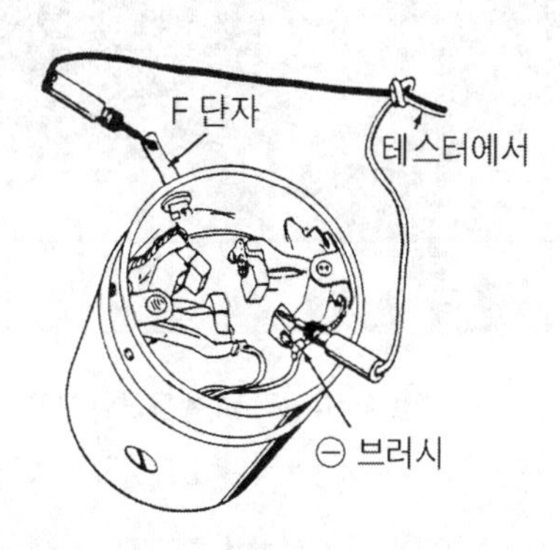

그림4-28 필드코일과 요크의 절연상태 점검

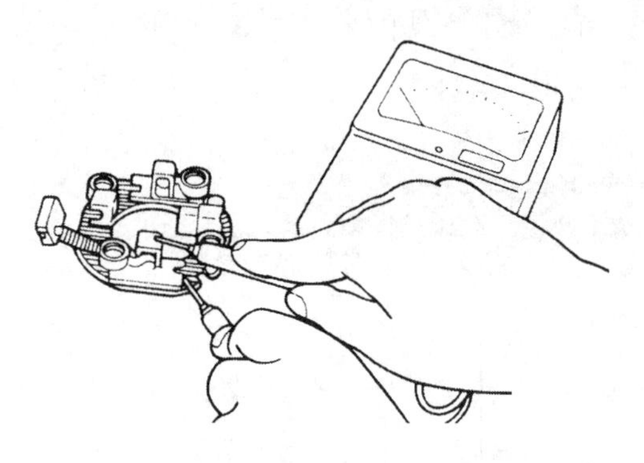

그림4-29 브러시와 홀더간 절연상태 점검

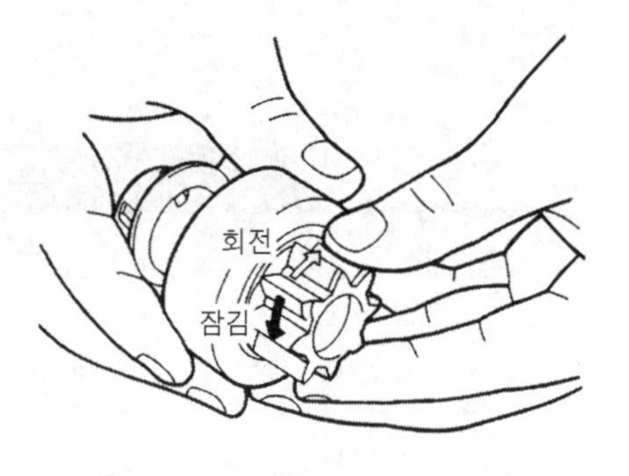

그림4-30 오버런닝 클러치 점검

(2) 시동 모터는 회전을 하는데 크랭킹이 안되는 경우 점검하여야 할 사항

① 시동 모터 회전 속도가 늦을 때 배터리의 양부 점검

② 시동 모터 회전 속도가 늦을 때 배선의 접촉 상태 점검

③ 시동 모터의 단품 점검

시동 불량의 원인을 살펴보면 3가지로 요약 할 수 있는 데 첫째는 배터리의 방전을 생각 할 수 있고 둘째는 시동 계통의 배선간 접촉 불량, 셋째는 시동 모터 불량을 생각 할 수 있다. 이와 같은 시동 장치의 점검은 사진(4-24)와 같은 후크(hook)식 DC 전류계를 이용하면 대전류 측정을 간단히 할 수 있어 편리하며 일반적으로 많이 사용하는 멀티 테스터를 같이 이용하면 좋다.

사진4-23 시동모터의 단자

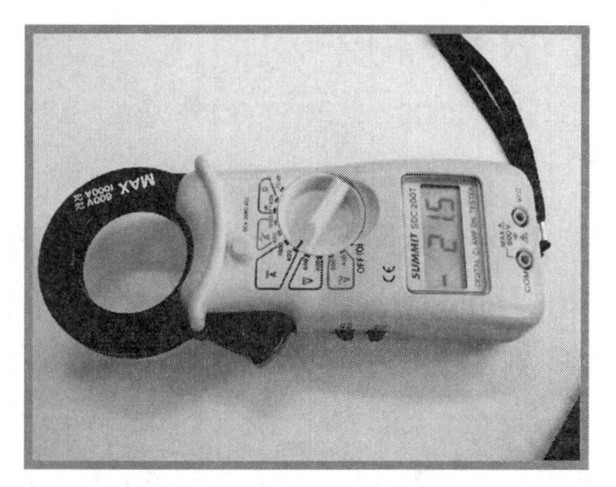

사진4-24 후크식 DC 전류계

표(4-1)을 참고하여 후크(hook)식 DC 전류계를 이용하여 시동 모터의 B-단자에 연결 +케이블에 후크 미터를 연결하고 크랭킹 전류가 표(4-2)와 같이 규정치 이하이고 배터리의 단자 전압이 1V 이하로 떨어지는 경우는 배터리의 방전을 예측 할 수가 있다.

[표4-1] 크랭킹 전류에 의한 불량 개소

배터리 전압	크랭킹 전류	불량 예측 부분
11V 이하	규정치 이하	배터리 방전
11V 이하	규정치의 120% 이상	시동모터 불량
12V 이상	규정치의 80% 이하	배선 접촉 불량

※ 위의 수치는 차종에 따라 다소 차이가 날 수 있다.

[표4-2] 배기량별 시동모터의 크랭킹 전류(예)

자동차 배기량	시동모터의 크랭킹 전류	비　　고
1000cc 이하	70 A ~ 90 A	배기량 800cc 이하
1000 cc ~ 1500 cc	90 A ~ 120 A	40A ~ 60A
1500 cc ~ 2000 cc	120 A ~ 140 A	
2500 cc 이상	150 A ~ 220 A	

※ 위의 수치는 차종에 따라 다소 차이가 날 수 있다.

만일 크랭킹 전류가 표(4-2)의 규정치를 훨씬 초과하고 배터리의 단자 전압이 11V 이하인 경우에는 크랭킹 저항이 증가로도 예측할 수 있지만 여기서는 시동 장치만을 고려한 것으로 크랭킹 저항에 대한 것은 언급하지 않았다. 크랭킹 전류가 규정치를 초과하는 것은 시동 모터의 내부 쇼트 및 시동 모터의 회전 저항 증가를 예측 할 수가 있어 시동 모터를 탈착하여 교환 또는 오버홀(overhaul)하여야 한다.

시동 모터의 B-단자에 후크(hook)된 전류계의 측정값이 규정치 보다 훨씬 낮은 데도 불구하고 배터리의 단자 전압이 12V 이상을 지시하는 경우는 시동 모터에 연결 된 배선 및 접속구의 연결 상태에 결함이 있는 것으로 예상 할 수가 있다

배선의 접촉 불량이 발생하면 선간 또는 접속구의 저항의 증가로 부하에 흐르는 전류는 감소하게 돼 여러 가지의 전장품의 오작동의 원인이 되게 된다.

배선이 노화 되면 배선간 저항이 증가하게 되므로 그림(4-31)과 같이 시동 모터의 B단자 케이블 간 전압을 측정하여 0.5V 이상이면 규정치 이하로 원인을 제거하여야 한다.

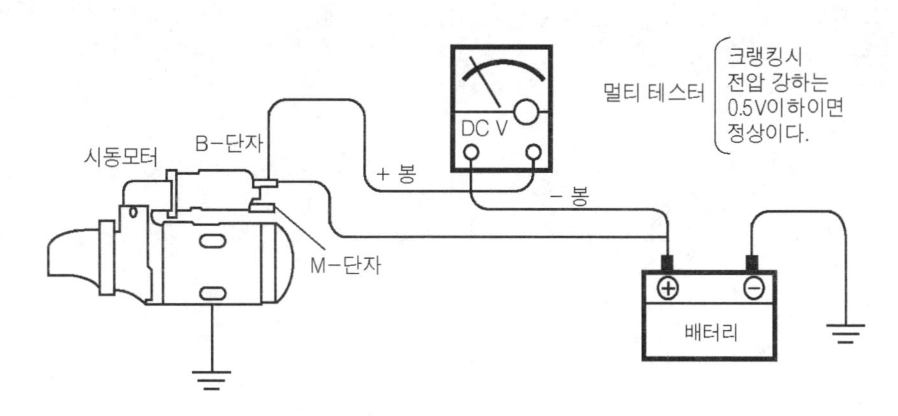

그림4-31 시동모터의 +케이블 점검

또한 시동 모터의 접촉 불량 점검에는 빼 놓을 수 없는 것이 시동 모터의 어스(earth) 상태 점검으로 그림(4-32)와 같이 연결하여 전압 강하가 0.2V 이하이면 좋다. 선간 또는 접속구의 전압 강하는 0.2V이하로 정리하지만 실제로는 이 수치는 부하의 전류와 내부 저항에 따라 달라지고 이 수치는 낮을수록 좋다.

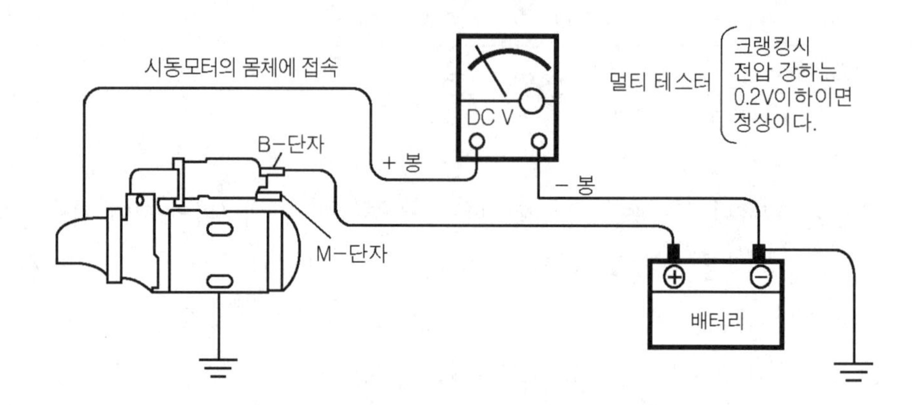

그림4-32 시동모터의 어스 상태 점검

05
충전장치

5 CHAPTER

충전 장치

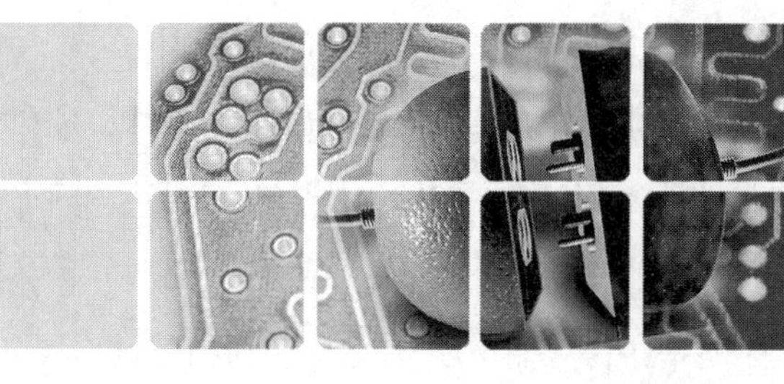

1 발전기의 구조와 원리

1. 발전기의 기본 원리

사진5-1 크랭크 축 풀리와 연결된 알터네이터

사진5-2 알터네이터

그림(5-1)과 같이 ㄷ-형 철심에 코일을 감고 코일 양끝에 검류계를 연결한다. 그리고 ㄷ-형 철심 홈에 영구 자석을 그림과 같이 회전시키면 검류계의 지침이 좌, 우로 움직이는 것을 확인 할 수 있다. 이와 반대로 영구 자석을 고정하고 코일을 움직여도 유도 기전력은 발생하게 된다. 이것은 코일에 자속의 변화를 받아 코일 내에 유도 기전력이 발생하기 때문이다. 이 유도 기전력의 크기는 자속의 변화하는 속도와 코일의 권수에 비례하며, 자속의 세기에도 비례하여 발생한다. 그러나 영구 자석을 이용하여 유도 기전력을 발생하는 발전기는 실제 발전기의 동력원으로 사용하는 데에는 한계가 있어 실제 발전기에는 영

구 자석 대신 전자석을 사용하고 있다.

영구 자석을 사용하는 발전기는 자속의 세기가 일정하여 실제 출력 될 수 있는 전력의 크기는 영구 자석의 회전 속도에 의존하여야 하는 문제로 부하의 용량이 증가하는 경우 이를 제어 할 수 있는 방법이 현실적으로 영구 자석의 회전 속도를 제어하는 방법 외에는 없다. 그러나 우리가 사용하는 가정용 전기의 경우 상용 주파수가 60 Hz로 고정되어 있고 자동차의 올터네이터의 경우에도 부하의 증가로 공급 전류가 증가하기 위하여는 올터네이터의 회전 속도만을 의존 할 수가 없다.

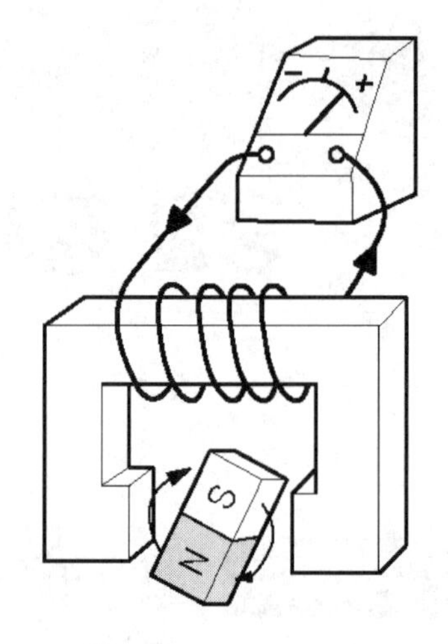

그림5-1 발전기의 원리

유도 기전력의 크기 $e = -N(\Delta\phi / \Delta t)$

여기서 N : 코일의 권수, $\Delta\phi$: 자속 변화율 L : 코일의 인덕턴스, Δi : 전류 변화율

따라서 발전기의 발전 전압을 제어하기 위하여는 영구 자석 대신 회전 코일(로터 코일)을 이용하여 전자석의 세기를 제어하여야 하는 과제가 남게 된다. 결과적으로 발전기의 원리는 코일(도체)중에 자력선의 변화를 받아 코일(도체)에 유도 기전력이 발생되는 것을 이용한 것으로 이때 발생되는 기전력의 방향은 렌즈의 법칙에 따라 도체(코일)가 운동하는 방향을 방해하는 방향으로 유도 기전력이 발생한다.

이와 같이 자력선이 방향이 좌 → 우로 이동 할 때 자계 중에 도체(코일)가 위 → 아래로 운동하면 기전력의 방향은 ⊙ 방향(암페어의 오른 나사의 법칙에 의한 전류의 방향)으로 유도 기전력이 발생하게 된다. 이것을 정의하여 놓은 것이 플레밍의 우수 법칙(엄지 : 도체의 움직이는 방향, 인지 : 자력선의 방향, 중지 : 기전력의 방향)이다

발전기는 도체(코일)가 자속의 변화를 받아 기전력이 발생하기 위해서는 연속적으로 자속의 변화를 주어야 하는데 자석의 좁은 공간에서 연속적인 변화를 주기 위해서는 자석이 왕복 운동을 하는 것보다 회전 운동을 하는 것이 자속 변화를 주는데 효율적이다. 보통 발전기는 그림(5-2)와 같이 회전 코일(로터 코일)에 전류를 흘려 전자석을 만들어 회전 자계를 만들고 회전 코일(로터 코일)을 회전 시키면 그림과 같이 자력선이 스테이터 코일

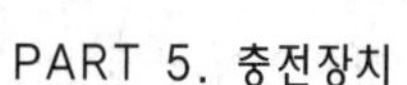

(stator coil)에 변화를 주게 한다. 이때 스테이터 코일에 통과하는 자력선의 크기는 로터 코일(rotor coil)이 회전을 하게 되므로 자속은 정현 곡선(sign wave)을 그리게 된다. 즉 로터 코일이 1회전 할 때 스테이터 코일에 통과하는 자력력은 360° 사인 곡선을 그리게 되며 결국 스테이터 코일에 유도되는 기전력은 정현파 전압을 출력하게 된다.

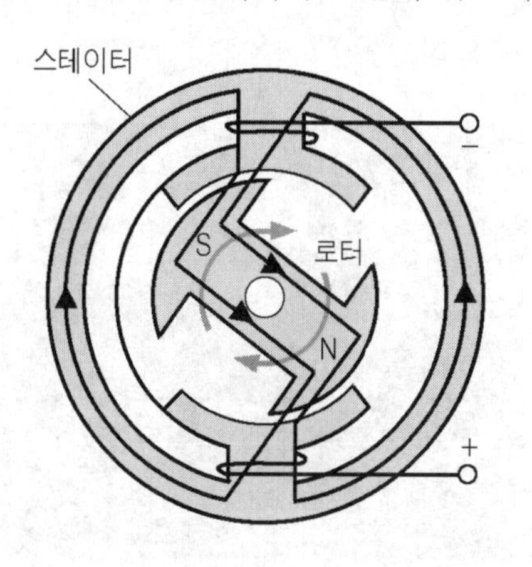

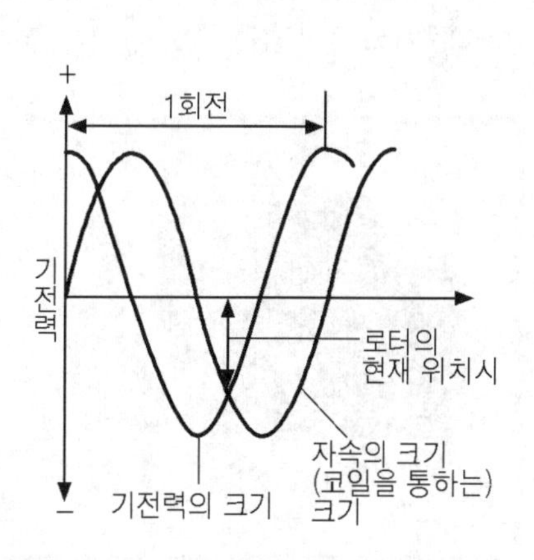

그림5-2 발전기의 유도 기전력

2. 발전기의 구조

올터네이터(alternator)는 내부는 사진(5-3)과 같이 스테이터 코일(stator coil) 내부에 로터(rotor)가 내장 되어 있고 로터의 축(shaft) 끝 부위에는 정류자와 풀리(pulley)가 연결되어 있어 엔진이 회전을 하면 올터네이터 벨트(alternator belt)에 의해 로터가 회전을 하게 되고, 로터가 회전을 하게 되면 로터의 회전 자계에 의해 스테이터 코일(stator coil)에 유도 기전력이 출력된다.

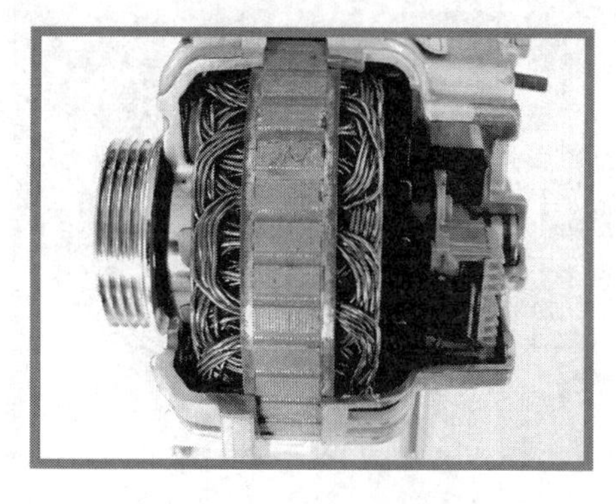

사진5-3 알터네이터의 내부

사진5-4 스테이터 코일과 로터 코일

(1) 로터 코일

로터 코일(rotor coil)은 일명 필드 코일(field coil)이라 하며 로터(rotor)에는 사진(5-6)과 같이 로터 코일(rotor coil)에 전류가 흐를 수 있도록 슬립 링(slip ring)이 브러시를 통해 로터 코일의 접속구 기능을 갖고 있다. 또한 로터 코일에는 전류가 흐르면 로터 코어에 전자석이 되는 폴 코어(pole core)가 있다.

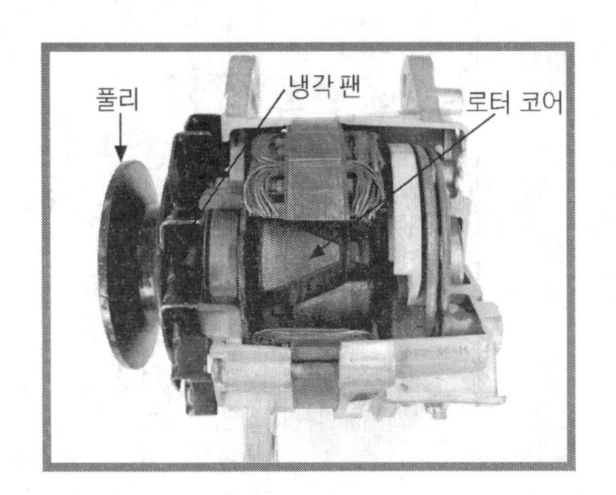

사진5-5

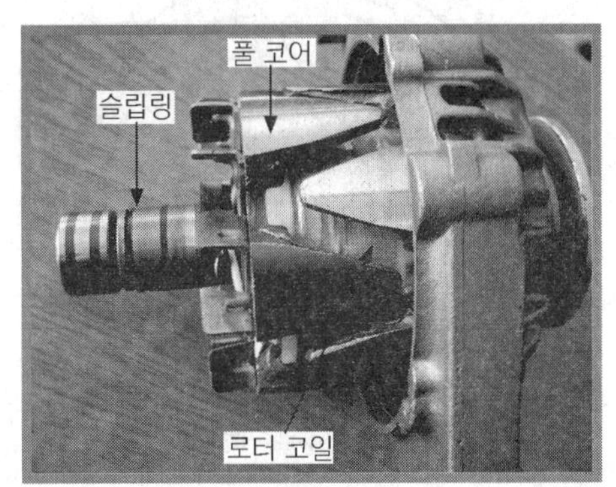

사진5-6

폴 코어는 로터 코일을 감싸고 있는 형식으로 되어 있어서 코일에 전류가 흐르면 폴 코어는 N극 → S극 → N극 → S극으로 서로 교번하여 자화된다. 이렇게 자화된 로터가 회전을 하면 서로 교번된 자극이 스테이터 코일(stator coil)과 쇄교하게 된다. 로터의 회전 속도는 엔진 회전수에 의해 결정(로터의 풀리 비에 의해)되므로 올터네이터에서 발생되는 기전력 제어는 로터의 회전수에 기대 할 수가 없다. 따라서 올터네이터(alternator)에서 발생되는 기전력 제어는 로터 코일에 흐르는 전류를 제어하여 조정하도록 하고 있다.

사진5-7 스테이터 코일

사진5-8

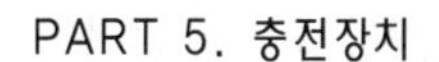

(2) 스테이터 코일

스테이터(stator)에는 스테이터 코일(stator coil)과 스테이터 코어(stator core)로 이루어져 있고 코일은 스테이터 코어에 끼워져 스테이터 코일을 고정하고 있다. 스테이터 코어는 철손을 적게 하기 위해 철편을 여러 장 겹쳐 자기 손실을 작게 하고 로터의 회전 자계가 최대한 스테이터 코어를 통과 할 수 있게 하고 있다.

사진5-9 리어 커버

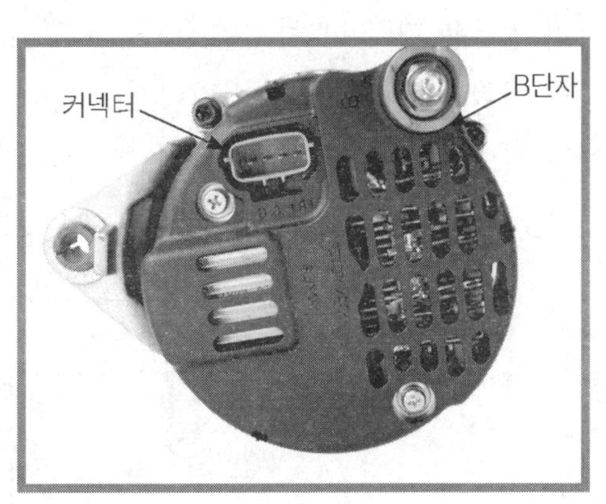

사진5-10

(3) 정류용 다이오드

사진5-11

사진5-12

다이오드(diode)라는 것은 극이 2개 가지고 있는 2극 소자를 의미 하는데 한쪽 전극을 +극 또는 애노드(anode)라 하며 다른 한쪽의 전극을 −극 또는 캐소드(cathode)라 부

른다. 이것은 다이오드와 2극 진공관이 다른 소자와 달리 한쪽 방향으로만 전류를 흐를 수 있기 때문인데 이러한 성질을 이용하여 AC(교류) 전기를 DC(직류) 전기로 변환하는 정류 회로에 이용한다 하여 정류 다이오드라 부르기도 한다. 이 정류용 다이오드는 사진(5-12)와 같이 올터네이터 내에 알르미늄재의 히트-싱크(heat sink)에 부착하여 내장하고 있다

이 정류용 다이오드는 그림(5-3)과 같이 +측 3개(1, 3, 5 다이오드)와 −측 3개(2, 4, 6 다이오드) 도합 6개의 다이오드(diode)가 연결 되어 스테이터 코일에서 발생하는 3상 교류의 출력 전압을 3상 전파 정류하고 있다. 이곳에 사용되는 정류 다이오드는 일반 다이오드와는 달리 전류 용량이 큰 대용량 다이오드를 사용하고 있다.

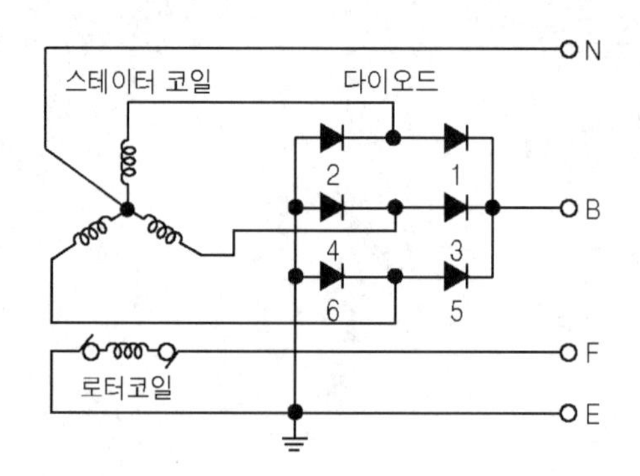

그림5-3 알터네이터의 3상 전파 정류 회로

3. 3상 교류 회로

3상 교류는 그림(5-4), 그림(5-5)와 같이 스테이터 코어(stator core)에 기전력을 출력하는 스테이터 코일(stator coil)이 각 A, B, C 코어(core)에 Δ형 및 Y형으로 결선되어 각 코일로 부터 상전압이 발생하도록 하고 있다. A 코일에서 발생하는 상전압은 다음 B 코일에서 발생하는 상전압과 C 코일에서 발생하는 상전압은 120°의 위상차를 가지고 발생하게 되어 이들 A, B, C 각 코일에서 발생되는 상전압은 그림(5-6)과 같이 나타나게 된다.

3상 교류에서 A상, B상, C상이 완전히 정현파(사인파)인 파형과 위상이 120° 씩 차가 있다고 가정하면 임의 시간에 3상의 전압 크기가 0(제로)가 되는 특징이 있다.

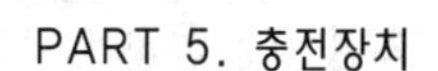

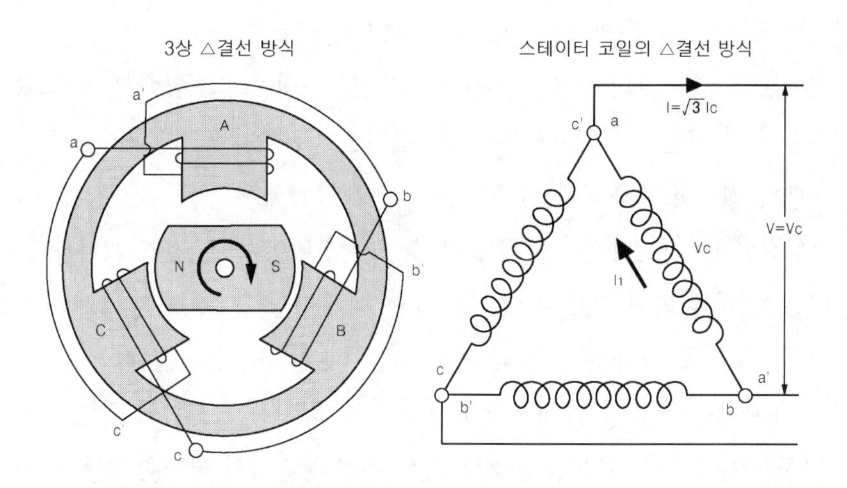

그림5-4 Δ결선 방식 발전기

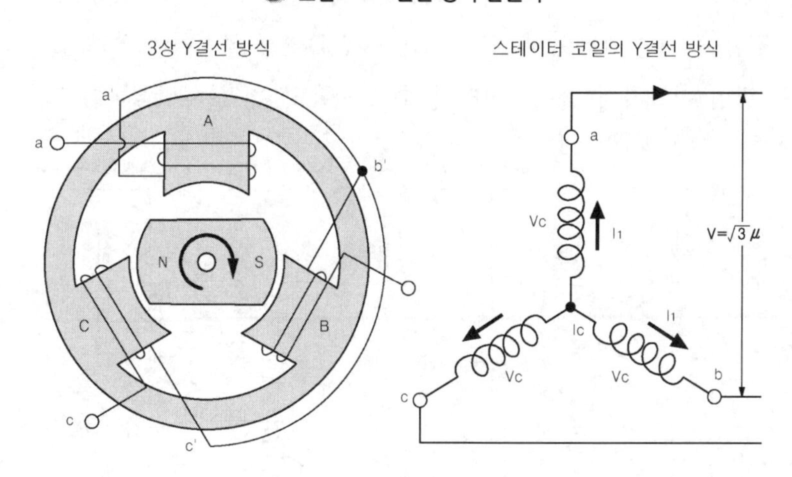

그림5-5 Y결선 방식 발전기

그림(5-6)에서 A상의 순시 값 Ea가 1이라 하면 Eb = Ec = −0.5 가 되므로 Ea + Eb + Ec = 0가 된다. 즉 완전한 정현파 교류인 경우 3상 교류의 순시값은 0(제로)가 되는 셈이다. 따라서 순시값이 0(제로)가 되지 않도록 하기 위해서는 스테이터 코일(stator coil)을 Δ결선이나 Y 결선을 하지 않으면 안된다.

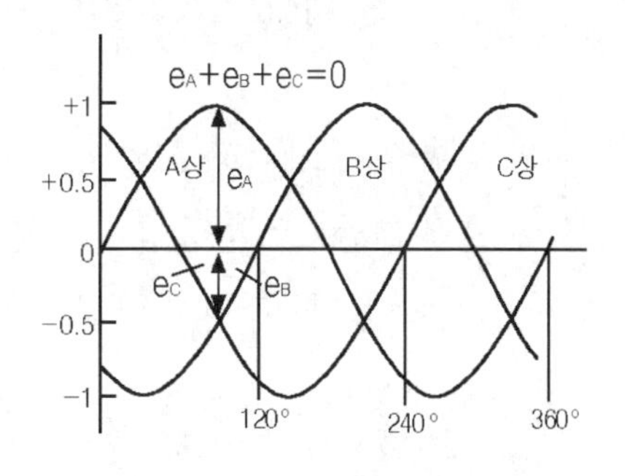

그림5-6 3상 교류의 출력 파형

Δ 결선 방식은 그림(5-7)과 같이 스테이터 코일의 끝을 결합시켜 놓아 각 코일에서 발생되는 상전압은 그대로 선간 전압이 되므로 하나의 스테이터 코일에서 발생되는 전압을 1이라 가정하면 각 코일에서 발생하는 상전압은 120° 위상차를 가지게 되므로 실제 선간 전압은 $\sqrt{3}$배의 전압이 출력되게 된다.

따라서 Δ 결선 방식의 발전기는 120° 위상이 지연되어 선간 전압이 나타나지만 일단 전압이 지속 발전하게 되면 전류가 $\sqrt{3}$배가 되는 특징이 있다. 반면 Y 결선 방식은 각 스테이터 코일을 그림(5-8)과 같이 결선하여 스테이터 코일이 모아진 점을 중성점이라 하며 중성점과 반대측 코일을 선간 전압으로 사용하고 있어서 각 코일에서 발생되는 상전압은 120° 위상차를 가지고 있어 선간 전압은 $\sqrt{3}$배의 상전압이 출력하게 된다. 이 Y형 결선 방식의 특징은 엔진이 저속시에도 상전압이 $\sqrt{3}$배가 되기 때문에 충전 전압을 안정하게 공급 할 수 있고 또한 스테이터 코일(stator coil)의 중성점을 이용해 발전기의 출력을 상승시킬 수 있어 자동차의 올터네이터에 주로 사용하고 있는 방식이다.

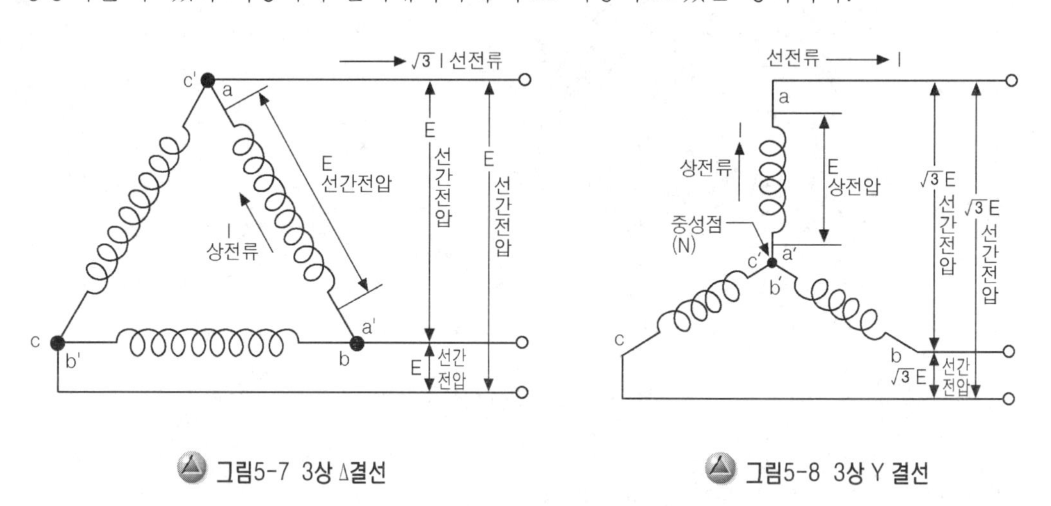

그림5-7 3상 Δ결선

그림5-8 3상 Y 결선

이와 같이 각 스테이터 코일(ststor coil)에서 발생되는 전압을 상전압이라 하고 이 상전압이 출력 전압으로 공급되는 전압을 선간 전압 또는 선전압이라 하며 Δ 결선과 Y 결선의 선전압과 선류를 정리하여 보면 다음과 같다.

① Δ 결선 : 선전압 = E(V)　　선전류 = $\sqrt{3}$ I (A)

② Y 결선 : 선전압 = $\sqrt{3}$ E (A)　　선전류 = I(A)

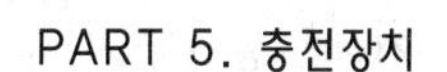

이와 같이 3상 교류에서 선간 전압이 상전압에 비해 $\sqrt{3}$배가 되는 이유를 Y결선을 통해 살펴보면 그림(5-9)와 같이 상전압을 벡터로 표시할 수 있다. 각 스테이터 코일에서 발생하는 상전압 EA, EB, EC 은 각각 120° 위상차를 가지고 기전력이 발생하게 되므로 그림과 같이 120° 위상차를 가진 상전압을 벡터(vector)로 표시하고 여기서 상전압은 EB는 상전압 EA 보다 위상이 120° 늦기 때문에 선전압(선간 전압)V는 벡터(vector) EA와 EB의 차가 된다 따라서 EA와 EB의 벡터(vector)의 합은 V로 평행 4변형의 대각선으로 나타낼 수 있으므로 이것을 수식으로 표현하면 다음과 같이 표현할 수 있다.

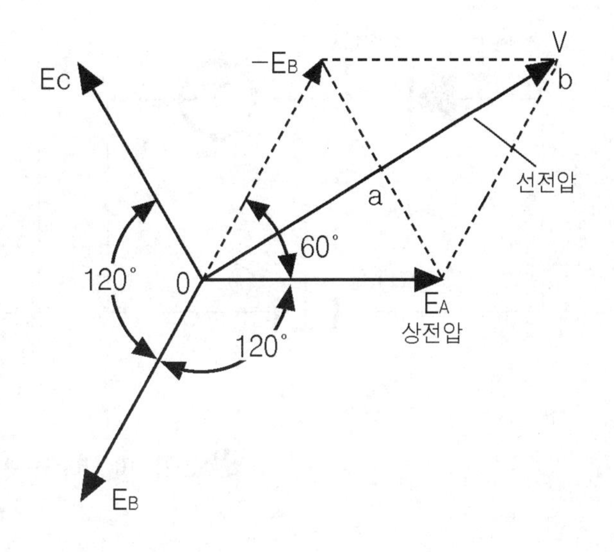

그림5-9 Y형 결성의 3상 벡터도

즉 벡터의 합 Ob의 크기는 2배의 Oa 값으로 변환하여 나타낼 수 있으며 Oa 값은 EA cos 30° 이므로 따라서 선전압(출력 전압) V가 상전압 EA 보다 $\sqrt{3}$배가 됨을 알 수가 있다.

$$V = Ob = Oa \times 2 = E_A \cos 30° \times 2 = E_A \times 0.866 \times 2$$
$$= E_A \times 2.732 = \sqrt{3} E_A$$

4. 3상 정류 회로

(1) 다이오드 정류 작용

다이오드는 그림(5-10)과 같이 순방향(한쪽 방향)으로만 전류가 흐르는 특성을 갖고 있어, 이것을 이용하여 AC(교류) 전기를 DC(직류) 전기로 변환하는 회로에 사용하기도 하고 파형을 정형하는 정형회로에 이용하기도 한다.

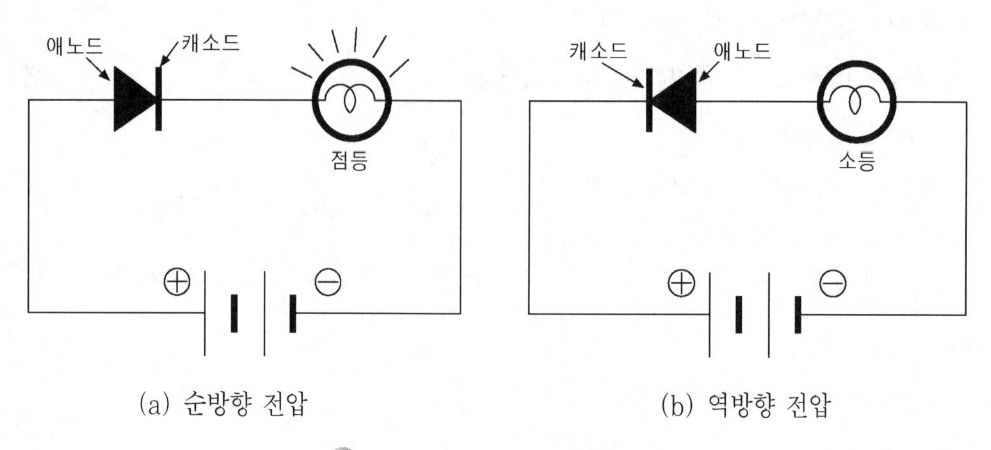

그림5-10 다이오드의 기본 기능

또한 역방향 전류를 차단하기 위해 사용하기도 하고 회로의 보호용 소자로 이용하기도 한다. 다이오드의 순방향 바이어스(bias) 전압은 Si(실리콘) 다이오드의 경우 약 0.65(V)정도로 낮기 때문에 그림(5-11)의 (a)와 같은 단상 교류 파형이 다이오드 정류 회로에 입력되면 그림(5-11)의 (b)와 같이 반파 정류 파형을 얻을 수 있게 된다.

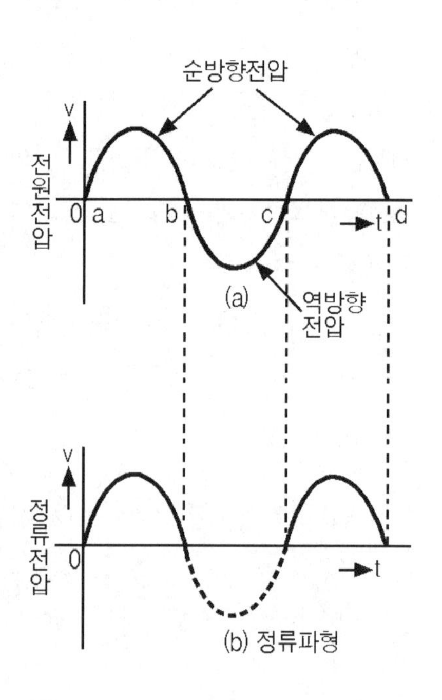

그림5-11 전원 입력전압과 정류전압

이렇게 (+)반주기 또는 (+), (−)전주기가 출력되는 전압, 전류를 정류 전압 또는 정류 전류라 하며 정류된 파형은 맥동(ripple) 문제로 그대로 DC(직류) 전기로 사용 할 수가 없다.

따라서 보다 DC(직류)에 가깝게 만들기 위해 필터(filter) 회로가 필요하게 되는데 필터 회로에는 코일(coil), 콘덴서(condensor)를 이용한 수동 필터와 TR 및 IC를 이용한 능동 필터가 있다.

그림(5-12)은 콘덴서의 충방전 특성을 이용해 DC(직류)화 된 전파 정류 회로의 전압 파형을 나타낸 것이다. 이 파형에서도 볼 수 있듯이 정류 파형을 DC(직류)화 하기 위해 필터 회로를 거쳐도 어느 정도 맥동(리플)이 발생하게 되는데 이 맥동(리플)이 작은 정류

회로 일수록 좋은 정류 회로라 할 수 있다.

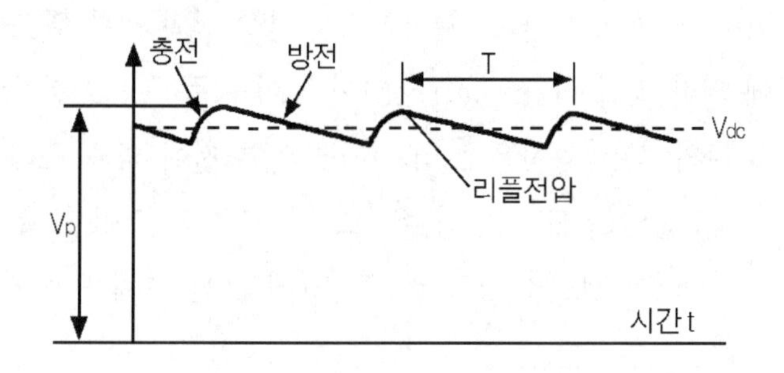

그림5-12 필터에 의한 전류 전압

(2) 3상 정류 회로

올터네이터(alternator)는 전기를 만들어 방전된 배터리를 충전하고 주행시 사용되는 부하에 전기를 공급하는 역할을 하고 있지만 실제 올터네이터 내부의 스테이터 코일(stator coil)에서 만들어지는 전기는 AC(교류) 전기로 스테이터 코일에서 만들어 지는 전기를 그대로 배터리 및 전기 부하에 공급할 수가 없다.

자동차에 사용되는 전기 장치는 모두 DC(직류) 전기에 의해 동작하기 때문에 DC(직류) 전기로 만들어 공급 해 주지 않으면 안된다. 따라서 AC(교류)를 DC(직류)로 변환하여 주는 장치가 필요하게 되는데 이것을 우리는 정류기라 부르며 AC(교류를 DC(직류)로 전환하여 주는 회로를 정류 회로라 한다. 올터네이터는 3상 교류 발전기이므로 3상 반파 정류나 3상 전파 정류 회로를 이용하여야 하지만 3상 반파 정류 회로는 정류 효율이 떨어져 이용되지 않고 있다.

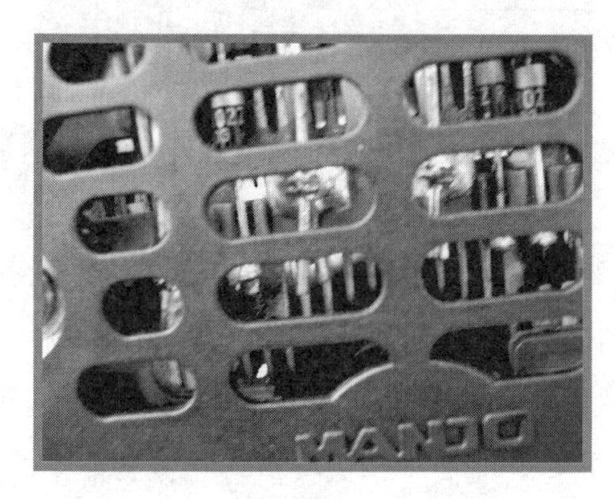

사진5-13 올터네이터의 정류용 다이오드(1)

사진5-14 올터네이터의 정류용 다이오드(2)

자동차에 이용되는 정류 회로는 다이오드 6개를 이용하여 정류 효율이 높은 3상 전파 정류를 사용하고 있다. 또한 3상 전파 정류 회로는 단상 전파 정류 회로에 비해 전력 효율이 우수하고 정류에 의한 리플율(ripple rate)이 낮아 자동차용 발전기로 사용하고 있다.

3상 전파 정류 회로의 정류 과정은 로터(rotor)의 회전에 의해 스테이터 코일(stator coil)에서 발생한 각 상전압(유도 기전력)은 그림(5-13)과 같이 +측 다이오드(diode) 1, 2 ,3 세 개와 −측 다이오드(diode) 4, 5, 6 세 개를 통해 3상 전파 정류를 한다.

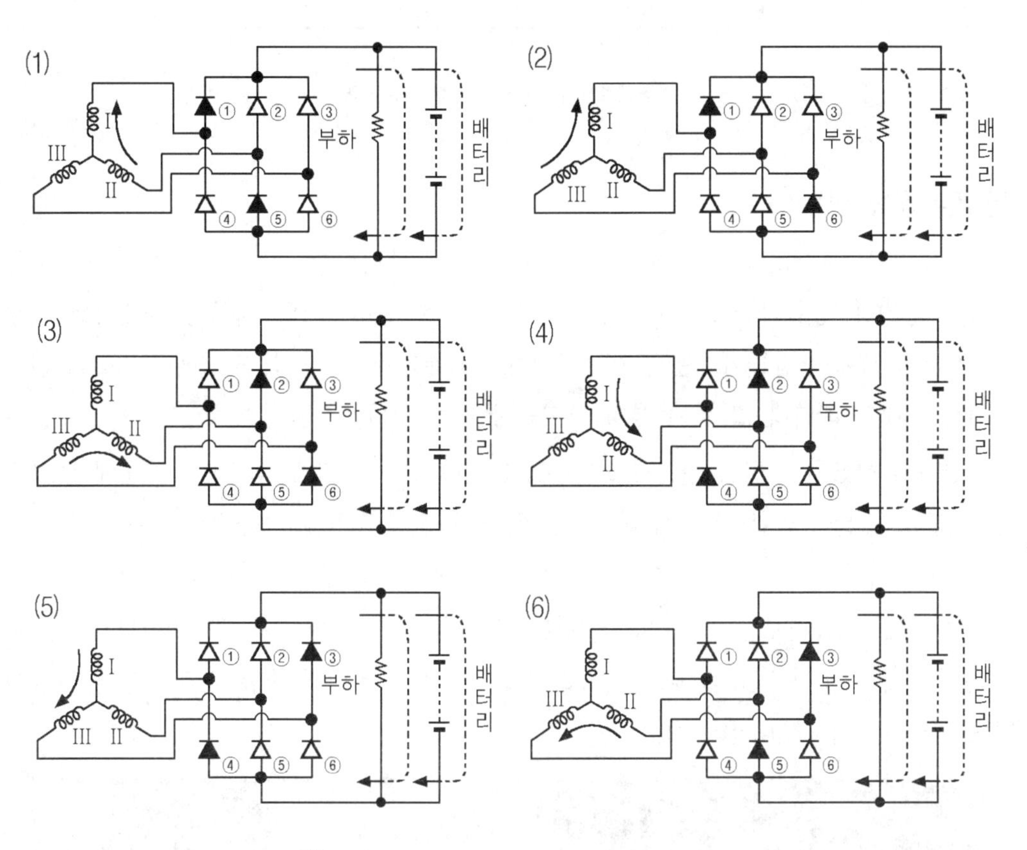

그림5-13 3상 전파 정류회로의 전류 흐름도

먼저 그림(1)에서는 Ⅰ상의 상전압이 Ⅱ상과 Ⅲ상의 상전압 보다 높게 발생하게 되면 1번 다이오드를 거쳐 부하 저항 R를 통해 전류가 흐르게 되고 이 전류는 Ⅰ, Ⅱ, Ⅲ상 중에 가장 낮은 전압쪽으로 전류가 흐르게 된다. 3상 Y-결선 방식은 위상이 각각 120° 차를 가지고 있어 결국 전류는 Ⅱ상 쪽으로 흐르게 되어 5번 다이오드를 거쳐 흐르게 된다. 이렇게 120°를 회전하는 동안 Ⅱ상 보다 Ⅲ상에서 발생하는 전압이 낮아지면 그림(2)와

같이 6번 다이오드를 거쳐 정류 전류는 흐르게 된다. 이렇게 120° 를 회전하게 되면 Ⅰ상에서 발생하는 전압보다 Ⅱ상에서 발생하는 전압이 높아져 상전류는 그림(3)과 같이 2번 다이오드를 거쳐 부하 저항 R를 통해 전류는 흐르게 된다.

이때는 Ⅱ상에서 발생하는 상전압이 가장 낮기 때문에 6번 다이오드를 거쳐 Ⅱ상 코일로 정류 전류는 흐르게 되고 이렇게 로터(rotor)가 240°를 회전하는 동안 Ⅰ상 코일의 상전압이 낮아져 그림(4)와 같이 4번 다이오드(diode)를 거쳐 Ⅰ상 코일로 전류가 흐르게 된다. 240°에서 350°로 로터 코일이 회전하는 동안 그림(5)와 같이 Ⅲ상 코일의 상전압이 가장 높아져 3번 다이오드를 거쳐 부하 저항 R을 통해 전류는 흐르게 되고 이때는 Ⅰ상의 상전압이 낮아져 4번 다이오드를 거쳐 Ⅰ상 코일로 전류가 흐르게 된다.

이렇게 로터 코일(rotor coil)이 회전하는 동안 Ⅲ상 코일에서 발생하는 상전압은 그림(6)과 같이 3번 다이오드를 거쳐 부하 저항 R을 통해 전류가 흘러 발생 전압이 가장 낮은 Ⅱ상 코일로 5번 다이오드를 거쳐 정류 전류는 흐르게 된다.

이렇게 다이오드에 의해 정류된 출력 전압은 결국 부하 저항 R에 그림(5-13)과 같이 출력 전압(선간 전압)은 상전압에 $\sqrt{3}$배의 전압으로 맥류(리플) 전압으로서 출력 돼 배터리 및 전기 장치에 공급 전원으로 사용하게 된다.

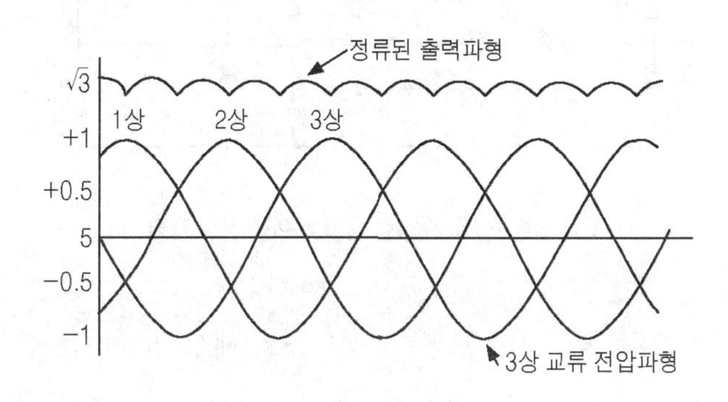

그림5-14 3상 전파 정류 파형

5. 중성점 다이오드

올터네이터(alternator)의 출력 용량을 향상하기 위하여는 로터 코일(rotor coil)과 스테이터 코일(stator coil)의 권수 및 코일의 용량, 기타 정류 회로의 용량을 크게 증가시켜야 하는 문제로 결과적으로는 올터네이터의 체적 및 중량이 증가하게 되는 문제가 따

르게 된다. 그러나 Y형 결선의 스테이터 코일에 중성점을 활용하면 그림(5-15)와 같이 출력을 약 10~15%까지 향상 할 수 있는 이점이 있다.

일반적으로 올터네이터의 3상 전파 정류 회로는 각 스테이터 코일(stator coil)에 +측 다이오드 3개와 −측 다이오드 3개를 이용하고 있지만 중성점을 이용한 올터네이터는 그림(5-16)과 같이 중성점에 다이오드 D_1과 D_2를 추가하여 엔진의 중·고속시 출력을 향상하고 있다.

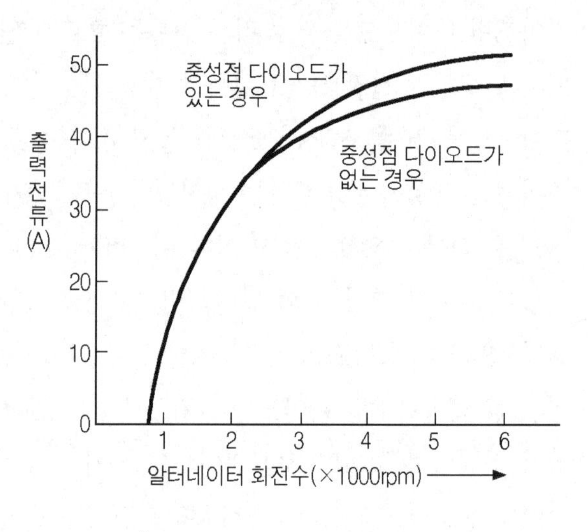

그림5-15 알터네이터 출력 특성

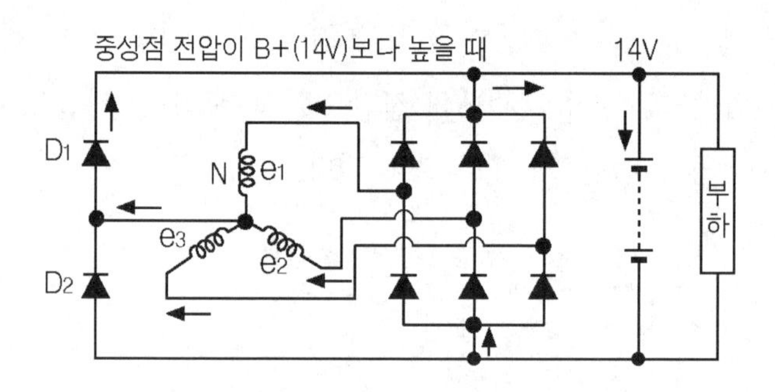

그림5-16 중성점 전압에 의한 전류 흐름

중성점을 기준(0V)으로 생각하여 보면 각 상의 코일에서 발생하는 상전압은 중성점 전압을 기준으로 상측의 3상 반파 교류 파형과 하측의 3상 교류 파형이 돼 중성점을 기준으로 보면 중성점 전압은 상전압의 1/2이 된다. 그러나 실제로는 어스(earth)를 기준으로 출력 전압이 공급되게 되므로 엔진 회전수가 증가하여 중성점 전압이 14 V이상이 되면 그림(5-16)과 같이 중성점 전압에 의해 전류는 D_1 다이오드를 거쳐 배터리를 경유하여 −측 정류용 다이오드 중 가장 낮은 전압이 발생된 상전압 측으로 전류는 흐르게 된다. 또한 중성점 전압이 어스 전압 보다도 낮은 전압이 발생하는 순간에는 그림(5-17)과 같이 각 상의 상전압에 의한 전류는 가장 높은 상전압에 의해 +측 다이오드의 3개 중 1개

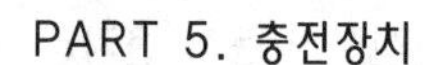

로 전류가 흘러 배터리를 경유하여 중성점 다이오드 D_2로 전류는 흐르게 된다. 이와 같이 중성점 다이오드 D_1과 D_2를 접속하게 되면 중성점 전압은 스테이터 코일(stator coil)에서 발생하는 출력 전압 보다 크게 되기도 하고 어스 전압보다 낮아지게 되기도 하는데 이 전압의 크기를 그대로 출력에 가하게 되면 올터네이터의 출력 전류를 증가시킬 수가 있게 된다. 중성점 다이오드에 의한 출력 향상은 올터네이터의 회전수 2000rpm 이상(엔진 회전수로는 약 900rpm 이상)에서 출력을 10~15%정도 향상 할 수 있게 된다.

그러나 엔진이 저회전이나 아이들(idle)상태에서는 출력을 향상 할 수 없다.

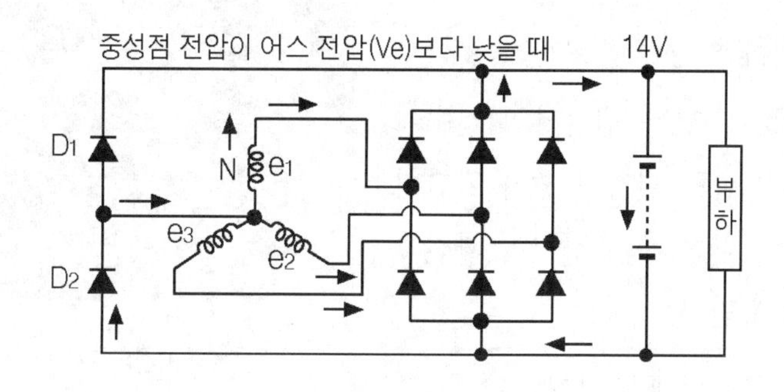

그림5-17 중성점 전압에 의한 전류의 흐름

이와 같이 중성점 다이오드(diode)를 사용하여 출력이 향상 되는 경우는 엔진 회전수가 약 900rpm 이상일 때이므로 올터네이터의 냉각팬에 의한 냉각 효과를 얻을 수 있는 영역에서 중성점 다이오드가 동작 할 수 있다. 따라서 중성점을 이용하면 별도의 올터네이터 용량을 크게 할 필요가 없는 이점이 있다.

사진5-15 스테이터 Ass'y

사진5-16 로터 Ass'y

2 IC 레귤레이터 회로

1. 레귤레이터의 기본 회로

올터네이터(alternator)에서 출력되는 정류 전압은 엔진(engine)의 회전수(rpm)에 따라 상승하게 되므로 다이오드(diode)에 의해 정류된 전압이라도 그대로 자동차 전원으로 사용 할 수 없다. 만일 엔진의 회전수에 따라 올터네이터의 출력 전압이 증가 된다면 자동차에 사용되는 각종 전기 장치는 과전압에 의해 파괴 되고 만다.

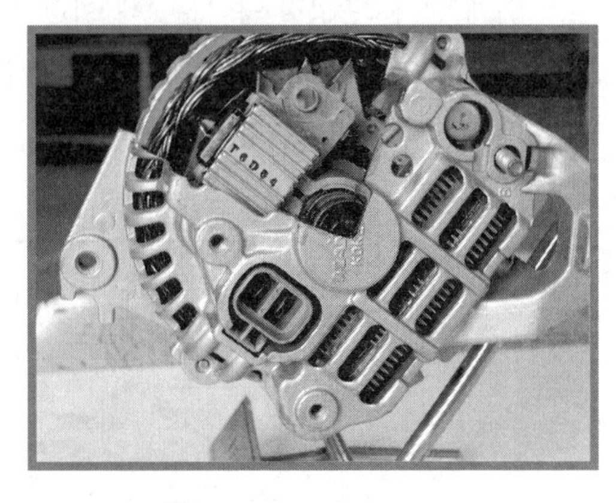

사진5-17 IC 레귤레이터

따라서 다이오드에 의해 정류된 전압을 항상 일정한 전압으로 유지해야 할 전압 레귤레이터(voltage regulator)가 필요하게 된다.

이 전압 레귤레이터는 엔진이 저속에서부터 고속에 이르기까지 전압을 항상 일정하게 한다고 하여 출력 전류 값까지 항상 일정하게 되는 것은 아니다. 만일 올터네이터가 저속에서 고속까지 출력 전류도 항상 일정하게 발전을 하게 된다면 주행중 일지라도 전조등(head light), 에어컨(air-con) 같은 고부하 장치를 사용하지 않고도 배터리(battery)로 보충되는 전류를 공급 할 수 없게 되어 곧 엔진은 정지하고 말게 될 것이다.

따라서 올터네이터는 엔진이 고속 회전 시에는 출력 전압은 14V 이상 높게 출력되더라도 전압 레귤레이터(voltage regulator)에 의해 14V ± 0.5 V를 유지하고 있게 된다.

전압 레귤레이터 회로는 TR(트랜지스터)의 스위칭 회로를 이용한 것으로 올터네이터의 발전 전압이 약 14V 이상이 되면 그림(5-18)과 같이 제너 다이오드(zener diode)의 캐소드(cathode)의 전극을 거쳐 전류가 흐르게 된다.

제너 다이오드는 역방향으로 일정 전압 이상 가해지면 제너 현상에 의해 일정한 제너 전류가 흐르게 되는 특성을 이용한 것으로 일명 정전압 다이오드라 부르기도 한다.

이 제너 다이오드를 통해 트랜지스터(Tr_1)의 B(베이스)전류가 흐르게 되면 Tr_1은 스위칭)ON상태가 되며 Tr_1의 C(콜렉터)전류는 Tr_2의 B(베이스)로 흐르지 못하고 Tr_1의

E(이미터) 측으로 전류는 흐르게 된다. 이렇게 Tr_2의 B(베이스) 전류가 흐르지 못하게 되면 Tr_2 는 스위칭 OFF 상태가 되어 Tr_2 는 올터네이터의 로터 코일(필드 코일)과 직렬로 연결 되어 있어서 Tr_2가 OFF가 되었다는 것은 로터 코일(필드 코일)의 전원을 공급하지 않는 동안은 올터네이터(alternator)의 발전 전압은 발생되지 않아 이 시간 동안은 배터리의 충전 전압과 같아지게 된다.

다시 올터네이터의 발전 전압이 약 14V 이하가 되면 그림(5-18)과 같이 제너 다이오드(zener diode)로 제너 전류가 흐르지 못하게 되고 Tr_1 의 B(베이스)전류도 흐르지 못하게 되어 트랜지스터 Tr_1 은 OFF 상태가 된다. 따라서 Tr_1 의 C(콜렉터) 전류는 흐르지 못하게 되고 트랜지스터 Tr_2의 콜렉터 저항 Rc를 통하여 Tr_2의 B(베이스) 로 전류가 흘러 Tr_2는 ON상태가 된다. Tr_2의 ON상태가 되면 올터네이터(alternator)의 로터 코일(필드 코일)에 전원을 공급하여 주는 역할을 해 올터네이터는 다시 발전을 하게 되고 다시 약 14 V 이상이 되면 앞에 설명한 내용을 반복하게 된다.

즉, 올터네이터의 발전 전압의 크기에 따라 제너 다이오드를 통해 필드 코일의 공급 전압을 단속하므로서 올터네이터의 규정 전압값(14 ± 0.5V) 내로 전압을 일정하게 조정하게 되는 것이다.

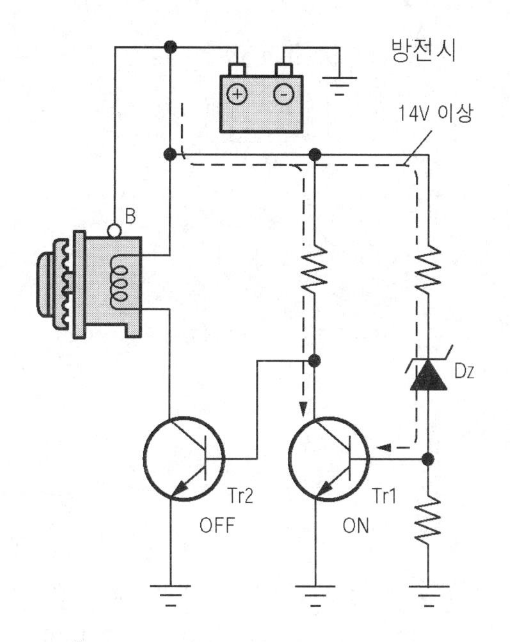

그림5-18 전압 레귤레이터의 기본회로 (14V이상일 때)

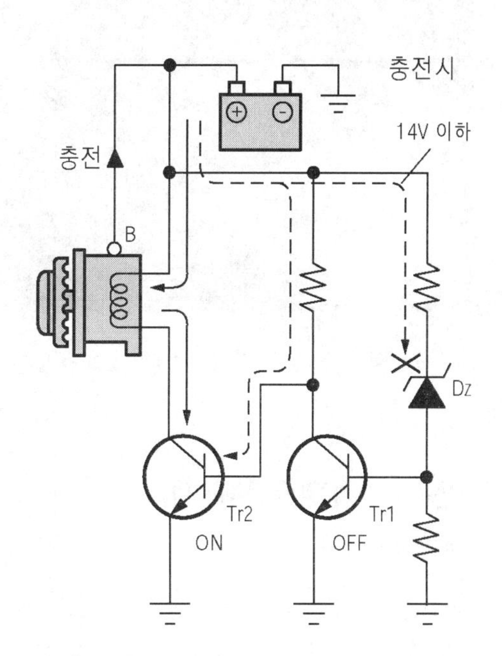

그림5-19 전압 레귤레이터의 기본 회로 (14V이하일 때)

결국 발전 전압이 높음을 제너 다이오드가 감지를 하는 기능하게 되고 트랜지스터 Tr_1, Tr_2는 단지 스위칭 동작을 통해 로터 코일(rotor coil)에 전원을 공급하여 주는 기능 하게 하여 올터네이터의 규정 전압값(14 ± 0.5V)을 일정하게 유지 할 수 있도록 하는 것이 전압 레귤레이터 회로이다.

2. 레귤레이터의 회로

실제 올터네이터(alternator)에 적용되는 IC 레귤레이터(regulator)의 회로는 제조 메이커 마다 다소 차이는 있지만 IC 레귤레이터가 로터 코일(필드 코일)의 F-단자를 충전 전압에 따라 ON, OFF 제어하는 기본 동작 원리는 동일하다.

IC 레귤레이터 회로는 세라믹(ceramic) 기판에 회로를 형성한 하이브리드 IC를 그림(5-20)과 같이 연결 커넥터(connector)를 밖으로 내고 내열성 수지로 성형하여 통풍이 잘되는 올터네이터 후측에 내장하고 있다. 여기서는 IC 레귤레이터 회로 중 대표적인 회로 3가지를 소개한다.

사진5-18 IC 레귤레이터 모듈

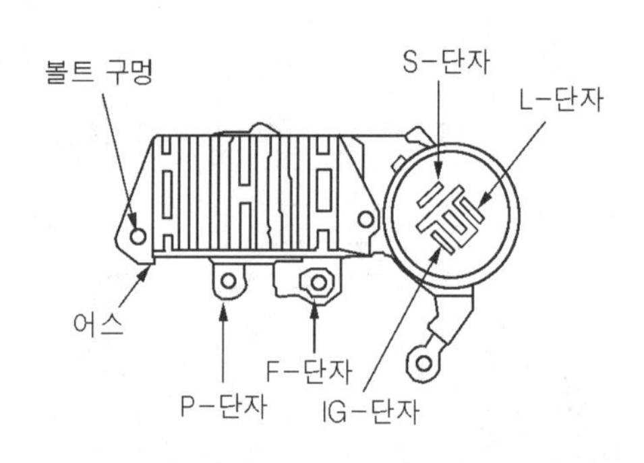

그림5-20 IC 레귤레이터

(1) 점화 스위치(IG S/W) ON시

배터리로부터 전원 전압은 충전 경고등을 거쳐 L-단자에 입력되면 이 전압은 IC 내부 회로를 경유하여 트랜지스터 Tr_1의 B(베이스) 전압이 인가되어 Tr_1은 ON상태가 된다. 이때 올터네이터(alternator)는 정지 상태에 있어 전압은 14V 보다 낮은 배터리 전압(약 12V)은 S-단자에 가해져 IC 내부에 있는 제너 다이오드(zener diode)는 Tr_2의 전

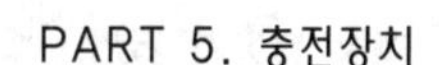

류 흐름을 차단하고 있어 Tr_2는 OFF상태가 되고 L-단자에 흐르는 전류는 Tr_1의 B(베이스) 전류로 모두 흐르게 돼 충전 경고등은 점등하게 된다. 이렇게 충전 경고등이 점등하게 되면 로터 코일(rotor coil)의 여자 전류는 배터리 전압분 만큼 흐르게 된다.

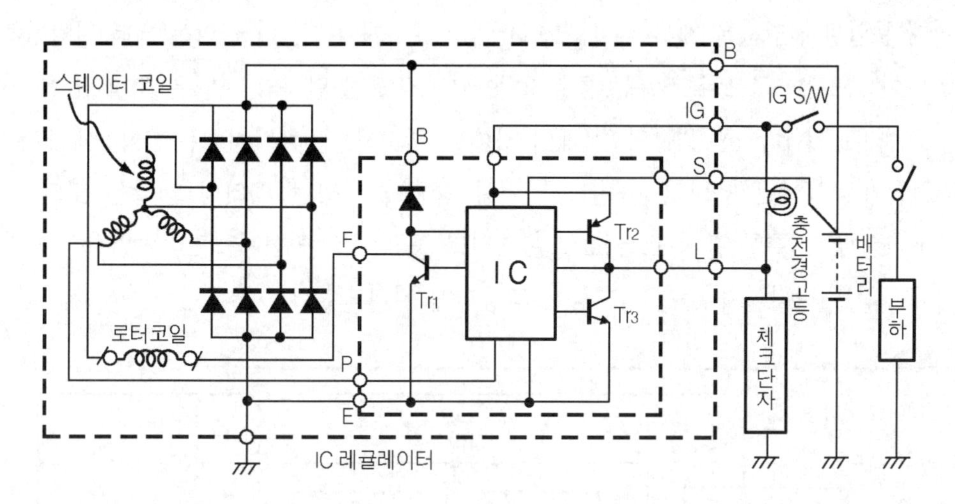

그림5-21 IC 레귤레이터와 충전회로

(2) 발전 전압이 14V이하 시

엔진이 저속 회전하여 14V이하가 되는 경우에는 발전 전압은 충전 경고등을 거쳐 L-단자에 입력되고 IC 내부 회로를 경유하여 트랜지스터 Tr_1은 ON상태가 된다. 이때 스테이터 코일(stator coil)에서 발생한 발전 전압은 보조 다이오드를 거쳐 IG-단자를 경유하여 L-단자에 가해지기 때문에 충전 경고등은 소등된다.

(3) 발전 전압이 14V이상 시

엔진이 고속 회전하여 14V이상이 되는 경우에는 스테이터 코일에서 발생된 정류 전압이 그대로 S-단자에 가해지기 때문에 제너 전류는 IC 내부의 제너 다이오드(zener diode)를 거쳐 Tr_2의 B(베이스) 전류를 흐르게 해 Tr_2는 ON 상태가 된다. Tr_2가 ON 상태가 되면 지금까지 흐르고 있던 Tr_1의 B(베이스) 전류의 흐름을 저항 R을 통해 차단하게 하고 있어 F-단다를 통해 흐르고 있던 여자 전류를 차단하게 된다.

즉 IC 레귤레이터는 14 ± 0.5V를 일정하게 유지하기 위해 F-단자 전원을 ON, OFF를 반복하게 하므로 발전 전압을 일정하게 유지하도록 하고 있는 전압 레귤레이터이다.

(4) 점화 스위치(IG S/W) ON시

그림(5-22)의 IC 레귤레이터(regulator)회로는 점화 스위치(IG S/W) ON시 배터리의 전압은 S-단자를 거쳐 R_1 과 R_2 의 저항에 의해 분압되어 a점의 전압에 가해지게 되며 이때 분압된 전압값은 제너 다이오드 Dz에 가해지게 된다. 이 전압은 제너 전압이하로 제너 다이오드 Dz 측으로 전류는 흐르지 못하게 되고 S-단자의 전압은 저항 Rc를 거쳐 파워 트랜지스터(power TR)의 B(베이스)에 가해지게 돼 파워 TR은 ON상태가 된다. 파워 TR의 ON상태가 되면 L-단자를 거쳐 공급되고 있던 배터리 전압은 로터 코일(rotor coil)에 전류를 흘려 로터 코일은 배터리 공급분 만큼 여자 되고 L-단자의 전압은 약 0.6V 정도로 낮아져 충전 경고등은 점등되게 된다.

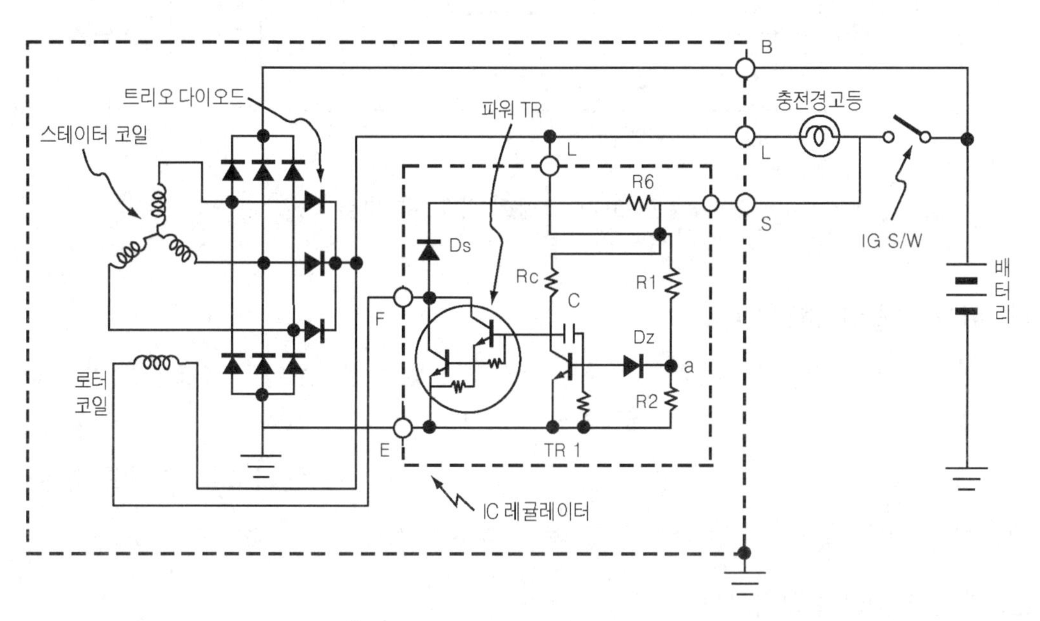

그림5-22 IC 레귤레이터와 충전회로

(5) 발전 전압이 14V이하 시

엔진이 회전하여 올터네이터(alternator)의 발전 전압이 14V 이하가 되면 이 전압이 그대로 S-단자를 거쳐 R_1과 R_2의 저항에 의해 분압되어 a점의 전압에 가해지게 된다.

이때 분압된 전압은 발전 전압에 의해 분압되어 제너 다이오드 Dz에 가해지게 되지만 제너 전압이하가 되어 Dz 측으로 제너 전류는 흐르지 못하게 된다. 따라서 S-단자의 전압은 저항 Rc를 거쳐 파워 트랜지스터(power TR)의 B(베이스)에 가해지게 돼 파워 TR

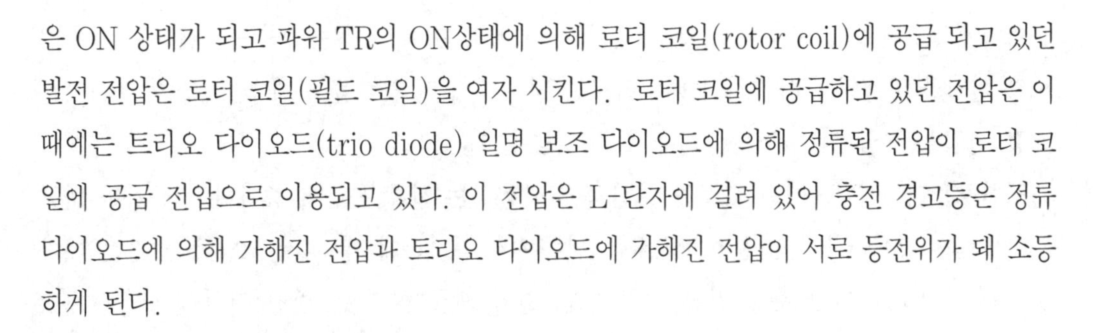

은 ON 상태가 되고 파워 TR의 ON상태에 의해 로터 코일(rotor coil)에 공급 되고 있던 발전 전압은 로터 코일(필드 코일)을 여자 시킨다. 로터 코일에 공급하고 있던 전압은 이 때에는 트리오 다이오드(trio diode) 일명 보조 다이오드에 의해 정류된 전압이 로터 코일에 공급 전압으로 이용되고 있다. 이 전압은 L-단자에 걸려 있어 충전 경고등은 정류 다이오드에 의해 가해진 전압과 트리오 다이오드에 가해진 전압이 서로 등전위가 돼 소등하게 된다.

(6) 발전 전압이 14V이상 시

엔진 회전수가 상승하여 발전 전압이 14V 이상 발생하면 이 전압은 B-단자를 거쳐 배터리에 공급하게 되고 S-단자를 거쳐 R_1 저항과 R_2 저항에 의해 분압 된다.

이때 a 점의 전압은 제너 전압 이상이 되어 제너 다이오드(zener diode)를 거쳐 트랜지스터 Tr_1 의 B(베이스)전압에 가해져 Tr_1 은 턴-온(turn on)상태가 된다.

이렇게 Tr_1 이 턴-온상태가 되면 S-단자에 가해진 발전 전압은 저항 Rc를 통해 접지(earth)상태가 되므로 파워 TR의 B(베이스)측에 바이어스(bias)전압을 공급하지 못하게 돼 결국 파워 TR은 OFF 상태가 된다.

파워 TR이 OFF가 되면 트리오 다이오드(trio diode)에 의해 정류 전압이 F-단자를 통해 로터 코일(rotor coil)에 공급되고 있던 전원을 차단하여 로터 코일은 여자되지 못하고 스테이터 코일(stator coil)에 발생되는 발전 전압은 일시 중단하게 되어 14V 이상 상승하는 것을 억제하고 다시 14V 이하가 되면 전과 같은 과정을 반복하게 된다.

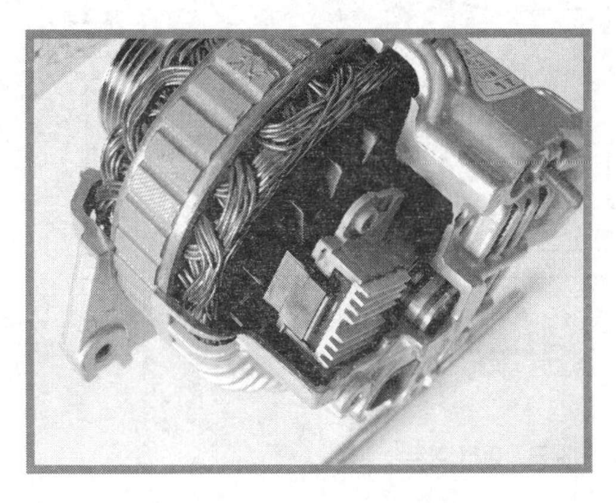

사진5-19 IC 레귤레이터(1)

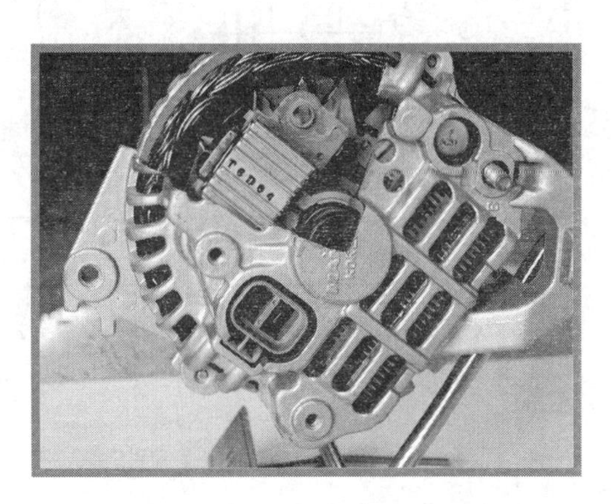

사진5-20 IC 레귤레이터(2)

이렇게 IC 레귤레이터(regulator)는 종류에 따라 다소 차이는 있지만 14V ± 0.5V 정도의 전압을 일정하게 유지하여 배터리로는 정전압 충전 역할을 하게 되고 전기 부하로는 일정 전압을 공급 할 수 있게 하여 주는 기능을 가지고 있다.

또한 정전압 레귤레이터 회로는 부하측에 사용하는 전류 용량이 증가하면 증가한 만큼 트리오 다이오드(trio diode)에 흐르는 전류분은 증가하게 돼 로터 코일에 흐르는 여자 전류는 증가하게 되고 충전 전류도 증가 돼 결국 레귤레이터는 발전 전압을 일정하게도 하지만 충전 전류도 동시에 조절하는 기능을 가지고 있다.

그림(5-23)의 전류 제어 레귤레이터 회로는 엔진이 아이들(idle)시 전기 부하에 의한 아이들 회전수 저하로 차량의 떨림 현상을 방지하기 위해 엔진의 회전 신호(크랭크 각 신호)와 FR(발전 전류 신호)를 ECU(electronic control unit)에 입력하여 올터네이터(alternator)의 G-단자를 통해 로터 코일의 여자 신호를 듀티(duty) 제어하는 시스템이다. 만일 엔진의 전기 부하에 의해 엔진 회전수(rpm)가 저하 되면 크랭크 각 센서 신호와 올터네이터의 발전 상태를 감지하는 FR 신호를 통해 ECU(전자 제어 장치)에 정보를 전달한다.

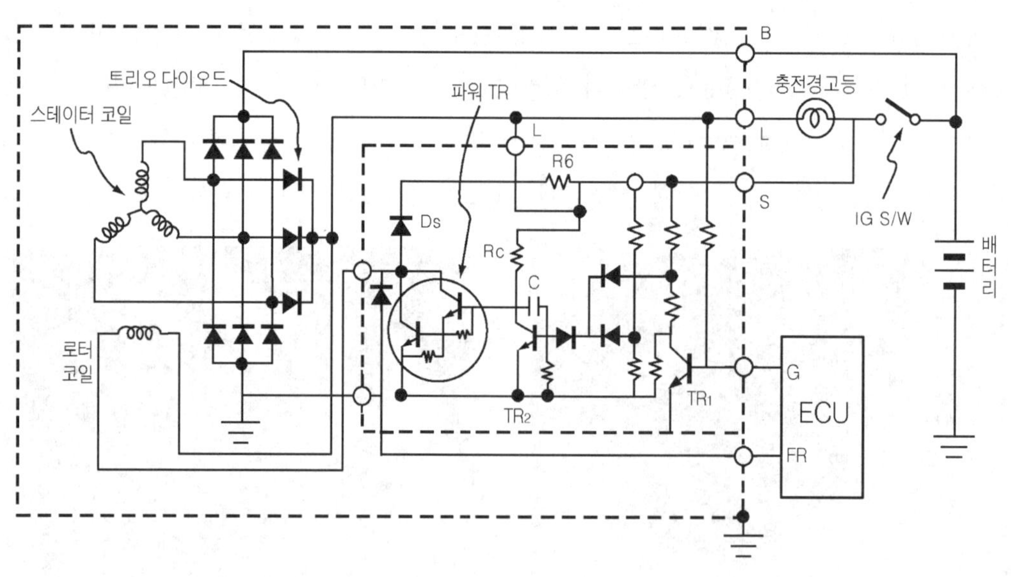

그림5-23 전류 제어 레귤레이터 회로

이 전달된 신호를 ECU(전자 제어 장치)는 판독하여 아이들(idle)상태 때 G-단자를 통해 50% 의 듀티를 제어하고 있던 ECU는 미리 설정된 데이터 값에 따라 듀티비를 증가 시켜 아이들 회전수를 안정시키고 있다. 이때 G-단자 신호의 듀티비의 신호는 -(마이너스)반주기 기간이 길어지게 되므로 그 기간 동안 Tr_1은 턴-오프(turn off)되어 S-단자 전압은 저항에 의해 분압되어 제너 다이오드에 가해지게 되고 이 전압은 제너 전압보다 낮아 결국 Tr_2는 OFF상태가 된다. 이때 파워 TR은 Rc저항을 통해 B(베이스)에 가해져 파워 TR은 ON상태가 되고 결국 로터 코일(필드 코일)에 G-단자에서 출력 된 듀티 신호에 따라 (-)반주기 동안 로터 코일은 여자 되도록 하고 있는 시스템이다.

사진5-21 전류 제어식 알터네이터의 커넥터

올터네이터의 특성

1. 올터네이터의 출력

올터네이터(alternator)의 출력 전압은 IC 레귤레이터(regulator)에 의해 엔진의 저속에서 고속까지 일정한 전압을 출력하지만 올터네이터의 출력 전압(약14V)이 일정하다고 해서 출력 전류가 일정하게 출력 되는 것은 아니다. 엔진이 저속 상태에서 출력 전압을 일정하게 출력 할 수 있는 것은 로터 코일(rotor coil)에 전류를 최대한 증가시켜 발전 전압을 증가하고 있기 때문이다.

올터네이터가 저속 상태에서 비교적 전류 소모가 큰 전조등이나 에어컨(air-con) 등을 작동시키면 출력 전압(약 14V)은 전압 강하에 의해 저하하게 되고 올터네이터는 규정 전압을 유지하려고 IC 레귤레이터는 로터 코일(rotor coil)에 전류를 증가시키게 되지만 엔진 저속시 올터네이터의 출력 전류는 한계가 있다.

따라서 엔진이 저속시 부하에 의해 흐르는 대전류는 올터네이터 자체 출력으로는 한계

가 있어 배터리로부터 보충을 받게 되며 엔진이 고속 회전시에는 로터 코일(rotor coil)의 자속 쇄교에 비례에 발전 전압이 증가하게 돼 로터 코일에 적은 전류만으로도 14V의 규정 전압을 유지 할 수가 있다.

그러나 이와 같은 발전 전압은 엔진의 회전 속도에 정비례 해 발전 전압이 증가하여 출력 전류가 증가되는 것은 아니다. 이것은 스테이터 코일(stator coil)에서 발생하는 AC(교류) 전류는 코일 내를 흐르게 되어 코일 내에 흐르고 있던 전류가 변화를 하게 되면 그 코일 내에는 전류의 변화를 방해 하려는 방향으로 자기 유도 전압(역 기전력)이 발생하게 돼 전류의 변화가 크면 클수록 전류의 흐름을 방해하려는 자기 유도 전압(역 기전력)이 증가하게 된다. 결과적으로 올터네이터가 고속으로 회전하는 경우라도 출력 전류는 그림(5-24)와 같이 포화 상태로 이루게 된다. 즉 엔진의 회전 속도가 증가하면 어느 일정 구간은 출력 전류가 증가하지만 일정 속도 이상이 되면 발전 전압이 교번 주파수가 증가하게 돼 코일로 흐르려는 전류는 오히려 감소하는 영향이 있기 때문으로 일정 속도 이상에서는 출력 전류는 포화 상태가 된다.

그림5-24 알터네이터의 출력 전류 특성

올터네이터의 최대 출력 전류는 올터네이터의 회전 속도가 5000rpm 정도에서 포화점에 이루게 되어 실제로 올터네이터의 회전 속도가 5000rpm에서 최대 출력 전류를 표시하고 있다. 엔진의 크랭크 샤프트(crank shaft)의 풀리(pulley)비와 올터네이터의 풀리비가 1 : 2.5 이므로 올터네이터의 회전수가 5000rpm 이라 하면 엔진의 회전수는 2000 rpm이 된다. 즉 엔진이 2000rpm 에서 올터네이터는 최대 출력 전류를 출력 할 수 있는 포화점에 접근 하였다고 보게 되는 것이다. 그러나 운전자는 올터네이터의 출력을 얻기 위해 엔진의 회전수를 항상 2000rpm 이상 유지할 수가 없어 올터네이터를 설계 할 때에는 저속시나 고속시에도 배터리의 충전 부족이 일어나지 않도록 부하를 고려하여 설계하고 있다. 이와 같이 올터네이터의 실제 주행 출력은 설계시 올터네이터의 최고 출력 보다도 1/2 ~ 2/3정도는 되어야 한다.

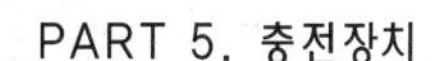

만일 주행 출력이 야간의 상용 부하(헤드라이트, 펜-모터 등)에 80% 이상이 되지 않으면 올터네이터로부터 충전되는 배터리는 고부하에 의해 충전 부족 현상을 일으키게 된다. 따라서 올터네이터의 용량은 엔진 회전수가 2000~2500rpm에서 발전하는 출력 전류(공칭 출력 전류)는 야간에 사용하는 상용 부하에 의한 전류의 량에 1.5배 이상이어야 좋으며 아이들링(idling) 시에는 차량의 정차시 상용 부하에 충분히 전류를 공급하여 줄 수 있어야 한다. 또한 주행 출력(실효 출력)이 야간 상용 부하 에 의한 전류량에 80% 이상이 되어야 한다. 여기서 야간 상용 부하란 야간 운행에 필요한 전조등 및 와이퍼 모터(wiper motor) 등을 작동하였다고 가정한 부하 들을 말하며 정차시 상용 부하란 미등 및 히터용 블로어 모터(blower motor) 등을 작동시켰을 때 흐르는 전류량을 말한다.

2. 올터네이터의 온도 특성

올터네이터 내에는 코일을 많이 감아 놓아 코일 내에 전류가 흐르게 되면 코일의 저항분에 의해 I^2R의 주울(joul)열이 발생하기도 하고 로터(rotor)의 회전 자계에 의해 코어(core)에는 맴돌이 전류가 발생하여 열로서 발생하기도 한다.

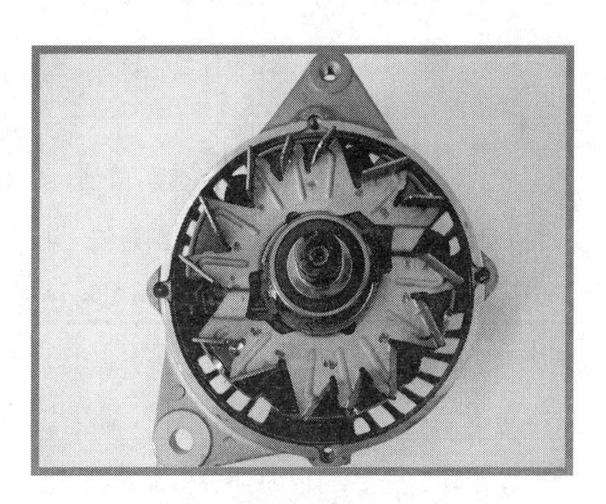

사진5-22 알터네이터의 냉간 팬

또한 엔진 룸(engine room)내의 온도는 약 70~130℃ 까지 상승하게 돼 올터네이터는 온도가 상승하는 환경을 갖게 된다. 이렇게 올터네이터의 온도가 상승하면 올터네이터는 출력이 감소하게 되며 심한 경우는 온도 상승에 의해 코일의 절연 피막이 연손되는 일이 일어날 수도 있다. 이것을 방지하기 위해 올터네이터 내에는 로터 코일(rotor coil)을 축으로 사진(5-23)과 같이 풀리(pulley) 측 및 정류자 측에 냉각 펜을 설치하고 있다. 냉각 펜(fan)에 의해 흡입된 공기는 올터네이터의 IC 레귤레이터측으로 흡입되어 다이오드 및 레귤레이터를 냉각하고 다음으로 로터 코일 및 스테이터 코일을 냉각하여 온도가 올라간 흡입 공기는 사진(5-24)의 공기 배출측을 통해 배출하여 올터네이터 내부의 온도 상승을 방지하고 있다.

최근에는 차량의 전기 부하 증가로 중량이 작으면서도 출력이 향상된 올터네이터가 장

착되고 있어 이에 따라 냉각 효율 또한 향상을 요구되고 있어 기존에 풀리측에 설치된 냉각 펜을 정류자 측에도 설치하여 무엇보다도 열이 많이 발생하는 스테이터 코일(stator coil)에 직접 냉각을 하도록 하고 있다.

사진5-23 정류자측 냉각 팬

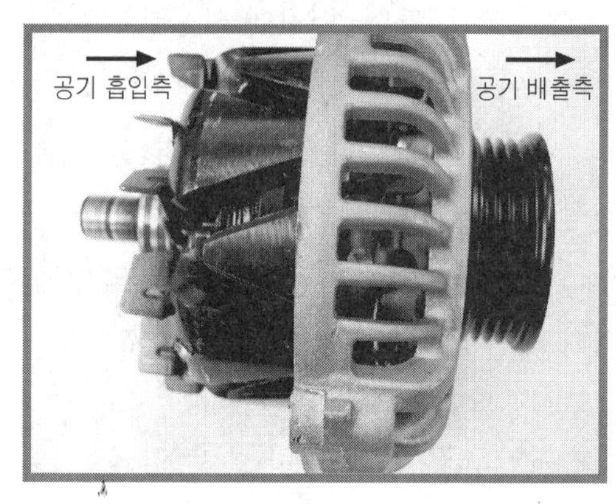

사진5-24

기존의 방식은 냉각 펜이 풀리측에 1개 밖에 없어 외부의 공기의 흐름이 경로가 길어 비교적 냉각 효율이 떨어지는 반면 냉각 펜을 2개 설치한 올터네이터는 풀리 측에서 흡입한 공기는 풀리측 및 정류자 측으로 내 보내고, 정류자 측에서 흡입된 공기는 정류자측 및 풀리측으로 내 보내게 해 공기 흐름의 경로가 짧아 냉각 효율이 높다.

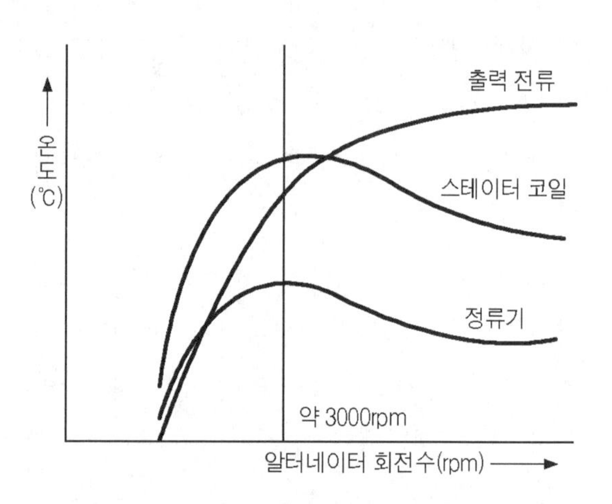

그림5-25 알터네이터의 회전수에 따른 온도

올터네이터의 회전 속도와 온도의 관계는 그림(5-25)와 같이 올터네이터의 회전수가 약 3000rpm(엔진 회전수는 약 1200rpm) 부근에서 스테이터 코일(stator coil)의 온도가 최대가 된다.

그 이상 회전수가 상승하면 냉각 펜의 회전 속도에 의해 공기의 흐르는 량이 증가하게 돼 스테이터 코일(stator coil)의 온도는 상승하지 못하고 낮아지게 된다. 그러나 스테이

터 코일의 온도는 냉각 펜에 의해 낮아져도 엔진의 회전수는 오히려 상승된 상태로 내부의 임피던스(impedance)는 증가 되고 출력 전류는 더 이상 증가 할 수 없는 상태가 되게 된다. 결국 스테이터 코일의 온도가 일정 온도 이상이 되면 그 이상 엔진의 회전수를 증가하여도 어느 일정한 온도 이하로는 내려가지 않고 일정하게 된다.

충전 장치의 고장 점검

1. 올터네이터의 고장 점검

충전 장치의 고장에는 충전이 안되는 것(충전 부족)과 과충전 되는 것으로 구분 할 수 있는데 충전 부족의 경우에는 먼저 배터리의 결함을 생각 할 수가 있고, 다음은 올터네이터(alternator) 자체의 결함과 충전 장치와 관련된 배선의 연결 상태를 생각 해 볼 수 있다. 또한 기구적인 결함으로는 올터네이터 벨트(alternator belt)의 장력 부족으로 벨트(belt)의 슬립(slip) 현상에 의해 충전 부족 현상이 발생할 수도 있다.

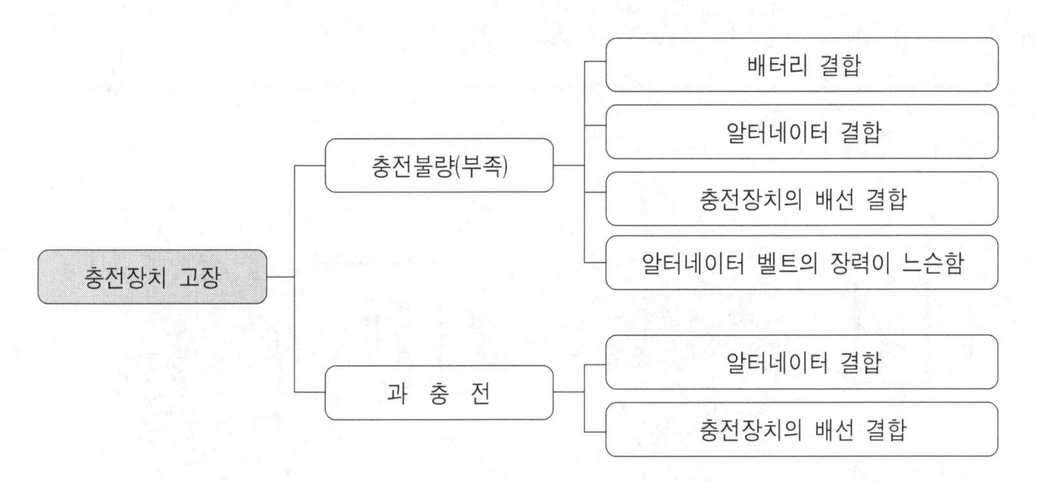

과충전이 발생하는 경우는 엔진 회전수에 따라 전압이 상승하여 전원을 공급하고 있는 각종 전장품이 파손되는 경우와 엔진 회전수에 관계없이 올터네이터의 조정 전압(14V ± 0.5V)이상 출력되어 배터리 과충전 상태가 되는 경우가 있다.

전자의 경우는 올터네이터 내부의 F-단자측의 쇼트 및 레귤레이터(regulator)의 내부

회로 쇼트 등으로 볼 수 있고, 후자의 경우는 올터네이터의 S-단자 접촉 불량, 단선 등으로 발생 할 수 있다. 배터리의 경우는 과충전 상태가 되면 전해액이 급격히 줄어들기 때문에 전해액의 감소하는 상태에 따라 배터리의 극판 쇼트(short)에 의한 것인지 올터네이터의 과충전에 의한 것인지 구분하여야 한다. 배터리의 과충전 상태는 자동차의 전장품은 물론 전장 회로에 직접적인 손상을 야기 할 수 있으므로 시동시 엔진 회전수를 급격히 올려 점검하는 것은 피하는 것이 좋다.

(1) 과충전시 점검 방법

과충전이 되는 경우는 우선 점화 스위치(IG S/W)가 OFF 상태에서 올터네이터의 S-단자의 단선 상태를 점검하고 이상이 없는 경우에는 점화 스위치(IG S/W)를 ON하여 충전 경고등이 점등 되는가를 확인한다. 만일 충전 경고등이 점등되지 않는 경우에는 그림(5-26)과 같이 L-단자 전압을 측정하여 1V ~ 3V 정도 이면 레귤레이터 측은 정상이다.

L-단자 전압은 정상 임에도 충전 경고등이 점등되지 않는 경우에는 경고등이 단선 되었거나 경고등으로 연결된 배선이 단선을 생각 할 수 있다. 충전 경고등은 정상 임에도 L-단자 전압이 1V~3V가 측정되지 않고 12V가 측정되는 경우에는 올터네이터 내의 레귤레이터(regulator)의 결함을 예측 할 수 있다.

점화 스위치(IG S/W)를 ON시킨 상태에서 충전 경고등이 점등되는 경우에는 엔진 시동을 걸어 충전 경고등이 소등되는 가를 확인한다.

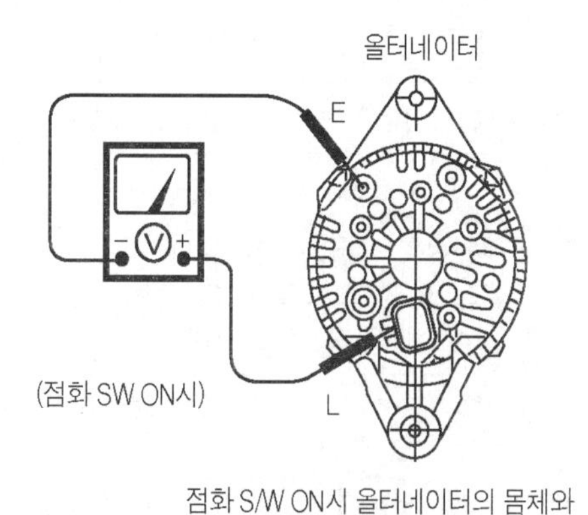

그림5-26 L단자 전압 측정

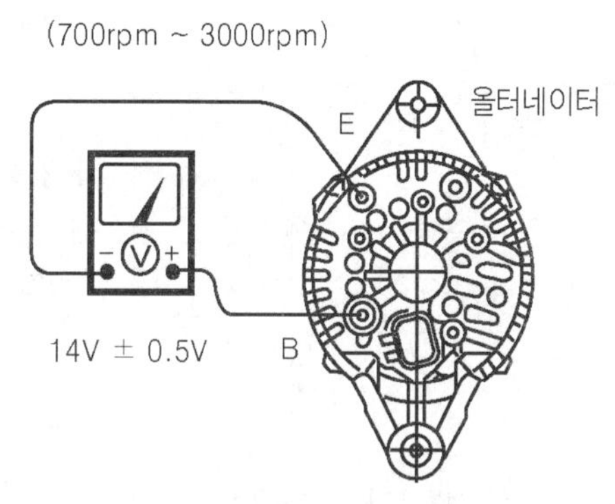

그림5-27 B단자 전압 측정

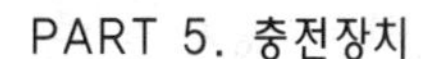

(2) 충전 부족시 점검 방법

엔진 시동을 걸어 올터네이터의 충전 전압(조정 전압)을 점검하는 것은 과충전이나 충전 부족시 점검해야 할 기본적인 사항으로 엔진 회전수를 아이들링 상태에서 2500rpm까지 상승하여 가며 그림(5-27)과 같이 올터네이터의 B-단자의 전압을 측정하여 14V ± 0.5V 범위에 있으면 정상이다. 이 충전 전압(조정 전압)은 차량에 따라 메이커 별로 다소 차이는 있어도 이 수치는 크게 차이는 없다. 충전 전압을 점검하는 것은 레귤레이터의 전압 조정 상태를 점검하는 것으로 이 전압이 조종 전압 이하인 경우에는 배터리의 충전 부족 상태가 일어나게 되며 반대로 너무 높으면 과충전 상태가 되기도 한다.

다음은 올터네이터(alternator)의 최대 출력 시험으로 사진(5-25)와 같은 충전 장치 테스터를 이용하여 올터네이터에 최대 부하를 걸어 올테네이터의 출력하는 능력을 확인한다.

사진5-25 시동, 충전장치 테스터

측정 방법은 엔진 회전수를 약 2500rpm 정도 상승시켜 올터네이터에 부하를 최대한 걸어 이때 출력되는 전류를 측정하여 올터네이터의 용량에 85%이상 출력되면 정상이다. 예를 들어 올터네이터의 용량이 75A인 경우 최대 출력 시험시 측정된 전류가 64A 이상 출력되면 정상이다.

[표5-1] 배기량별 알터네이터의 출력 용량

배기량	색 상
1000cc 이하	50A ~ 60A
1500cc ~ 2000cc	60A ~ 70A
2000cc이상	70A ~ 90A

최대 출력 시험시 주의해야 할 점은 최대의 부하를 거는 시간이 10초 이상 길면 올터네이터의 고열로 인해 올터네이터 내부가 연손 또는 파손 될 우려가 있기 때문에 가능한 짧은 시간에 확인하는 것이 좋다 .

최근에 발매되는 올터네이터 테스터는 부하를 거는 시간을 테스터가 자동으로 조절하여 주는 기능을 가지고 있어 점검시 편리한 장점을 가지고 있다. 최대 출력 시험에 이상이 없는 경우에는 올터네이터의 B-단자 케이블의 전압 강하 테스트를 하여 본다.

그림(5-28)은 B-L단자의 전압을 측정하여 보는 것으로 그림과 같이 측정하여 0.6V이하 이면 좋다. 또한 올터네이터의 B-단자 케이블의 경우에는 아이들링 상태에서 0.1V이하 이어야 좋다.

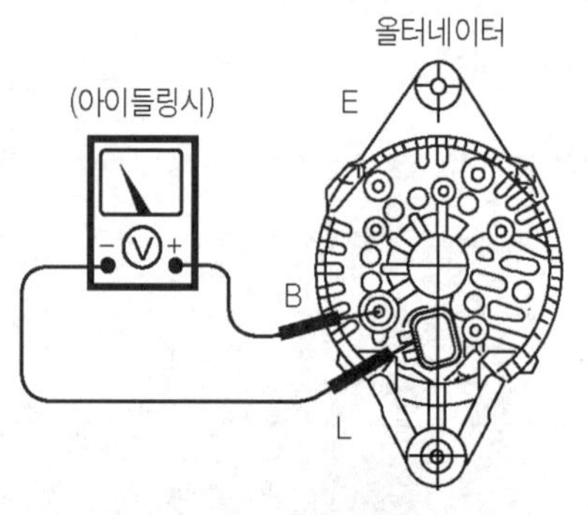

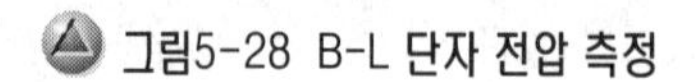
B-L 단자간 전압을 측정하여 0.6V이하이면
정류 다이오드는 정상이다.

그림5-28 B-L 단자 전압 측정

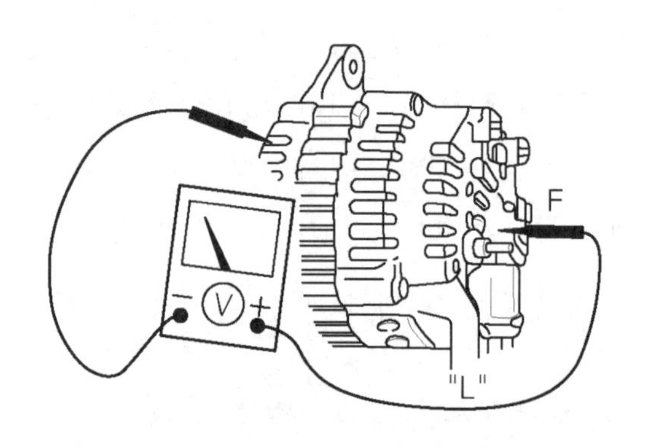

그림5-29 F 단자 전압 측정

2. 올터네이터의 충전 파형

올터네이터(alternator)의 3상 전파 정류 파형은 다이오드(diode)를 거쳐 출력되는 파형으로 (+)측 다이오드 3개와 (-)측 다이오드 3개 중 하나 만이라도 이상이 발생하면 올터네이터는 최대 출력을 낼 수 없게 된다.

사진5-26 알터네이터 절개품

따라서 올터네이터의 출력 파형 관측은 최대 출력 시험을 한 후 올테네이터가 최대 출력이 나오지 않을 때 오실로스코프를 사용하

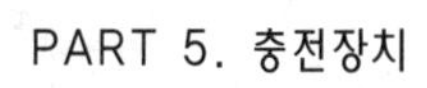

여 출력 파형을 관측하여 보는 것이 순서이다.

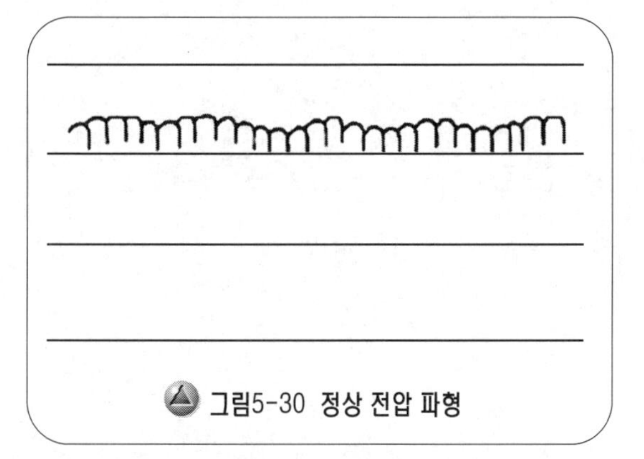

그림5-30 정상 전압 파형

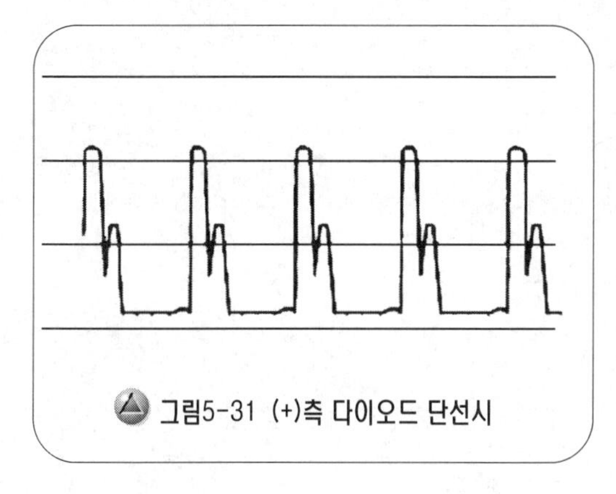

그림5-31 (+)측 다이오드 단선시

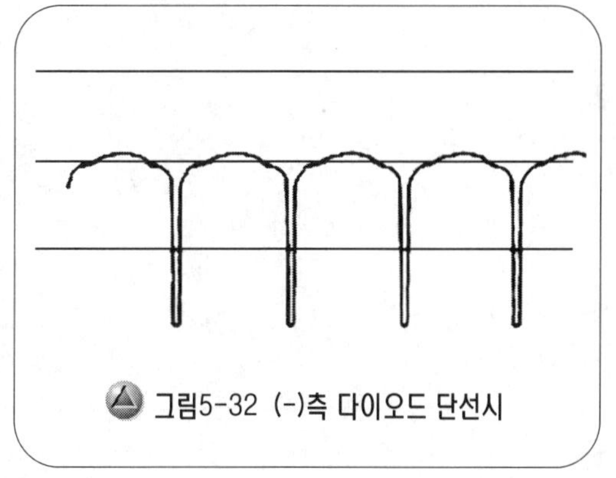

그림5-32 (-)측 다이오드 단선시

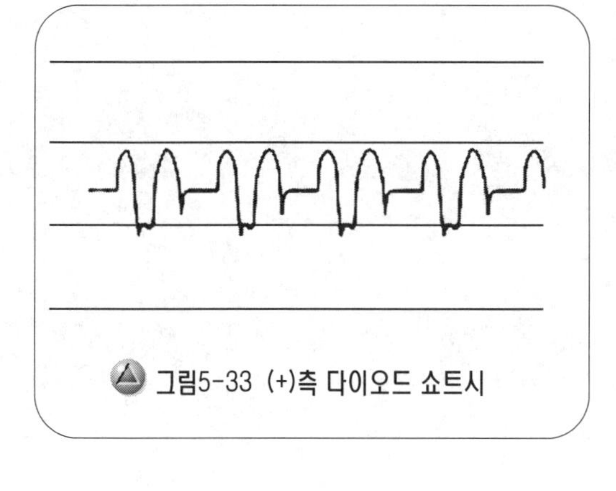

그림5-33 (+)측 다이오드 쇼트시

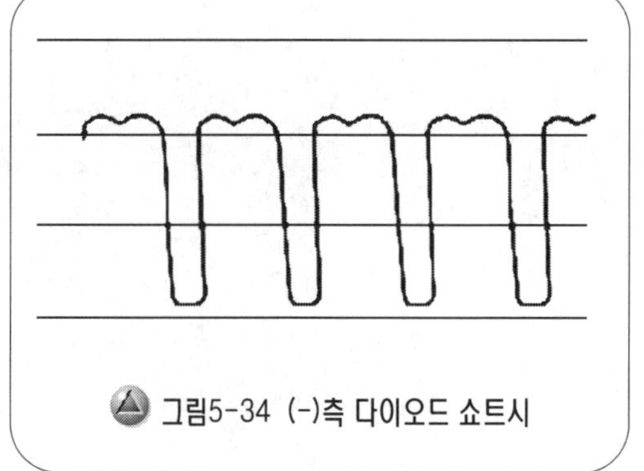

그림5-34 (-)측 다이오드 쇼트시

06 등화장치

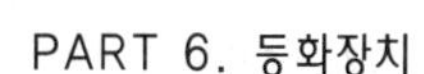

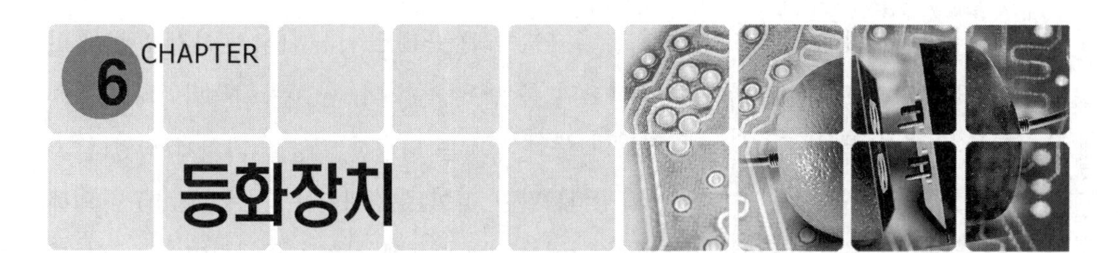

6 CHAPTER 등화장치

1 등화 장치의 종류

1. 전조등

자동차의 등화 장치는 조명 기술의 발전으로 현대의 정서에 따라 등화의 성능(조도, 운행 안전성) 뿐만 아니라 편의성, 미적인 감각을 추구하는 등화의 기능 및 다양성이 꾸준히 변화, 발전 해 오고 있다.

야간 주행시 운전자의 시야 확보를 위해 기존의 헬륨 가스 라이트(helium gas light)보다 밝기가 현저히 우수한 크세논 가스 라이트(xenon gas light)가 고급차 중심으로 적용되고 있으며 주, 야간의 명암에 따라 자동으로 전조등(head light)이 점등되는 오토라이트 시스템(auto light system)이 적용되어 운전자의 편의성을 한층 증가시킨 차량도 등장하고 있다.

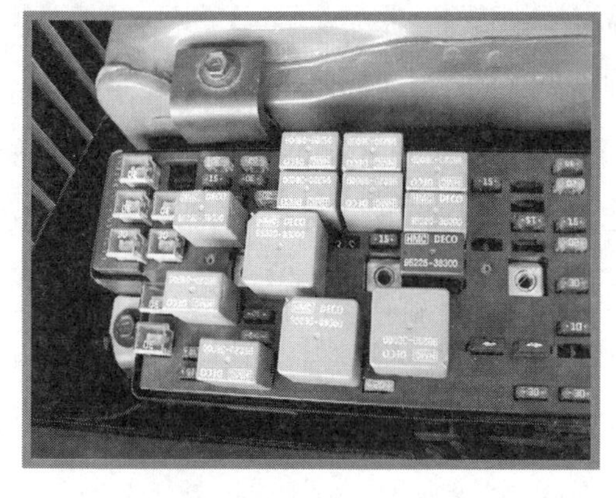

사진6-1 엔진룸 정션 박스

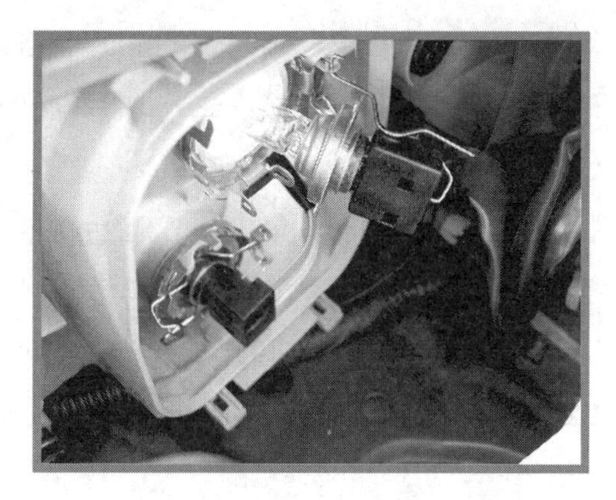

사진6-2 전조등과 차폭등

또한 실내 공간의 빛의 밝기를 조절 할 수 있는 레오스테트(rheostat), 야간 운행에 편리성 도모를 위해 도어(door)를 열고 닫으면 룸 램프(room lamp)는 점등되었다 서서히 소등되는 감광식 룸 램프 기능 등 차량의 등화 장치는 다양한 기능을 가지게 되었다.

일반적으로 전조등의 동작은 사진(6-3)과 같이 라이트 스위치(light switch)에 의해 전조등 릴레이(헤드램프 릴레이)를 동작 시키고 헤드램프에 전원을 공급하여 헤드램프를 점등시키고 있다. 그러나 오토 라이트(auto light)의 경우는 오토 라이트 장치에 의해 헤드램프를 작동시키고 있어 여기서 소개하고자 한다.

사진6-3 오토라이트 스위치

사진6-4 오토라이트 센서

오토 라이트 장치의 구성은 빛의 량을 검출하는 오토 라이트 센서(auto light sensor)와 검출된 빛의 량을 판단하는 오토 라이트 유닛(auto light unit), 그리고 일반적인 전조등 장치와 같이 라이트 스위치(light switch) 및 헤드램프 릴레이(head lamp relay) 그리고 빛을 조사하는 헤드램프(head lamp)로 구성되어 있다.

빛이 광량을 검출하는 오토 라이트 센서에는 빛의 세기에 따라 저항값이 변화하는 CdS(황화카드뮴) 광도전 변환 소자를 이용하는 것과 빛의 세기에 따라 광전류가 증감하는 포토 다이오드(photo diode) 또는 포토 트랜지스터(photo transistor)를 이용하고 있다.

오토 라이트의 동작 원리는 그림(6-1)에 나타낸 회로와 같이 오토 라이트 센서로부터 빛의 광량을 감지하면 센서로부터 감지한 광전류는 대단히 작아 이 광전류의 값을 회로가 인식 할 수 있도록 증폭한다.

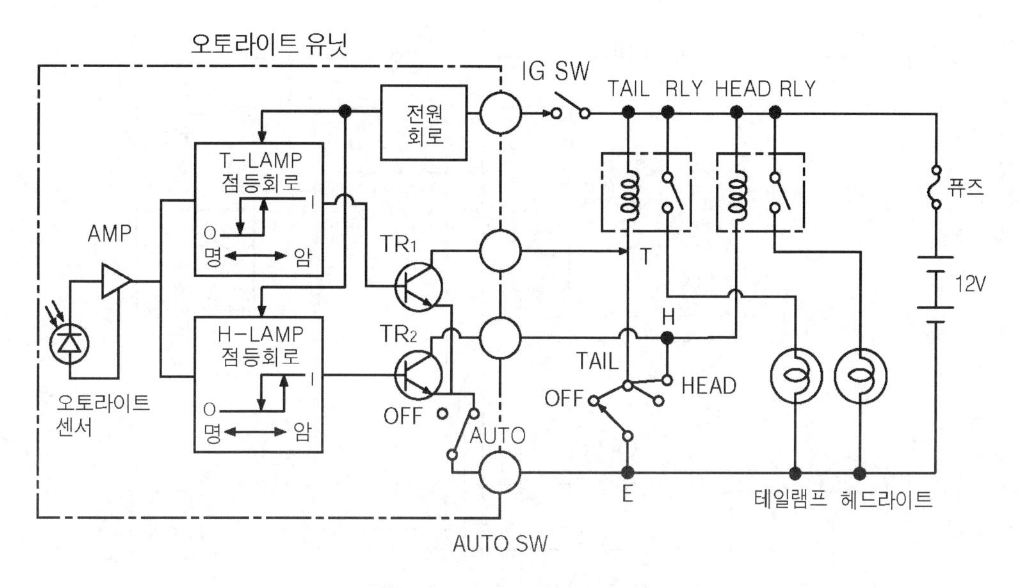

그림6-1 오토라이트 회로

검출된 빛의 광량 신호를 증폭하여 출력한 신호값은 오토 라이트 유닛 내에 램프를 점등 할 수 있는 미리 설정된 기준 전압과 오토 라이트 센서로부터 검출된 신호와 비교하여 테일 램프(tail lamp)를 점등 할 것이지 헤드램프를 점등할 것인지를 결정하게 된다. 이렇게 결정된 신호 전압은 램프 구동 릴레이(relay)를 구동 할 수 있도록 구동 트랜지스터의 베이스 전압으로 출력하게 돼 트랜지스터를 구동하게 된다.

예를 들면 주위의 어둡기가 테일 램프를 점등 할 정도의 어둡기라 하면 오토 라이트 센서로부터 검출된 광전류는 밝기에 비례하여 출력 전압으로 변환하고 변환된 전압은 미리 설정된 전압 값과 비교하여 테일 램프 비교 회로의 출력 전압을 high상태로 출력하게 된다. 이 전압은 트랜지스터 TR_1 를 턴-온 시키게 되고 테일 램프 릴레이(tail lamp relay)의 코일을 여자시켜 테일 램프 릴레이를 구동 시킨다.

이렇게 구동된 릴레이는 테일 램프와 릴레이의 접점과 직렬로 연결되어 있어 테일 램프는 점등하게 된다. 또한 주위의 어둡기가 헤드램프를 점등시켜야 할 정도의 어둡기라 하면 오토 라이트 센서에 의해 검출된 신호 전압은 미리 설정된 비교 회로의 기준 신호와 비교하여 트랜지스터 TR_2를 구동하게 된다. 트랜지스터 TR_2의 구동은 헤드램프 릴레이의 코일측과 연결되어 있어 릴레이 코일을 여자 시킨다. 이렇게 여자된 헤드램프 릴레이의 접점은 ON상태가 돼 헤드램프(head lamp)를 점등 시키도록 되어 있다.

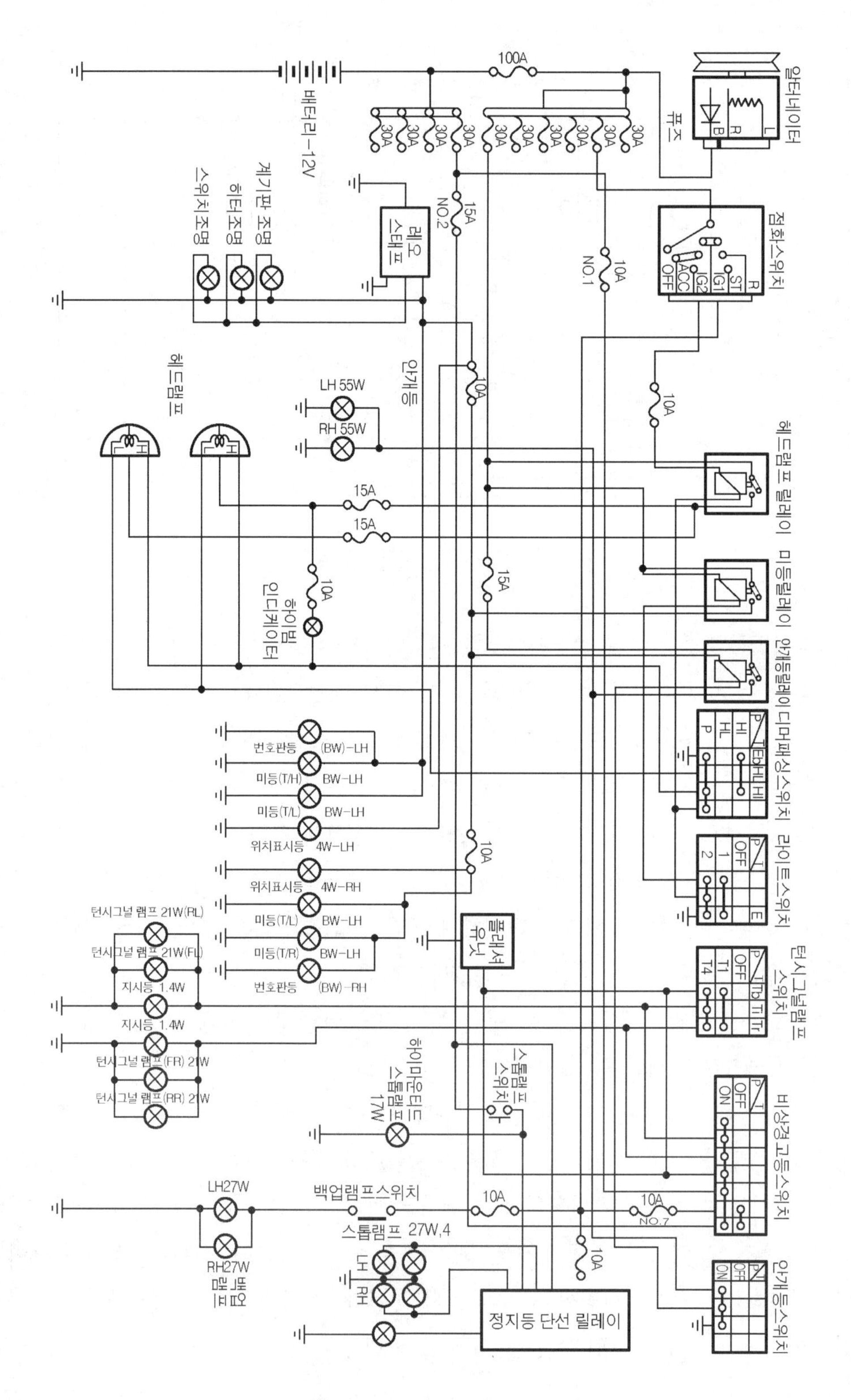

그림6-2 등회회로(승용차)

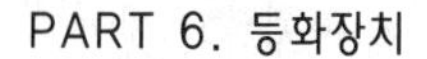

2. 미등

차량의 미등은 본래 후미등을 의미하지만 실제 미등 회로에서는 미등 회로의 전원을 통해 공급되는 미등은 물론이고 차폭등, 번호판등, 계기판 조명등, 스위치 조명등까지 병렬로 연결되어 있어 이를 구분하지 않고 미등(tail lamp)이라고 표현하는 경우도 있다. 그러나 등화 장치의 구분은 등화의 목적에 따라 표현하는 것이 좋다.

미등 회로의 구성은 미등의 공급 전원을 개폐하는 미등 스위치(tail lamp switch)와 미등 스위치의 개폐에 의해 동작되는 미등 릴레이(tail lamp relay) 그리고 미등으로 구성되어 있다. 그러나 실제에는 미등 회로에 여러 등화 장치가 병렬로 연결되어 있어 미등 스위치를 ON시키면 동시에 미등, 차폭등, 번호판등, 계기판 조명등, 스위치 조명등이 동시에 점등되도록 되어 있다.

미등 회로에 의해 점등되는 차량의 실내 조명등은 빛의 촉광에 따라 운전자의 시각적 피로감을 증가 할 수 있어 차량에 따라서는 운전자가 실내 조명등의 밝기를 조절 할 수 있는 레오스탯(rheostat)을 장착한 차량도 있다. 레오스탯은 사진(6-6)과 같이 가변 저항의 조절을 통해 내부 회로의 전류량을 제어 할 수 있는 구성품이다.

사진6-5 계기판 조명등

사진6-6 레오스탯

레오스탯의 회로는 그림(6-3)과 같이 2개의 트랜지스터 Q1, Q2가 차동 증폭 회로를 구성하고 또 다른 2개의 트랜지스터 Q3, Q4는 SCR(silicon control rectifier)의 게이트 컨트롤(control)신호를 제어하여 램프(lamp)의 구동 전류를 제어 할 수 있게 하고 있

다. 이 회로의 동작은 1(kΩ)의 VR(가변 저항)통해 저항값이 변화하면 저항값에 비례한 입력 전압이 변화되어 Q2 트랜지스터의 베이스(base)에 공급하게 되고 Q1의 베이스(base) 전압은 제너 다이오드에 의해 기준 전압으로 설정되게 된다.

이 두 전압을 비교하여 차동비 만큼 Q1의 컬렉터 전류는 흐르게 되고 이 전류는 트랜지스터 Q3의 베이스 바이어스 전류로 돼 Q3의 컬렉터(collector)전류를 제어하게 된다. 이렇게 제어된 Q3의 컬렉터 전류는 트랜지스터 Q4의 베이스 전류가 돼 트랜지스터 Q4의 컬렉터 전류는 SCR(silicon control rectifier)의 게이트에 가해져 SCR을 턴-온(turn on)시키게 된다.

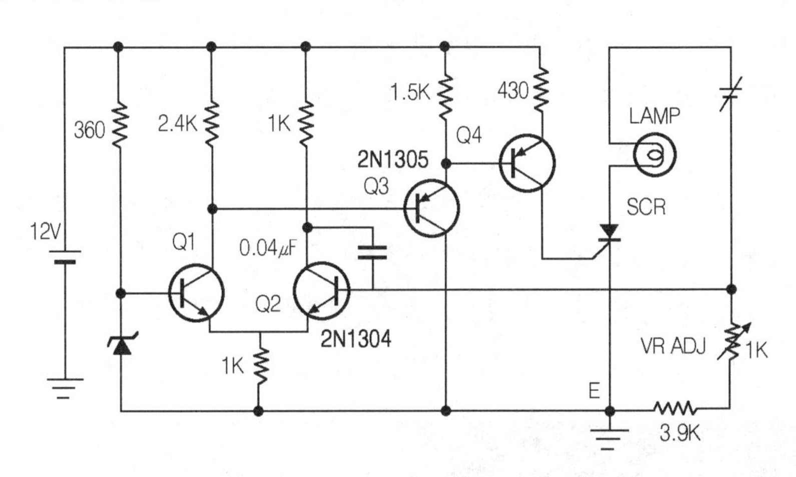

그림6-3 레오스탯 회로

사진6-7 레오스탯의 분해

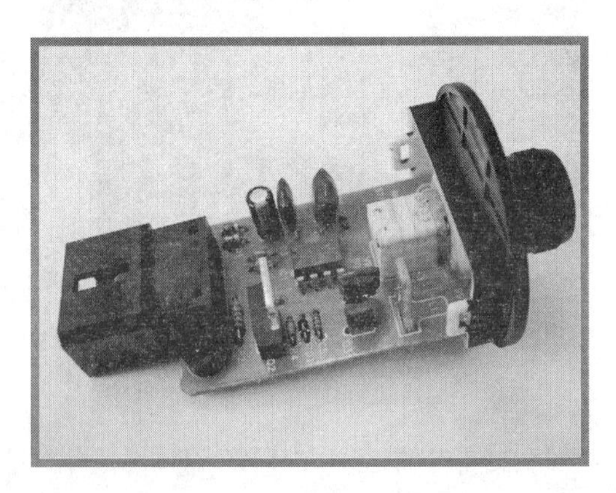

사진6-8 레오스탯의 내부

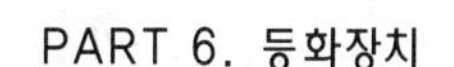

턴-온 된 SCR은 입력 전압이 가변 조정 저항에 의해 변화를 받아 SCR에 흐르는 전류를 증감 할 수 있도록 하고 있는 회로이다. SCR은 게이트에 트리거 펄스(trigger pulse)에 의해 일정 전압 이상 가해 전류를 흐르게 하면 애노드(anode)에서 캐소드(cathode)로 대전류를 제어할 수 있는 소자로 전동기의 회전 속도 제어나 대전류를 제어 할 수 있는 장치에 자주 이용하고 있는 소자이다. 따라서 레오스탯에 사용되는 소자는 고내압용 SCR을 사용하여야 한다.

3. 제동등

제동등은 후행 차량의 안전을 위해 전방 차량이 제동시 제동등을 점등시키는 등화로 그 구성은 브레이크 스위치(brake switch)와 스톱 램프(stop lamp)로 구성되어 있는 비교적 단순한 등화 장치이다.

제동등 스위치의 장착 위치는 브레이크 페달(brake pedal) 상측 하단부에 장착한 기계식 접점 스위치와 마스터 실린더(master cylinder)에 장착하여 유압의 작용압에 따라 접점이 ON, OFF 되는 방식이 적용되고 있다. 스톱 램프(stop lamp)에는 제동등으로만 사용되는 단일 필라멘트용과 사진(6-10)과 같이 미등과 겸용으로 사용하는 겸용 필라멘트용 전구가 사용되고 있다. 제동등의 밝기는 운행 안전을 위해 미등의 밝기에 비해 2배 이상인 20~30W인 전구를 사용하고 있다. 또한 제동등은 후행 차량의 안전을 위해 중요한 신호등 기능을 하는 등화 장치로 전구가 단선되는 경우 운전자에게 제동등 단선을 알려주는 기능을 가지고 있는 차량도 있다.

사진6-9 운전석 하단의 전장

사진6-10 미등 및 제동등 겸용 필라멘트 전구

제동등(stop lamp)의 단선을 알려주는 장치(제동 단선 감 지 장치)로는 그림(6-4)와 같은 전류 코일을 이용하여 간단히 제동등 단선을 운전자에게 알려주는 장치와 그림(6-5)와 같이 전자 회로에 의해 전류를 감지하는 장치가 적용되고 있다.

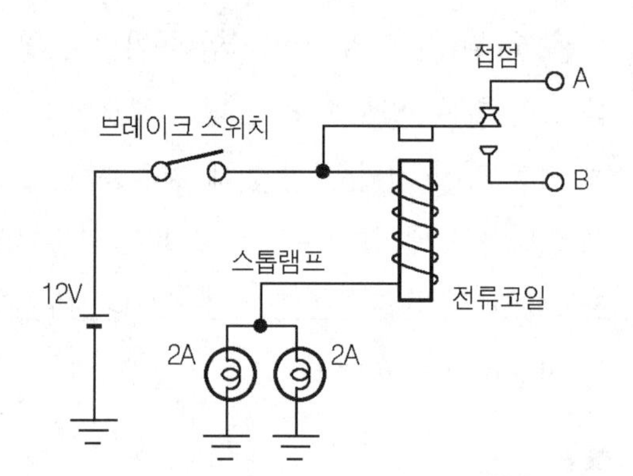

그림6-4 전류 코일을 이용한 예

그림(6-4)의 전류 코일을 이용한 회로는 전원 공급 전압이 브레이크 스위치(brake switch)를 거쳐 전류 코일과 제동등이 연결되어 있다. 이 전류 코일과 제동등은 직렬로 연결되어 있어 전류 코일에 흐르는 전류의 량은 제동등의 저항에 의해 결정되어 진다.

즉, 제동등은 병렬로 연결 되어 있어서 회로가 정상적인 경우에는 전류 코일로 전류가 많이 흐르게 돼 전류 코일에 자화력을 증가시켜 전류 코일 내에 있는 철심은 자화력이 증가되고 접점은 하측으로 이동하여 B-측으로 접촉하고 있다. 여기서 제동등이 하나라도 단선이 되면 제동등의 저항은 증가하게 되고 단선된 전구의 저항 분 만큼 전류 코일에 흐르는 전류는 감소하게 된다. 이때는 전류 코일의 자화력이 떨어져 접점은 원래 상태로 돌아가 A-측으로 접점하게 된다.

A-측 접점에는 전원과 직렬로 제동등과 경고등이 계기판에 장착되어 제동등이 단선이 되는 경우 운전자에게 경고등을 점등하여 알려주게 된다. 여기서 코일(coil)과 전원이 병렬로 직접 연결 되어 있는 방식을 전압 코일이라 하며 그림(6-4)와 같이 코일이 전원과 직렬로 연결 되어 부하의 전류량에 따라 작동한다 하여 전류 코일이라 부른다.

그림(6-5)의 스톱 램프 단선 검출 회로는 스톱 램프(stop lamp), 미등(tail lamp), 헤드라이트 램프(head light lamp)의 단선을 감지하는 유닛(unit)으로 동작 원리는 전류 코일을 이용한 단선 검출 회로와 유사하다. 스톱 램프, 미등, 헤드램프(head lamp)는 모두 병렬로 연결되어 있어서 램프가 단선 되면 램프의 저항값이 변화하게 된다. 램프가 단선 되어 저항값이 변화하게 되면 그림(6-5) 회로에서 미소 저항에 흐르던 전류값이 변화하게 되고 이 전류의 변화는 미소 저항 양단에 전압 강하의 값이 변화하는 것을 이용한 유닛(unit)이다. 즉 미소 저항으로 흐르는 규정된 전류가 변화하게 되면 램프의 단선으로

판단하고 운전자에게 인디케이터(indicator)를 점등하게 되어 있는 회로이다.

램프의 단선으로 미소 저항에 걸린 전압의 변화는 OP-AMP(연산 증폭기)의 기준 신호와 비교하게 되고 기준 신호 전압 이하가 되면 OP-AMP(연산 증폭기)의 출력단으로 검출 신호 전압을 내 보내게 돼 출력측의 트랜지스터를 턴-온(turn on)시키게 된다.

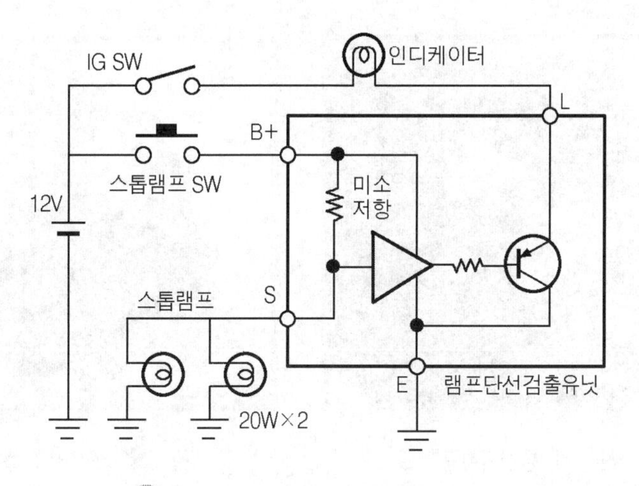

그림6-5 스톱램프 단선 검출 유닛

트랜지스터가 턴-온(turn on)되면 트랜지스터는 컬렉터(collector)에서 이미터(emitter)로 전류가 흘러 결국 인디케이터 램프(indicator lamp)는 점등하게 되도록 되어 있다.

보통 전구의 저항은 상온에서 측정하면 1~5Ω정도 되지만 전구에 전원이 공급되어 전구의 필라멘트에 전열이 되면 전구의 저항은 약 10~20배 정도 증가 하게 되므로 전구가 병렬로 연결 되어 있다 하여도 저항값은 어느 정도 값을 가지게 되어 램프가 단선 된 것을 전류의 변화로 감지 할 수 있게 된다.

4. 방향 지시등

방향 지시등(turn signal lamp)은 자동차의 안전 운행에 있어 빼 놓을 수 없는 중요한 신호 장치이다. 따라서 방향 지시등이 이상이 있는 경우에는 운전자에게 이상 여부를 확인할 수 있는 기능이 필요하다. 또한 방향 지시등의 점멸 횟수는 일정한 속도로 점멸이 가능하여야 하는 조건을 가지고 있다. 방향 지시등의 구성은 방향 지시등 스위치 및 비상

등 스위치와 플래셔 유닛(flasher unit), 방향지시등 릴레이와 방향지시등으로 구성되어 비교적 간단하다. 방향 지시등의 플래셔 유닛에는 콘덴서(condenser)의 충전 방전을 이용한 축전식 플래셔 유닛와 비안정 멀티바이브레터(bistable multivibrator)의 회로를 이용한 전자 회로식 플래셔 유닛을 사용하고 있다.

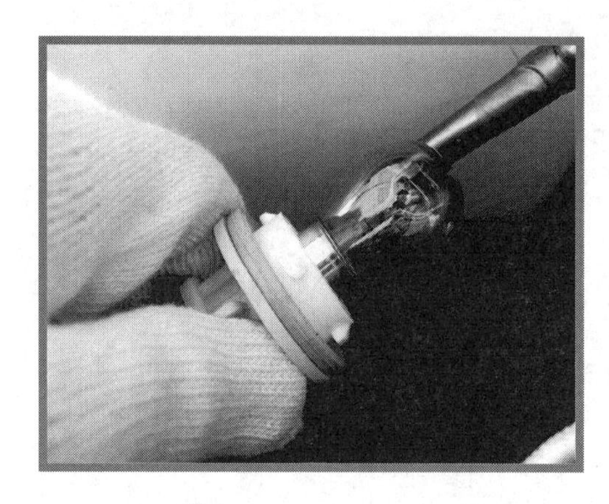

사진6-11 방향지시등

사진6-12 플래셔 유닛

동작 원리는 그림(6-6)회로에서 방향 지시등 스위치(turn signal lamp switch)를 ON시키면 배터리로부터 전류는 전류 코일을 거쳐 접점을 통해 방향 지시등으로 전류가 흐르게 되어 방향 지시등은 점등하게 되고 그 순간 전류 코일에 전류가 흘러 바로 철심은 전자석이 되어 접점을 흡착하게 된다.

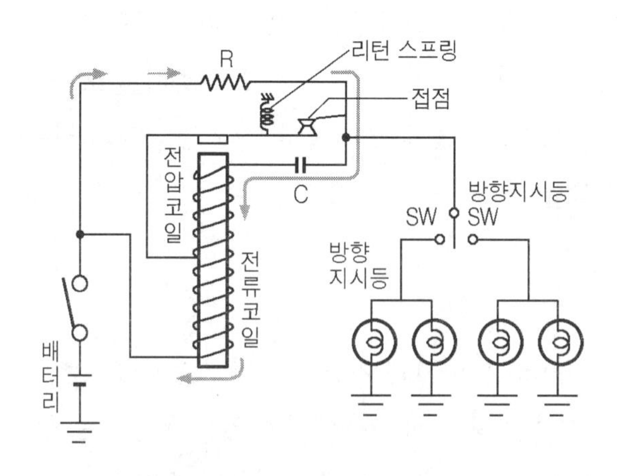

그림6-6 방향지시등 회로

접점이 OFF 상태가 되면 전류는 전류 코일과 전압 코일 통해 콘덴서(condenser)를 거쳐 방향 지시등으로 충전을 개시 한다. 콘덴서가 충전 중에는 방향 지시등을 점등 할 만큼 전류가 충분하지 않기 때문에 방향지시등은 점등 되지 않으며 콘덴서가 완충 되면 완충된 충전 전류는 흐르지 않게 되어 전자력은 소멸하게 된다.

이렇게 전자력이 소멸되면 접점은 리턴 스프링(return spring)에 의해 ON 상태가 되고 접점이 ON 상태가 되면 배터리의 전원 전류는 전류 코일 거쳐 접점을 통해 방향 지시등으로 전류가 흘러 방향 지시등(turn signal lamp)은 점등 상태가 된다.

이때 충전된 콘덴서의 전기는 전압 코일 거쳐 접점을 통해 방향 지시등으로 방전을 하게 된다. 콘덴서의 방전에 의한 전류는 전압 코일에 흐를 때는 충전시와 역방향이 되어 전류 코일에 흐르는 전류에 의한 자력선의 방향이 서로 반대로 철심의 자력은 서로 상쇄되어 철심에는 전자력이 발생되지 않는다.

이렇게 콘덴서가 방전을 완료하면 다시 처음 순서를 반복하게 되어 방향 지시등은 ON, OFF을 반복하게 된다. 즉 방향 지시등의 점멸 시간은 콘덴서의 충방전 시간에 의해 점멸 시간이 결정되게 되므로 콘덴서의 충방전 시간은 콘덴서의 용량에 의해 크게 좌우 되지만 충방전을 결정하는 것은 또한 저항에 의해서도 결정 되어 지므로 결국 충방전 시간은 RC 시정수(콘덴서가 부하 저항 R를 통해 충전 또는 방전하는 시간이 약63%까지 도달하는 시간) 값에 의해 결정 되어 지게 되는 셈이다.

비안정 멀티바이브레터(bistable multivibrator)의 회로를 이용한 전자 회로식 플래셔 유닛(flasher unit)의 동작 원리를 그림(6-7)의 플래셔 유닛 내부 회로를 통해 살펴보자

① 먼저 방향 지시등 스위치(turn signal switch)를 ON하면 플래셔 유닛의 L-단자는 방향 지시등을 통해 어스(earth)가 되어 있어 B-단자를 통해 공급하고 있던 배터리 전원은 트랜지스터 TR_2의 이미터(emitter)에서 베이스(base)로 전류가 흘러 VR 저항을 거쳐 L-단자를 통해 어스(earth)로 전류가 흐르게 된다.

이 때에는 TR_2의 베이스(base)전류에 의해 TR_2는 ON상태가 되고 TR_2의 컬렉터 전류는 TR_3의 베이스(base) 전류를 공급하여 TR_3도 턴-온(turn on)상태가 된다. TR_3가 ON 상태가 되면 방향 지시등 릴레이의 코일에 전류가 흘러 릴레이의 코일은 여자 되고 접점은 ON상태가 되어 접점을 통해 방향 지시등은 점등하게 된다.

이 때에는 콘덴서 C는 저항 R_2를 통해 충전을 개시하기 시작하게 되고 D점의 전위는 접점이 ON 상태가 되게 되므로 D점의 전위는 상승하게 되고 TR_2의 베이스(base) 전류는 콘덴서 C를 통해 흐르게 된다.

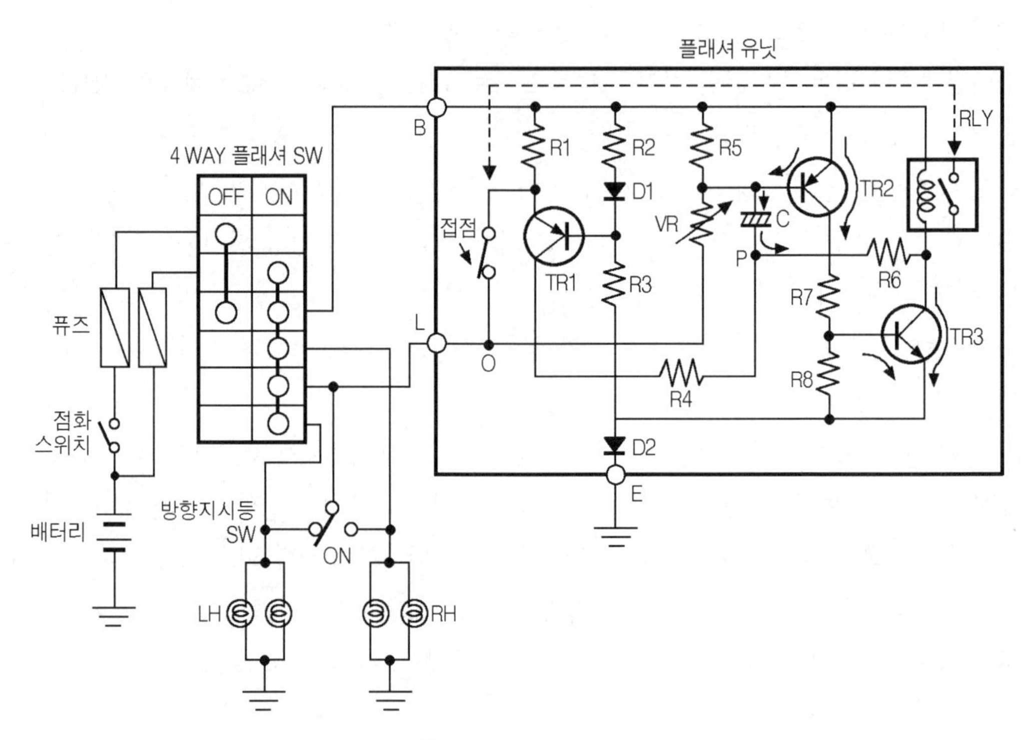

그림6-7 플래셔 유닛의 내부 회로

② 콘덴서 C가 완충이 되면 TR_2의 베이스(base)전류는 더 이상 흐르지 못하고 TR_2는 OFF 상태가 되며 TR_2가 OFF가 되면 TR_3의 베이스 전류는 차단되어 TR_3 또한 OFF 상태가 된다. 따라서 릴레이 코일에 흐르던 여자 전류는 차단되고 방향 지시등 릴레이의 접점은 OFF 상태가 되어 방향 지시등은 소등하게 된다.

이때 완충된 콘덴서 C의 전류는 저항 R_1를 거쳐 릴레이 코일 통해 저항 R_2 로 방전을 개시하게 된다. 방전에 의해 콘덴서 C의 전하량이 감소하면 초기 동작 ①항을 반복하게 되어 방향 지시등(turn signal lamp)은 점멸을 반복 할 수 있게 된다.

③ 만일 방향 지시등이 단선 되는 경우에는 방향 지시등은 병렬 부하로서 부하 저항이 증가 하게 되고 동시에 TR_1의 이미터(emitter)전위가 상승하게 되어 L-단자 전압이 상승하게 된다.

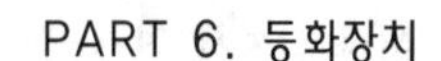

사진6-13 비상등 릴레이

TR_1의 이미터(emitter) 전위가 상승하면 TR_1의 베이스(base) 전류는 흐르게 되어 TR_1이 ON 상태가 된다. 따라서 TR_1의 컬렉터(collector)전류는 P점의 전위를 상승하게 해 콘덴서 C의 충전량은 TR_2의 베이스(base) 전위와 P점 간의 전위차 분만 충전하게 돼 충전 시간은 짧아지게 된다. 즉 P점의 전위가 상승하면 TR_2의 베이스 전위와 P점 간의 전위차가 작게 되어 콘덴서의 충전량은 작아지게 되어 결국 방향 지시등의 점멸 횟수는 빨라지게 된다.

5. 실내 조명등

야간 운행을 하기 위해 차량의 도어를 열면 운전자가 시동키를 쉽게 삽입 할 수 있도록 룸- 램프(room lamp) 및 도어 하단의 라이트가 점등되고 도어를 닫아도 즉시 소등되지 않고 일정 시간 점등되었다 소등되는 기능이 있다.

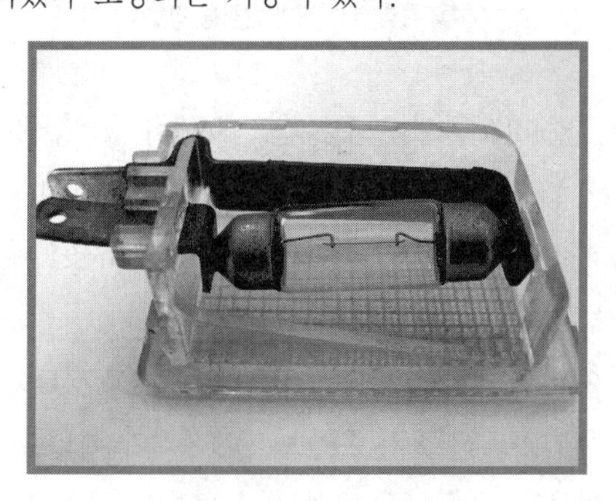

사진6-14 룸 램프

이것은 TACS(time & alarm control system) ECU(전자 제어 유닛)에 의해 미리 설정된 데이터(data) 값에 의해 동작하는 컴퓨터 제어 방식과 그림(6-8)과 같은 전자 회로에 의해 동작하는 방식이 사용되고 있다.

전자 회로에 의한 방식은 RC(저항과 콘덴서)회로의 시정수를 이용한 일종의 전자 타이머 역할을 한다. 이 회로의 동작 원리는 먼저 도어(door)를 열면 도어 스위치(door switch)는 ON상태가 되어 룸-램프(room lamp)는 배터리 전원 전압에 의해 점등하게 되고 도어 스위치를 통해 콘덴서(condenser)와 다이오드를 거쳐 콘덴서는 충전을 개시한다. 이때 충전 전류는 다이오드 D를 통해 어스로 전류가 흐르게 되면 트랜지스터 TR_1의 이미터(emitter)전류는 저항 R_1을 통해 TR_1의 베이스 전류도 저항 R과 다이오드 D를 통해 어스로 전류가 흐르게 된다.

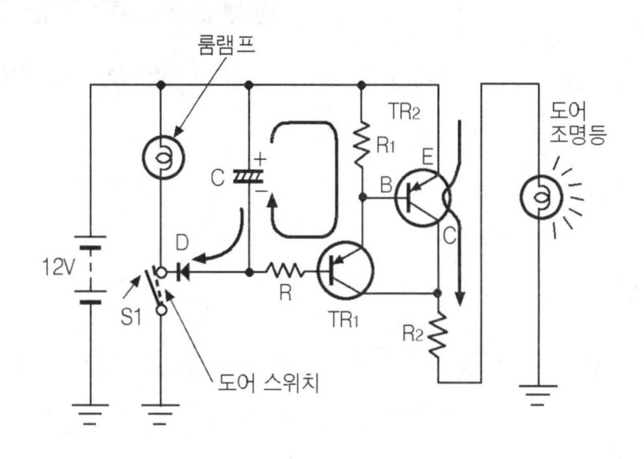

그림6-8 도어 잔광등 회로

이때 트랜지스터 TR_1은 ON 상태가 되고 TR_2의 베이스 전압을 공급하게 돼 트랜지스터 TR_2도 ON상태가 돼 TR_2의 컬렉터(collector)전류는 저항 R_2 통해 도어 조명등으로 흘러 도어 조명등은 점등하게 된다. 다음 도어를 닫아 도어 스위치가 S1이 OFF가 되면 룸-램프(room lamp)는 즉시 소등을 하게 되지만 콘덴서 C를 통해 완충된 전류는 저항 R_1을 통해 TR_1의 베이스로 흘러 트랜지스터 TR_1은 ON상태가 되고 TR_2의 베이스(base)전류도 흐르게 되어 트랜지스터 TR_2도 ON상태가 된다.

결국 도어 스위치 S1이 OFF 되어도 콘덴서 C가 저항 R_1을 통해 방전하는 시간 동안 TR_2는 ON 상태가 되어 도어 조명등은 점등하게 되는 셈이다. 즉 도어를 닫아도 콘덴서 C가 방전하는 동안 도어의 조명등은 점등하게 돼 야간 운행시 시동키의 조작 등을 용이하게 하도록 조명하고 있다.

07
점화장치

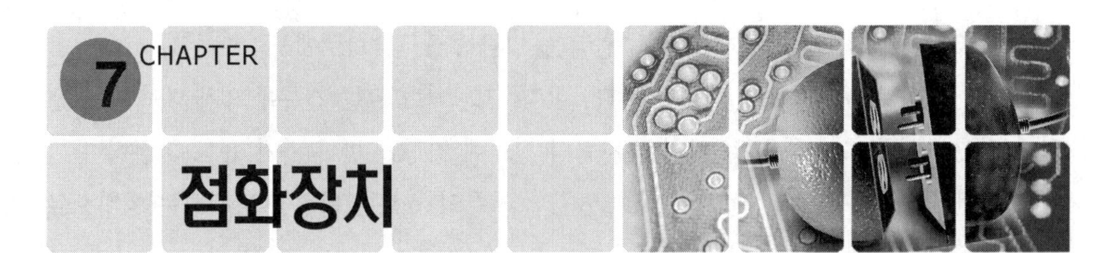

7 CHAPTER 점화장치

1 점화 장치의 기본 원리

1. 점화 장치의 원리와 종류

(1) 점화 장치의 기본 원리

가솔린((gasoline) 엔진에서 점화 장치는 단순히 기능으로만 보면 연소실 내에 점화 플러그(spark plug)는 아크(arc) 방전을 통해 혼합 가스를 착화시키는 기능을 가지고 있다.

그러나 이 기능은 차량에 있어서 엔진(engine)의 출력 및 연비, 배출 가스, 노킹 현상 등 엔진 성능에 지대한 영향을 미치는 것이 점화 장치이기도 하다. 점화 장치의 구성품 중 점화 코일은 핵심 구성품으로 20kV 이상 높은 고압을 만들어 고압 케이블(high tension cable)을 통해 송전하여 점화 플러그를 통해 아크(arc) 방전을 하는 기능을 가지고 있다.

사진7-1 점화장치

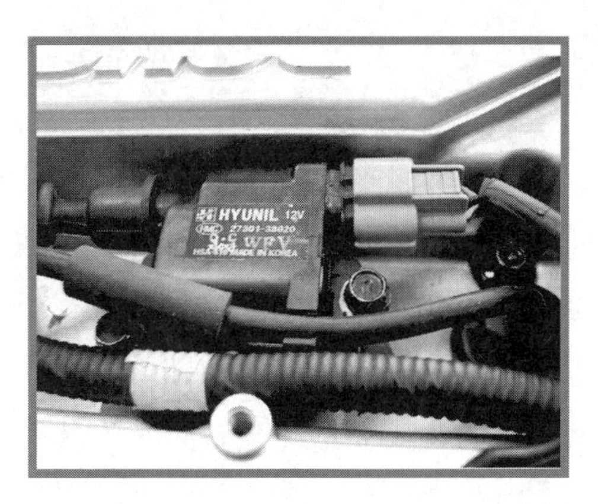

사진7-2 엔진에 장착된 점화코일

점화 코일이 고압을 발생하는 기본 원리는 그림(7-1)의 회로에서 스위치(switch)를 ON 시키면 코일에는 전류가 흐르게 된다. 이 때 코일에 흐르는 전류에 의해 자속이 발생하게 되고 발생된 자속은 코일 자신이 자속의 변화에 영향을 받아 자기 유도 기전력이 발생하게 된다. 이 자기 유도 전압은 코일(coil)이 전류의 흐르는 방향을 방해하는 방향으로 기전력($e = - L\ d\Phi/dt$)이 발생하게 된다.

그림(7-1)의 (a)와 같이 스위치를 ON 상태일 때에는 배터리 전압에 의해 자기 유도 전압은 외부로 나타나지 않지만 그림(b)와 같이 스위치를 OFF 하였을 때는 코일에 발생되는 자기 유도 전압은 코일에 발생 된 자속의 감소하는 것을 증가하려는 방향으로 자기 유도 전압이 발생 돼 외부로 나타나게 된다. 이와 같이 코일 자신의 전류에 의해 자속의 변화를 받아 자기 유도 전압을 발생하는 작용을 자기 유도 작용이라 하며 자기유도 작용에 의해 발생된 기전력을 자기 유도 전압 또는 역기전력이라 한다.

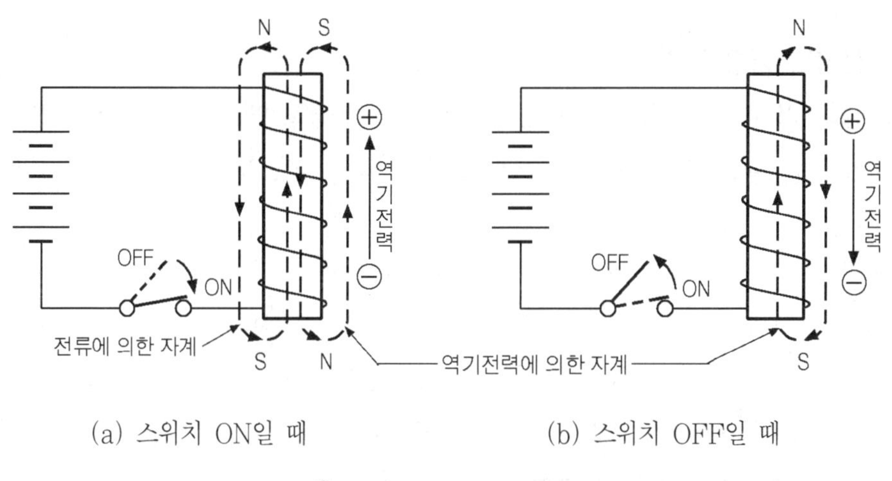

그림7-1 코일의 자기 유도 작용

그림(7-1)의 철심에 그림(7-2)와 같이 2차 코일을 감고 전류계를 연결하여 1차 코일에 연결된 스위치(switch)을 ON, OFF 반복 하면 전류계의 지침이 흔들리는 것을 확인할 수 있는데 이는 1차 코일에 흐르는 전류에 의해 자속의 변화하는 것이 2차 코일에도 영향을 주어 자속의 변화가 증가하는 것을 방해하는 방향으로 기전력이 발생하기 때문이다. 스위치를 ON 상태에서는 유도 기전력의 전압은 배터리의 전압에 의해 외부로 나타나지 않지만 스위치가 OFF 할 때는 자속의 감소를 증가하는 방향으로 유도 기전력이 발생

하게 된다. 이 유도 기전력의 전압은 코일의 권수에 비례하여 나타나게 되어 2차측의 코일 권수를 많이 감을수록 유도 기전력이 크기는 증가하게 된다. 이와 같이 2차 코일은 1차 코일이 자속을 방해하는 방향으로 유도 기전력이 발생하는 작용을 상호 유도 작용이라 한다.

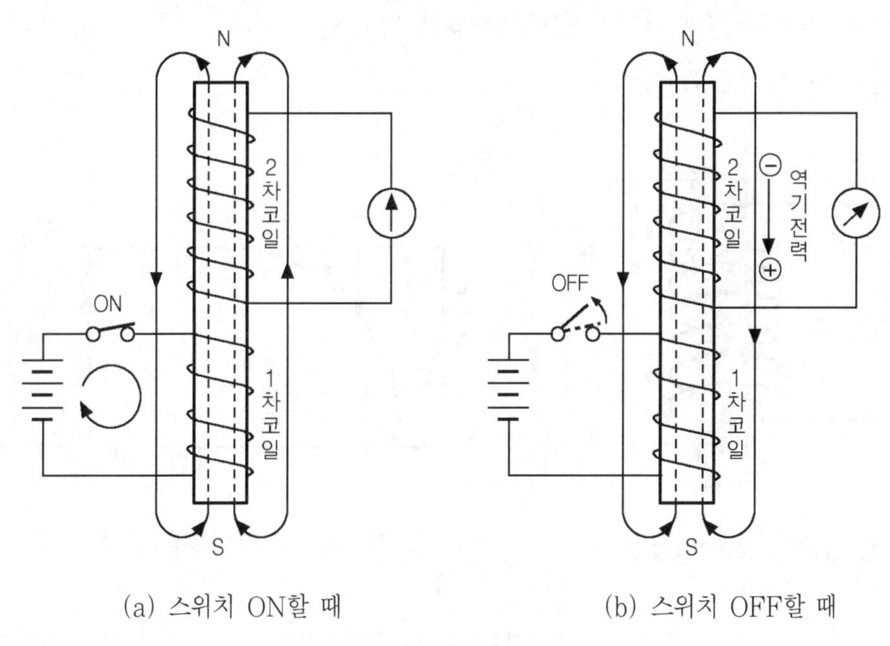

(a) 스위치 ON할 때 (b) 스위치 OFF할 때

그림7-2 코일의 상호 유도 작용

결국 2차측 코일에 높은 전압을 유도하기 위해서는 1차측 코일 보다 2차측 코일을 많이 감아 1차 코일을 단속(스위치를 ON, OFF)하게 된다. 실제 점화 장치에서도 그림 (7-3)과 같이 디스트리뷰터(distributer) 내의 접점(point contact)을 ON, OFF(개,폐) 반복하여 고압을 발생시키고 있다.

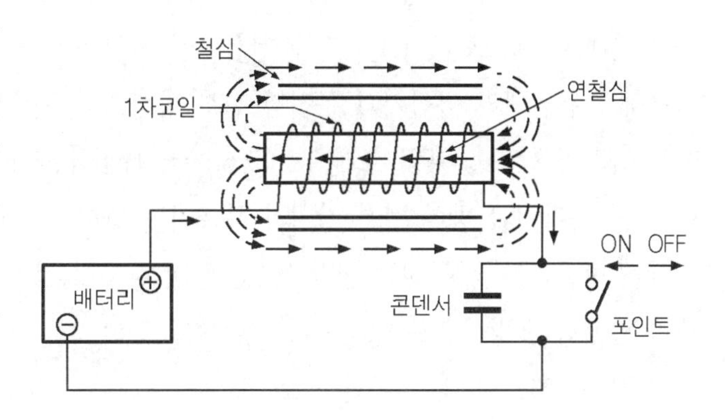

그림7-3 1차코일에 흐르는 전류

그림(7-4)는 고압을 만들기 위한 점화 장치의 기본회로를 나타낸 것으로 1차 코일 측에는 배터리(battery)의 전원을 포인트 접점(point contact)을 통해 ON, OFF(개, 폐)하도록 하면 1차 코일보다 권선을 많이 감은 2차 코일측으로 상호 유도 작용에 의해 약 20kV 이상의 높은 고압이 발생하게 된다. 이 전압은 고압 케이블을 거쳐 점화 플러그(ignition plug)를 통해 아크(arc)방전을 하게 되고 연소실 내의 혼합 가스를 연소 시키도록 하고 있다.

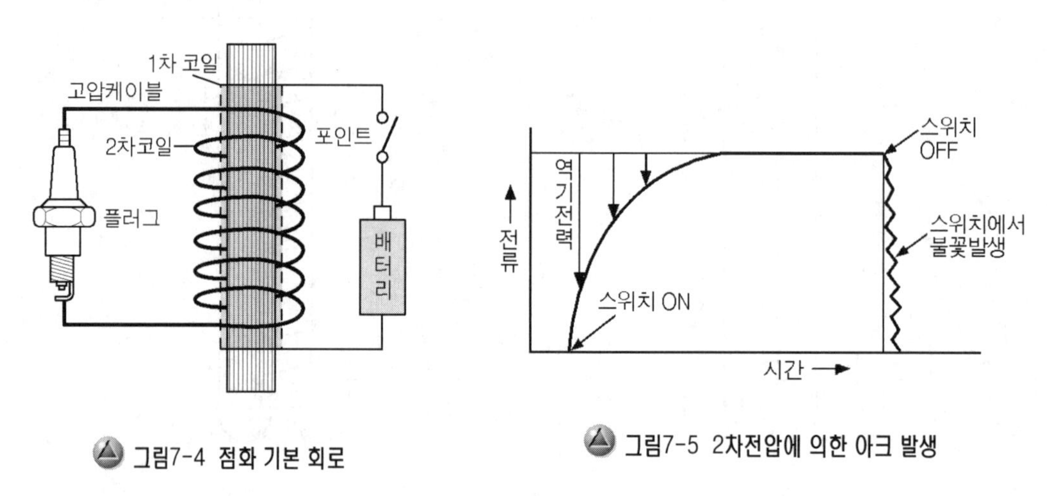

그림7-4 점화 기본 회로

그림7-5 2차전압에 의한 아크 발생

(2) 점화 장치의 종류

그림(7-6)은 점화 장치의 가장 기본이 되는 포인트 방식의 점화 장치로 점화 장치를 구분 할 때에는 그림(7-6)과 같이 점화 1차 코일을 접점식으로 단속하느냐 무접점식으로 단속하느냐에 따라 접점식과 무접점 점화 방식으로 구분한다. 무접점 방식의 점화장치에서는 접점의 단속을 파워 트랜지스터(power transistor)가 접점의 기능을 갖고 있다 하여 약칭 파워 TR 방식 점화 장치라 부르기도 한다. 이 파워 TR 점화 장치에는 진각 및 지각을 진공을 이용해 하는 방식과 ECU(전자 제어 장치)가 진각 및 지각을 입력 신호에 따라 실행하는 방식으로 구분된다.

현재에는 연소실 내에 완전 연소 조건을 최대한 실행하기 위해 ECU(전자 제어 장치) 방식이 주종을 이루고 있으며 또한 엔진의 고성능화에 대응하여 배전기(distributor)가 없는 DLI(distributor less ignition) 점화 장치가 적용되고 있다.

포인트 점화 방식의 경우는 접점에 의한 1차 전류 단속으로 접점의 손상이 일어나며 접

점이 개폐 될 때 채터링(chattering) 현상에 의한 점화 에너지 손실 등이 발생하는 결점을 가지고 있어 현재에는 거의 사용하지 않고 있다. 따라서 점화 장치를 포인트 점화 방식이다, 파워 TR 방식이다, 하여 구분하는 것이 큰 의미가 없다고 생각한다.

결국 DLI 방식을 포함한 점화 장치는 파워 TR 방식의 범주에 속하기 때문이다.

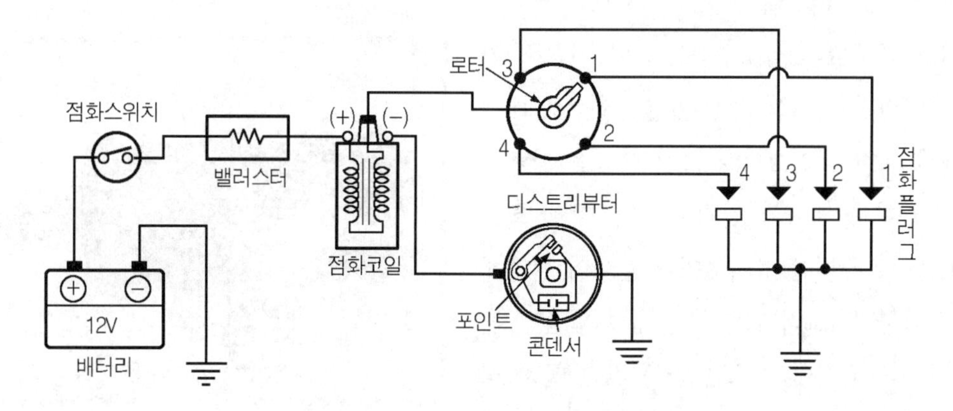

그림7-6 포인트 방식 점화회로

[표7-1] 점화장치의 종류별 비교

구　　분	포인트 방식	파워 TR 방식	DLI 방식
1차코일 개폐	Point contact	Power transistor	IGBT
점화 코일	개자로 코일	폐자로 코일 주종	폐자로 코일
배전기	있음	있음	없음
진각 제어	원심식	1) 진공식 2) ECU 제어식	ECU 제어식
점화에너지 손실	점화에너지 손실 과대	보통	점화 손실 우수

그러나 점화 장치를 설명하기 위해 여기서 사용하는 포인트 방식은 학습 효과 측면에서 설명하기 위한 방편으로 사용하는 것으로 이해하여 주면 좋겠다.

점화 장치의 구성 부품

1. 점화 코일

점화 플러그(ignition plug)의 전극이 간격은 일반적으로 1.0±0.2mm 정도로 대기 중에서 점화 플러그의 간극에 불꽃을 발생하기 위하여는 전극의 간격은 1000V당 최소 0.7mm의 간격을 유지하여야 불꽃이 발생하기 시작한다. 그러나 연소실 내의 압축된 혼합 가스는 압력이 높으면 높은 만큼 불꽃 방전은 발생하기 어려워지기 때문에 연소실 내에서는 대기 상태보다 높은 전압이 요구되게 된다. 따라서 연소실 내에서는 전극의 간격이 1(㎜)정도가 되면 점화 2차 코일에서 발생되는 전압은 최소한 10㎸ 정도의 높은 전압이 요구되게 된다. 이것은 대기 상태 일 때 보다 약 10배의 높은 전압이 요구 되는 셈으로 10㎸ 이상 높은 전압을 만들기 위해서는 변압기(transformer)가 필요하게 되는데 이 변압기 역할을 하는 것이 점화 코일이다.

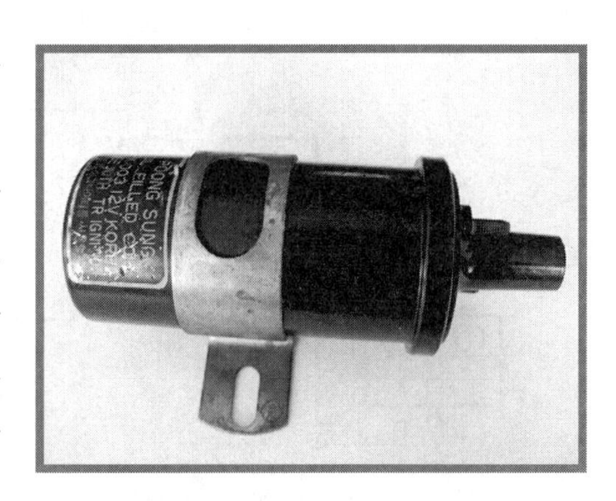

사진7-3 개자로형 점화코일

점화 코일에는 1차측 코일의 전류 변화에 따라 철심을 통해 자속의 변화를 받아 2차측 코일에 유도 기전력이 발생하는데 철심을 통해 자력선이 이동하는 방식에 따라 개자로형 점화 코일과 폐자로형 점화 코일로 구분하고 있다.

개자로형 점화 코일은 그림(7-7)과 같이 중심부에 두께가 약 0.5mm 정도의 철편을 쌓아 만든 철심을 놓고 그 철심 위를 지름이 약 0.05~0.1mm 정도의 에나멜선을

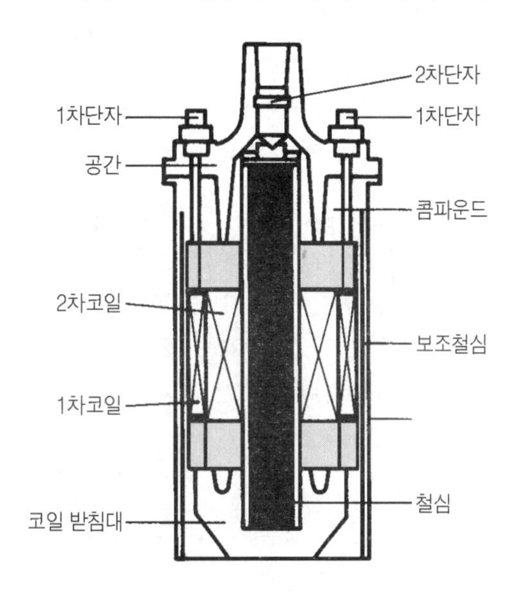

개자로형 점화코일

15,000~30,000회 정도 감아 놓은 2차 코일이 있고 2차 코일 외측으로는 지름이 약 0.5~1.0mm의 에나멜선을 약 200회 정도 감아 놓았다. 이 코일은 1차 외측의 코일에서 발생하는 자계를 흡수하기 위해 원형 케이스(case)로 둘러쌓은 구조를 가지고 있다. 이와 같은 개자로형 점화 코일은 케이스 내에 누설 전류를 및 단락을 방지하기 위해 절연유 컴파운드(compound)을 충진하고 있다. 또한 이 점화 코일은 1차 코일의 저항이 약 1/2 정도의 저항(1~2Ω)을 그림(7-8)과 같이 1차 코일 외측에 부착해 1차 코일을 보호하고 있는 저항 부착형 개자로형 점화 코일도 사용되고 있다.

(2) 폐자로형 점화 코일

폐자로형 점화 코일은 사진(7-4), (7-5), (7-6), (7-7)과 같이 여러 가지 형태의 모양을 가지고 있다.

이 코일의 구조는 그림(7-9)와 같이 중심 코어(철심)에 1차 코일 감고 그 위를 가로 질로 2차 코일을 감아 몰딩(molding)화 시킨 구조를 가지고 있다. 또한 철심은 ▣형을 사용 하여 코일에서 발생된 자계를 철심 내부로 이동 할 수 있게 하고 있어 소형화 할 수 있는 장점을 가지고 있어 현재에는 많은 차종에 적용되고 있다.

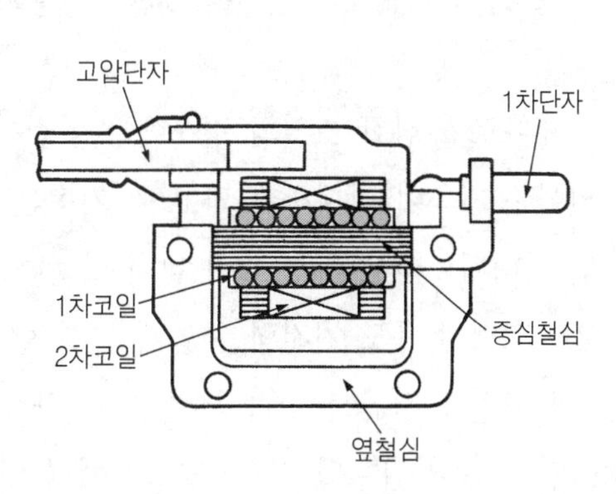

그림7-9 폐자로형 점화코일

사진7-4 폐자로형 점화코일(1)

사진7-5 폐자로형 점화코일(2)

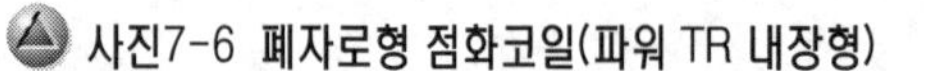
사진7-6 폐자로형 점화코일(파워 TR 내장형)

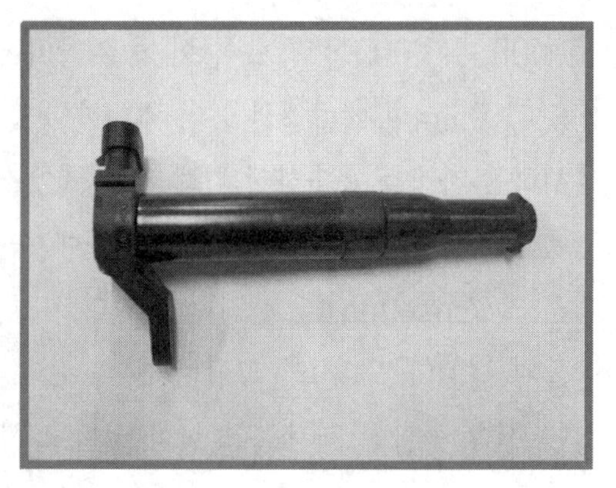
사진7-7 폐자로형 점화코일(파워 TR 내장형)

개자로형 점화 코일의 경우에는 접점이 ON 상태가 되어 1차 코일에 전류가 흐르면 코일에는 자속이 발행하게 되고 이 자속은 공기중에 방출되어 소멸되어 지기 때문에 전기적인 에너지(energy) 손실이 많이 발생하는 단점을 가지고 있다. 이 자속 Φ가 크면 클수록 2차 코일에 유도 기전력은 높게 발생 할 수 있기 때문에 자속 Φ을 크게 만들기 위해서는 1차 코일에 전류를 증가 시키거나 1차측 코일을 많이 감아야 하는 문제가 따른다. 1차측 코일을 많이 감으면 점화 코일의 체적 및 중량이 증가하는 문제가 따르게 돼 개자로형 점화 코일의 이러한 결점을 보완하기 위해 자로가 형성된 폐자로형 점화 코일을 사용하게 되었다. 자속의 투자율은 공기중 보다 철이 100~20,000배 높기 때문에 자속은 공기 중에 방출하여 소멸 되는 것이 거의 없이 폐자로를 통해 이동하게 돼 코일의 권수를 최소화 할 수 있는 이점을 가지고 있다. 따라서 폐자로형 점화 코일은 1차 코일의 권수를 개자로형 점화 코일에 비해 작게 하여도 가능하게 되므로 사진 (7-7)과 같이 소형화, 경량화 할 수 이점을 가지고 있다.

(3) 단품 점검

멀티 테스터를 이용한 점화 코일의 단품 점검은 점화 코일의 단선 및 쇼트(short) 상태를 점검 할 목적으로 사용하는 것으로 멀티 테스터의 저항 레인지(range)를 ×1Ω 위치에 선택하고 그림(7-10)의 (a)와 같이 1차 코일의 저항을 측정하여 3~5Ω이면 정상이다.

이때 외부 저항이 부착한 점화 코일의 경우는 외부 저항이 약 1.5Ω 정도되므로 측정시 주의하여야 한다. 2차 코일의 저항은 고압 케이블(cable)을 제거하고 멀티 테스터의 저항 레이지(range)를 × 1kΩ에 위치하여 그림(7-10)의 (b)와 같이 테스터의 측정봉의 한

단자를 고압 케이블을 제거한 부위(2차 코일 단자)에 삽입하고 다른 한 단자는 점화 코일의 + 단자에 위치하여 저항 값이 6kΩ ~ 15kΩ 정도면 정상이다.

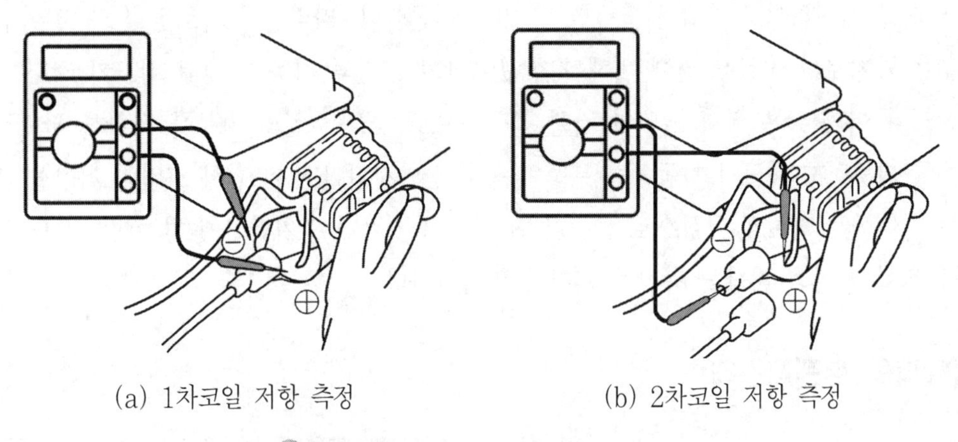

(a) 1차코일 저항 측정 (b) 2차코일 저항 측정

그림7-10 개자로형 점화코일의 저항 측정

폐자로형 코일의 경우에도 마찬가지로 1차측 코일의 저항 측정은 멀티 테스터의 저항 레이지(range)를 ×1Ω 위치에 선택하고 그림(7-11)의 (a)와 같이 저항을 측정하여 0.5 ± 0.1Ω 이면 정상이다. 또 2차측 코일의 저항 측정은 멀티 테스터의 저항 레이지(range)를 ×1kΩ 위치에 선택하고 그림(7-11)의 (b)와 같이 고압 케이블을 제거하고 고압 케이블을 제거한 위치에 테스터의 한 단자를 접속하고 다른 한 단자는 +단자에 접속한 후 저항값이 8.5~12kΩ이면 정상이다. 위의 측정값은 일반적인 점화 코일의 저항값으로 제조 메이커마다 다소 차이가 날 수 있다.

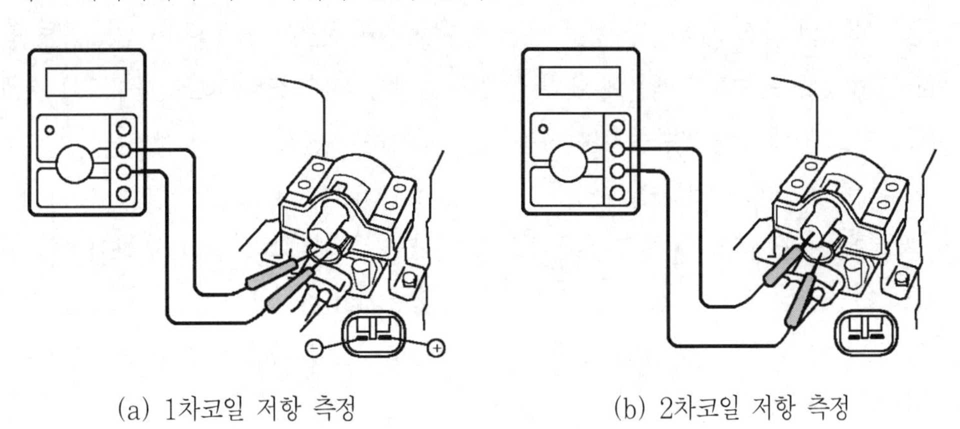

(a) 1차코일 저항 측정 (b) 2차코일 저항 측정

그림7-11 폐자로형 점화코일의 저항 측정

여기서 개자로형 점화 코일 보다 폐자로형 점화 코일이 저항값이 작은 것은 개자로형 점화 코일에 비해 철심을 폐회로로 구성하여 자력선의 이동을 손실 없이 할 수 있어 코일의 권선을 적게하여도 고압을 발생할 수 있기 때문이다. 따라서 폐자로형 점화 코일의 저항값은 개자로형 점화 코일에 비해 저항값이 1차 코일의 경우 약 4배 정도가 적다

그러나 이와 같은 점화 코일의 저항 측정만으로 점화 코일의 양부를 정확히 판단하는 것은 불가능하고 최근의 자동차는 부품의 품질이 안정되어 있어 점화 코일의 저항을 측정하는 경우에는 점화계 이상으로 시동이 안 걸리는 경우나 장기간 사용한 차량 및 노후 차량에 점화 코일의 저항을 측정하는 것이 바람직하다.

2. 파워 트랜지스터

파워 트랜지스터(power transistor)는 점화 1차 코일에 흐르는 전류를 단속(ON, OFF)함으로 점화 2차 코일에 고압을 발생시키는 기능을 가지고 있는 점화 장치의 중요한 구성부품으로 이웃 나라 일본에서는 파워 트랜지스터 대신 이그나이터(ignitor)라고 부르기도 한다.

사진7-8 파워 TR(이그나이터)

이 파워 트랜지스터(파워 TR)는 1차 코일에 흐르는 전류를 단속시 1차 코일의 저항은 0.5~3Ω 정도의 낮은 저항을 가지고 있어 1차 코일에 흐르는 전류는 4~6A 정도의 전류가 흐르는 것을 단속하기 때문에 엔진이 고속 회전시 1차 코일에 흐르는 전류가 포화점에 다달으기도 전에 1차 전류를 차단하는 것을 방지하고 엔진이 저속 상태에서는 1차측 전류가 과대하게 흐르는 것을 방지하기 위해 드웰 각(dwell angle)을 제어하고 있다. 드웰 각 제어에는 파워 TR 내에 그림(7-12)와 같이 전류 제어 회로를 내장하여 1차 코일을 차단하는 방식과 크랭각 센서 및 TDC(top dead center) 센서를 입력으로 ECU(전자 제어 장치)의 ROM 내에 미리 설정된 데이터(data)값에 따라 드웰 각을 제어하는 방식이 사용되고 있다.

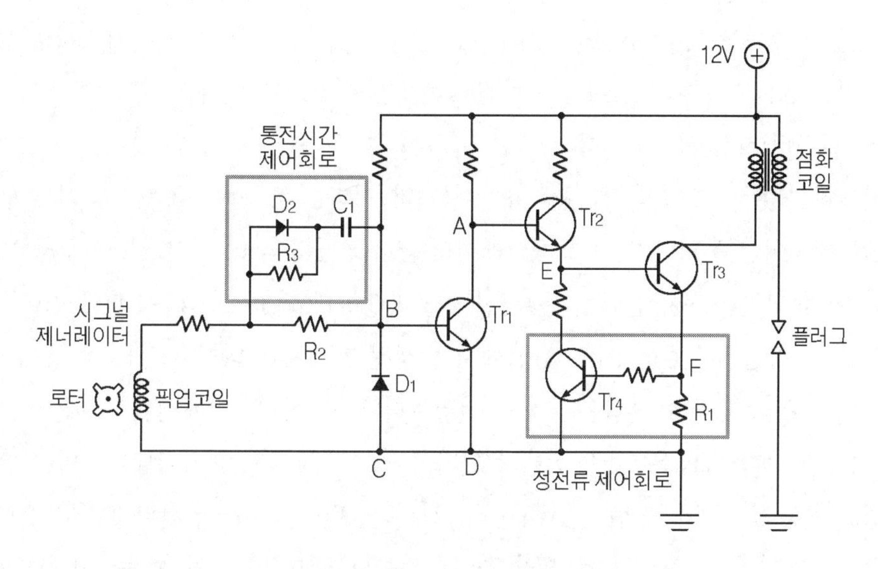

그림7-12 파워 트랜지스터 내부 회로(정전류 제어회로가 내장된 회로)

먼저 그림(7-12)의 전류 제어 방식을 살펴보면 Tr_3는 파워 TR(이그나이터) 역할을 하며 사선 안의 회로는 통전 시간 제어 회로와 정전류 제어 회로를 나타낸 것이다. 여기서 엔진이 정지 상태에서는 영구 자석인 로터(rotor)가 회전을 하지 않아 배터리로부터 전원은 그림(7-13)과 같이 전류는 화살표(→) 방향으로 흐르게 되고 이때 Tr_1 의 베이스 전압은 높게 걸려 베이스(base)전류는 흐르게 된다.

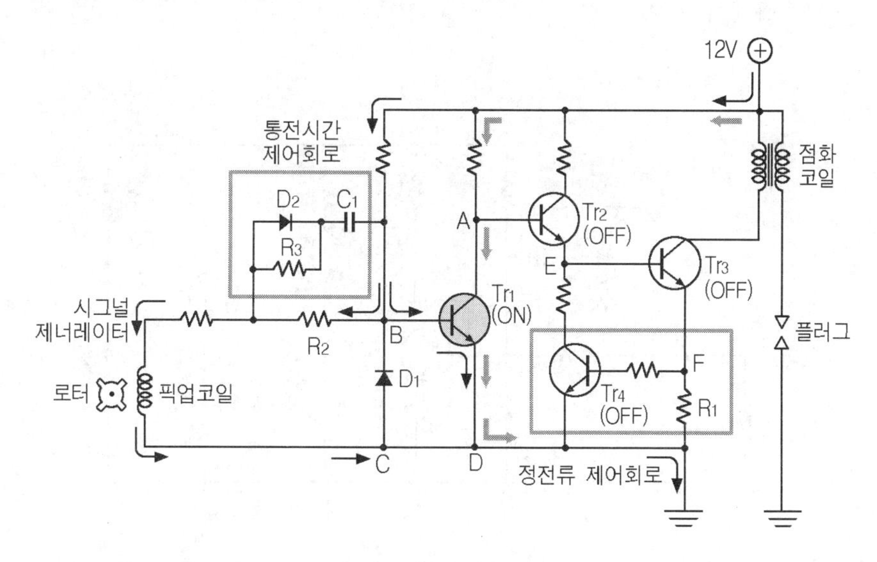

그림7-13 파워 TR의 정전류 제어회로 동작(엔진 정지시)

결국 Tr_1 은 턴-온(turn-on)상태가 되며 Tr_2 의 A점의 전위는 거의 어스 전위까지 떨어져 베이스(base)전류는 흐르지 못해 Tr_2 는 OFF 상태가 된다.

Tr_2 의 컬렉터(collector) 전류의 차단은 Tr_3 의 베이스(base)전류 및 Tr_4 의 컬렉터 전압을 차단하여 결국 Tr_3 및 Tr_4 는 OFF 상태가 된다.

다음은 엔진이 시동되어 시그널 제너레이터(signal generater)의 로터(rotor)가 회전을 하면 픽업 코일(pick up coil)은 기전력을 발생하게 되고 그림(7-14)와 같이 전류가 흐르게 된다. 픽업 코일(pick up coil)에서 발생된 기전력은 다이오드 D_1 을 통해 전류가 흐르게 되어 결국 B점의 전압은 C점의 전압보다 낮게 된다. 이때 Tr_1 의 베이스(base) 전류는 흐르지 못해 Tr_1 은 OFF 상태가 된다. 이렇게 Tr_1 의 OFF 상태가 되면 A점의 전압은 상승하게 되어 Tr_2 를 턴-온(turn on)시킨다. 턴-온(turn on)된 Tr_2 의 컬렉터 전류는 Tr_3 의 베이스(base)전류로 흘러 Tr_3 를 턴-온(turn on)시킨다. Tr_3 의 ON 상태로 인해 점화 1차 코일에는 1차 전류가 흐르기 시작하고 다시 로터(rotor)가 회전을 하여 픽업 코일(pick coil)에 기전력이 역방향으로 발생하게 되면 B점의 전위가 C점의 전압 보다 높게 되어 Tr_1 의 베이스(base) 전류는 흐르게 되고 Tr_1 은 다시 ON 상태가 된다. 따라서 A점의 전위는 낮아지게 되고 Tr_2 는 OFF상태가 된다. 이때는 Tr_3 의 베이스 전류와 Tr_4 의 컬렉터(collector)의 전압을 차단하게 되며 Tr_3 와 Tr_4 는 OFF 상태가 된다. Tr_3 가 ON 상태에서 OFF상태로 전환 되며 점화 1차 코일에 흐르던 전류가 차단되어 2차측 코일에 고압을 발생하게 된다.

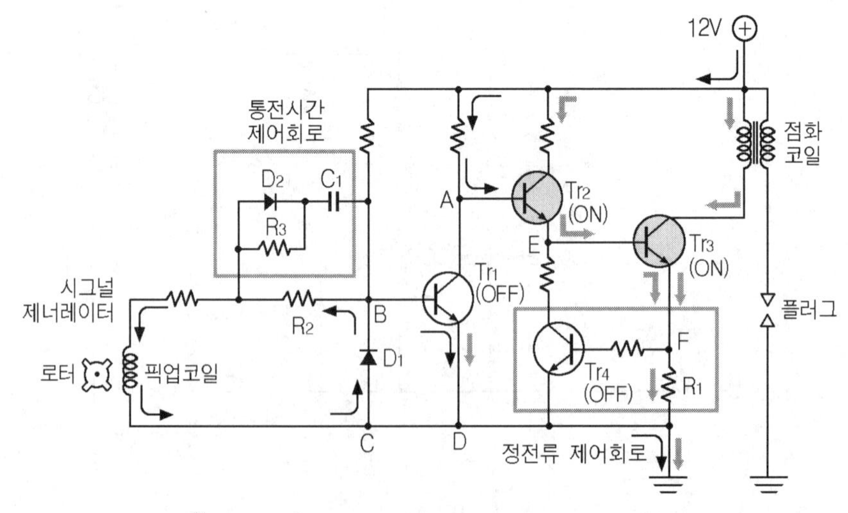

그림7-14 파워TR의 정전류 제어회로 동작(엔진 회전시)

그림(7-14)에서 트랜지스터 Tr_3가 ON 상태되어 점화 코일에 1차 전류가 흐를 때에는 Tr_3의 이미터(emitter) 저항 R_1을 통해 어스(earth)로 전류가 흐르게 되어 코일의 1차 전류는 0(제로)에서부터 코일의 포화점 까지 증가하게 된다. F점의 전압도 1차 전류의 증가에 비례에 증가하게 되고 이 전압이 Tr_4의 베이스 바이어스(base bias)전압 이상 증가하게 되면 Tr_4의 베이스 전류는 흐르게 되어 결국 Tr_4는 ON상태가 된다.

이렇게 F점의 전압 상승으로 Tr_4가 ON상태가 되면 E 점의 전압은 낮아져 Tr_3의 베이스 전류를 감소하게 되면 코일의 1차측 전류도 감소하게 된다.

점화 코일의 1차측 전류가 감소하면 다시 F점의 전위는 낮아져(약 0.7V이하) Tr_4의 베이스 전류는 차단 돼 Tr_4는 OFF 상태가 되고 Tr_3도 OFF 상태가 되어 코일의 1차측 전류는 다시 증가하게 된다. 이와 같이 이 회로는 점화 1차 코일의 전류 증감 반복이 저항 R_1에 의해 결정되어 지기 때문에 일정 전류를 제어 할 수 있다하여 정전류 제어방식이라 한다.

여기서 통전시간 제어란 그림(7-15)에서 트랜지스터 Tr_1이 ON 상태가 되고 Tr_3가 OFF 상태가 되어 점화 1차 코일에 흐르는 전류가 차단되었을 때를 생각하면 시그널 제너레이터에서 발생 된 기전력은 저항 R_2뿐만 아니라 다이오드(diode) D_2와 콘덴서 C_1을 통해 전류가 흐르게 되므로 콘덴서(condenser) C_1은 충전 상태가 된다.

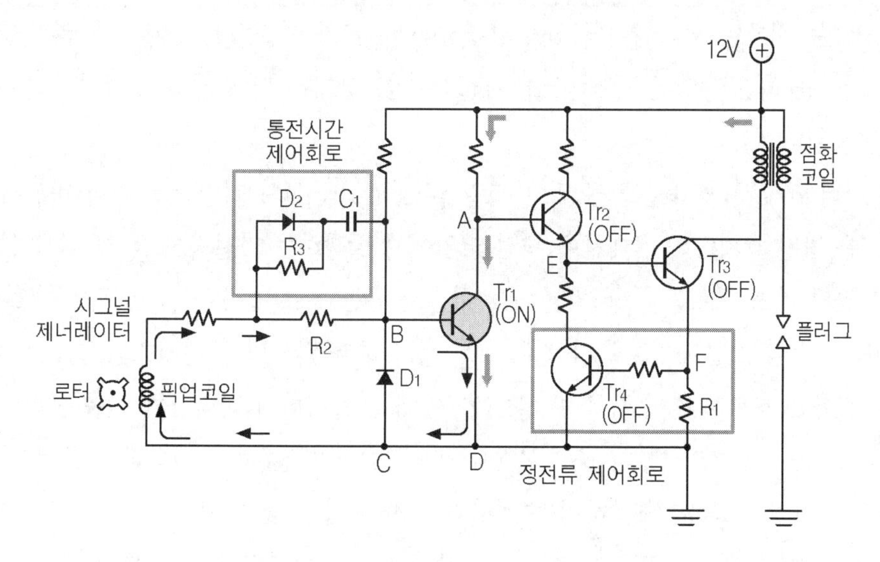

그림7-15 파워TR 정전류 제어회로 동작(픽업코일이 회전하여 역방향이 될 때)

콘덴서(condenser)는 완충시까지 전류가 흐르는 성질이 있어 실제로는 콘덴서 C_1 이 충전하는 동안에는 픽업 코일(pick up coil)에서 발생한 기전력은 저항 R_2 로 전류가 흐르지 못하고 다이오드(diode) D_2 을 거쳐 콘덴서(condenser) C_1 을 통해 흐르게 된다.

여기서 픽업 코일(pick up coil)에서 발생하는 기전력은 엔진(engine)의 회전수에 비례하여 높게 출력되기 때문에 엔진(engine)이 고속 회전을 하게 되면 회전을 하는 만큼 픽업 코일(pick up coil)에서 발생하는 기전력은 증가하여 콘덴서(condenser)에 충전 전압 또한 높게 된다.

시그널 제너레이터(signal generator)의 로터(rotor)가 회전을 하여 픽업 코일에서 발생하는 기전력이 방향이 역방향이 되면 픽업 코일(pick up coil)에서 발생한 기전력과 그 동안 콘덴서(condenser)에 충전된 전압은 서로 직렬로 연결된 것과 같이 되어 콘덴서의 충전 전류는 저항 R_3 를 거쳐 픽업 코일을 통해 어스(earth)를 거쳐 다이오드 D_1 을 통해 콘덴서 C_1 으로 방전 전류가 흐르기 시작하게 된다.

C_1 이 방전을 개시하면 트랜지스터 Tr_1 의 베이스(base)측 전압 보다 이미터(emitter) 측 전압이 높기 때문에 베이스 전류는 흐르지 못하게 되고 Tr_1 은 OFF 상태가 되어 Tr_2 은 ON 상태 → Tr_3 는 ON 상태가 돼 점화 1차 전류는 흐르게 된다. C_1 의 방전은 R_3 를 통해 방전을 하기 때문에 순간적으로 방전을 하지 않고 어느 정도 방전 시간이 걸리게 되며 이 때에는 시그널 제너레이터(signal generator)가 기전력을 발생하지 않더라도 콘덴서의 방전을 하는 동안은 트랜지스터 Tr_3 는 ON 상태가 되어 점화 코일의 1차측 전류는 흐르게 된다.

다시 로터(rotor)가 회전을 해 픽업 코일(pick up coil)의 기전력 극성이 바뀌어도 콘덴서 C_1 은 방전을 지속하기 때문에 픽업 코일에서 발생하는 기전력이 C_1 에 남아 있는 전압 보다 높지 않으면 트랜지스터 Tr_1 의 베이스 전류는 흐르지 못한다. 즉 픽업 코일(pick up coil)의 발생 전압이 C_1 충전 전압 보다 상승하지 않으면 트랜지스터 Tr_1 의 베이스(base) 전류는 흐르지 않아 결국 Tr_3 는 ON 상태를 유지하여 점화 1차 전류는 픽업 코일에서 발생하는 기전력이 C_1 의 충전 전압 보다 상승하기 전 까지 지속하여 흐르게 된다.

따라서 엔진이 고속 회전을 하면 콘덴서의 충전 전압은 높게 되기 때문에 픽업 코일의 기전력 보다 높게 되지 않으면 점화 1차 코일의 전류는 차단되지 않게 된다. 또한 콘덴서 C_1 의 전기량이 남아 있고 픽업 코일에서 발생하는 기전력이 내려가게 되면 콘덴서 C_1 은

방전을 개시하게 되므로 트랜지스터 Tr_3는 ON 상태가 되어 점화 코일에 1차 전류는 흐르게 된다.

결국 엔진이 고속 회전을 하게 되면 픽업 코일(pick up coil)에서 발생하는 기전력은 높게 되지만 주기는 짧아지게 돼 점화 1차 코일에 흐르는 시간은 빨라지게 되지만 트랜지스터 Tr_3의 턴-온(turn on)시간의 비율은 그림(7-16)과 같이 오히려 길어지게 된다.

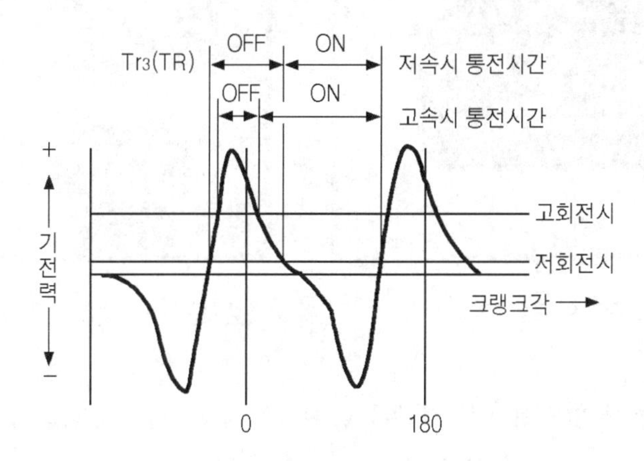

그림7-16 TR_3의 통전 시간 제어

즉 콘덴서(condenser) C_1의 충전량에 따라 점화 1차측에 흐르는 전류를 단속하기 때문인데 이것은 엔진 회전수가 상승하여 픽업 코일의 전압이 상승하더라도 점화 1차측에 흐르는 통전 시간은 길어지게 하는 것이다. 이러한 이유 때문에 엔진이 고속 회전을 하면 1차 전류가 흐르는 크랭크 각도의 크기가 커지게 되는 것을 통전 시간을 거의 일정하게 유지한다 하여 통전 시간 제어 또는 폐각도 제어(dwell angle 제어)라 부른다.

● ECU 제어용 파워 TR

파워 TR(transistor)는 점화 1차 코일의 전류를 단속한다는 기능은 동일하지만 앞서 기술한 파워 TR 방식은 통전 시간 제어(dwell angle 제어)을 트랜지스터 회로를 통해 제어하는 방식이지만 ECU(전자 제어 장치) 방식에서는 크랭크 각 센서와 TDC 센서의 입력 신호를 ECU가 받아 통전 시간을 제어하는 방식은 다르다.

TDC 센서(top dead center sensor)는 각 실린더(cylinder)의 압축 상사점을 검출하고 ECU는 이 신호를 받아 엔진의 연료 분사 순서와 점화 기통을 결정하게 되고 크랭크 각 센서(crank angle sensor)는 각 기통의 크랭크 각을 검출해 ECU(전자 제어 장치)

는 엔진의 1스트록(stroke) 당 엔진의 흡입 공기량의 연산 및 점화시기를 연산하여 점화 코일의 1차 전류 단속을 결정하게 하는 전자 제어 엔진의 일반적인 제어 방식이다.

사진7-9 파워 TR

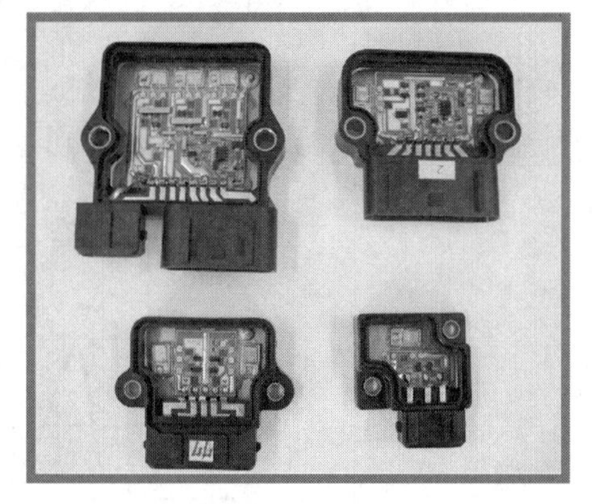

사진7-10 여러 가지 파워 TR의 내부 모습

사진(7-11)은 점화 코일의 1차 전류를 단속하는 파워 TR(power transistor)의 내부를 나타낸 것으로 세라믹 기판 위에 회로를 심어 하이브리드(hybrid) IC화 하여 놓고 하이브리드(hybrid) IC 위에 회로의 부식 및 전류에 의한 가스(gas)방출을 억제하기 위해 실리콘 겔(silicon gel)을 넣어 밀봉하여 만든다.

사진7-11 파워TR의 내부

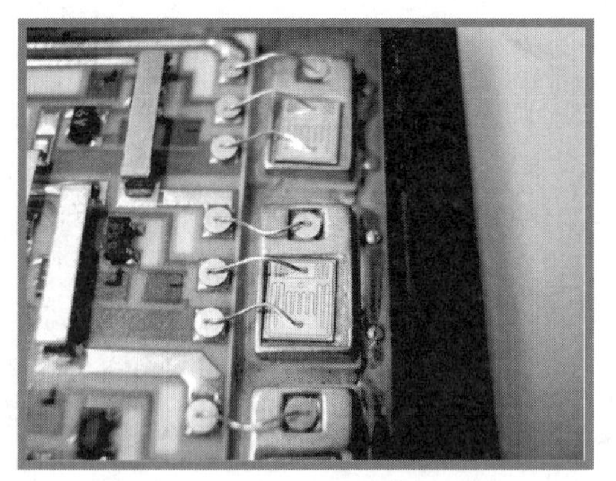

사진7-12 파워 TR 내부의 다링톤 TR

이 파워 TR의 내부 회로를 살펴보면 그림(7-15)와 같이 DTR (다링톤 TR)통해 트랜지스터의 전류 증폭율이 높여 컬렉터 측의 점화 1차 전류를 단속 할 수 있게 하고 TR_2는

파워 TR의 베이스 전압에 의한 전류 변화를 제어하고 있다. 회로의 동작은 ECU로부터 출력된 점화시기 제어 신호는 파워 TR의 베이스에 입력되면 다링톤 TR(darlington TR)은 ON 상태가 되어 점화 1차 코일에 1차 전류는 흐르게 된다. 여기서 다링톤 TR의 컬렉터(collector) 전류는 저항 R_4통해 어스로 흐르게 되고 R_4의 양단간 전압에 의해 전류는 저항 R_3를 거쳐 R_2저항을 통해 다이오드 D_1거쳐 어스(earth)로 흐르게 된다.

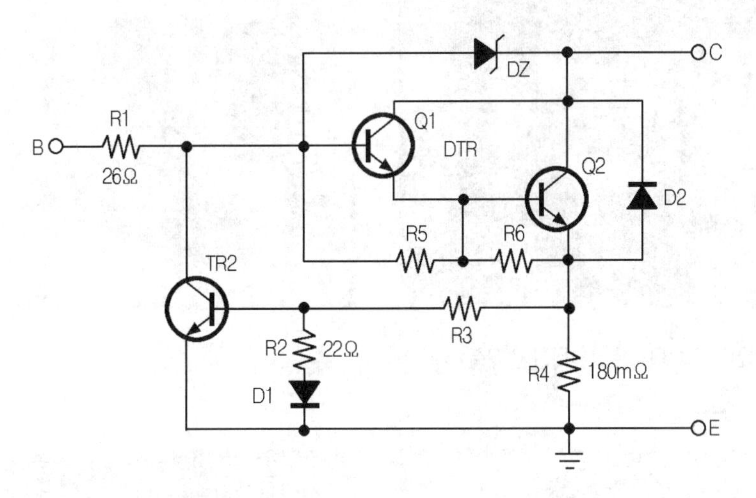

그림7-15 파워 트랜지스터의 내부 회로

저항 R_2에 흐르는 전류분 만큼 전압은 TR_2의 베이스(base)에 가해져 TR_2의 컬렉터(collector)전류를 제어하게 된다. 즉 파워 TR의 입력 전압에 따라 점화 1차 코일에 흐르 는 전류가 증가하게 되면 트랜지스터 TR_2의 컬렉터 전류를 제어하여 결국 점화 1차 전류를 단속하는 DTR(다링톤 트랜지스터)의 베이스의 전류를 감소하게 하여 전류를 제어하도록 하고 있다. 여기서 다이오드 D_1은 파워 TR의 온도가 상승하게 되면 다이오드의 순방향 바이어스(bias)전압은 감소하게 되어 TR_2의 베이스전압은 낮아지게 되므로 TR_2의 컬렉터 전류는 감소하게 돼 온도의 증가에 의해 TR_2의 전류가 증가하는 것을 조절하는 온도 보상용 다이이드(diode)로 사용하고 있다.

3. 디스트리뷰터

디스트리뷰터(distributor)는 점화 코일에서 발생한 고압을 각 실린더(cylinder)에 부착한 점화 플러그(ignition plug)에 순차적으로 배전하는 기능을 가지고 있는 구성 부품

으로 구성 부품은 엔진의 캠 샤프트(cam shaft)의해 회전을 하는 로터(rotor)와 각 실린더로 배전된 전압을 전달하는 디스트리뷰터(배전기)의 캡(cap), 그리고 폐각도 조절 장치 또는 TDC 센서가 부착 되어 있다.

사진7-13 디스트리뷰터의 절개품

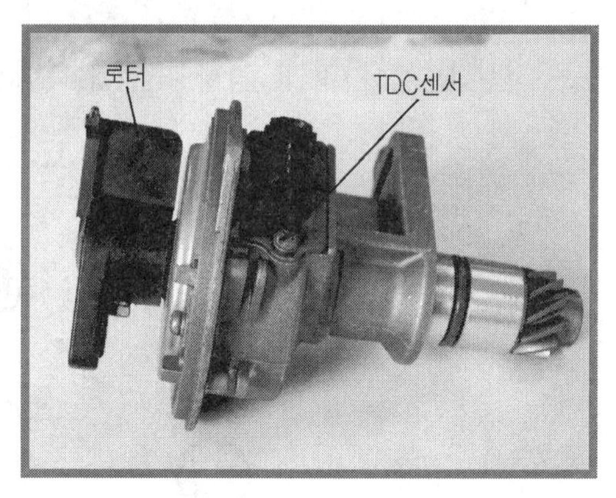

사진7-14

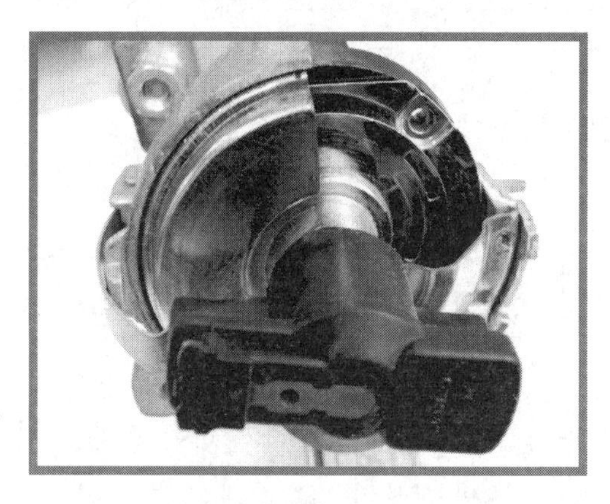

사진7-15 로터(1)

사진7-16 로터(2)

점화 코일에서 발생하는 고압은 그림(7-18)과 같은 디스트리뷰터 캡(distributor cap)의 중심 전극을 거쳐 센터 컨덕터 스프링(center conductor spring)에 의해 눌러진 카본 피스(carbon piece)를 통해서 로터(rotor)에 부착된 로터 암을 통해 사이드 전극으로 분배된다. 엔진의 점화시기는 엔진의 회전수 및 엔진의 부하 등에 의해 항상 변화게 되므로 이 점화시기의 변동분을 어느 정도 감안해 로터 암에 전달된 고압이 사이드 전극에 잘 전달 되도록 로터 암의 끝은 부채꼴 형상을 하고 있다. 로터 암에 전달된 고압은

약 0.8mm 정도의 에어 캡(air gap)을 거쳐 각 사이드 전극에 전달되는데 점화 코일에서 발생된 2차 전압은 약 20㎸ 정도이므로 0.8mm 정도의 에어 캡은 대기중에서 1000V 정도면 흐를 수 있는 있는 에어 갭으로 0.8mm 정도의 에어 캡은 전혀 문제가 되지 않는다.

4사이클 엔진(cycle engine)의 경우는 크랭크 샤프트(crank shaft)가 2회전 할 때 1회 폭발 행정이 1번 일어나기 때문에 디스트리뷰터의 캠 샤프트(cam shaft)는 1회전 하는 것으로 기어 비가 결정되어 디스트리뷰터의 로터가 1/2 회전에 폭발 행정이 일어나는 점화 플러그 측으로 고압을 전달하게 되는데 이 경우에 점화 순서는 1, 2, 3, 4순으로 실린더(cylinder)가 인접 되어 있는 순서로 점화 을 하지 않게 하고 있다. 이것은 엔진의 회전을 원활히 하기 위해 실린더가 인접 해 있는 순으로 폭발이 일어나지 않게 하기 위한 것으로 각 기통의 점화 순서는 표(7-2)와 같이 순서가 이루어지도록 하고 있다.

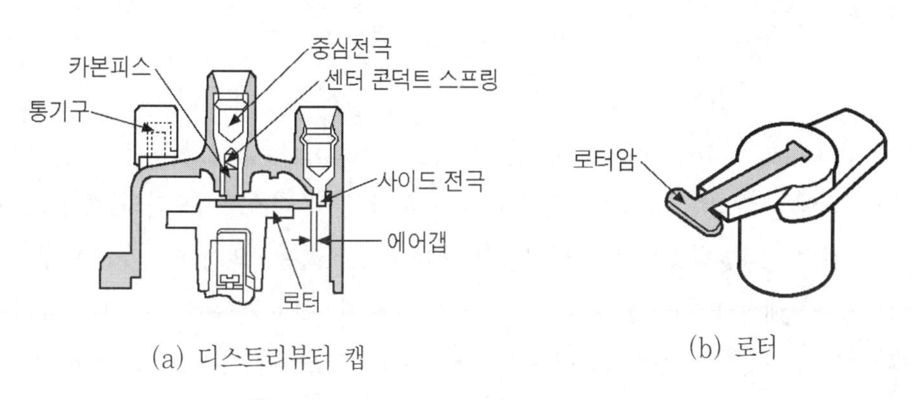

그림7-16 디스트리뷰터의 캡 및 로터의 구조

또한 디스트리뷰터(distributor)내에 로터의 암(arm)과 사이드 전극 간에 에어 갭(air gap)을 약 0.8mm 정도 떨어진 곳에 고압이 발생하면 에어 갭 사이에는 아크(arc) 방전이 발생하게 되는데 아크에 의한 방전은 공기 중에 산소는 오존(ozone)으로 변화하게 돼 오존은 금속과 접촉하게 되면 화학 작용에 의해 금속을 쉽게 부식시켜 디스트리뷰터의 캡(cap)에는 오존 가스를 배출하는 작은 배출

사진7-19 탈착한 로터 캡

구멍을 두고 있다. 또한 디스트리뷰터 내에 사이드 전극과 로터 8실린더 암(rotor arm)과 아크방전을 할 때 전자파가 발생하게 되어 주위의 전장품에 영향을 미치게 되기 때문에 이것을 방지하기 위해 로터 암(rotor arm)에 세라믹 코팅(ceramic coating)을 처리한 제품도 있다.

[표7-2] 각 기통별 점화 순서

실린더 수	점 화 순 서
4실린더	(1) 1 → 3 → 4 → 2
	(2) 1 → 2 → 4 → 3
6실린더	(1) 1 → 5 → 3 → 6 → 2 → 4
	(2) 1 → 4 → 2 → 6 → 3 → 5
8실린더	(1) 1 → 8 → 4 → 3 → 6 → 5 → 7 → 2

또한 디스트리뷰터(distributor)는 엔진의 실린더(cylinder) 수가 많은 자동차인 경우에 점화 코일에서 발생한 고전압을 정확히 배분하기 위해 디스트리뷰터의 캡(cap)의 외경을 크게 하고 있다. 디스트리뷰터(배전기)에는 디스트리뷰터의 로터(rotor) 내에 다이오드(diode)를 내장하여 중심 전극의 고전압을 정확히 보내주도록 하는 디스트리뷰터도 있다. 다이오드 내장형 디스트리뷰터는 디스트리뷰터가 소형이라도 엔진의 점화 진각폭을 크게 할 수 있는 특징을 갖고 있다.

다이오드 내장형 디스트리뷰터의 점화 장치에서는 파워 TR를 2개를 이용하여 점화 코일에서 고전압이 (+)전압과 (-)전압이 서로 교번하여 발생시켜 이 발생 전압을 디스트리뷰터를 통해 각 실린더에 순차적으로 고압을 배전하도록 하게 되는데 여기서 다이오드는 (+)고전압과 (-)고전압이 발생 할 때 고전압에 의한 전류의 방향을 결정하도록 하고 있는 방식이다.

4. 점화 케이블

고압 케이블(high tension cable)은 점화 코일에서 발생된 20~30㎸ 정도의 높은 전압을 고압 케이블을 통해 디스트리뷰터(distributor)의 중심 전극으로 송전하고 디스트리뷰터(배전기)의 각 사이드 전극까지 송전된 고압은 엔진의 각 실린더(cylinder)의 점

화 플러그(ignition plug)까지 고압 케이블(high tension cable)을 통해 송전하는 기능을 가지고 있다 따라서 고압 케이블은 고압을 송전 할 때 에너지(energy) 손실이 적어야 하며 온도에 의해 전기적인 영향이 적어야 한다. 또한 습도에 의해 누설 전류 및 외부로 전자파 발생이 일어나지 않아야 하기 때문에 자동차의 저압 전선과는 다른 구조를 가지고 있다. 고압 케이블(high tension cable)의 구조는 그림(7-19)의 (a)와 같이 가는 동선에 주석을 도금하여 여러 가닥 합쳐 놓은 동선에 절연성이 우수한 고무 피복을 입혀 놓고 그 위에 비닐 피복을 입혀 절연 피복을 보호하는 구조로 되어 있다.

이 케이블은 고압에 대한 전도성은 우수하나 아크(arc) 방전시 고주파 성분에 의해 외부의 전자기기에 잡음(noise)의 영향을 주는 결점을 갖고 있다. 그림(7-19)의 (b) 고압 케이블은 고압을 전송하는 도전체를 글래스 섬유에 탄소를 함침시켜 놓은 탄소 섬유를 사용하고 있는 케이블로 탄소 섬유에 고무 절연 피복을 입혀 누설 전류를 방지하고 고무 피복을 보호하기 위해 비닐 피복을 입힌 고압 케이블이다. 이 케이블은 도전체에 저항을 균일하게 만들 수 있어 외부의 전자기기에 고주파에 의한 영향을 방지 할 수 있는 케이블(cable)이다.

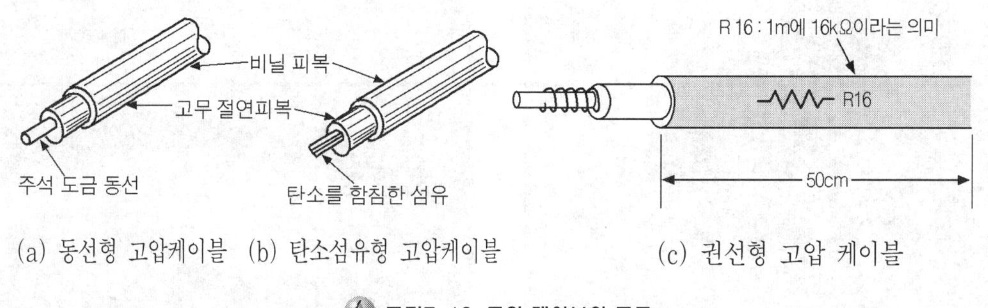

그림7-19 고압 케이블의 종류

이와 같은 고압 케이블은 사진(7-23)에 나타낸 것과 같이 피복위에 케이블의 저항 값을 나타내고 있는데 여기서 나타낸 R16이라 표시는 길이 1(m)에 저항이 16kΩ 된다는 것을 의미 한다. 예를 들어 고압 케이블의 길이가 50(㎝)이라면 고압 케이블의 저항 값은 8kΩ이 된다는 의미이다. 현재에는 글래스 파이버(grass fiber)에 탄소를 함침시켜 만든 고압 케이블 보다 내구성이 우수한 그림(7-19)의 (c)와 같은 권선형 고압 케이블로 전환하고 있는 추세에 있다. 이 케이블은 절연성이 우수한 알아미드 섬유 심재에 니크롬을 코일 형태로 감아 그 위에 절연 피복을 입혀 놓은 구조를 갖고 있는 고압 케이블이다. 권

선형 고압 케이블(high tension cable)은 강도가 높아 제조시 심재를 가늘게 할 수 있어서 권선과 절연 피복간 정전 분포 용량을 작게 할 수가 있어 2차 전압에 대한 전송 손실을 감소시킬 수 있는 특징이 있다.

사진7-20 장착된 고압 케이블

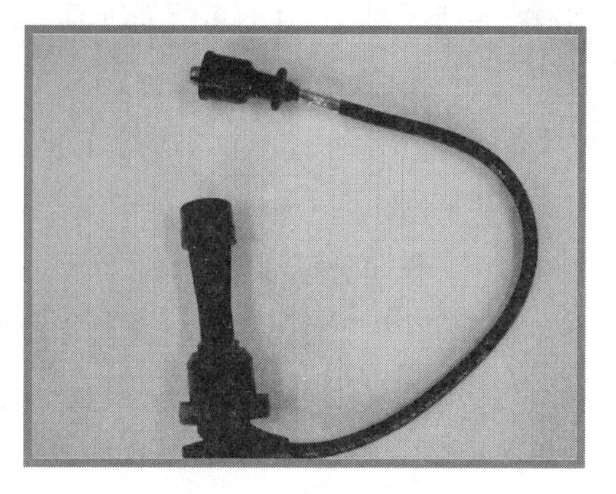

사진7-21 고압 케이블

사진7-22 고압 케이블의 접속구

사진7-23 고압 케이블의 표시

또한 권선형 고압 케이블이 갖고 있는 인덕턴스(inductance) 성분 때문에 고주파 전류인 방전 전류를 감소시키는 효과도 가지고 있다. 권선형 고압 케이블은 내구성이 우수하며 2차 전압에 대한 전송 손실을 감소 할 수 있으며 권선의 인덕턴스 성분에 의해 고주파에 의한 영향을 줄 일 수 있는 특징이 있는 케이블이다

고압 케이블에 저항 성분을 갖게 하여 고주파에 대한 전자기기에 대한 잡음 영향을 줄 일 수 있는 것은 스파크 플러그(spark plug)에서 불꽃 방전을 일으킬 때 고압 케이블 등

에 분포하고 있는 정전 분포 용량에 충전된 전기량이 일순간 흐르기 때문이다. 이 정전 분포 용량에 충전된 전기량이 일순간 방전하는 불꽃 방전은 높은 주파수 성분을 가지고 있는 전자파 성분으로 잡음원으로도 작용을 하게 돼 공기중에 전파하게 된다. 이 잡음 전파의 크기는 강한 방전 전류에 좌우하는 특성이 있어 고압 케이블(high tension cable)에 저항 성분을 넣어 방전 전류를 감소시키면 고주파 성분에 의한 잡음(noise)을 억제 할 수가 있다. 고압 케이블은 저항은 1(m)당 약 16㏀ 의 저항을 갖고 있음에 따라 분포 용량 성분에 의한 방전 전류는 1/10정도 감소 할 수가 있다.

5. 점화 플러그

(1) 점화 플러그의 구조

점화 플러그(ignition plug)는 연소실 내에 섭씨 2000 ~ 2500℃ 정도의 높은 연소 가스온도에서 폭발 압력은 약 50kg/㎠에 견디어야 하며 아크 방전이 원활히 일어나야 하는 환경을 조건을 가지고 있고 높은 점화 전압(20~30㎸)에도 절연성이 요구되는 중요한 부품이다. 점화 플러그(ignition plug)의 구조를 살펴보면 그림(7-20)과 같이 절연 애자부와 하우징부, 그리고 전극부로 나누어 볼 수 있다.

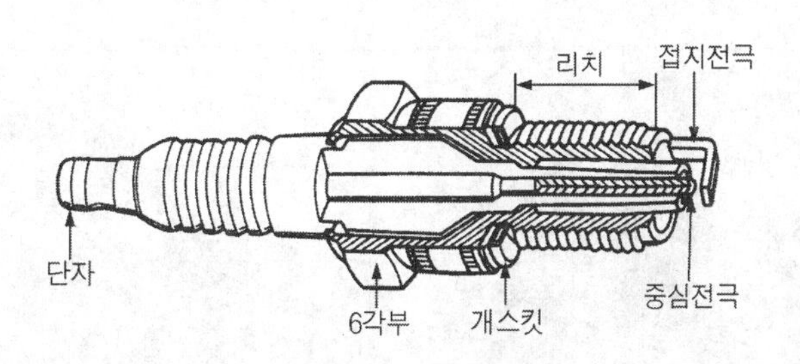

그림7-18 점화플러그의 구조

절연 애자부는 점화 플러그의 단자를 통해 20~30㎸ 정도의 높은 고전압이 중심부의 중측을 통해 가해지게 되므로 여기에 사용 되는 절연 재료로 요구되는 조건은 ① 높은 온도에서도 높은 절연도를 유지하여야 하며 ② 온도가 급변을 반복하여도 충분히 견디어야 함은 물론 ③ 높은 압력에도 기계적 강도에 충분히 견디어야 하고 ④ 열전도율이 좋을 것 등이 요구 조건을 가지고 있다. 따라서 절연부에 사용되는 재료로는 절연성이 우수하고 내구성이 강한 고순도의 알루미나 세라믹을 사용하고 있다.

또한 점화 플러그의 하우징 부는 엔진의 부착과 절연 애자를 지지하는 기능과 접지 전극과 차체 어스(body earth)가 되도록 하는 역할을 하고 있다. 육각부 하측에는 45 기압 이상이 다달아도 연소 압력에 견딜 수 있어야 하며 나사산 하측에는 접지 전극이 용접되어 있다.

따라서 하우징(housing)부의 주체 금속은 탈 부착시 나사부의 소손이 일어나지 않도록 기계적 강도가 좋은 철을 사용하고 있다. 전극부에는 점화 코일에서 발생하는 고전압을 전달하는 중심 전극과 엔진 본체와 어스(earth)가 되어 있는 접지 전극으로 구성 되어 있고 전극부가 갖추어야 할 요구 조건은 ① 고온에서도 융해 되지 않도록 내열성이 우수하여야 하며 ② 아크 방전에도 전극 소손이 적어야 한다. 또한 ③ 방열이 쉽도록 열전도성이 좋아야 하기 때문에 전극 재료로는 순도가 높은 니켈(Ni)이나 특수 니켈 합금 및 도전성이 좋은 백금 등을 사용하고 있다.

특히 점화 플러그의 전극은 중심 전극과 접지 전극이 간극(air gap) 및 형상에 따라 점화 성능을 크게 달라지게 되므로 사용시 엔진의 용도에 맞는 점화 플러그를 사용하여야 엔진의 성능을 충분히 발휘 할 수가 있다.

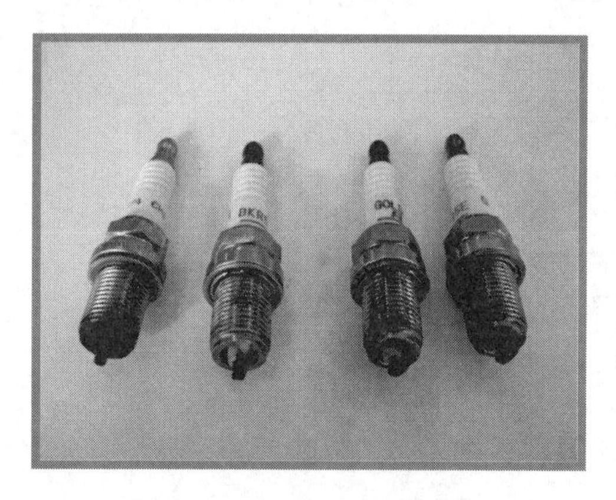
사진7-24 여러 가지 점화플러그

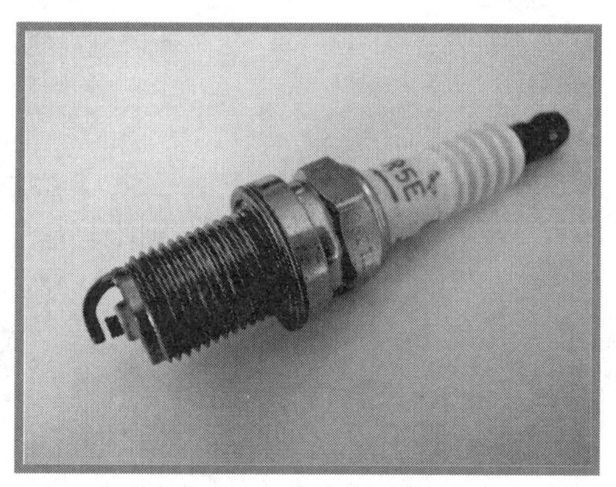
사진7-25 점화 플러그

(2) 열가

연소실 내에 점화 플러그(ignition plug) 전극은 높은 온도의 연소 가스와 접촉을 하게 돼 전극은 열에 달아 또 다른 점화원이 될 수 있다. 이것은 점화 플러그에서 불꽃 방전을 하기도 전에 열원으로 인화 돼 노킹(nocking) 현상으로 이어질 수 있어 점화 플러그는

적당한 열을 밖으로 방출 할 필요가 있어진다. 따라서 점화 플러그(ignition plug)의 열가라는 것은 열을 밖으로 방출하는 정도를 나타내는 것으로 자동차의 종류에 따라 선택 할 수 있도록 그림(7-21)과 같이 방열성이 좋은 플러그와 방열성이 나쁜 플러그가 준비되어 있다. 이 열가는 방열성이 좋은 점화 플러그를 냉형(cold type), 방열성이 나쁜 점화 플러그를 소형(열형: hot type)이라 한다.

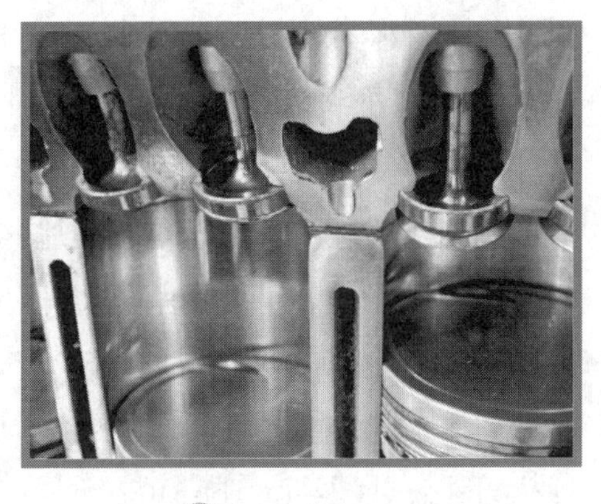
사진7-26 연소실

A
B
열형 ← 중간형 → 냉형
오손에 대한 저항력
조기점화에 대한 저항력

그림7-21 점화 플러그의 열가

점화 플러그(ignition plug)의 선택은 엔진이 연소실 압이 높고 고속 회전을 하는 고출력 엔진의 경우에나 점화 플러그의 전극 소모가 심하게 발생하는 엔진의 경우에는 냉형 점화 플러그를 사용하며 동일 조건의 엔진이라도 점화 플러그의 오염이 쉽게 일어나는 경우에도 냉형(cold type) 점화 플러그를 사용하는 것이 좋다.

반면에 저회전, 저부하 영역에서 운전 용도로 많이 사용하는 차량의 경우에는 카본 찌거기가 쉽게 일어나기 때문에 소형(저열가형 : hot type) 점화 플러그를 선택하는 것이 좋다. 그림(7-21)에서 냉형 점화 플러그를 살펴보면 방열 경로인 A 의 길이가 짧고 수열

면적 B가 작게 되어 있으며 소형(열형 : hot type)의 점화 플러그는 방열 경로 A가 길며 수열 면적이 큰 것으로 육안으로도 쉽게 구별 할 수 있게 되어 있다.

이와 같은 점화 플러그의 열가는 차량의 사용 조건에 따라 달라질 수 있기 때문에 플러그의 열가가 맞지 않으면 심한 경우에는 점화 플러그의 온도가 상승하여 프리-이그니션(pre-ignition)현상이 일어날 수 있다. 이 프리 이그니션(pre-ignition) 현상은 점화 플러그(ignition plug)의 중심 전극의 온도가 약 900℃ 에서 발생하기 쉬우며 이것을 방지하기 위해 방열성을 너무 좋게 하여 중심 전극의 온도가 480℃ 이하로 내려가면 연소실에서 미연소 된 카본(carbon) 입자가 점화 플러그의 애자 표면에 검게 부착하게 된다. 이 카본 입자가 점화 플러그의 애자에 부착하게 되면 카본은 전도성을 가지고 있어 하우징(housing)과 애자 사이에 절연이 손상되어 누설 전류가 발생하게 되고 점화 플러그의 중심 전극으로 는 불꽃이 일어나지 않는 현상이 발생할 수도 있다.

특히 고부하시 엔진의 압력이 상승하면 연소실 내의 중심 전극은 더 높은 점화 요구 전압이 필요하게 되므로 혼합 가스의 착화 하는 중심 전극의 불꽃은 발생하지 않고 애자와 하우징 간에 방전이 일어나 착화 미스(miss)의 원인이 되기도 한다.

따라서 점화 플러그의 선택은 프리 이그니션(pre-ignition) 현상이 일어나지 않는 온도(500~800℃) 범주에서 불꽃 방전이 일어나는 열가형 플러그를 선택하지 않으면 안된다.

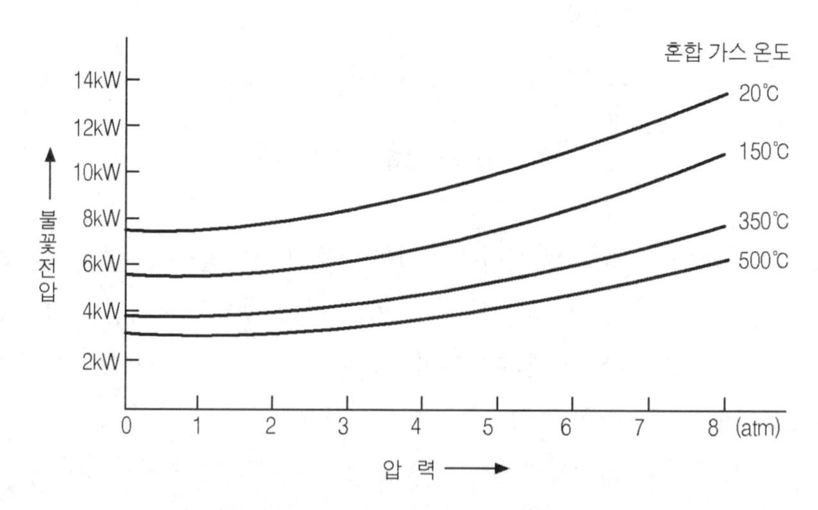

그림7-22 연소실 압력에 의한 불꽃 전압

그림(7-22)의 특성은 연소실 내의 가스 온도가 상승하면 불꽃 방전 전압이 저하해 방전이 쉽게 일어나는데 일반적으로 절연체의 경우는 온도가 상승하면 절연파괴가 쉽게 일어나는 성질이 있어 공기의 경우도 마찬가지로 온도가 상승하면 쉽게 절연파괴가 일어난다. 연소실 내의 가스 온도 상승은 압력과 같이 상승하게 되지만 가스 온도 상승에 의한 불꽃 방전 전압의 저하 보다 압력 상승에 의한 불꽃 방전 전압이 상승 효과가 더 크기 때문에 혼합 가스의 온도 특성은 위의 그림과 같이 나타나게 된다.

(3) 전극의 형상

점화 플러그의 전극은 엔진에 사용되는 조건에 따라 전극의 형상이 여러 가지로 분류하고 있다. 그림(7-23)의 (a)와 같이 일반적으로 가장 많이 사용하는 표준형 플러그와 (b)와 같이 중심 전극의 지지대가 앞으로 돌출된 돌출형 점화 플러그(ignition plug)가 있다. 이것은 일명 프로젝트(project)형 점화 플러그라 하는 것으로 전극을 쉽게 냉각 할 수 있고 압축된 혼합기를 중심부에서 착화 할 수 있는 점화 플러그이다. 그림 (c)와 같이 외측의 접지 전극을 3~4개로 만들어 전극의 내구 성능을 향상한 점화 플러그가 있으며 그림 (d)는 경주용 엔진에 적용되는 점화 플러그가 있다. 이 플러그는 외측의 접지 전극을 끝을 뾰족하게 하여 하우징 부에 용접하여 만든 점화 플러그로 높은 연소 온도와 폭발 압력에 충분히 견디어야 하므로 중심 전극에는 플래티넘(platinum)의 특수 합금이나 니켈 특수 합금을 사용하고 있다.

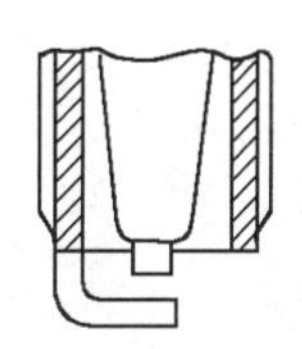
(a) 표준형

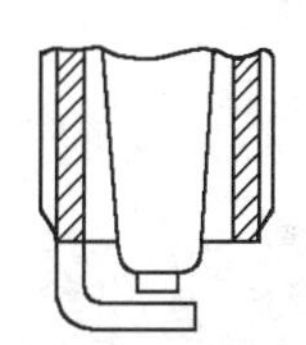
(b) 프로젝트형

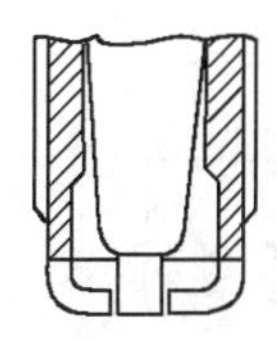
(c) 다극 플러그

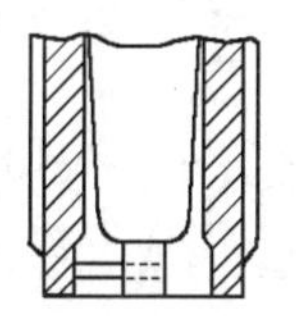
(d) 경주용

그림7-23 점화플러그의 전극 형상

또한 그림(7-24)와 같이 중심 전극과 접지 전극에 백금(Pt)을 용접하여 놓은 백금 플러그가 사용되고 있다. 백금은 전도성이 좋고 내구성이 우수한 특징을 가지고 있지만 경제성이 다소 떨어진다는 단점을 가지고 있다. 최근에는 점화성을 향상하기 위해 점화 플러그(ignition plug)의 중심 전극을 뾰족하게 만들어 고전압이 인가시 쉽게 불꽃 방전이

일어나도록 만드는 점화 플러그(ignition plug)가 늘어나고 있는데 전극의 팁(tip)이 손상 되지 않도록 플래티넘(platinum) 특수 합금을 사용하고 있기도 하다.

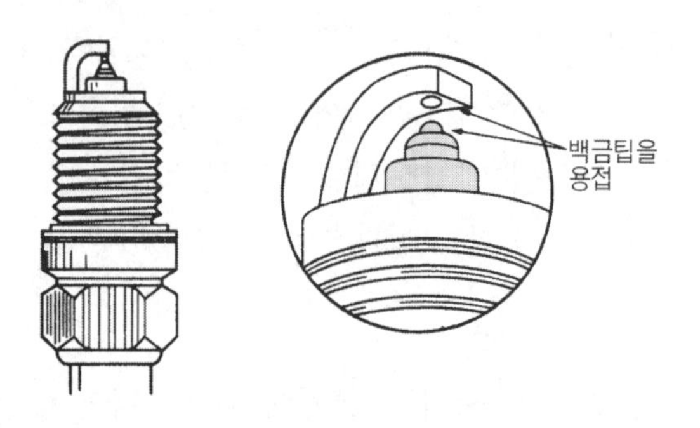

그림7-22 백금 점화 플러그

그 밖에도 접지 전극을 V-자형으로 만든 V형 점화 플러그(ignition plug)가 있으며 이 V형 점화 플러그(ignition plug)는 원래는 한냉지와 같은 추운 지역에서 착화성이 용이하도록 개발 되었으나 현재는 레이싱(racing) 자동차 뿐만 아니라 일반 자동차에서도 많이 사용하고 있는 점화 플러그이다. 중심 전극의 끝 부분 지름이 약 Φ 1.0 mm 정도로 끝이 뾰족하고 접지 전극으로 는 V-자형의 전극으로 되어 있어 착화성이 좋고 점화 요구 전압이 낮아 낮은 점화 전압으로도 불꽃 방전이 가능하다. 전극에는 내구성을 향상하기 위해 플래티넘(platinum)을 사용하고 있어서 가격이 다소 비싼 편이 단점이다.

(4) 점화 플러그의 전기적 특성

점화 플러그(ignition plug)의 전극에 불꽃 방전이 일어나기 위해 필요한 전압을 점화 요구 전압이라 하는데 이 점화 요구 전압을 낮게 하는 것은 점화 플러그에서 중요한 부분이다. 일반적으로 점화 플러그의 전극은 아크 방전에 의해 소모 돼 전극의 간극이 넓어지게 되고 이 간극이 넓어지면 차량의 가속시에는 점화 요구 전압이 높게 요구 된다. 이것은 저온 시동시 및 고

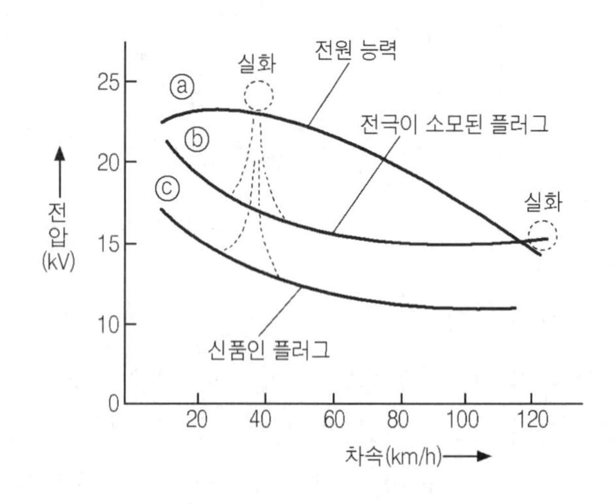

그림7-25 점화 요구 전압

속시의 점화 플러그에 가해진 전압이 저하 현상으로 실화하기 쉬운 조건이 된다.

그림(7-25)는 점화 플러그의 요구 전압과 전원 능력(플러그에 가해진 전압)의 특성을 나타낸 것으로 신품인 점화 플러그인 경우는 점화 요구 전압이 낮지만 전극이 아크 방전에 의해 소모되면 점화 요구 전압이 높게 되는 것을 볼 수 있다. 이와 같이 점화 요구 전압이 높은 급가속시나, 전원 능력이 저하하는 고속시에는 실화하기가 훨씬 쉬워지게 된다. 또 점화 플러그(ignition plug)에 가해진 전압은 플러그에 카본(carbon)이 오염 돼 절연 저항이 저하하는 만큼 저하하게 되는데 이것은 카본(carbon)이 오염된 절연체 부위에 카본(carbon)을 통해 리크(leak)가 발생되기 때문이다.

점화 요구 전압은 변화하지 않고 오염에 의한 리크가 증가하게 되고 점화 요구 전압에 전원 능력이 이를 따라 가지 못하게 되면 결국 실화로 이어지게 된다. 따라서 점화 플러그의 절연 저항은 최소한 5(MΩ) 이상은 되어야 실화를 예방할 수 있다

● **저항 내장형 점화 플러그**

점화 플러그(ignition plug)에는 세라믹 저항(ceramic resistor)을 넣어 점화 회로로부터 발생하는 전파 잡음을 점화 2차 전류를 감소 시키므로서 저주파에서부터 고주파까지 감소시켜 라디오 및 오디오(radio & audio)의 전자파 잡음을 억제 할 수 있는 점화 플러그도 있다.

(5) 점화 플러그의 오염

점화 플러그의 그을림은 엔진의 상태에 따라 슬러지(sludge)의 흡착 색깔이 달라지기 때문에 점화 플러그 전극 부위의 슬러지(sludge)의 흡착된 색깔을 보는 것은 엔진의 조정 상태를 간접적으로 확인하는 것과 같다.

점화 플러그가 연소실 내에서 착화하기 위한 최적의 온도 범위는 450~870℃이며 이 온도 범위에서 사용된 플러그의 전극 부위 색깔은 엷은 갈색~엷은 흑색 빛을 내게 된다.

사진7-27 점화플러그의 간극

그러나 만일 연소실의 혼합 가스의 온도가 너무 낮아 150℃ 이하의 온도에서 장시간 사용하게 되면 전극부에 카본(carbon)이 부착되어 검게 되며 이 부착량이 많아지면 절연

부가 쉽게 파괴 돼 리크(leak) 상태로 이어지게 되어 결국 점화 플러그는 실화를 하게 된다. 반대로 온도가 적정 온도 범위를 초과하여 870℃ 이상이 되는 경우에는 점화 전극은 불꽃 방전을 일으키기도 전에 방전을 하는 프리-이그니션(pre-ignition) 현상을 일으키게 된다.

점화 플러그의 그을림 오염은 농후한 혼합기가 연소하는 경우에 많이 발생하는 것으로 플러그가 오염하게 되면 중심 전극을 고정하는 틀과 하우징 사이에 리크(leak)가 발생 돼 실화로 이어지기도 한다. 실제 이와 같은 점화 플러그에 관련된 엔진의 부조 현상은 많이 일어나고 있다. 그림(7-26)은 점화 플러그의 절연 저항에 대한 점화 전압의 특성을 나타낸 것으로 점화 플러그에 카본 퇴적이 많으면 절연 저항은 낮아지게 돼 점화 전압이 점화 요구 전압보다 낮아지는 경우에는 불꽃 방전은 미스 화이어(miss fire)로 이어지게 된다.

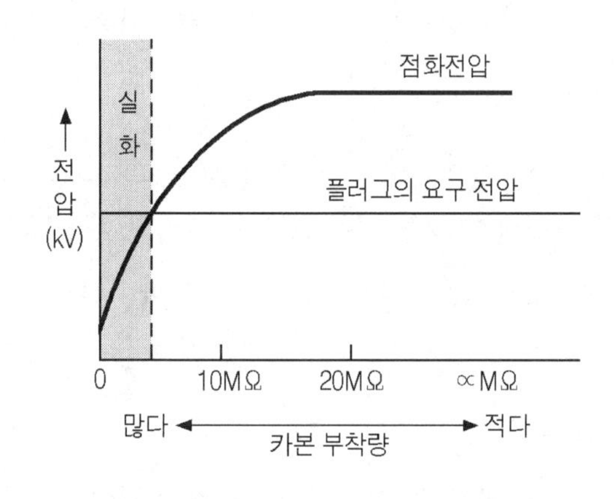

그림7-26 플러그의 절연저항

이와 같은 현상은 추운 겨울철 아침 시동을 걸면 시동 모터는 회전을 하는데 시동이 걸리지 않는 경우가 있다. 이때 점화 플러그를 새것으로 교환하면 시동이 걸리는 경우는 점화 플러그의 오염에 의해 실화 하는 것으로 볼 수 있다. 실화한 플러그를 탈착하여 보면 카본(carbon)이 많이 퇴적 되어 있는 것을 볼 수 있다. 또한 그을림이 너무 심한 경우에는 중심 전극을 고정하는 절연체 부의 표면이 아주 백색 광택을 내며 침전물(deposit)이 부착 되어 있는 경우가 있다. 점화 플러그의 이상 과열 현상을 일으키면 전극에서 불꽃 방전이 일어나기 이전에 발화부가 열원이 되어 이상 연소를 일으키게 되며 심한 경우에는 피스톤의 손상을 가져오기도 한다.

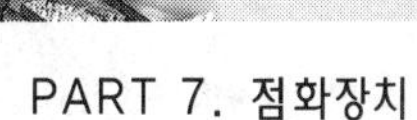

(6) 점화 플러그의 규격

점화 플러그(ignition plug)에는 사진(7-28)과 같이 절연 애자 부위에 점화 플러그의 규격을 나타내는 표시가 되어 있다. 이 표시는 각 알파벳과 숫자로 표시 되는데 그 의미는 표 (7-3) 점화 플러그의 규격표와 같다.

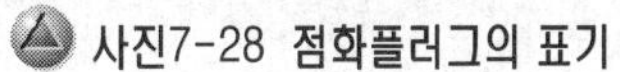
사진7-28 점화플러그의 표기

사진7-29 점화플러그의 나사

[표7-3] 점화플러그의 규격표

예제	B	P	5	E	S	11	비고
의미	나사지름	플러그종류	열 가	나사길이	전극종류	간 극	
규격	A : 18mm	P : 절연체 충돌형	2(저열가형)	E : 19.0mm	S : 표준형	L : 중간열가 11, 13 …… Gap의 간극	
	B : 14mm		4		Y : 그린플러그		
	C : 10mm		5		V : V형플러그		
	E : 8mm	R : 저항내장형	6	H : 12.7mm	VX : VX플러그		
	BC : 14mm		7		K : 2극전극		
	BK : ISO규격으로 개스킷부터 너트 선단까지 길이가 BCP형보다 2.5mm가 짧다	U : 연면방전형	8		M : 로터리 ENG		
			9		Q : 로터리EMG		
			10		B : CVCC형		
			11		J : 2극 사방		
			12		A : 특수사양		
			13(고열가형)		C : 사방전극		

BKR5E란 표기의 점화 플러그를 예를 들어 보면 앞의 첨자 "BK" 란 의미는 ISO(국제 표준 규격)의 규격에 치수를 따르는 제품으로 플러그의 개스킷(gasket) 면부터 너트의 선단까지의 길이가 2.5mm 짧은 형을 말한다. 다음 " R"의 의미는 저항이 내장 되어 있는 것을 의미하며 숫자 "5"는 중간 정도의 열가를 나타낸다.

3 점화 장치의 종류

1. 포인트식 점화 장치

포인트(point)식 점화 장치는 그림(7-27)과 같이 점화 1차 코일에 콘택트 포인트(접점 : contact point)를 연결하여 디스트리뷰터(배전기)의 로터(rotor) 회전에 따라 콘택트 포인트(접점)가 점화 1차 회로를 단속하도록 하는 구조를 갖고 있다. 여기서 포인트는 점화 1차 코일에 흐르는 전류를 ON, OFF하는 일종의 스위치인 셈이다.

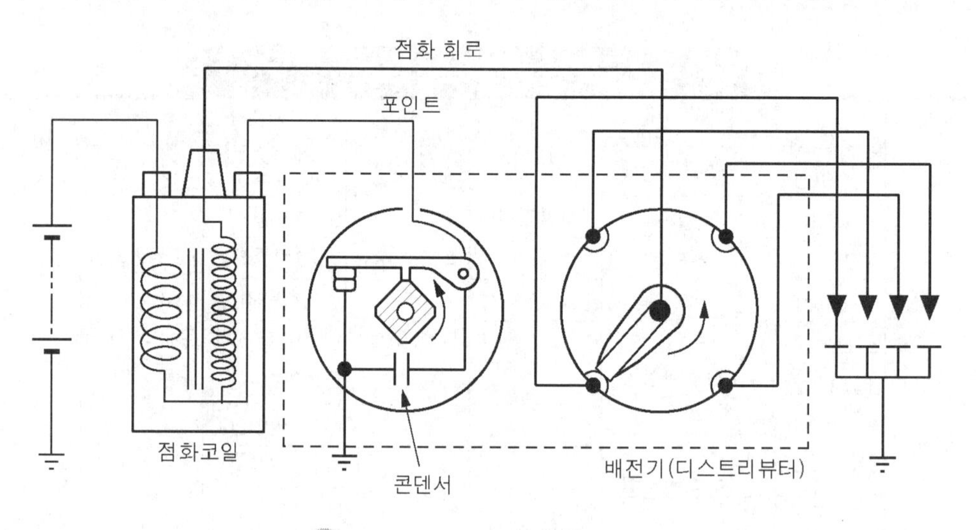

그림7-27 포인트식 점화장치 회로

(1) 드웰-각

드웰-각(dwell angle)은 일명 캠-각(cam angle)이라 부르기도 하며 콘택트 포인트(contact point)가 닫혀 있는 동안 캠이 회전하는 각도를 말한다. 캠의 회전은 그림(7-28)과 같이 크랭크 샤프트가 2회전 하면 캠 샤프트는 1회전 하게 되어 있어 캠 샤프

트가 회전을 시작하면 지금까지 닫혀 있던 포인트는 ⓑ점에서부터 열리기 시작하여 암(arm)의 힐(heel)과 캠 샤프트(cam shaft)의 정상과 닫게 되면 ⓒ점 부근에서 포인트는 최대한 열리게 된다. 이렇게 캠 샤프트(cam shaft)가 회전을 하면서 포인트의 열림과 닫힘(ON과 OFF)의 사이클을 반복하게 되는데 여기서 드웰-각(dwell angle)은 1사이클 중 ⓐ와 ⓑ사이의 각도를 말한다. 즉 포인트가 닫혀 있는 동안에 캠이 회전하는 각도를 드웰-각이라 한다.

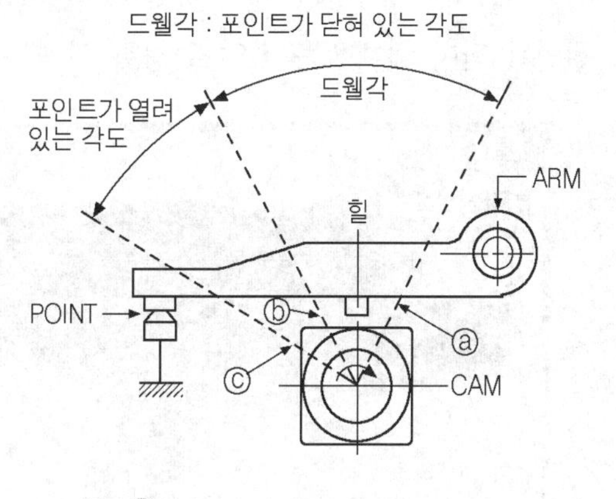

그림7-28 포인트식의 드웰각

이것은 포인트가 아크 방전에 의해 소모가 된다거나 하여 포인트의 간극이 작아지면 포인트(point)가 닫혀 있는 시간은 오히려 늘어나게 되어 드웰 각(dwell angle)은 커지게 되고 반대로 포인트의 간극이 넓어지면 포인트가 닫혀 있는 시간은 오히려 줄어 드웰 각은 작아지게 된다. 이 드웰 각은 일반적으로 360°를 엔진의 실린더(cylinder) 수로 나눈 값에 약 60~70%의 값으로 정하고 있다. 예를 들어 4기통 차량과 6기통 차량의 경우 드웰 각은 다음과 같이 구할 수 있다.

★ 포인트 방식의 드웰 각 산출

① 4기통 차량의 드웰각 : 360° /4 ×(0.6~0.7) = 54~63° 가 되며

② 6기통 차량의 드웰각 : 360° /6 ×(0.6~0.7) = 36~42° 가 된다.

포인트 방식의 점화 장치에서는 디스트리뷰터(distributor) 내에 장착된 포인트의 간격을 정확히 조정하지 않으면 차량의 출력 부족 및 연비 악화로 이어질 수가 있어 정비시 드웰 각(dwell angle) 점검은 중요한 부분 중에 하나다. 콘택트 포인트(contact point) 방식의 점화 장치는 점화 코일에서 발생하는 고압에 의해 포인트(point)는 아크 방전이 발생하게 되고 아크 방전이 발생하면 접점이 손상되어 드웰 각은 오히려 들어나게 돼 연소실의 착화하는 시간을 감소하게 하는 원인이 된다. 따라서 콘택트 포인트를 주기적으로 조정 또는 교환하여 주어야 하는 결점을 가지고 있다. 또한 이와 같은 방식은 접점이 기계

적인 단속에 의해 접점의 채터링(chattering) 현상이 발생하게 되고 전기적인 잡음원의 원인이 되어 현재에는 포인트 점화 장치는 거의 사용하지 않고 있는 추세이다.

사진7-30 점화단자

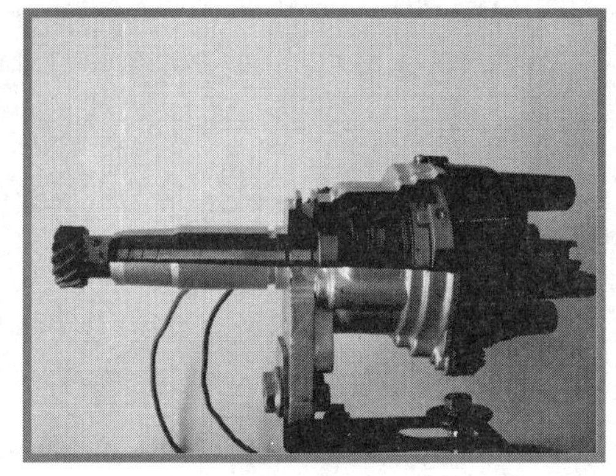

사진7-31 디스트리뷰터

2. 파워 TR식 점화 장치

(1) 시그널 제네레이터식

파워 트랜지스터(power transistor)식 점화 장치는 그림(2-29)와 같이 점화 1차 코일의 단속을 콘택트 포인트(contact point) 대신 파워 TR(power transistor)을 이용하여 단속하는 방식으로 현재 주류를 이루고 있는 점화 방식이다. 콘택트 포인트의 점화 장치는 점화 1차 코일에서 발생하는 역기전력에 의해 접점에 아크 방전이 일어나게 되고 이 접점이 아크 방전에 의해 소손 되는 것을 방지하기 위해 접점과 병렬로 콘덴서(condenser)를 삽입하여 사용하여 왔으나 저속시에 아크 방전 시간이 길게 되고 콘택트 포인트(contact point)의 접점면이 소손이 일어나 차량의 출력 저하 및 연비 악화로 이어지게 된다. 특히 이 방식은 배출 가스가 다량으로 배출되는 등 결점을 가지고 있어 접점이 없는 트랜지스터를 이용하여 점화시기를 제어하게 됨으로서 포인트 방식에 비해 신뢰성이 우수하며 무접점 형식으로 반영구적으로 사용 할 수 있는 장점을 가지고 있다.

파워 트랜지스터식 점화장치에는 그림(7-29)와 같이 시그널 제너레이터(signal generator)를 이용하여 엔진이 회전을 하면 시그널 제너레이터의 마그네틱 픽업 코일(magnetic pick up coil)에 유도 기전력이 발생하게 되고 이 기전력를 신호로 하여 파

워 트랜지스터(power transistor)가 점화 1차 코일의 전류를 단속하는 시그널 제너레이터 방식과 별도의 TDC(압축 상사점) 검출 센서와 크랭크 각 센서 등의 입력 신호를 받아 미리 설정된 데이터(data)에 의해 점화시기 및 드웰 각(dwell angle)을 제어하는 ECU 제어(엔진 전자 제어) 방식이 있다.

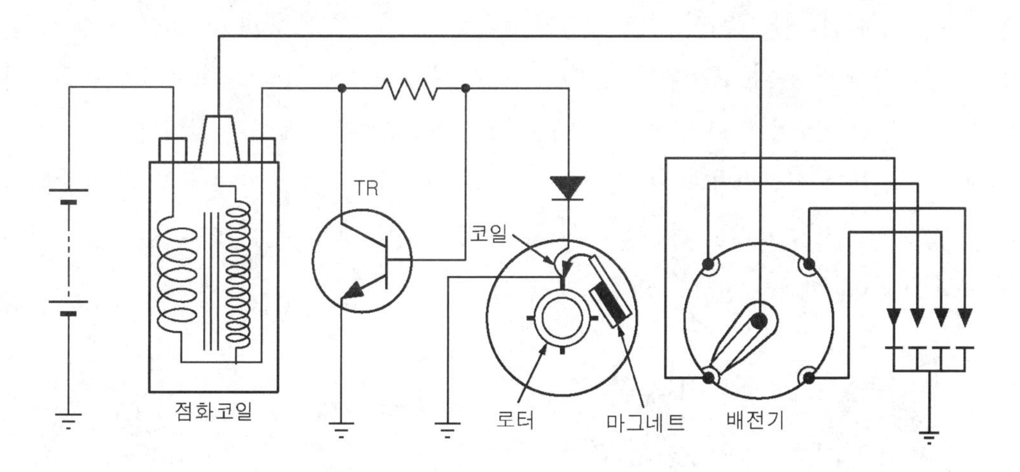

그림7-29 트랜지스터식 점화장치 회로

사진7-32 파워 TR(이그나이터)

사진7-33 디스트리뷰터 내의 로터

시그널 제너레이터(signal generator)식 점화 장치의 동작 원리를 그림(7-29)의 회로로부터 살펴보면 먼저 점화 스위치(키 스위치)가 시동이 걸리지 않는 IGN 1상태에서는 파워 TR(transistor)은 ON상태로 있다가 엔진이 회전하여 디스트리뷰터 내의 로터(rotor)가 회전을 하면 그림(7-31)과 같이 시그널 제너레이터의 마그네틱 픽업 코일에는

AC(교류) 기전력이 발생하게 된다. 이 기전력은 저속시에는 전압의 크기가 낮지만 고속시에는 유도 기전력의 크기가 증가하여 전압 값이 높게 나타나게 된다.

로터(rotor)가 회전을 하여 픽업 코일(pick up coil)에서 발생되는 유도 기전력이 파워 TR의 베이스(base) 전위 보다 높은 경우에는 파워 TR은 그대로 ON상태가 되어 점화 코일에 1차 전류를 흐르게 하고 있지만 로터(rotor)가 회전을 하여 그림(7-30)과 같이 ③ 상태가 되면 픽업 코일(pick up coil)에서 발생되는 유도 기전력은 크기는 최소가 되어 파워 TR(transistor)의 베이스(base) 전류를 흘려주지 못하는 상태가 된다. 이렇게 베이스 전류가 차단되면 파워 TR은 OFF 상태가 되어 점화 1차 전류를 차단하게 된다. 이때 지금까지 흐르려고 하던 내부의 역기전력은 발생하게 되고 2차측 코일에는 자속의 변화를 받아 큰 2차 전압이 발행하게 된다.

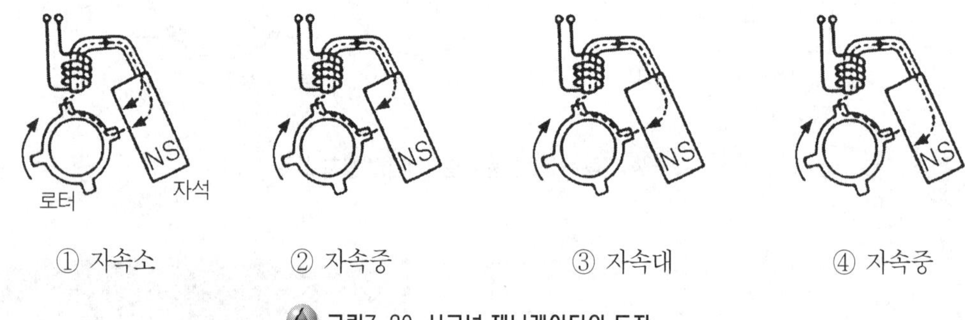

그림7-30 시그널 제너레이터의 동작

그러나 시그널 제너레이터(signal generator)에 발생하는 전압에 의해 파워 트랜지스터 를 단속 할 때 그림(7-32)와 같이 엔진이 저속시에는 1차 전류를 충분히 흘려 점화 지속 시간을 유지 할 수 있게 되지만 고속시에는 1차 전류가 작아지게 돼 점화 지속 시간을 유지 할 수 없게 되어 이것을 방지하기 위해 별도의 드웰 각(dwell angle) 제어를 하는

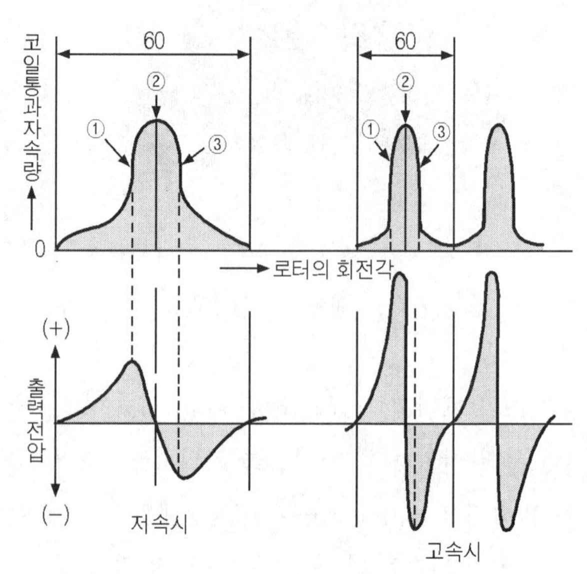

그림7-29 시그널 제너레이터의 출력 파형

방식이 있다. 이것은 엔진이 고속으로 회전을 하게 되면 로터 코일에 발생하는 전압은 상승하지만 주기가 짧아지게 돼 점화 1차측의 드웰 타임(dwell time)이 작아지게 되기 때문인데 이 드웰 타임이 작아지면 점화 2차측 전압이 낮아지게 되고 불꽃 방전 지속 시간이 짧아진다. 이 불꽃 방전이 짧아지면 연소실 내의 혼합 가스는 불안전 연소 상태로 이어져 엔진이 고속 상태에서는 드웰 각(dwell angle)각을 조절하지 않으면 안된다.

그림(7-32)의 (a)는 엔진 회전수가 800rpm 일 때는 점화 1차 전류는 충분히 흘려줄 수 있는 상태가 되지만 그림 (b)의 경우처럼 엔진이 고속 회전 상태가 되면 1차 전류가 부족하게 돼 사선분 만큼 드웰 각 제어(폐각도 제어)를 하여 1차 전류를 크게 하지 않으면 안된다. 드웰 각 제어를 하여 드웰 타임(dwell time)을 크게 하려면 반대로 1차 코일을 차단하는 시간을 짧게 하여야 하므로 점화 플러그(ignition plug)의 전극에서 아크 방전이 채 끝나기도 전에 1차 전류가 흐르는 상태가 되기 때문에 점화 코일에 남아 있는 에너지(energy)에 의해 1차 전류가 다소 상승하는 현상이 일어난다.

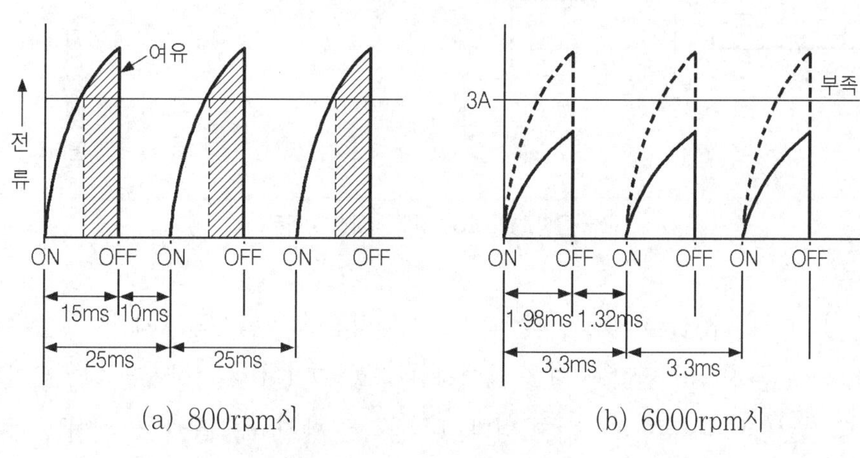

그림7-32 1차전류의 통전시간

즉 점화 코일에 남아 있는 에너지(energy)에 의해 1차 전류가 상승하는 현상 때문에 1차 전류가 감소하는 것이 다소 작아지게 되고 점화 2차 전압은 높게 되게 된다.

드웰 각 제어는 폐각도 제어 또는 통전 시간 제어라 부르기도 하며 통전 시간 제어 회로는 앞 절의 파워 트랜지스터(power transistor)의 내부 회로를 참조하기 바란다.

(2) ECU제어 방식

점화 코일의 1차 전류를 단속하는 방법에는 현재 주종을 이루고 있는 ECU(전자 제어 장치)제어 방식이 사용되고 있다. ECU(전자 제어 장치)제 어 방식의 기본적인 점화 장치 회로는 그림(7- 33)과 같이 크랭크 각 센서(crank angle sensor)의 입력 신호를 받아 ECU는 미리 설정된 ROM(read only memory) 내의 데이터(data)값과 연산하여 점화시기 제어 신호와 드웰 각(dwell angle) 제어 신호를 출력한다.

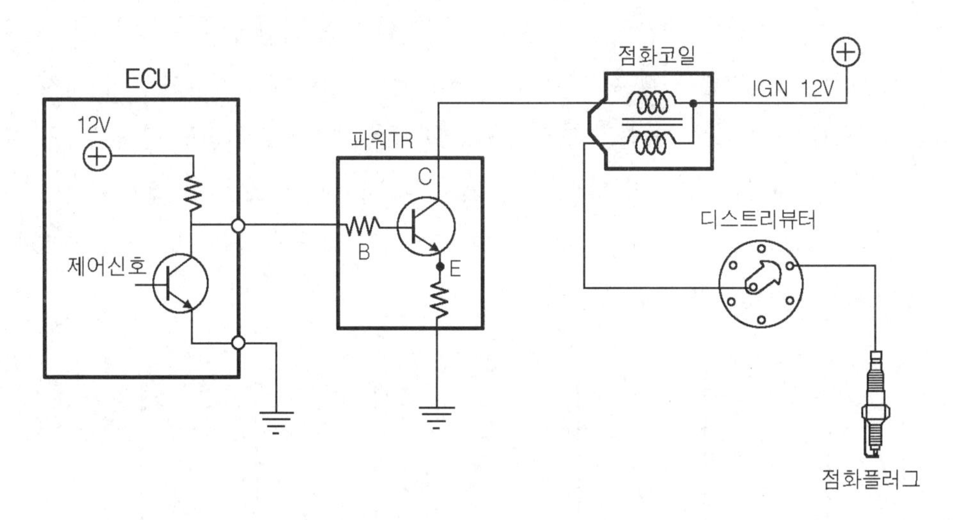

그림7-33 ECU 제어 점화장치 회로

이 신호는 파워 TR(transistor)의 베이스에 입력되면 파워 TR은 베이스 신호에 의해 점화 코일의 1차 전류의 단속 시간을 제어하고 점화 코일의 2차 전압은 디스트리뷰터를 통하여 각 실린더로 배전하도록 하고 있다. 이 방식은 엔진의 배출 가스 제어를 목적으로 연료 분사량 및 점화시기를 연관하여 제어하는 방식으로 단순히 점화 1차 전류를 제어하기 위한 방식과 비교하여 장점이 많아 현재의 차량에는 주종을 이루고 있는 방식이다.

엔진의 연소 상태를 최적의 조건으로 동작하도록 배출 가스를 영역 별로 검출하고 엔진의 부하 상태를 TPS(throttle position sensor) 및 크랭크 각 센서를 통해 검출하여 점화시기 및 드웰 각(dwell angle) 신호를 ECU(컴퓨터)가 제어하고 있다하여 ECU 제어 방식이라 구분한 것이다. 이 방식의 점화시기 제어는 ROM(read only memory)내에 기억되어 있는 점화시기를 카운트하기 위한 기준 신호로 크랭크 각(crank angle sensor) 센서신호의 출력 값을 이용하고 각 실린더의 판별은 TDC(top dead center)센서를 기

준 신호값으로 이용하고 있으며 실제 점화시기는 다음 값에 의해 결정된다.

▶ 점화 시기 = crank 각 1° 당 시간 × (75° − ROM 내의 점화 시기값)
▶ 실제 점화 시기 = 초기 SET 점화 시기값 + 기본 진각도 + 보정 점화 진각도(NE 사양)

사진7-34 ECU의 내부

사진7-35 파워 트랜지스터

사진7-36 크랭크각 센서(광센서 방식)

사진7-37 폐자로 점화코일

여기서 초기 SET 점화시기 값이란 점화시기 점검시나 시동시에 사용되는 고정 값으로 보통 BTDC(before top dead center) 5° 이며 기본 점화 진각도는 엔진의 회전수에 따라 흡입 공기량에 대응하는 점화시기로 ROM(read only memory) 내에 MAP 화 된 데이터(data) 값이다. 보통 아이들(idle)시 기본 진각도는 7°를 적용하고 있기도 하다.

또한 보정 점화 진각도는 운전성을 향상시키기 위해서 냉각수 온도가 낮을 때 보정하는

수온 보정값과 노킹(knocking)을 방지하기 위하여 흡기 온도가 낮을 때 나 높을 때 점화 시기를 보정하는 흡기온 보정값 등이 이용되고 있다.

드웰 각(dwell angle) 제어는 엔진의 회전수 상승과 배터리의 전압이 저하 하는 경우에 점화 코일의 1차 전류 또한 감소하게 되므로 점화 2차 전압은 낮아지게 된다.

즉 점화 2차 측의 불꽃 에너지는 약해지게 돼 점화 성능이 떨어지게 된다. 따라서 점화 1차 전류를 일정하게 유지할 수 있도록 드웰 각을 제어하고 있다.

▶ 드웰각 제어 = 파워 TR이 ON 상태인 동안 크랭크 회전각 / 1개의 점화 간격에 해당하는 크랭크 회전각

이것을 좀더 쉽게 통전 시간으로 표현하면 배터리(battery)의 전압이 낮아지게 되면 통전 시간을 길게 하고 엔진 회전수가 상승하여도 통전 시간을 일정히 유지하도록 하여 점화 성능을 향상 시키고 있다.

3. DLI 점화 장치

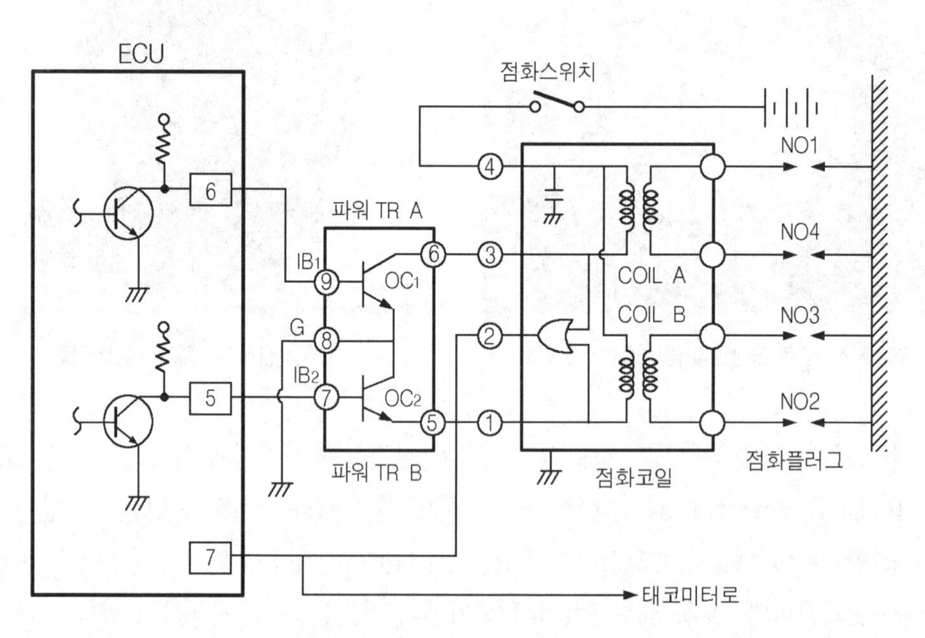

그림7-32 DLI 점화장치 회로

DLI(distributor less ignition) 방식의 점화 장치는 그림(7-34)와 같이 4 기통 엔진의 경우에는 파워 TR와 폐자로 점화 코일 각 2개를 사용하고 6기통 엔진의 경우에는 파워 TR와 폐자로 점화 코일를 각 3개를 사용하여 디스트리뷰터 없이 점화 2차 전압을 직접 점화 플러그(spark plug)에 공급하는 방식이다.

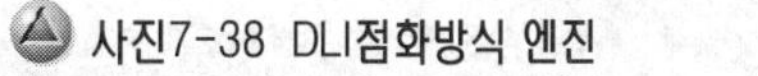
사진7-38 DLI점화방식 엔진

사진7-39 DLI방식의 외장형 파워 TR

4기통 엔진의 경우 점화 1차 전류의 단속은 2개의 파워 TR를 사용하여 실린더의 1-4번 2-3번을 동시에 점화하도록 하고 있으며 6기통 엔진의 경우에는 점화 1차 전류의 단속을 3개의 파워 TR를 사용하여 실린더 1-6번, 2-5번, 3-4번을 동시에 점화시키고 있다.

파워 TR A와 B는 서로 크랭크 각(crank angle)의 180° 회전에 1회 씩 번갈아 가며 ON, OFF를 하도록 되어 있다. 즉 한 개의 파워 TR은 엔진 1회전(360°)에 1회만 ON, OFF하게 된다. 파워 TR A를 ON, OFF하느냐 파워 TR B를 ON, OFF 하느냐를 판별하는 것은 크랭각 센서(crank angle sensor)를 기준신호로 ROM(read only memory)내에 미리 설정 된 데이터 값에 의해 ECU가 판별하도록 하고 있다.

▶ #1 & #4 기통의 파워 TR 구동시 →
CRANK 각 센서 신호가 HIGH일 때 TDC 센서 신호는 HIGH 상태일 때
▶ #2 & #3 기통의 파워 TR 구동시 →
CRANK 각 센서 신호가 HIGH일 때 TDC 센서 신호는 LOW 상태일 때

DLI 점화 방식은 일반 파워 TR 구동식에 비해 4기통 엔진의 경우에는 점화 1차 전류 단속 횟수가 1/2 이며 6기통 6기통 엔진의 경우에는 1/3로 감소하기 때문에 드웰 각

(dwell angle) 제어 시간이 일반 파워 TR 구동 방식에 비해 2배 이상으로 증가하게 해 엔진의 고속시에도 1차 전류를 충분히 공급 할 수 있는 이점이 있다. 하지만 DLI 방식은 일반 점화 장치에 비해 점화 2차에 발생하는 불꽃 방전이 2배 많이 발생하기 때문에 점화 플러그의 전극이 쉽게 소손 되는 결점을 가지고 있다. 또한 타코 신호가 사용되는 신호가 일반 점화 장치에 비해 1/2로 감소하게 돼 엔진의 실제 회전수 보다 작아 질 수 있어 별도의 인터페이스(interface)회로를 설치하지 않으면 태코미터(rpm gauge)의 오차가 발생 하게 된다. 엔진의 회전 각도 $\theta(°) = 4 \times n \times t(sec)$ 로 나타낼 수 있으며 여기서 4는 4기통 엔진을 나타내며 n 은 엔진의 회전수(rpm), t 는 태코미터로 입력되는 한주기의 신호를 나타낸다.

사진7-40 DLI방식의 폐자로 점화코일

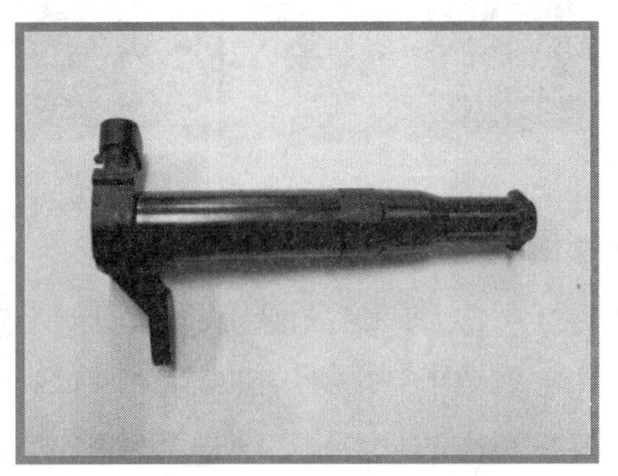

사진7-41 파워 TR 내장형 점화코일

4. 진각 장치

가솔린 엔진의 경우 실린더(cylinder) 내에 연소가 이루어질 때 최대 연소 압력이 되는 크랭크 각(crank angle)은 TDC(상사점) 후 약 10° 전후 부근으로 엔진의 효율을 높이기 위하여는 점화시기를 항상 TDC(상사점)후 약 10°가 되도록 설정하면 좋다. 그러나 엔진이 작동 중에는 엔진의 회전 속도와 부하의 크기 및 노킹(knocking) 발생 정도가 변화하게 되므로 엔진이 작동중에 발생하는 여러 가지 변동에 대응해 점화시기를 최대 폭발 압력이 일어나는 TDC(상사점)후 약 10°가 될 수 있도록 항상 조절 할 필요가 있게 된다. 이와 같이 엔진의 효율을 높이기 위하여는 점화시기를 엔진의 조건에 따라 조절 하여 주는 장치를 진각 장치 또는 진각 제어 장치라 한다.

그림(3-35)는 크랭크 각(crank angle) 상에 연소실 내의 연소과정을 압력으로 표시한 것으로 점화 플러그의 전극에서 불꽃 방전(① 점화)이 일어나면 전극의 표면 온도 등에 의해 ② 착화 지연이 되고 ③화염이 전파하기 시작하여 ⑤ 연소실 내의 압력이 최대로 된다. 이 때가 바로 TDC(상사점) 후 약 10° 부근으로 이 지점을 지나 ⑤ 연소가 완료하게 된다. 따라서 점화시기를 맞추는 것은 엔진의 출력과 직접적인 문제로 대단히 중요하다 할 수 있다. 점화시기를 조절하는 진각 장치에는 다음과 같은 종류가 있다.

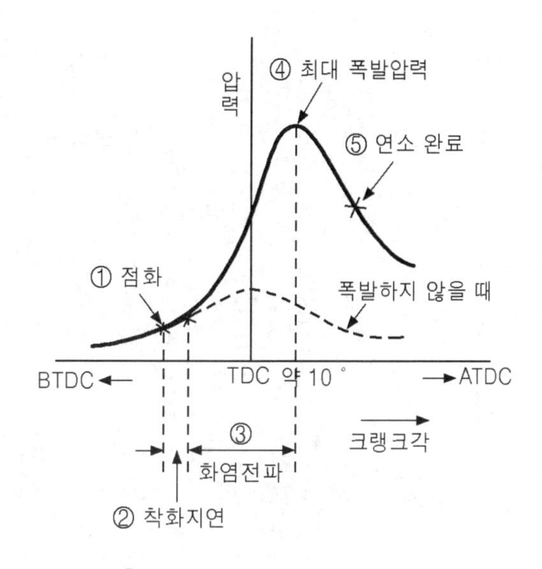

그림7-35 점화시기와 연소과정

- ▶ 기계식 진각장치
  - 원심식(거버너 진각 장치)
  - 배큠식 진각 장치
- ▶ 전자제어식 진각장치
  - 노킹(knocking) 제어
- ▶ ECU(컴퓨터) 제어식
  - 엔진을 종합적으로 제어

사진7-42 원심식 진각장치

(1) 원심식 진각 장치

디스트리뷰터(distributor) 내의 원심 진각 장치는 그림(7-36)과 같이 캠 샤프트(cam shaft)가 설치된 중심으로 양쪽 날개 모형의 거버너 웨이트(governor weight)를 설치하여 캠 샤프트의 회전이 상승하면 원심력에 따라 거버너 웨이트가 외측으로 넓어지려는 힘을 이용한 것이다. 이 장치는 캠과 캠 플레이트가 일체가 되어 있어서 엔진이 회전속이 상승하면 캠도 회전 방향으로 θ(진각) 만큼 이동한 것이 된다.

따라서 그림 (b)와 같이 점화 1차 전류를 단속하는 시그널 제너레이터(signal generator)의 신호를 발생시키는 로터(rotor)를 캠(cam)의 회전분(진각분) 만큼 회전시켜 점화시기를 빨리하고 있는 방식이다.

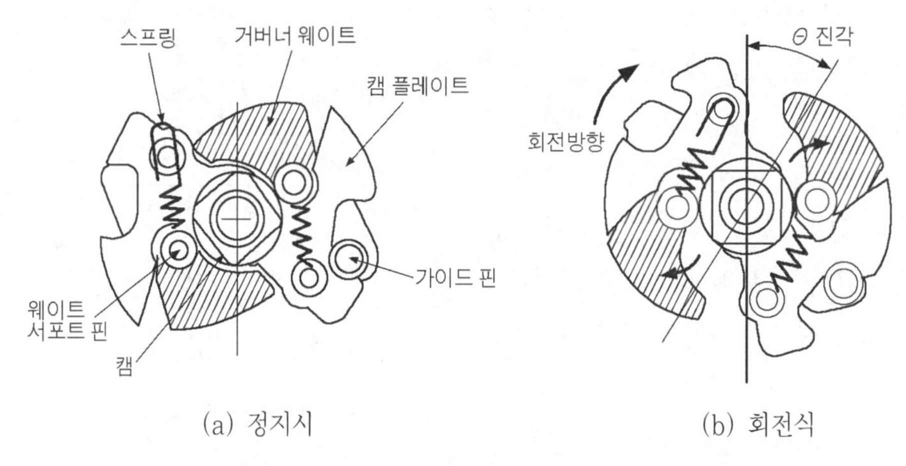

(a) 정지시 (b) 회전식

그림7-36 원심식 진각장치(거버너 웨이트 동작)

이 방식은 원심력에 의해 계속 진각 되지 않고 회전 속도가 어느 정도 상승하면 더 이상 진각이 되지 않는다. 이것은 엔진이 고속 회전을 하게 되면 실린더 내의 혼합기는 와류가 발생이 심해져 화염 전파 속도가 빨라지게 되기 때문으로 엔진이 어느 정도 속도가 상승하면 진각의 필요성이 없어지게 된다.

(2) 배큠식 진각 장치

원심식 진각 장치는 시그널 로터(signal rotor)를 이동하는 것에 의해 진각을 조절하는 것에 비해 배큠(vacuum)식 진각 장치에서는 포인트(point) 식 점화 장치인 경우는 포인트(point)을 이동해 진각을 하며 시그널 제너레이터(signal generator) 인 경우는 픽업 코일(pick up coil)을 이용해 진각을 하고 있다.

그림(7-37)과 같이 흡기 매니폴드(manifold)의 부압을 디스트리뷰터의 진각장치에 연결하고 이 매니폴드의 부압에 따라 다이어프램이 이동하면 다이어프램과 연결된 어드밴스 로드(advance rod)도 이동하게 되어 어드밴스 로드와 연결된 브레이커 플레이트(breaker plate)를 이동하여 진각 또는 지각을 시키고 있다.

엔진의 아이들(idle) 시에는 스로틀 밸브(throttle valve)가 닫혀 있어 흡기 매니폴드

(manifold)의 부압은 최대가 되고 이때에는 다이어프램이 그림(7-37)에서 우측으로 이동하게 된다. 이때 다이어프램(diaphragm)에 연결된 어드밴스 로드(advance rod)도 우측으로 이동하게 되면 브레이커 플레이트에 연결된 콘택트 포인트(접점)를 빨리 열리는 쪽으로 이동하게 된다.

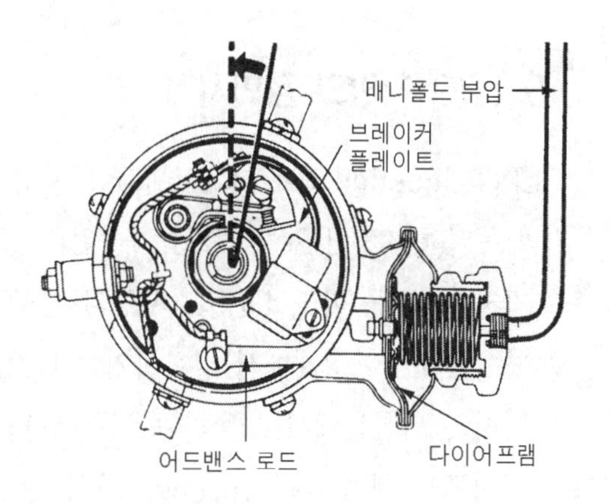

그림7-37 진공식 진각장치

반대로 스로틀 밸브(throttle valve)의 개도가 최대가 되어 고부하시에는 흡기 매니폴드의 부압은 저하하게 되고 다이어프램은 내부의 스프링 힘에 의해 좌측으로 이동하게 된다. 다이어프램이 좌측으로 이동하게 되면 브레이커 플레이트(breaker plate)는 포인트를 늦게 열리 쪽으로 이동하게 돼 지각을 하게 된다.

(3) 전자 제어식

전자 제어식 진각 장치에는 노킹 컨트롤 유닛(knocking control unit)을 사용한 시스템으로 실린더 벽에 부착된 노킹 센서(knocking sensor)의 신호로부터 노킹 컨트롤 유닛은 노킹 상태를 판단하고 노킹이 일어나면 지각하도록 하는 제어하는 방식과 ECU(컴퓨터)를 사용하여 크랭크 각 센서로부터 엔진의 회전수에 따라 흡입 공기량에 대응하는 방식으로 ROM(read only memory) 내에 미리 설정된 MAP화 된 데이터(data) 값에 따라 진각하는 전자 제어 방식을 사용하고 있다.

ECU(컴퓨터)를 이용한 방식은 기본 진각 뿐만 아니라 보정 점화 지각도, 노킹 컨트롤 지각을 하도록 미리 설정된 ROM 내에 데이터 값에 따라 제어 할 수 있어 정확하게 제어할 수 있다는 장점을 가지고 있다.

또한 이 방식은 노킹(knocking)이 발생되는 고부하 영역(흡기량 ÷ 엔진 회전수)내에서 노킹을 검출하는 경우에는 엔진 보호를 목적으로 기본 점화시기를 늦추어 노킹을 방지하는 노킹 보정 기능과 흡기온 보정 기능을 가지고 있다.

5. LPG 차량의 점화시기

LPG(liquefied petroleum gas) 차량의 점화시기는 가솔린(gasoline) 차량에 비해 거의 동일 하지만 LPG 연료는 가솔린(gasoline)에 비해 연소하기가 조금 어렵다는 성질을 가지고 있다. 따라서 LPG 차량의 점화시기는 정확히 하지 않으면 안되는데 일반적으로 아이들(idle) 상태에서 점화시기는 BTDC(before top dead center) 10° ~ 13°(차종에 따라 다름) 에서 사용하는 것이 많다.

레시프로 엔진(recipro engine)의 경우는 ATDC(after top dead center) 후 10°에서 연소압이 최고점에 다다르기 때문에 BTDC 10°라는 의미는 연소압이 다다르기 20° 전에 점화하는 것이 되어 아이들시에 BTDC 10°로 조정하여 주행 해 보아 상태가 안 좋은 경우에는 공연비 및 점화 장치 이상으로 볼 수 있다.

원심식 진각 장치 차량의 경우 진각은 디스트리뷰터 내의 거버너 웨이트가 하고 있어서 로터의 회전수가 495rpm에서 진각은 0.5° 부터 상승하기 시작하여 약 1400rpm 정도이면 진각은 더 이상 하지 않게 된다. 결국 원심식 진각 장치의 경우에는 10° 이상 진각은 하지 않는 셈이다.

반면에 배큠(vacuum)식 진각 장치인 경우에는 보통 1400rpm 이상이 되는 경우 매니폴드(manifold) 부압이 −150mmHg 에서는 0° , −310mmHg 에서는 10.5°, 부압이 −310mmHg 이상에서는 10.5°을 일정히 유지하도록 되어 있다.

사진7-43 베이퍼라이저

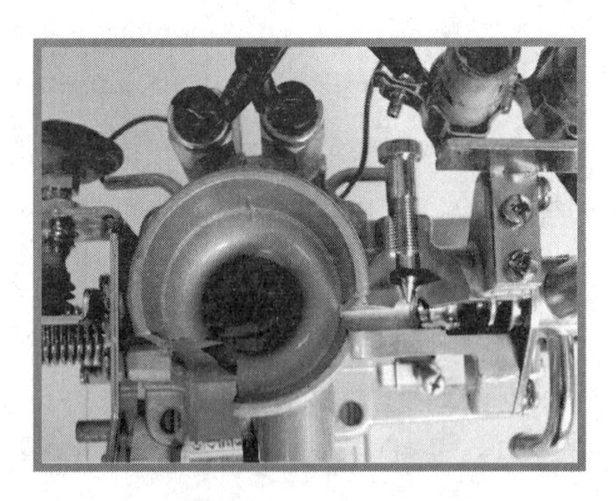
사진7-44 믹서

전자 제어 장치의 경우에는 원칙적으로 LPG 차량으로 개조하지 않는 것이 좋다. 전자 제어 장치 차량의 경우에는 연료 분사 제어 및 점화시기 제어 아이들 스피드(idle speed) 등을 흡입 공기류량 센서, 크랭크 각 센서, 냉각수온 센서, 노킹 센서 등 각종 센서로부터 정보를 입력 받아 ECU(컴퓨터)가 제어 하도록 되어 있어서 LPG 차량으로 개조하는 것은 엔진이 정상적인 성능을 낼 수 없게 되어 차량의 출력 저하는 물론이고 엔진의 불안정한 상태로 이어질 수가 있다.

예를 들어 L-제트로닉 차량의 경우 가솔린 공급량은 분사 노즐의 면적(S) × 인젝터의 스트록(L) × 분사 시간(t)로 결정 되어 지는데 여기서 분사 시간 (t)는 ECU의 입력 정보에 의해 결정 돼 최적의 성능을 얻도록 하고 있기 때문이다.

4 점화 파형

1. 점화 파형

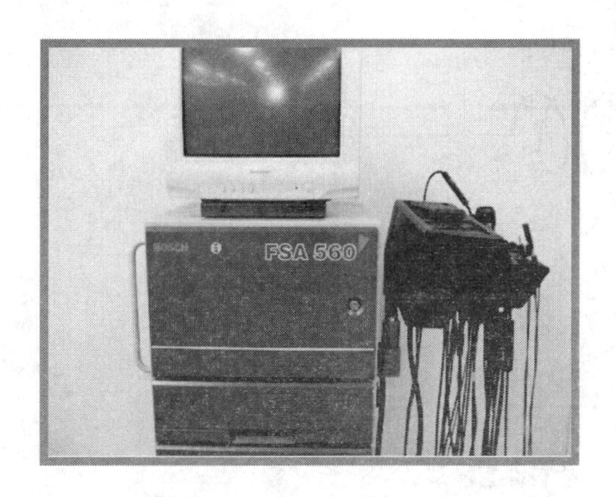

사진7-45 엔진 튠업 테스터

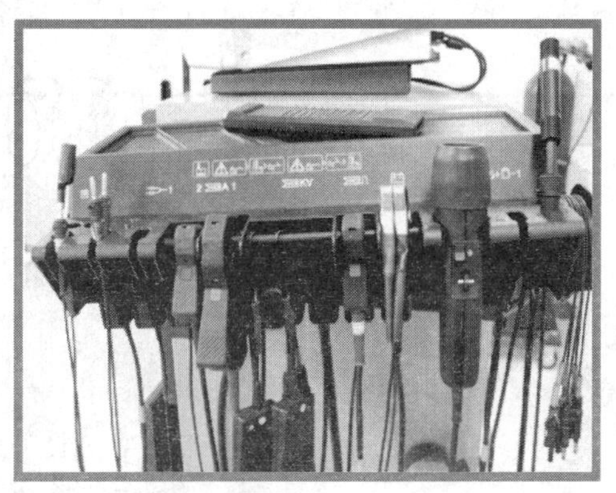

사진7-46 여러 가지 측정 프로브

점화 파형을 엔진 튠업 테스터(engine tune up tester)나 오실로스코프로 관측하는 그 자체는 그다지 어렵지는 않지만 관측된 파형이 정상 파형인지 비정상 파형인지를 판단하여 고장 원인을 찾아내는 것은 전기적인 기초 지식과 경험이 풍부하지 않으면 오판 할 가능성이 높다. 이것은 각 자동차에 적용되는 점화 시스템(system)이 조금씩 차이가 있

을 뿐만 아니라 점화 파형이 어떻게 발생하는지에 대한 기초 지식이 풍부하지 않으면 개인의 능력과 경험에 따라 파형에 대한 해석이 달라 질 수 있기 때문이다.

점화 파형에는 점화 1차 코일에서 측정한 점화 1차 파형과 점화 2차 코일에서 측정한 점화 2차 파형이 있다.

점화 1차 파형은 1차 코일의 −(마이너스) 단자에서 측정한 파형(파워 TR의 컬렉터 측에서 측정한 파형을 말함)으로 점화 1차 코일의 자기 유도 전압에 의해 발생하는 전압 파형으로 생각하면 좋고, 점화 2차 파형은 2차 코일의 +(플러스)측에서 측정한 파형을 말한다. 즉 점화 2차 파형은 고압 케이블에서 측정한 파형으로 점화 1차 코일에 의해 2차 코일로 상호 유도 작용에 의해 발생되는 전압 파형으로 생각하면 좋다

먼저 점화 1차 전압은 어떻게 발생하게 되는 것 일까

그림(7-38)과 같은 회로를 점화 1차 코일로 가정하고 여기서 스위치(switch)를 파워 TR 또는 포인트의 접점으로 가정하여 생각하면 스위치가 OFF 상태인 경우에는 A점의 전압은 그림(7-39)와과 같이 12V 전압이 측정되지만 스위치를 ON 시키면 코일 흐르는 전류는 어스(earth)를 향해 흐르게 되고 A점은 어스(earth)와 직접 연결 상태가 되어 스위치가 ON상태에서는 0V가 측정이 된다.

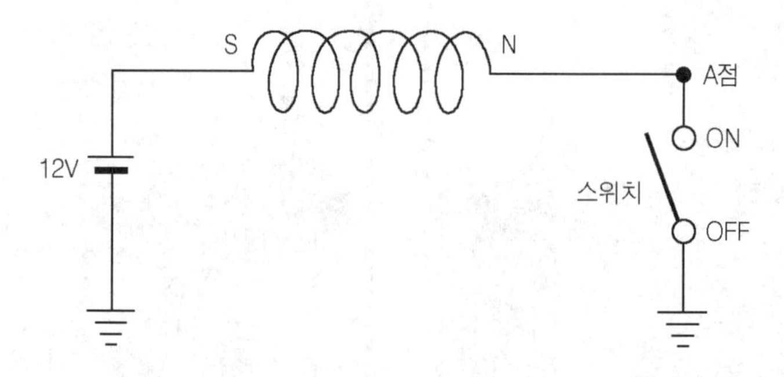

그림7-38 점화 1차 전압 발생 회로

이때 SW(스위치)를 OFF 시키면 지금 까지 흐르고 있던 코일의 1차 전류는 소멸하게 되지만 코일은 특성은 지금 까지 흐르고 있던 방향으로 흐르려고 하는 성질이 있어 스위치를 OFF 하여도 단번에 전류가 차단되지 않고 지금 까지 흐르고 있던 방향으로 일시적으로 흐르게 돼 이때 스위치 양단에 나타나는 기전력이 바로 역기전력이다. 여기서 말하는 역기전력은 역방향으로 흐른다는 의미가 아니라 흐르는 방향을 거역한다는 의미의 역

기전력이다. 이것은 코일에서 발생하는 자기 유도 전압으로 코일의 권수 및 코일에 흐르는 전류에 비례에 나타나게 되며 이 값은 그림(3-39)와 같이 전원 전압 보다 훨씬 높게 나타나게 된다. 결과적으로 그림(3-39)의 파형은 점화 2차 코일이 없을 때 나타나는 파형으로 그림(7-40)과 같이 2차 코일이 연결되면 파형의 모습은 다소 변화하는 모양을 띠게 된다. 즉 점화 2차 코일이 없는 경우에는 그림(3-39)와 같이 감쇄 신호가 나타나지 않지만 점화 2차 코일이 연결된 점화 회로에서는 감쇄 신호가 나타나는 것은 점화 플러그에서 불꽃 방전이 발생한 후에도 실제로는 2차 코일에 잔존 에너지가 남아 있기 때문이다.

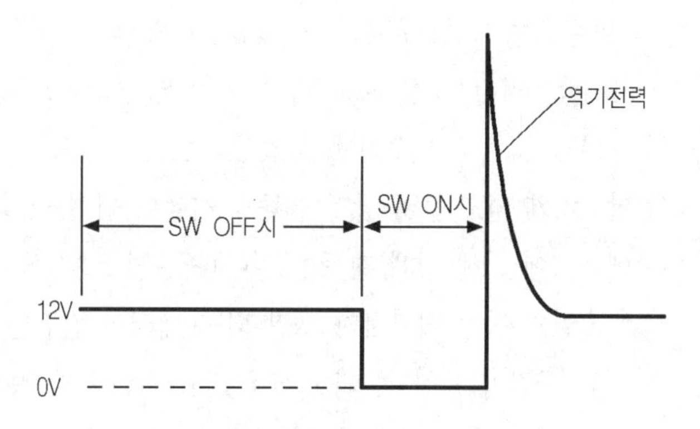

그림7-39 코일의 발생하는 역기전력

이 잔존 에너지는 곧 소멸 되지 않고 소멸된다는 변화 때문에 1차 코일에는 상호 유도 작용에 의해 유도 기전력이 발생하게 된다.

이러한 변화 때문에 2차 코일에 전압은 잔존 에너지가 소멸 될 때까지 반복하여 서서히 감쇄하게 되어 감쇄 진동 파형으로 나타나게 된다. 즉 점화 플러그에는 방전 후에도 코일에는 잔존 에너지가 있기 때문에 감쇄 진동 신호가 발생하게 되는 것이다.

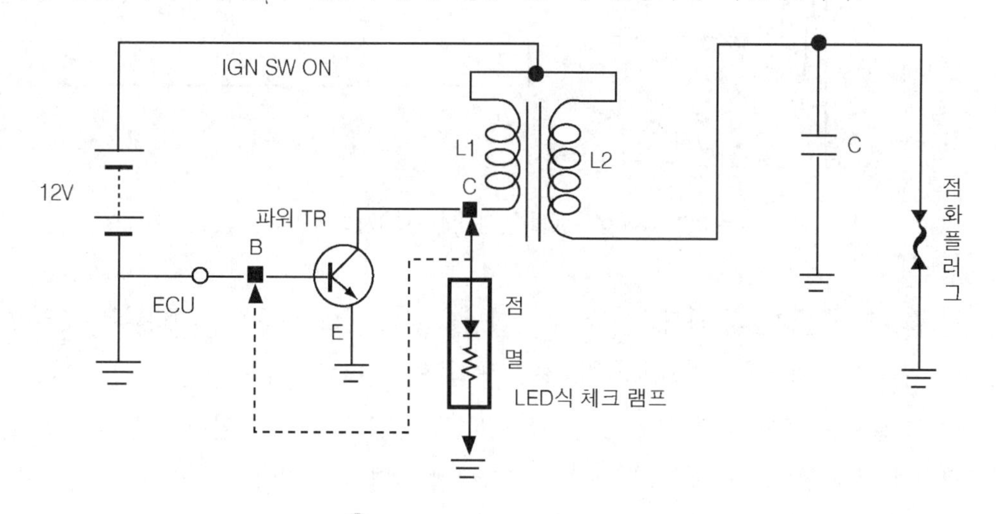

그림7-40 파워 TR식 점화회로

일반적으로 그림(7-41)과 같은 파워 TR 방식의 점화 시스템은 콘택트 포인트(contact point)대신 파워 TR을 사용하는 방식으로 파워 TR이 OFF 상태가 되면 그림(7-41)과 같이 1차 코일에서 발생되는 1차 유도 기전력(점화 1차 전압)은 약 300V 정도 발생하게 되고 불꽃 방전이 종료 시점이 되면 코일의 상호 유도 작용에 의해 코일의 잔존 에너지에 의해 감쇄 진동이 일어나 완전 소멸 될 때 까지 감쇄 진동은 4~5회를 반복하며 코일의 잔존 에너지가 소멸 되면 배터리 전압인 12V의 전압이 유지 되는데 이 구간을 중간 구간이라 한다. 다시 파워 TR의 ON 상태가 되어 1차 코일의 마이너스측 단자 전압이 0V 가 되면 코일에 1차 전류는 흐르기 시작하는 데 이 구간을 드웰 구간 또는 폐각도 라고 한다. 따라서 점화 파형은 그림(7-41)과 같이 파워 TR이 OFF 되어 발생하는 불꽃 방전 구간과 코일의 상호 유도 작용에 의해 코일의 잔존 에너지가 소멸하고 안정 될 때 까지를 중간 구간이라 하며 파워 TR이 ON 상태가 되어 1차 코일의 마이너스 단자 전압 이 0V 가 되는 구간을 드웰(dwell) 구간이라 한다.

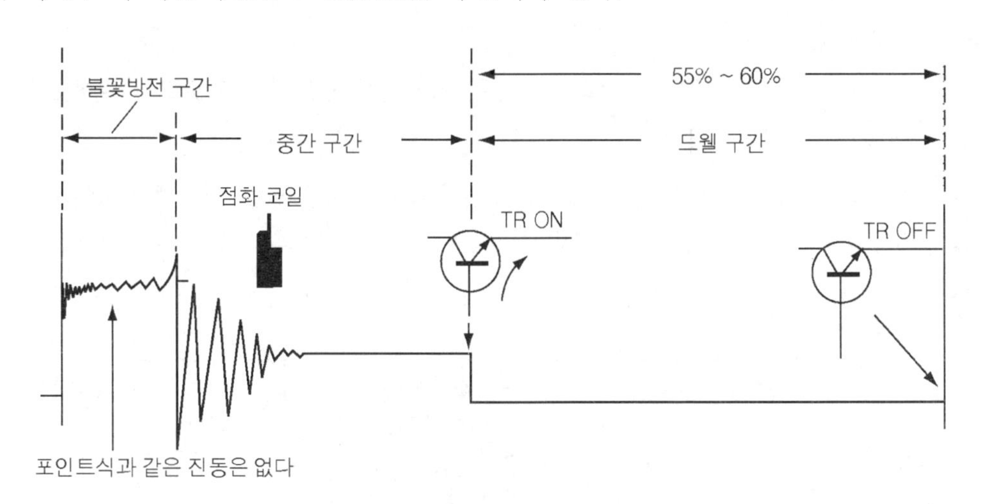

그림7-41 파워 TR방식의 점화 1차 파형

그림(7-42)의 점화 2차 파형은 점화 1차 파형과 같이 거의 유사하게 나타나는 것은 먼저 점화 플러그에 불꽃을 튀기 위하여는 최소한 약 8~13KV 정도의 높은 고압이 필요하게 되는데 실제로는 이 보다 훨씬 높은 20~30KV 정도의 높은 고압이 발생하게 된다. 파워 TR에 의해 점화 1차 코일의 전류가 차단되게 되면 1차 전압이 발생하게 되고 2차 코일에도 상호 유도 작용에 의해 2차 전압이 약 20~30KV 정도 발생하게 되면 이 고압

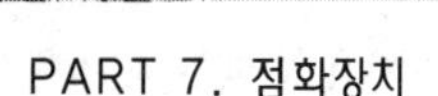

은 고압 케이블(high tension cable)을 거쳐 디스트리뷰터를 경유하여 점화 플러그의 중심 전극까지 도달하게 된다.

점화 플러그의 중심 전극과 접지 전극 간에는 약 1(mm)정도의 에어 갭(air gap)이 있어 이곳을 통하여 전류가 흐르려면 높은 고압이 필요하게 된다.

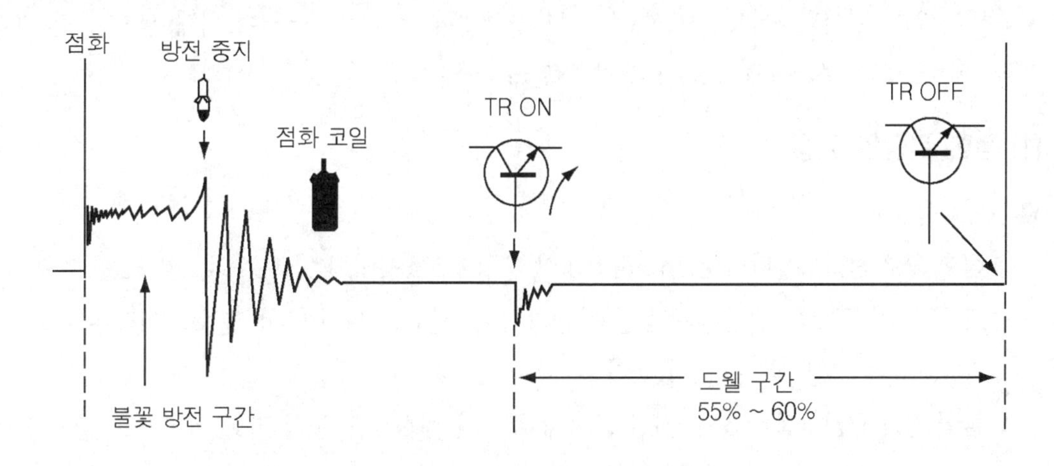

그림7-42 파워 TR방식의 점화 2차 파형

중심 전극에서 접지 전극으로 불꽃 방전이 일어날 때 까지는 순간적으로 중심 전극에는 − 입자(전자 입자)의 전기 에너지(energy)를 축적하게 된다. 이 축적된 전기 에너지의 크기가 점화 요구 전압의 크기가 되는 것이다. 점화 시스템에서 점화 요구 전압이 낮다는 것은 연소실 내의 점화 플러그는 불꽃 방전을 하기가 그 만큼 좋은 조건이라 할 수 있다. 즉 점화 요구 전압은 연소실 내에서 불꽃 방전이 일어나기 위해 필요한 최소한의 전압으로 일반적으로 우리가 말하는 점화 2차 전압은 점화 요구 전압에 대응 할 수 있도록 이 보다 훨씬 높게 설정 되어 있다.

점화 2차 전압에 의해 불꽃 방전을 개시하면 축적된 에너지가 일순간 소리가 나며 백색광을 띤 불꽃을 발하게 되는데 이 구간이 불꽃 방전 구간이 되는 것이다. 이 불꽃 방전구간은 연소실 내의 연소 상태를 나타내는 것으로 완전 연소를 위하여는 보통 차량의 경우에는 약 3(ms) 정도이지만 외제 자동차의 경우에는 보다 완전 연소 조건을 갖기 위해 5(ms) 정도로 하는 차량도 있다. 불꽃 방전이 끝나면 점화 1차 코일과 상호 유도 작용에 의해 코일에 남은 잔존 에너지를 소멸 할 때 까지 점화 1차 파형과 같이 감쇄 진동을 행하

게 되고 잔존 에너지 소멸이 끝나면 TR는 OFF 상태에 있으므로 배터리(battery) 전압인 12V를 유지 하게 되는 중간 구간에 이른다. 다시 파워 TR이 ON 상태가 되는 순간 진동이 생기게 되는데 이것은 반도체 점화 시스템인 경우에는 드웰(dwell) 구간을 제어하는 이유는 1차 코일에 흐르는 전류량을 항시 일정히 하여 불꽃 방전이 일어나는 기간을 보증하기 위한 것이다. 이것은 드웰(dwell) 구간에서 전류를 제어하기 위해 생기는 진동 현상으로 드웰각 구간에서 진동이 생기게 된다.

(1) 점화 파형의 요점

● 점화 파형

① **점화 요구 전압** : 실린더(cylinder) 내의 혼합 가스 사이에 점화 플러그가 흐를 수 있도록 초기 회로를 형성하는 용량 성분의 방전 전압을 말하며 이 전압에 의해 이온화된 회로를 형성 할 수 있게 된다.

② **불꽃 방전 구간** : 점화 요구 전압에 의해 형성된 폐회로를 통해 점화 에너지를 일정시간 동안 가하여 초기에 화염핵을 형성하는 유도성 성분의 전류로 점화 플러그 주위에는 이온화가 되어 있어 비교적 낮은 전압으로도 방전을 지속 할 수 있게 된다.

③ **감쇄 진동 구간** : 코일과 점화 회로의 포유 용량에 의해 잔존해 있는 전기 에너지가 소멸하여 가는 과정의 구간이다

④ **드웰(dwell) 구간** : 점화 요구 전압 및 불꽃 방전 구간을 보증하기 위해 점화 1차 코일에 흐르는 전류의 기간을 말한다.

● 1차 점화 파형의 진단 요점

① 점화 1차 전압은 일반적으로 파워 TR 방식 에서는 300V 이상 발생한다.

② 그림 (7-40)과 같이 드웰 각(dwell angle)구간에서 진동이 있는 것은 전류 제어식 점화 시스템이다.

③ 포인트식 점화 장치는 1차 점화 전압 후 회로의 포유 용량에 의해 충,방전 하는 모양의 파형 모습을 띠고 있다

● 2차 점화 파형의 진단 요점

① 점화 요구 전압은 방전에 필요한 최저 전압으로 이 전압이 낮은 만큼 좋다고 할 수

② 가속 할 때는 실린더(cylinder)의 충진 효율은 올라가고 이에 따라 연소실 내에 압

축 압력도 상승하기 때문에 불꽃 방전은 그 만큼 어려워지게 된다. 따라서 점화 요구 전압도 상승하게 되고 냉간시에도 점화 플러그의 연료 오염 등으로 점화 요구 전압은 상승하게 된다.

③ 점화 코일의 능력을 판단하기 위하여는 점화 플러그에 코드를 1개 떼어 놓고 이때의 점화 요구 전압을 측정한다.

(2) 점화 수순

점화 2차 코일에 의해 발생되는 높은 점화 전압에 의해 축적 전기 에너지는 점화 플러그의 중심 전극을 통해 접지 전극으로 불꽃 방전을 개시하면 실린더(cylinder) 내의 혼합 가스는 다음과 같은 점화 수순에 의해 연소하기 시작한다.

● 점화 수순

① **점화 시작** : 점화 플러그의 중심 전극에서 접지 전극으로 불꽃이 튀는 단계
② **화염핵 발생** : 점화 플러그에 의한 불꽃에 의해 혼합 가스가 연소로 이어지기 바로 직후의 불의 한 종류를 말함
③ **화염핵 성장** : 소염 작용이라고 하며 화염핵이 연소를 위해 퍼져나가는 단계를 말함
④ **착화(연소)** : 혼합 가스가 화염핵 성장으로 실린더의 전 영역에서 연소하는 단계

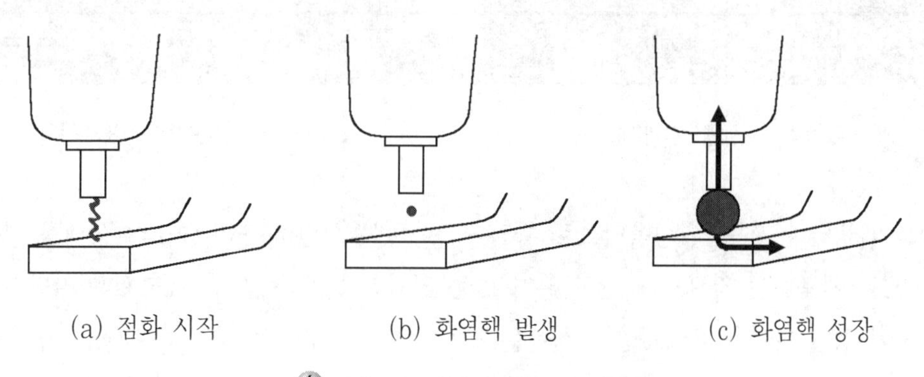

(a) 점화 시작　(b) 화염핵 발생　(c) 화염핵 성장

그림7-43 연소실 내의 점화 수순

여기서 소염 작용이란 화염핵이 성장하는 과정에서 전극에 의해 일부의 열을 흡수하게 되어 화염핵 성장을 억제하는 현상으로 나타나게 되는데 이것은 실린더 내의 혼합 가스와 착화 미스(miss)로 이어지게 되므로 차량의 운전 조건에 알맞은 점화 플러그를 선택하는 것이 좋다. 불꽃 방전은 전극이 좁고 가는 만큼 낮은 점화 전압으로도 불꽃을 발생할 수

있어서 비화성은 향상되나 반면에 착화성은 전극이 넓은 만큼 향상된다.

★ **비화성** : 점화 플러그의 전극에서 얼마나 불꽃이 잘 일어나는가를 나타내는 정도
★ **착화성** : 점화 플러그에서 발생하는 불꽃 방전이 실린더 내의 혼합 가스와 잘 연소로 이어지느냐를 나타내는 정도

2. 점화 파형 보는 법

(1) 점화 파형 보는 법

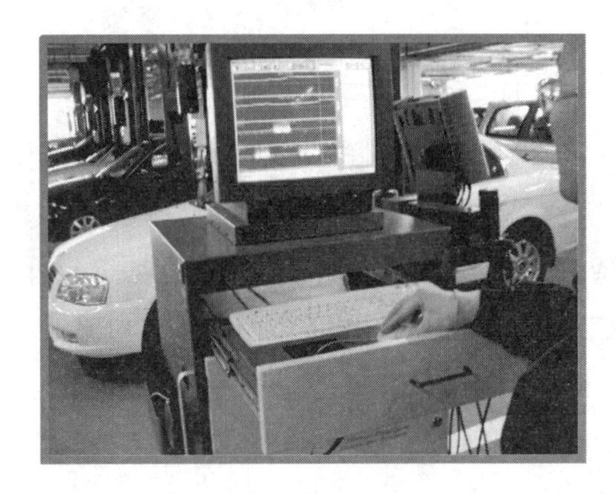

사진7-47 진단장비(HIDS)

사진7-48 진단장비의 표지 장치

점화 파형을 본다는 것은 육안으로 확인 할 수 없는 실린더 내의 연소실 상태를 전기적인 신호로 관측하는 것으로 대단히 흥미 있는 일이라 하겠다. 엔진 스코프나 진단기기를 이용하여 점화 파형을 표시하는 방식에는 직렬 파형(display), 병렬 파형(raster), 중합 파형(super impose)의 3가지 디스플레이 모델(display model)을 사용 한다.

직렬 파형(display)의 경우는 각 실린더의 파형이 1 → 3 → 4 → 2 순으로 직렬로 나타낸 파형으로 실린더의 모든 기통에서 발생하는 점화 파형을 한눈에 볼 수 있어 점화 전압의 밸런스(balance) 상태를 점검하는데 유용하다. 이것은 점화 플러그의 불꽃 방전 상태를 점화 전압으로 비교하여 봄으로서 이상여부를 확인 할 수 있어 좋다.

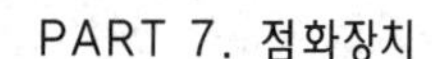

반면 병렬 파형의 경우에는 같은 파형으로 실린더의 각각에 대해 연소 상태를 비교하는데 편리하므로 점화 2차 회로를 점검하는데 유용하다. 이 모델은 실린더의 하나이 문제인지, 실린더 전부의 문제인지를 한눈에 비교 할 수 있어 좋다.

중합 파형(super impose)은 각 실린더의 파형을 중복(overlap)시켜 보는 파형으로 파형의 중복 상태를 관측하여 봄으로서 디스트리뷰터의 캠(cam)의 마모 상태, 타이밍 체인의 이상 유무를 쉽게 발견 할 수 있는 이점이 있다.

● **직렬 파형으로 점검하기 유용한 항목**

① 시동시 점화 코일의 출력　　② 점화 플러그의 요구 전압
③ 점화 코일의 극성　　④ 주행시 점화 코일의 출력
⑤ 점화 플러그의 점화 전압　　⑥ 점화 2차 회로의 절연 상태

● **병렬 파형으로 점검하기 유용한 항목**

① 점화 2차 회로의 작동 상태
② 점화 코일과 콘덴서의 양부
③ 디스트리뷰터 내의 접점 또는 파워 TR의 동작 상태

진단 장비의 디스플레이(display)는 장비에 따라 다르지만 사진(7-48)에 나타낸 것과 같이 가로측은 시간을 나타내며 세로측은 전압을 나타낸다. 점화 1차 회로를 측정 할 때는 0~25V 또는 0~50V 레인지(range)로 세트(set)시키며 점화 2차 회로를 측정 할 때는 0~25KV 또는 0~50KV 레인지로 세트하여 사용한다.

또한 엔진 튠업(engine tune up)장비의 경우에는 캠각(cam angle)을 확인하기 위하여 가로측은 백분율(%)로 표시하는 경우가 있는데 이것은 캠각 읽는 방법을 예를 들어 설명하면 4기통 엔진의 경우에는 캠각이 90°라는 것은 디스플레이 가로측이 100%를 의미한다.

따라서 캠각은 4기통 엔진의 경우에는 (360°/4기통) × 가로측 백분율(디스플레이 상에 표시된 백분율)로 구할 수 있다. 또한 6기통 엔진의 경우는 (360°/6기통) × 가로측 백분율(디스플레이 상에 표시된 백분율)로 구할 수 있다.

(2) 점화 파형을 이용하는 방법

● **크랭킹시 점화 코일 출력 시험**

점화 코일 출력 시험은 점화 코일 측의 고압 케이블을 디스트리뷰터(distributor)의 캡(cap)으로부터 떼어 어스(earth)가 되지 않도록 하고 크랭킹시 파형을 관측한다. 이때 개자로 점화 코일의 경우에는 2차 전압이 20 KV이상 이어야 하며 폐자로 코일의 경우에는 30KV 이상이어야 한다. 만일 측정값이 이 수치 이하로 나타나는 경우에는 다음을 예측 할 수 있다.

① 배터리(battery) 전압이 너무 낮은 경우
② 점화 스위치의 접촉 불량인 경우
③ 점화 1차 회로의 저항값이 너무 과다한 경우
④ 점화 코일이 불량인 경우

● **점화 코일의 극성 시험**

점화 코일의 극성이 틀리는 경우에도 시동은 가능하나 엔진이 힘이 없고 부조 현상을 나타나게 되며 점화 코일의 극성이 이상이 없는 경우에 점화 파형은 점화 전압이 상측 방향으로 뻗는 것을 관측 할 수 있다. 또한 역방향의 극성인 경우에는 점화 전압이 하측 방향으로 뻗는 것을 볼 수 있어 쉽게 알 수가 있다.

① 배터리(battery)의 극성이 역 배선된 경우
② 점화 1차 코일의 극성이 바뀌는 경우

● **점화 플러그의 점화 전압 시험**

점화 전압은 사용하는 점화 코일에 따라 차이는 있지만 통상 점화 전압은 5~15KV 로 점화 전압의 밸런스(balance), 점화 전압의 높고 낮음의 차는 3KV 이내이어야 한다.

이때 엔진의 회전수는 1200rpm 상태에서 관측하여야 한다.

○ 모든 실린더(cylinder)의 점화 전압이 높은 경우에는 다음 항목을 생각 할 수 있다

① 점화 플러그의 간극 과대 (마모 과대)
② 로터(rotor)와 캡의 전극간 간극 과대
③ 고압 케이블의 접촉 불량
④ 혼합비가 너무 낮은 경우

⑤ 점화시기가 너무 늦은 경우(ECU 사양 차량은 제외)

○ 모든 실린더(cylinder)의 점화 전압이 낮은 경우에는 다음 항목을 생각 할 수 있다

① 점화 플러그의 오염(전 플러그)

② 압축압이 낮은 경우(전 실린더)

③ 혼합비가 높은 경우(연료 비율이 높다)

④ 점화 2차 회로에 절연 불량이 있는 경우

○ 점화 전압의 밸런스(balance)차가 3㎸ 이상의 경우에는 다음 항목을 생각할 수 있다.

① 점화 플러그의 간극이 일정치 않을 때

② 압축압이 언-밸런스(unbalance)일 때

③ 로터와 전극간의 간극이 일정치 않을 때

④ 혼합비가 언-밸런스(unbalance)일 때

⑤ 고압 케이블의 단선인 경우

⑥ 진공이 누설되는 경우

● 점화 플러그의 점화 요구 전압 시험

점화 플러그의 점화 요구 전압 시험은 연소실 내의 점화 조건이 악조건일 때 확인하기가 쉬워 엔진을 급가속하여 점검 한다. 엔진을 급가속시 점화 전압이 차(급가속시 최고 전압과 최저 전압의 차)가 3㎸ 이내가 되지 않으면 안된다.

● 점화 코일의 출력 시험

점화 코일의 출력 시험은 엔진을 시동하여 엔진 회전수가 1200~500rpm 으로 일정하게 유지하고 점화 플러그의 고압 케이블을 1개 떼어 점화 파형 전압이 높게 나타나는 것을 확인한다. 이때 높게 나타난 점화 전압이 개자로 점화 코일의 경우에는 20KV 이상이면 양호하고 폐자로 점화 코일의 경우에는 30KV 이상이면 양호하다.

여기서 점화 코일 출력 시험 항목과 비교하는 것도 중요한 사항으로 이 차이가 5KV이상이면 디스트리뷰터의 캡, 로터, 고압 케이블의 노화를 의미하므로 크랭킹시와 시동 후 비교 측정 하여 보는 것도 잊어서는 안된다.

점화 장치 고장 점검

1. 점화 장치의 고장 점검 방법

자동차의 고장을 진단하는 방법에는 인체의 이상을 진단하는 방법과 마찬가지로 먼저 환자의 상태를 간단하게 확인하는 기본 진단과 환자의 상태를 정밀하게 진단하는 정밀 진단 방법이 있듯이 자동차에도 기본 진단과 본 진단이 있다. 이것은 기본 진단만으도 고장 개소 및 원인을 쉽게 발견 할 수 있을 뿐만 아니라 정확하며 규범 진단으로도 활용 할 수 있기 때문이다.

필자의 경험으로는 자동차의 기본 점검만으로도 본 진단이 아니더라도 80~90%는 고장 개소를 확인할 수 있는 것을 볼 수 있었다. 점화 계통의 기본 진단이라 하면 배터리(battery)의 전압 점검 및 IG(ignition)전압 점검, 점화 플러그에 불꽃이 튀기는지 여부를 점검하는 것이 기본 진단이라 하겠다. 특히 ECU(전자 제어 장치) 제어 방식인 경우에는 점화 신호를 크랭크 각 센서(crank angle sensor)를 기준으로 하고 있어 크랭크 각 센서(crank angle sensor)의 입력 신호와 인히비터 스위치(inhibitor switch)를 점검하는 것은 빼 놓을 수 없는 기본 점검 항목이라 하겠다.

(1) 시동 불능의 점검

① 엔진이 크랭킹(cranking)은 하는데 시동이 걸리지 않는 경우에는 연료 계통과 점화 계통을 나누어서 생각 해 볼 수 있다. 점화 계통의 진단을 살펴보면 크랭킹을 한다는 것은 배터리(battery)는 이상이 없는 것으로 판단되지만 점화시 필요한 점화 전압이 낮은 경우에는 착화 미스(miss)로 이어질 수가 있어 배터리의 전압 보다 크랭킹시 IG(ignition)전압을 확인하는 것이 중요하다. 이때 IG전압은 반드시 점화 코일의 +(플러스) 단자에서 측정하여야 하며 이 IG 전압은 크랭킹시 9V 이상 이어야 한다. 배터리는 정상임에도 불구하고 크랭킹시 전압이 9V 이하라면 점화 스위치의 커넥터 및 스위치의 접점의 접촉 불량에 기인한 것으로 판단 할 수 있다.

② 또한 점화 계통의 기본 점검을 하는 요령으로서는 타이밍 라이트(timing light)를 이용하는 방법이 있다. 이 방법은 크랭킹(cranking)시 타이밍 라이트의 불빛이 번

적이는 것을 통해 점화 회로에는 이상이 없는 것으로 예측 할 수 있다.

만일 타이밍 라이트(timing light)가 없는 경우에는 점화 플러그를 1개를 뽑아 차량의 차체(body)에 어스(earth)가 되지 않도록 약 10mm 정도 이격하여 놓고 엔진을 크랭킹하여 점화 불꽃을 확인하여 보아도 좋다.

만일 불꽃이 튀지 않는 경우에는 멀티 테스터(multi tester)를 이용하여 크랭킹 시 IG 전압을 확인하고 IG 전압이 이상이 없는 경우에는 그림 (7-44)의 회로에서 점화 스위치가 ON상태에서 점화 코일의 －(마이너스) 단자측(C점)의 전압을 측정하여 배터리 전압이 확인이 되면 점화 1차 코일은 이상이 없는 것으로 판단 할 수 있다.

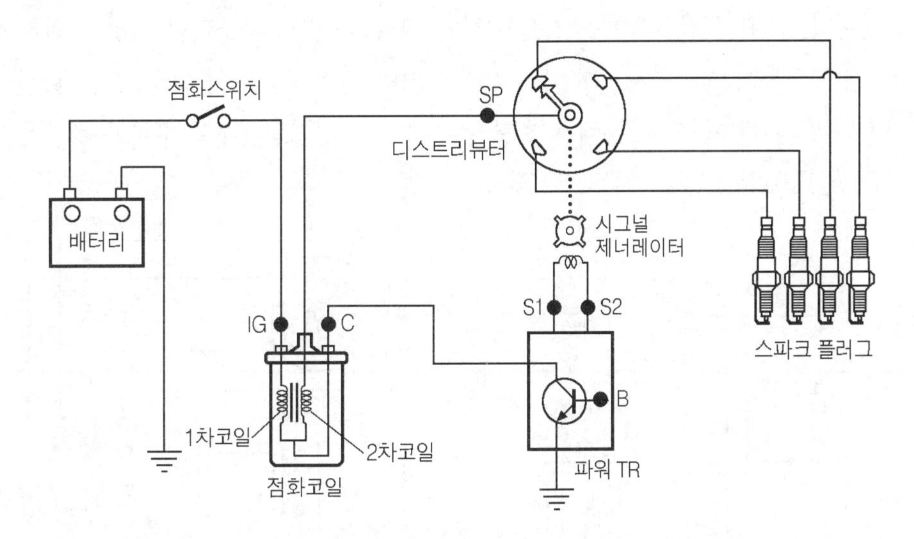

그림7-44 시그널 제너레이터식 점화장치 회로

③ 다음은 점화 코일의 －(마이너스) 단자측(C점)에 점퍼선(jumper선)을 연결하고 다른 점퍼선 한 끝을(body)의 어스(earth)에 붙었다 떼었다를 반복 하였을 때 스파크 플러스에서 불꽃 방전이 일어나는 것을 확인한다. 즉 이 과정은 파워 TR대신 점퍼선을 통해 스위칭(switching)하여 봄으로써 점화 2차 회로의 이상 유무를 점검하는 방법으로 현장감이 뛰어난 점검 방법이라 하겠다.

④ 만일 스파크 플러그에 불꽃 방전이 일어나지 않는다면 시그널 제너레이터식 점화 방식의 경우에는 파워 TR 및 시그널 제너레이터(signal generator)이상을 예상 할

수 있다. 이에 반해 ECU(전자 제어 장치) 제어 방식의 점화 장치에서는 파워 TR 및 크랭크 각 센서의 입력 신호, ECU(컴퓨터)의 이상을 예상 할 수 있다.

⑤ 파워 TR의 점검은 무엇보다도 파워 TR의 베이스(base) 신호 전압을 오실로스코프(oscilloscope)를 통해 파형을 측정하여 보는 것이 좋겠지만 오실로스코프가 없는 경우에는 멀티 테스터 또는 LED(light emitted diode)형 체크 램프를 이용하여 점검하여도 쉽게 점검이 가능하다. 먼저 시그널 제너레이터(signal generator)식 점화 장치인 경우에는 멀티 테스트의 레인지(range)를 × 1Ω 렌지에 선택하고 시그널 제너레이터의 픽업 코일(pick up coil)의 저항을 측정하여 130~200Ω(자동차 메이커 마다 다소 차이가 있을 수 있음) 사이이면 시그널 제너레이터의 코일은 정상이다. 파워 TR의 베이스 전압(B점의 전압)을 멀티 테스터의 전압 레인지에 위치하고 크랭킹(cranking)시 아날로그 미터인 경우에는 지침의 진동을 확인하고, 디지털 멀티 테스터인 경우에는 측정된 수치가 약 2.5±1.0V의 수치가 증감을 하는 것을 확인한다.

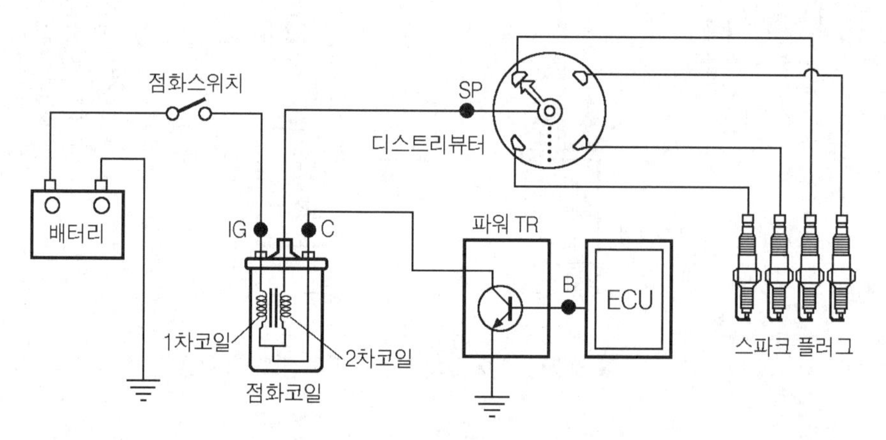

그림7-45 ECU 제어식 점화장치 회로

LED(light emitted diode)형 테스터 램프를 이용하는 경우에는 테스터의 프로브를 파워 TR의 컬렉터(collector) 단자(C점)에 접속하고 LED(발광 다이오드)가 크랭킹시 점멸을 하는 가를 확인하면 쉽게 점검 할 수도 있다.

사진7-49 노이즈 필터

사진7-50 디스트리뷰터의 고압 케이블

(2) 엔진 부조의 점검

사진7-51 점화 코일

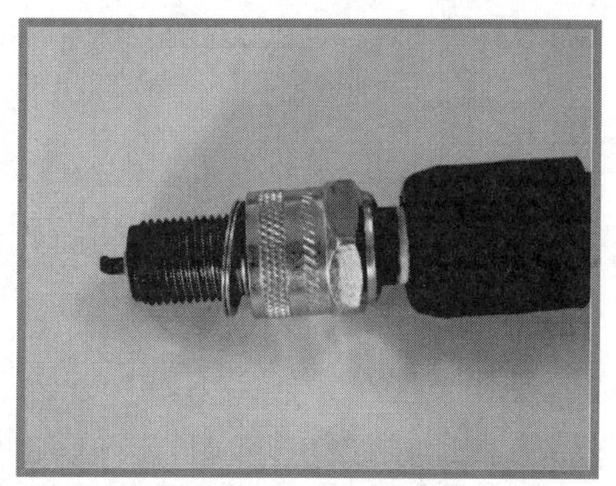

사진7-52 점화 플러그

① 엔진이 부조를 하는 경우에는 연료 계통과 점화 계통 및 기계적 계통의 결함을 들 수 있는데 여기서는 연료 계통과 기계적 계통의 결함이 없다고 가정하자. 점화 계통의 엔진 부조의 경우에는 아이들(idle)상태에서 엔진 부조와 가속시 및 고부하시 엔진 부조 현상, 그리고 냉간시 및 열간시 엔진 부조 현상으로 나누어 생각할 수 있다.

점화계의 결함에 의한 엔진 부조 현상은 점화 2차 회로에서 발생하는 고압의 전기 에너지가 점화 플러그의 불꽃 방전을 통해 연소실 내의 혼합 가스가 충분히 착화 되지 않는 현상으로 기인하기 때문에 앞서 기술한 단순한 점화 회로 점검으로는 정확

히 판단할 수가 없다. 따라서 점화계의 엔진 부조 현상인 경우에는 먼저 점화 플러그를 탈착하여 점화 플러그의 그을림 상태로 엔진의 연소 상태 및 에어 갭(air gap)의 마모 상태를 확인하여 보는 기본 점검이 중요하다 하겠다.

② 점화 플러그의 전극 부위의 그을림이 다갈색을 띠는 경우에는 압축 및 혼합 가스, 그리고 점화 플러그의 불꽃 방전은 양호하다고 볼 수 있다. 전극 부위의 발화부가 백색을 띠는 경우에는 과연소 상태를 나타내며 냉각 계통 및 점화시기를 점검하여야 한다. 점화 플러그가 모두 정상인데 1개만 백색 빛을 띠는 경우에는 점화 플러그의 체결 토크(torque) 부족 및 체결부의 오염에 의해 열이 바깥으로 빠져나가는 것을 방해하는 경우가 많고. 점화 플러그의 전극 부위의 그을림이 검은색을 띠는 경우에는 혼합 가스의 혼합비가 과농한 상태로 볼 수 있으므로 이 경우에는 냉각 수온 센서 및 압축 압력, 엔진 오일의 소모 상태를 점검하여야 한다.

혼합비가 과농한 상태의 경우는 퇴적물은 검은 검댕이 형태의 퇴적물이 쌓이지만 엔진 오일의 소모에 의한 퇴적물은 약간 딱딱한 퇴적물이 쌓이는 것이 다르기 때문에 자세히 살펴보면 엔진 오일의 연소에 의한 퇴적물과 구분 할 수 있다.

③ 점화 플러그의 전극 간극은 자동차의 종류(메이커의 정비 지침서 참조)에 따라 다소 차이는 있지만 일반적으로 개자로 점화 코일의 점화 방식에서는 약 0.8 ± 0.1㎜ 정도이고, 폐자로 점화 코일 방식인 경우는 1.0~1.1㎜ 정도이다.

④ 이렇게 점화 플러그를 점검하여 이상이 없는 경우에는 점화 2차 회로를 점검한다. 점화 2차 회로는 점화 코일의 능력 및 2차 회로의 누설 전류를 점검한다. 점화 코일의 출력은 진단 기기를 이용하여 앞서 설명한 점화 파형을 통해 점검할 수도 있지만 만일 진단 기기가 없는 경우에는 간이 점검하는 방법으로도 점검할 수가 있다.

이 방법은 점화 플러그의 전극 간격을 그림(7-46)과 같이 약 20mm 정도로 별도로 자작하여 설치하고 시동시 점화 플러그의 전극에서 불꽃 방전을 확인하면 점화 코일은 정상으로 판

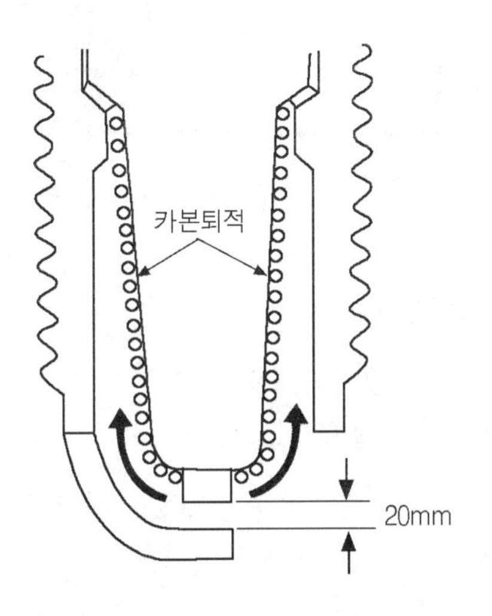

그림7-46 점화플러그의 시험용 간극

단 할 수 있다.

⑤ 점화 코일의 출력 시험에 이상이 없는 경우에는 디스트리뷰터(distributor)의 캡(cap)을 제거하고 먼저 육안 점검한다.

디스트리뷰터의 캡이 전극에 연소 찌꺼기가 끼어 있는 경우는 드라이버를 이용하여 찌꺼기를 제거하고 로터 암(rotor arm)과 전극의 간극을 점검하여 0.8 ± 0.2㎜ 범주에 있는 것을 확인한다. 또한 디스트리뷰터 캡의 중심 전극을 손으로 가볍게 눌러 로터 암과 접촉 할 수 있는 텐션(tension)이 있는 지를 확인한다. 캡의 균열 및 리크(leak)의 흔적이 있는 지도 눈으로 확인하여 균열 및 리크의 흔적이 있는 경우에는 새것으로 교환하는 것이 좋다.

⑥ 다음은 고압 케이블의 양부를 점검하여야 하는데 고압 케이블의 리크(leak)에 의한 현상은 고압 케이블의 저항 측정만으로는 불가 하므로 고압 케이블의 절연 테스트를 하여야 한다. 고압 케이블의 절연 테스터가 없는 경우에는 엔진이 시동이 걸린 상태에서 고압 케이블을 하나씩 제거하는 간이 점검 방법으로도 가능하다.

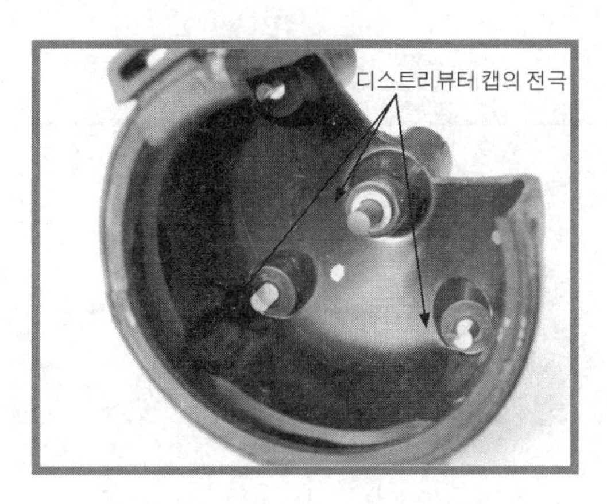

사진7-53 디스트리뷰터 캡의 전극

08 계기장치

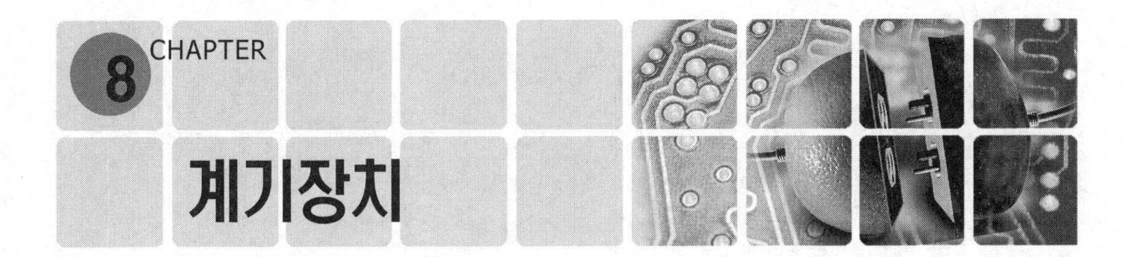

8 CHAPTER

계기장치

1 계기의 종류와 원리

1. 계기의 종류와 구조

자동차 계기 장치는 차량의 주행 상태 및 운행에 필요한 여러 가지 주요 시스템의 작동에 대한 정보를 운행중 계기 장치를 통해 인식할 수 있도록 지시하여 주는 종합 상황 장치이다. 이 장치는 운전자가 안전하게 운행 할 수 있도록 차량의 주행 상태를 지시하고 주요 장치의 결함을 미리 경고하는 기능을 갖고 있다. 계기 장치를 기능적인 요소로 구분하여 보면 시스템의 이상 유무를 알려 주는 경고 표시등과 주행에 필요한 정보를 제공하는 지시 장치로 구분하여 볼 수 있다. 표시등에는 주요 장치의 이상 유무 점검을 알려주는 경고 표시등과 안전 운행에 필요한 정보를 제공하는 표시등으로 구분 할 수 있으며 경고등에는 다음과 같은 종류가 사용되고 있다.

사진8-1 차량에 장착된 계기판

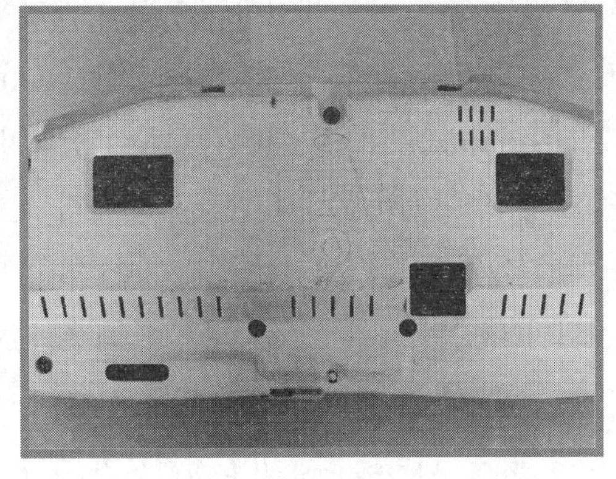

사진8-2 계기판 후면

★ 경고등의 종류

① 엔진 오일 압력 경고등	⑦ 전조등 및 제동등 단선 경고등
② 엔진 체크 경고등	⑧ 안전 벨트 미착용 경고등
③ 연료 잔량 경고등	⑨ 도어 열림 경고등
④ 충전 경고등	⑩ 타이어 공기압 경고등
⑤ 브레이크 오일량 경고등	⑪ ABS 경고등
⑥ 파킹 브레이크 제동 경고등	⑫ ECS 경고등

주행에 필요한 정보를 제공하는 지시(계기) 장치에는 차량의 주행 속도를 나타내는 속도계, 엔진의 회전수를 나타내는 태코미터(tachometer), 엔진의 냉각수 온도를 나타내는 수온계, 연료의 잔량을 나타내는 연로 게이지(gauge), 엔진의 오일 압력을 나타내는 오일 압력 게이지 등이 사용되고 있다.

★ 계기류의 종류

① 속도 미터(speed meter)	⑥ 거리계(odometer)
② 태코미터(engine tachometer)	⑦ 회전력계(torque meter)
③ 수온계(water temperature gauge)	⑧ 전압계(voltage meter)
④ 연료계(fuel gauge)	⑨ 전류계(ampere meter)
⑤ 유압계(oil pressure gauge)	⑩ 연비계(fuel rate gauge)

이와 같은 계기 장치에는 크게 나누어 아날로그 계기 장치(analog cluster)와 디지털 계기 장치가 적용되고 있다. 아날로그 계기 장치의 종류로는 일반적으로 가장 많이 사용되고 있는 교차 코일 방식과 컴퓨터의 제어에 의한 스텝 모터(step motor) 방식이 사용되고, 디지털 계기 장치로는 VFD(vacuum fluorescent display) 표시 방식과 LCD(liquid crystal display) 표시 방식이 사용되고 있다. 아날로그 계기 장치는 디지털 계기 장치에 비교하여 가격이 비교적 저렴하고 표시의 지침이 연속성을 가지고 있어 기계의 감응에 대한 인간이 친밀성이 좋다. 또한 고장시 부분 교체가 가능한 장점을 가지고 있어 디지털 계기 장치보다 많이 사용하고 있는 반면 디지털 계기 장치는 여러 가지 단점에도 불구하고 현대적 감각 미를 살릴 수 있고 무엇보다 측정된 정보를 컴퓨터가 연산하여 숫자로 나타낼 수 있어 정확도가 우수한 장점을 가지고 있다.

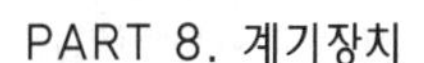

최근에는 디지털 계기 장치의 장점과 아날로그 계기 장치의 장점을 살려 전자 제어가 가능하고 정확도가 우수한 아날로그식 형태인 스텝 모터(step motor) 방식의 계기 장치가 적용되고 있다.

현재 널리 사용되고 있는 아날로그 계기의 장단점을 비교하여 보면 표(8-1)과 같다. 교차 코일 방식은 비교적 가격이 저렴한 반면 성능이 우수하여 널리 사용되고 있으며 스텝 모터(step motor) 방식은 가격은 비교적 고가이고 고장시 부분 교체가 어려운 단점은 가지고 있으나 시인성이 뛰어나고 정밀도가 우수한 특징을 가지고 있다. 따라서 스텝 모터 방식은 지시각도 우수하고 정확하여 앞으로 보급 확대가 예상 된다.

[표8-1] 아날로그 계기의 비교

구　　분	바이메탈 방식	교차코일 방식	스텝모터방식
가　격	저 렴	비교적 저렴	비교적 고가
정 확 도	낮 다	비교적 우수	매우 우수
내 구 성	우 수	우 수	우 수
시 인 성	보 통	좋 다	매우 좋다
지 시 각 도	낮 다	넓 다	매우 넓다
전압 조정기	필요하다	필요 없음	필요 없음

사진(8-3)은 일반적인 차량에 사용되고 있는 아날로그 계기 장치의 전면부 렌즈(lens)를 제거한 사진을 나타낸 것이다.

사진8-3 계기판 전면부

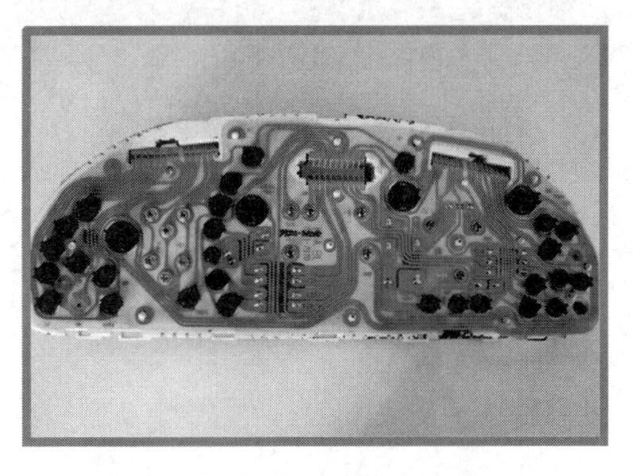

사진8-4 계기판 후면 flexible PCB

이 계기판의 구조는 사진(8-5)와 같이 전면부에 렌즈(lens)와 렌즈를 고정하는 판넬 링(panel ring)이 있고 후면에는 운전자에 각종 정보를 전구의 불빛을 투시하여 컬러(color)로 보여 주는 마스크(mask)가 부착되어 있어서 계기장치의 미적인 감각을 살려 주는 구조로 되어 있다.

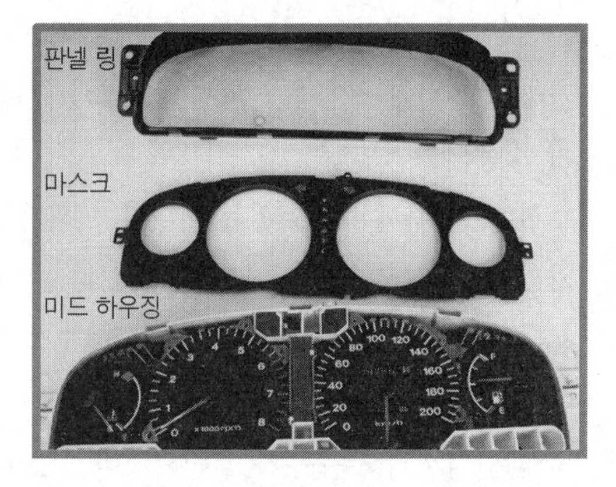

사진8-5

계기 장치의 후면부에는 사진(8-2)와 같이 전기 회로 물을 보호하기 위해 리어 커버(rear cover)가 부착 되어 있다 이 리어 커버를 제거하면 사진(8-4)와 같이 각종 전기 신호를 전달하는 절연 수지로 만들어진 PCB(print circuti board), 플렉시블 PCB가 부착되어 있어 각종 입력 신호를 경고등과 조명 등, 계기류 등에 연결하여 주고 있다. 사진(8-6)은 여러 가지 계기 중 스피드 미터의 계기 단품 만을 탈차하여 놓은 것이며, 사진(8-7)은 스텝 모터 방식의 계기 장치 중 PCB에 부착된 스텝 모터(step motor)를 보여주고 있다.

사진8-6 스피드미터 Ass'y

사진8-7 스텝 모터 방식

2. 계기의 동작 원리

(1) 바이메탈식 계기

바이메탈(bimetal)식 계기는 2종의 서로 다른 금속의 열팽창 계수를 이용한 계기로 그 구조와 동작 원리가 비교적 간단하여 종래에는 많이 적용하여 왔으나 지시 각도가 작고 전압 변화에 대한 오차로 현재에는 거의 사용하지 않고 있는 계기이다.

바이메탈(bimetal) 계기의 구조는 기본적으로 그림(8-1)과 같이 바이메탈을 이용한 계기부와 전압 변동에 의해 계기의 오차가 일어나는 것을 방지하기 위한 전압 레귤레이터(voltage regulator)부로 나누어지며 계기부에는 연료의 잔량 정보를 보내주는 센더(sender)부로 구성되어 있다.

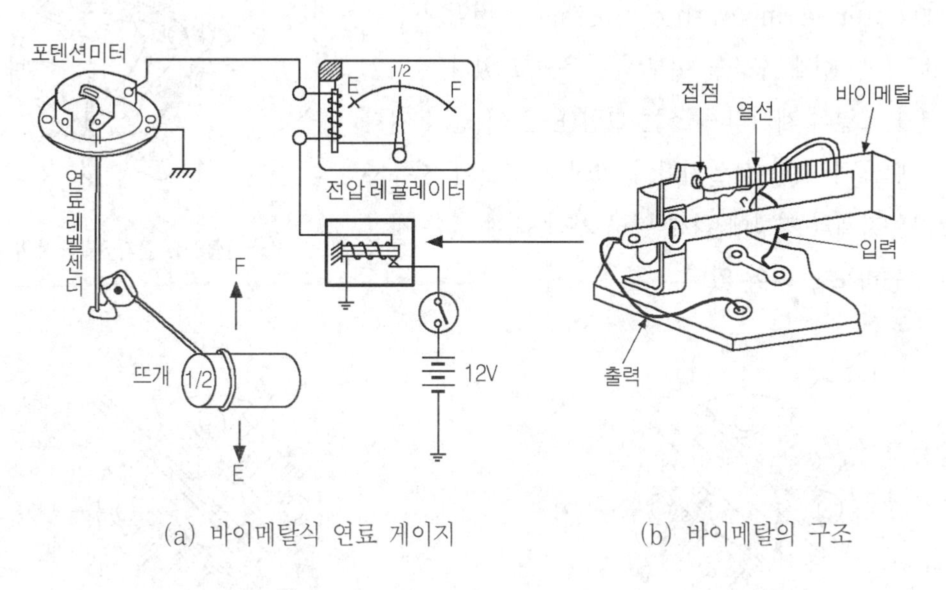

(a) 바이메탈식 연료 게이지

(b) 바이메탈의 구조

그림8-1 바이메탈 저항식 연료 게이지

그림(8-1)에 나타낸 것과 같이 게이지(gauge)의 동작 원리는 점화 스위치를 ON시키면 배터리로부터 공급된 전원은 전압 레귤레이터의 접점을 통해 계기부의 바이메탈 열선을 거쳐 연료 잔량 정보를 보내주는 포텐쇼미터(potention meter)로 전류가 흐르게 된다. 이 때 연료가 작은 경우에는 포텐쇼미터 저항값은 증가하게 되고 계기부로 흐르는 열선의 전류는 작아진다. 열선에 흐르는 전류가 작아지면 계기부의 바이메탈 휨 정도는 작

아지게 되고 지침은 E(empty)측을 지시하게 된다. 반대로 연료가 많은 경우에는 포텐숀미터(potention meter)의 저항값이 감소하여 열선에 흐르는 전류는 증가하게 되고 계기부의 바이메탈(bimetal) 휨 정도는 증가하여 즉 전원 전압의 변동에 따라 전압 레귤레이터(voltage regulator)의 바이메탈 접점이 ON, OFF을 반복하여 계기부에 지시치가 전압 변동에 의해 변화하는 것을 방지하고 있는 방식이다.

(2) 교차 코일식 계기

교차 코일식 계기는 종래의 바이메탈(bimetal) 방식에 비해 지침의 지시 각도가 넓고 시인성이 우수하며 주위 온도 변화에 영향을 받지 않아 전압 레귤레이터가 필요가 없다는 장점 때문에 계기판 내에 속도계(speed meter), 엔진 회전계(engine tacho-meter), 연료계(fuel gauge), 수온계(water tempurature meter), 전압계(volt meter) 등 현재 주종을 이루며 사용되고 있다.

교차 코일식 계기의 구조는 그림(8-2)와 같이 계기 내부에 교차 코일이 설치되어 있어서 코일에 전류가 흐르면 자계의 영향에 의해 영구 자석 축에 있는 지침이 구동하도록 되어 있다.

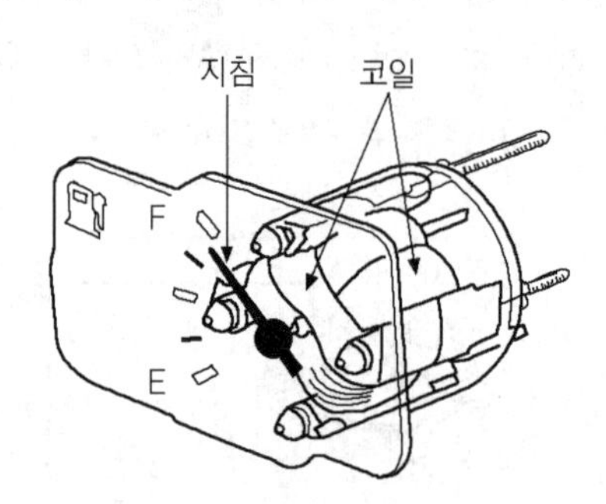

그림8-2 교차코일식 계기

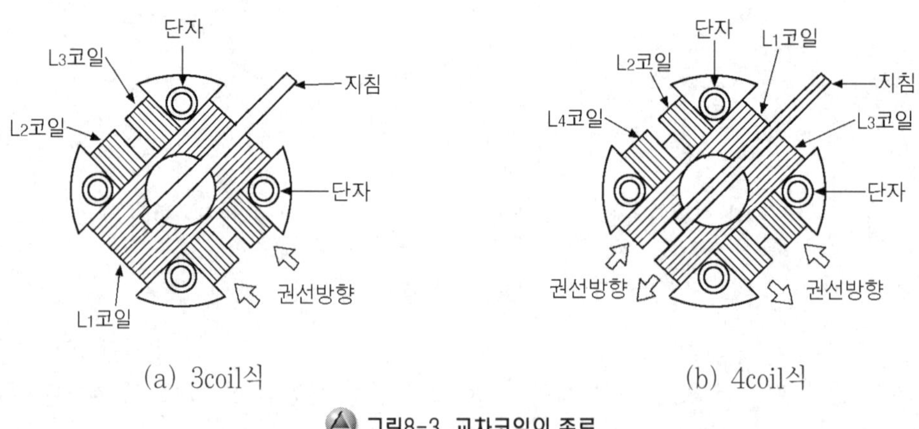

(a) 3coil식 (b) 4coil식

그림8-3 교차코일의 종류

교차 코일의 종류에는 2코일 방식, 3코일 방식과 4코일 방식을 사용하고 있다. 교차 코일 내부에는 계기의 종류에 따라 서로 교차하여 감은 코일이 2개, 3개, 4개가 있다. 이들

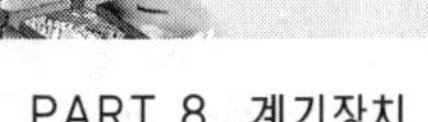
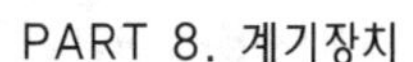

코일 들은 2코일 방식인 경우에는 L_1과 L_2 코일이 서로 교차한 형식으로 되어 있으며 3코일 방식인 경우에는 L_2와 L_3 코일이 권선 방향이 서로 반대이며 L_2와 L_3코일을 L_1 코일이 교차한 형식으로 되어 있다. 또한 4코일 방식인 경우에는 L_1과 L_3코일이 권선 방향이 서로 반대이며 L_2와 L_4코일이 권선 방향이 서로 반대로 되어 L_1과 L_3코일을 L_2와 L_4코일이 서로 교차하는 형식으로 되어 있다.

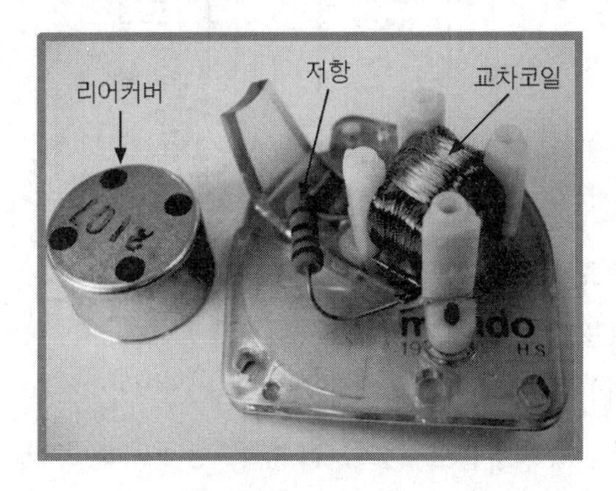

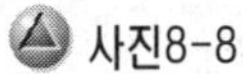
사진8-8

사진8-9 교차코일의 후면

교차 코일 방식의 내부 구조는 그림(8-4)와 같이 리어 커버를 제거하면 위측 하우징과 아래 하측 하우징 틀에 교차코일을 감은 틀이 있고, 이 틀 중앙에 지침축이 삽입된 구조로 되어 있다.

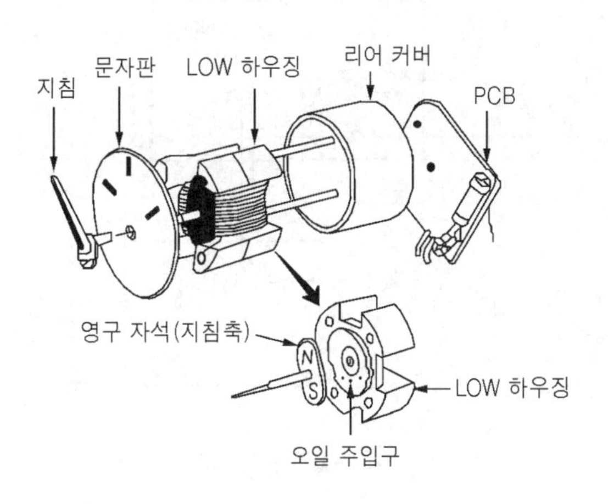

그림8-4 교차코일식 계기 구조

이 지침축에는 영구 자석을 두어 코일의 전류 자계에 의해 영구 자석이 움직이도록 하고 있다. 또한 교차 코일 계기의 후면에는 미터(meter)와 입력 정보 신호가 정합 될 수 있도록 그림(8-5)와 같은 제어 회로를 만들어 놓은 PCB(인쇄 회로 기판)이 설치되어 있어서 교차 코일의 지침이 측정된 값을 지시하도록 되어 있다.

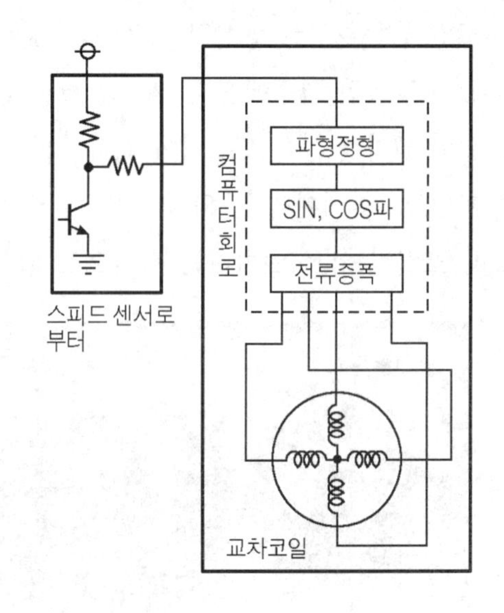

그림8-5 스피드미터 회로

이 회로의 기본적인 작동은 스피드 센서(speed sensor)로부터 입력 된 차속 신호는 계기판 내의 파형 정형 회로를 통해 파형을 정형하고 정형된 파형은 사인파, 코사인파(SIN, COS파)를 생성하는 회로를 통해 신호를 출력한다.

이 출력된 값은 교차 코일을 구동 할 수 있도록 전류값을 증폭하여 교차 코일로 출력 하도록 하고 있다. 이렇게 출력된 값은 코일 축의 지침이 자계의 영향에 의해 지시 하도록 하고 있다.

그림(8-6)은 교차 코일 방식의 연료 게이지의 회로를 나타낸 것으로 여기서 사용한 연료 게이지(fuel gauge)는 3코일(coil) 방식을 사용하고 있다.

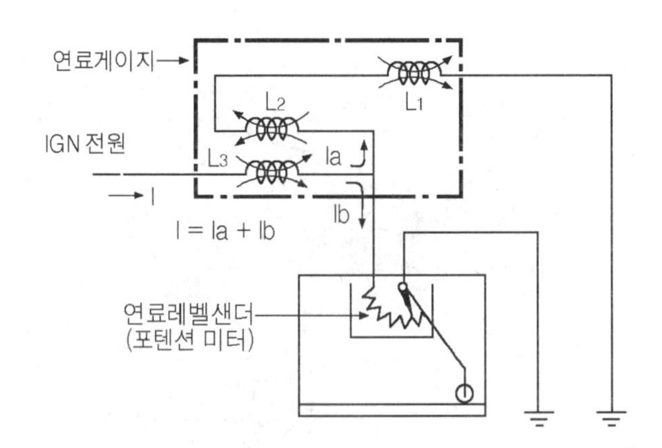

그림8-6 교차 코일식 작동 회로(예)

이 게이지(gauge)의 동작 원리는 먼저 연료 탱크 내에 연료가 줄어 뜨게의 위치가 바닥으로 내려가면 연료 레벨 센더(포텐쇼미터)의 저항값은 증가하게 돼 연료 레벨 센더(포텐쇼미터)를 통해 흐르는 전류는 감소하게 된다. 여기서 연료 레벨 센더로 흐르는 전류를 Ib 라 하고 L_2와 L_1 코일 통해 흐르는 전류를 Ia 라 하면 전체 전류는 I = Ia + Ib 로 나타낼 수 있다. 여기서 L_2, L_3코일의 권선 방향은 서로 역방향으로 되어 있어

자력선은 서로 상쇄하는 방향으로 작용하게 돼 자력선의 세기는 감소하게 되고 L_1 코일에서 발생하는 자력선의 세기는 증가하게 돼 결국 L_2, L_3코일에서 발생한 감소 자계와 L_1 코일에서 발생한 증가 자계의 합성 자계는 지침이 이동을 E(empty) 측으로 이동하게 자계를 만들게 된다.

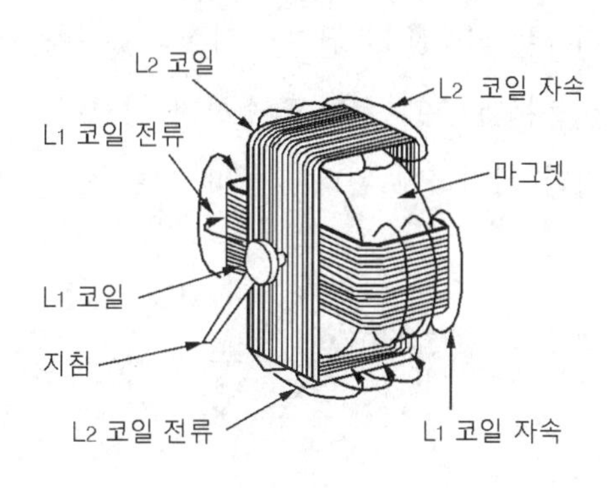

그림8-7 교차코일의 전류

반대로 연료 탱크 내에 연료가 가득 있어 연료 레벨 센더(포텐쇼미터)의 뜨개 위치가 상승하게 되면 연료 레벨 센더(포텐쇼미터)의 저항 값은 감소하게 되고 포텐쇼미터(potention meter)로 흐르는 전류는 증가하게 된다. 이 때에는 L_3와 L_2, L_1 코일은 병렬로 되어 있어 L_3측으로 흐르는 Ib 전류는 증가하게 되고 L_3코일에서 발생하는 자력선의 세기는 증가하게 되고 L_1 코일에서 발생하는 자력선의 세기는 감소하게 돼 결국 L_3, L_2코일에서 발생한 증가한 자계와 L_1 코일에서 발생한 감소한 자계의 합성 자계는 지침이 이동을 F(full)측 눈금으로 이동하도록 합성 자계를 발생하게 된다. 이와 같이 교차 코일식 미터는 전류값에 따라 교차 코일의 합성자계에 의해 지침이 움직이도록 하는 구조를 갖고 있어 여러 가지 용도의 미터로 적용하고 있다.

다음은 교차 코일 방식의 스피드 미터(speed meter) 동작 원리를 살펴보면 먼저 스피드 센서(speed sensor)의 출력 신호는 펄스파(pulse wave)를 출력하고 있어 이 신호로 교차 코일 방식의 미터를 구동하기 위하여는 차속 센서에서 출력 된 펄스파 신호를 그림(8-5)와 같이 파형 정형 회로를 통해 사인파 및 코사인파로 정형하여 교차 코일로 입력하여야 한다. 여기서 ECU(계기판 컴퓨터)는 입력된 차속 센서의 펄스파를 계수하여 전류의 크기와 방향을 결정하도록 사인파 및 코사인파로 출력하도록 하고 있다.

다시 말하면 교차 코일에 흐르는 전류의 최대 크기가 1(A)로 가정하면 차속이 0(km/h) 일 때는 L_1 코일에 흐르는 전류는 +1(A)가 되고 L_2 코일에 흐르는 전류는 0(A)가 된다. 이 때의 값은 그림(8-8)에 나타낸 것과 같이 차속이 0(km/h)일 때는 코일에 흐르는 전류를 회전각으로 볼 때 L_1 코일에 흐르는 전류는 cos 0° 와 L_2 코일에 흐르는 전류는 sin 0°가 된다. 차속이 증가하기 시작 하면 그림(8-8)과 같이 L_1 코일로 흐르는 전류는 1(A)로부터 감소하기 시작하고 L_2 코일로 흐르는 전류는 0(A)에서 1(A)로 증가하기 시작하게 된다. 이 때 그림(8-8)은 cos 45° 와 sin 45°가 되는 셈이다.

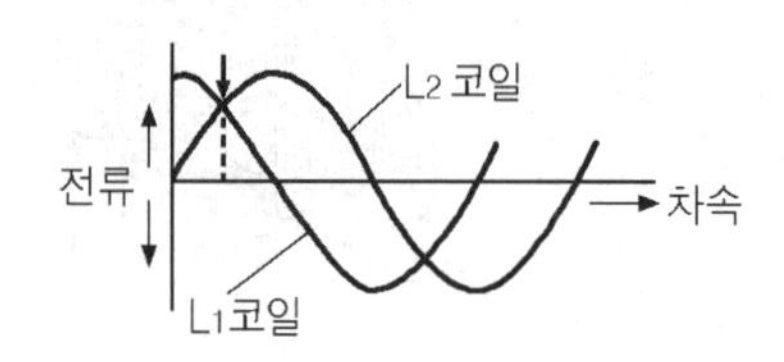

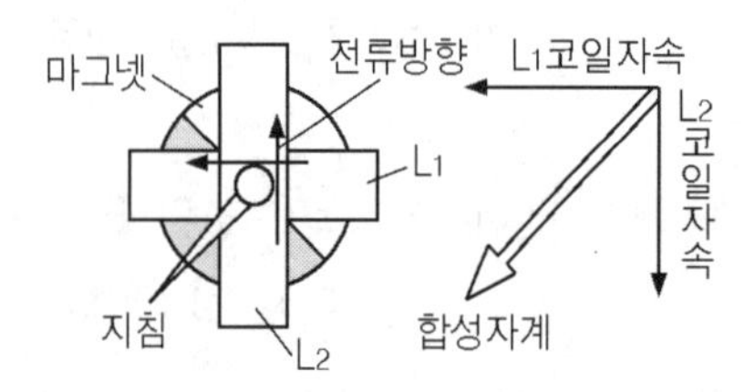

그림8-8 교차코일식 미터 작동원리(저속시)

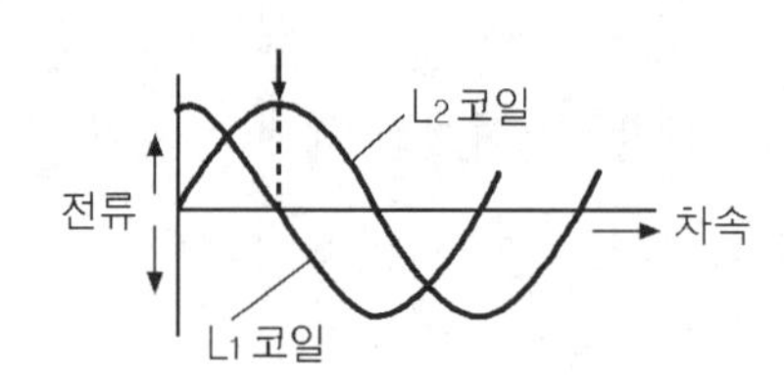

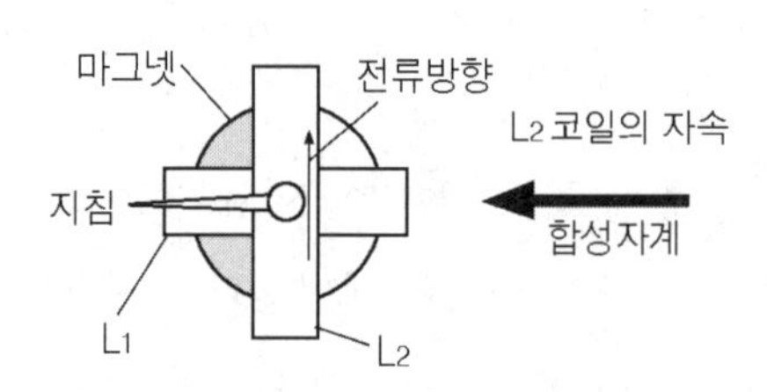

그림8-9 교차코일식 미터 작동원리(중속시)

이렇게 속도를 올리면 L_1 코일의 전류는 0(A)가 되고 L_2 코일의 전류는 1(A)가 된다. 코일에 흐르는 전류를 회전각으로 볼 때 그림(8-9)와 같이 L_1 코일에 흐르는 전류는 cos 90°와 L_2 코일에 흐르는 전류는 sin 90°가 된다. 즉 L_1 과 L_2 코일에 의해 만들어진 합성 자계는 90° 각을 이루어 미터의 지침은 표시되게 되는 것이다. 이렇게 차량이 속도를 증속하게 되면 그림(8-10)과 같이 L_1 코일과 L_2 코일의 전류의 증감에 의해 합성 자계는 변화하게 돼

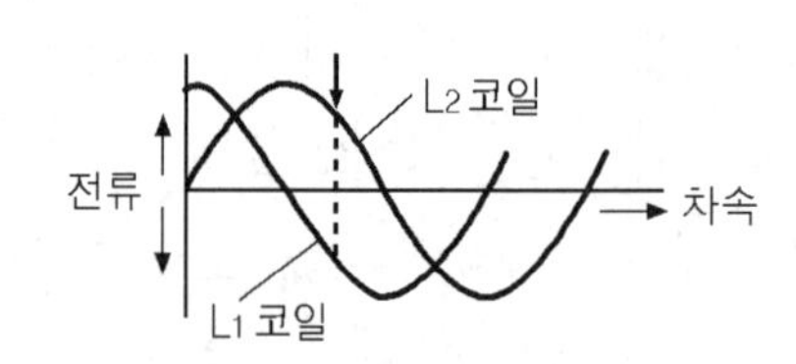

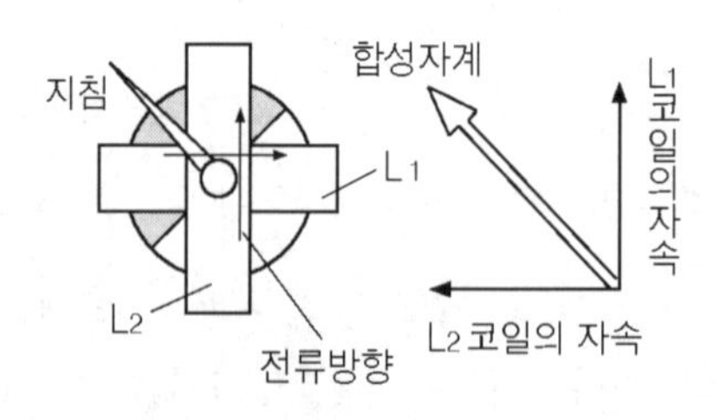

그림8-10 교차코일식 미터의 작동원리(고속시)

속도로서 나타날 수 있게 되는 것이다.

(3) 스텝 모터식 계기

스텝 모터(step motor)식 계기 장치는 아날로그 미터(analog meter)의 장점과 디지털 미터(digital meter)의 장점을 살린 전자 제어식 계기 장치로 교차 코일과 비교하여 스텝 모터의 제어를 마이크로 컴퓨터(micro computer)가 입력 정보를 받아 소프트웨어(software) 처리로 구동하며 계기의 지침을 스텝 모터로 회전시키기 때문에 지시 각도가 360° 까지 가능하며 교차 코일과 달리 지침의 응답 속도가 빠르다. 스텝 모터를 통해 지침을 회전시키고 있어 정확도가 뛰어나며 진동에 의한 지시 오차가 안정적이다.

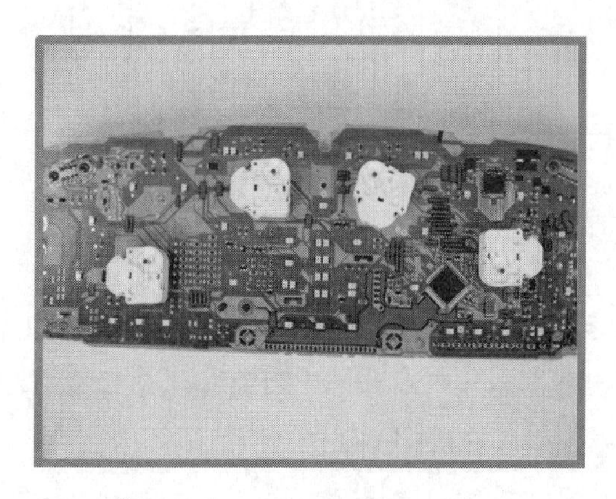

사진8-10 스텝 모터식 계기판 PCB

사진8-11 스텝 모터

또한 계기의 선형성이 우수하며 유니폴러 권선 방식의 스텝 모터를 사용하여 회전 토크(torque)가 비교적 작아도 되는 곳에 적합하도록 하여 소형화가 가능한 장점을 가지고 있다.

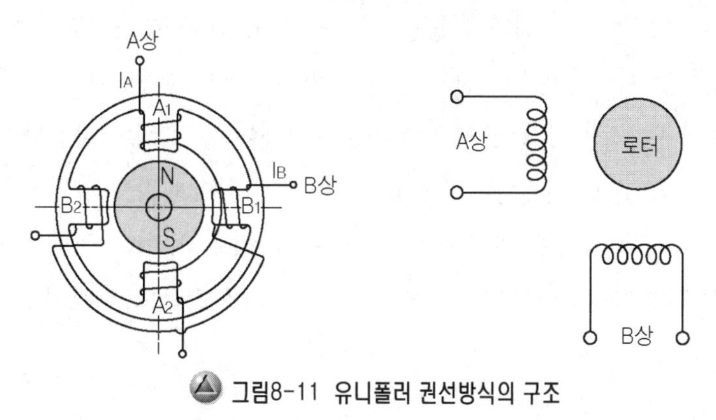

그림8-11 유니폴러 권선방식의 구조

스텝 모터(step motor)식 계기의 동작은 입력 신호가 아날로그 신호인 경우 계기판 내부의 A/D 컨버터(analog to digital convertor) 회로를 통해 디지털 신호로 변환하여 컴퓨터로 입력 한다. 이 신호는 연산하여 미리 설정된 데이터 신호(data signal)로 그림(8-12)와 같이 출력 하여 스텝 모터를 구동하게 된다. A상의 필드 코일(계자 코일)에 전류가 흐르면 B상의 필드 코일(계자 코일)에는 전류가 흐르지 않고 A상의 필드 코일에 전류가 흐르지 않으면 B상 코일에는 전류가 흘러 로터(rotor)는 시계 방향으로 1 스텝 회전 하게 된다. 역으로 스텝 모터(step motor)의 회전을 반시계 방향으로 회전시키고자 하는 경우에는 A상과 B상의 필드 코일에 전류를 역순으로 흘려주면 된다.

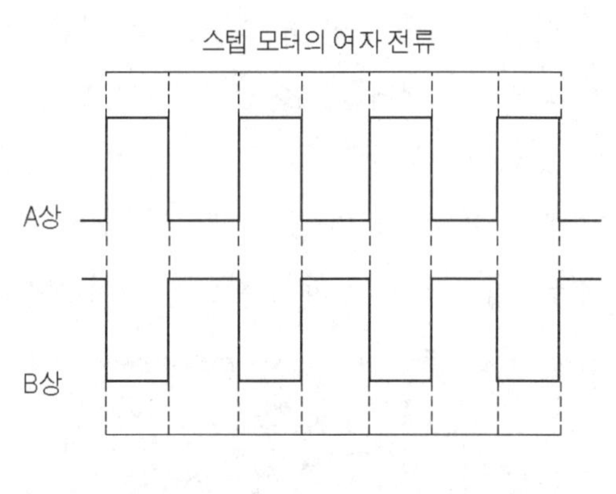

그림8-12 1상 여자 방식

이 스텝 모터 방식의 계기판은 전기적인 신호를 컴퓨터로 처리하여 표시하므로 여러 가지 다양한 신호처리를 표시 할 수 있고 또한 문자 형식으로도 표시가 가능해 점차 스텝 모터 방식의 계기판(cluster)이 대중화를 이루게 될 것으로 내다보고 있다.

또한 이와 같은 스텝 모터(step motor)식 계기의 지시는 컴퓨터(computer)에 의해 지시를 받아 동작하게 되므로 스텝 모터식 계기판은 엔진 ECU(electronic control unit) 및 TCU(transmission control unit), ABS(antilock brake system)의 ECU 등과 각종 정보를 주고받을 수가 있어 각종 시스템(system) 이상 유무는 물론이고 운전자에게 운행에 필요한 다양한 정보를 제공 할 수 있는 장점을 가지고 있다.

예컨대 종래에는 트립 컴퓨터의 기능을 별도의 시스템(system)으로 장착하여 사용하여 왔으나 현재에는 계기판 ECU(전자 제어 장치)와 각종 시스템과 정보를 주고받을 수 있어 계기판 내에 트립 컴퓨터(trip computer) 기능이 추가 되어 사용이 가능하게 되었을 뿐만 아니라 음성 경보 시스템(voice alert system)이 내장도 쉽게 가능해 편의성이 한층 증대 하게 되었다. 또한 계기판의 벡 라이트(back light) 조명등도 LED(light emitted diode)로 대치되어 미적 감각이 우수하며 레오스타트(rheostat)로 감광을 조절 할 수 있도록 하고 있다.

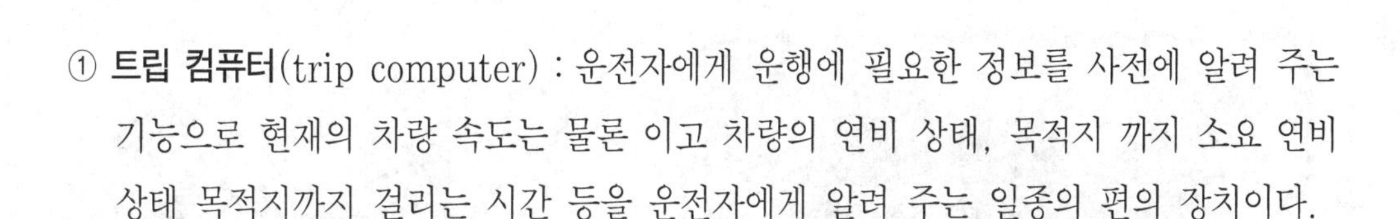

① **트립 컴퓨터**(trip computer) : 운전자에게 운행에 필요한 정보를 사전에 알려 주는 기능으로 현재의 차량 속도는 물론 이고 차량의 연비 상태, 목적지 까지 소요 연비 상태 목적지까지 걸리는 시간 등을 운전자에게 알려 주는 일종의 편의 장치이다.

2 계기 장치

1. 전기식 계기 장치

(1) 스피드 미터

스피드 미터(speed meter)에는 사진 (8-12)와 같이 오도 미터(odometer)와 결합된 미터가 주종을 이루고 있다. 이 오도 미터(거리계)에는 변속기의 드리븐 기어(driven gear)와 스피드 케이블(speed cable)이 연결되어 작동하는 기어식 오도 미터가 있으며, 스피드 센서(speed sensor)로부터 입력 신호를 받아 계기판 ECU가 LCD(liquid crystal display)를 통해 숫자로 표기하는 전자식 오도 미터가 있다.

사진8-12 스피드 미터

사진8-13 스피드 미터의 후면

기어식 오도 미터의 동작 원리는 드리븐 기어에 연결된 스피드 케이블이 회전을 하게 되면 스피드 미터의 구동축이 회전하게 되고 스피드 미터의 구동축 끝 부분은 웜 기어(warm gear)로 되어 있어 오도 미터의 구동 기어를 회전하게 돼 기어 비에 따라 숫자링을 회전시키게 되어 있다.

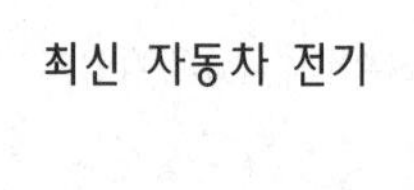

사진8-14 차속 센서

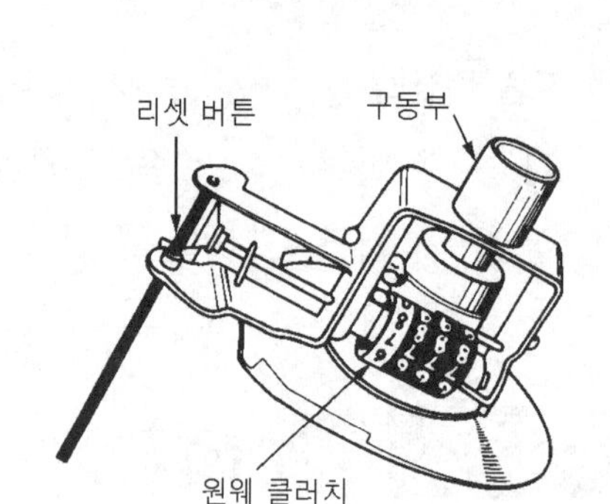

그림8-13 오도미터의 구조

숫자가 기록된 링 기어(ring gear)의 최하위 숫자 비트(bit)는 0.1km 이 기어(gear)가 한 바퀴 회전하면 1km가 되어 차 상위 링 기어의 숫자로 나타나게 돼 주행 거리를 알 수 있게 되어 있다. 반면 전자식 오도 미터(odometer)는 차속 센서로부터 그림(8-15)와 같은 차속 신호를 전자식 계기판 ECU에 입력되면 ECU는 주행 거리를 카운트(count)하게 되어 있다. 이 때 입력된 펄스의 수가 2548 펄스(pulse)가 입력 될 때 1km를 카운트(count)하도록 내부에 기억 장치에 설정 되어 있어 이 값을 바탕으로 LCD(액정 표시 장치)에 숫자로 표시하도록 하고 있다.

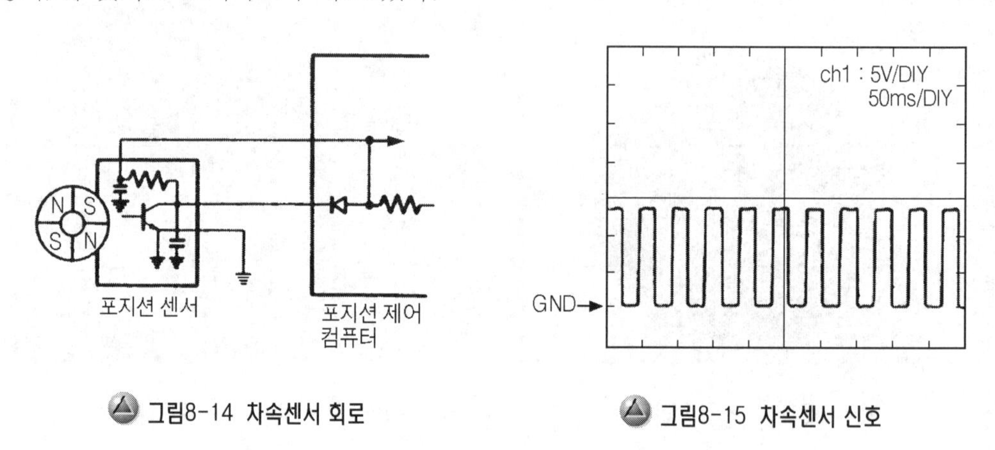

그림8-14 차속센서 회로

그림8-15 차속센서 신호

속도의 경우는 표(8-2)에 나타낸 것과 같이 국내 규격(KS 규격)은 드리븐 기어(driven gear)의 회전수에 따라 스피드 센서(speed sensor)의 출력은 스피드 센서 1회전 당 4 펄스(pulse)를 발생하게 되어 637rpm × 4 pulse = 2548 pulse 을 출력하게 된다.

[표8-2] 스피드미터의 규격(4륜 자동차)

규 격	센서의 회전수	차 속	비 고
국내 규격(4륜 자동차)	637 rpm	60km/h	
일본 규격(4륜 자동차)	637 rpm	60km/h	
미국 규격(4륜 자동차)	1000 rpm	60 mile/h	

즉, 시속 60km/h의 속도를 기준으로 스피드 센서(speed sensor)의 회전수는 637 rpm(센서 신호 2548 pulse)가 출력 되며 스피드 센서의 1 pulse 출력 당 0.392 (m)을 주행하게 되는 셈이다. 스피드 미터(speed meter)의 최대 속도는 240 km/h ~320 km/h 정도이며 차종에 따라 표시 할 수 있는 속도의 범위가 다르다.

교차 코일식 스피드 미터나 스텝 모터의 스피드 미터는 신호 전원의 변화에 비해 지침의 떨림 현상이 없고 시인성이 뛰어나 종래의 자석식 스피드 미터를 대치하여 사용되고 있고 스피드 센서의 출격 신호 전압으로는 스피드 센서의 종류에 다르지만 보통 리드 스위치(lead switch)식 스피드 센서의 경우는 12Vpp이며 홀 센서(hall sensor) 방식의 스피드 센서의 출력 신호 전압은 5Vpp 값이 보통이다.

(2) 태코미터

그림(8-16)은 태코미터(tachometer)의 기본적인 가동 코일 방식의 미터 구동 회로를 나타내었다. 점화 코일에서 발생한 점화 1차 신호는 필터 회로를 거쳐 정류하여 태코미터(tachometer)에 공급하도록 되어 있다.

사진8-15 교차코일식의 태코미터

이 회로의 동작은 디스트리뷰터 내의 접점이 OFF 상태일 때 TR(트랜지스터)의 베이스(base) 전류는 흐르지 않아 TR은 OFF 상태가 된다. 이 때 콘덴서 C_1은 다이오드(diode) D_1을 거쳐 충전을 개시하게 된다.

디스트리뷰터(distributor) 내의 접점이 ON 상태가 되면 TR(트랜지스터)의 베이스

(base) 전류는 저항 R_2 및 R_1 을 거쳐 디스트리뷰터의 접점을 통해 흐르게 된다. 베이스 전류가 흐르기 시작하면 TR(트랜지스터)의 이미터(emitter)에서 컬렉터(collector)로 전류가 흘러 Ic 전류분 만큼 R_3 에 전압이 걸리게 되고 D_1 을 통해 충전된 콘덴서 C_1 의 충전 전류는 D_2 를 통해 태코미터(tacho meter)로 흐르게 된다. 이렇게 D_1 을 통해 콘덴서 C_1 에 충전된 전압은 1차 점화 신호 전압을 직류화 하여 출력하게 돼 미터의 지침이 진동 없이 나타낼 수 있게 되어 있다.

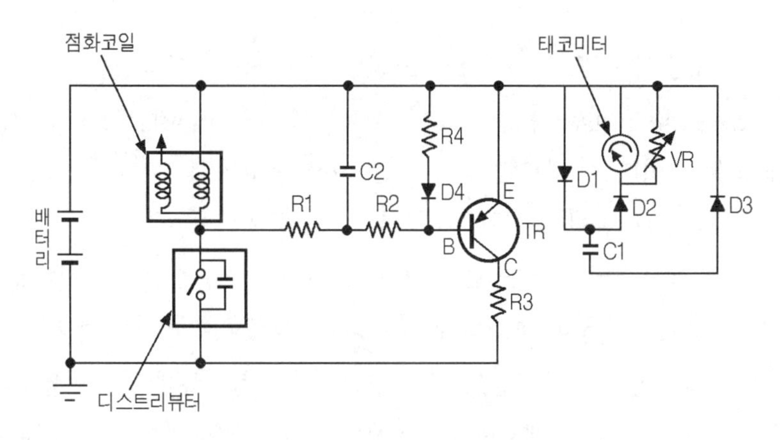

그림8-16 타코미터 회로(가동 코일형)

결국 태코미터에 흐르는 전류의 크기는 접점의 단속 횟수에 비례하기 때문에 신호 전압의 평균치로 태코미터의 지침이 작동하게 되는 회로이다. 여기서 VR(variable resistor)은 태코미터(tacho meter)의 영점을 조정하기 위한 조정용 저항이다.

그림(8-17) 회로는 전자식 계기판의 태코미터 회로를 나타낸 것이다. 이 회로의 동작은 먼저 점화 코일에서 발생한 점화 1차 전압은 노이즈 필터(noise filter)를 거쳐 계기판 내의 회로로 입력 되며 입력 된 A점의 파형은 그림(8-17)의 상측에 나타낸 것과 같이 전압 파형은 계기판 내의 인터페이스(interface)회로를 통해 마이크로컴퓨터로 입력하게 된다.

이렇게 입력 된 펄스 신호(pulse signal) 전압은 마이크로컴퓨터(micro computer)를 통해 연산하여 태코미터가 구동 할 수 있도록 출력 신호를 출력하게 된다. 이때 캠각(cam angle)의 1회전 할 때 발생하는 펄스(pulse)의 수는 4기통 엔진인 경우에는 2펄스이고 6기통 엔진인 경우에는 3펄스가 발생하도록 되어 있다.

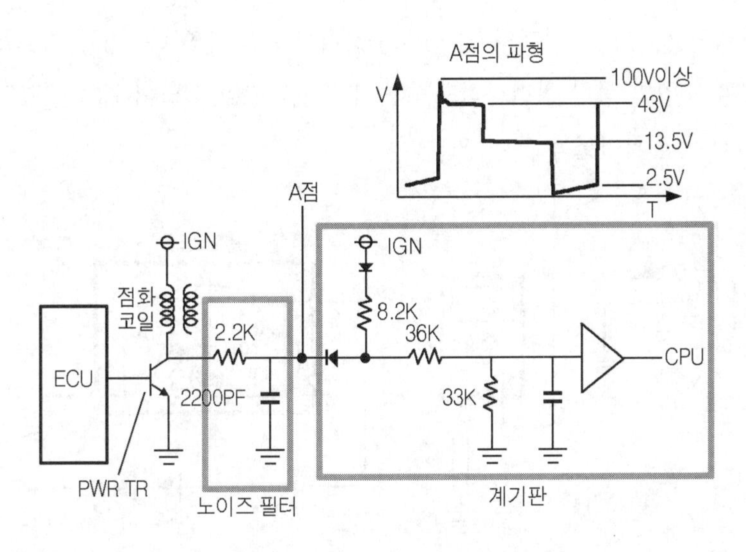

그림8-17 전자식 계기판 타코미터 회로

(3) 온도 미터

온도 미터는 엔진의 냉각수 온도를 검지하여 엔진의 웜-업(warm up)상태를 파악하고 엔진이 과열시 경고하는 기능을 갖고 있는 미터(meter)로 입력 센서(sensor)로는 주로 서미스터(thermister)식 수온 센서를 사용하여 온도 미터를 동작시키고 있다.

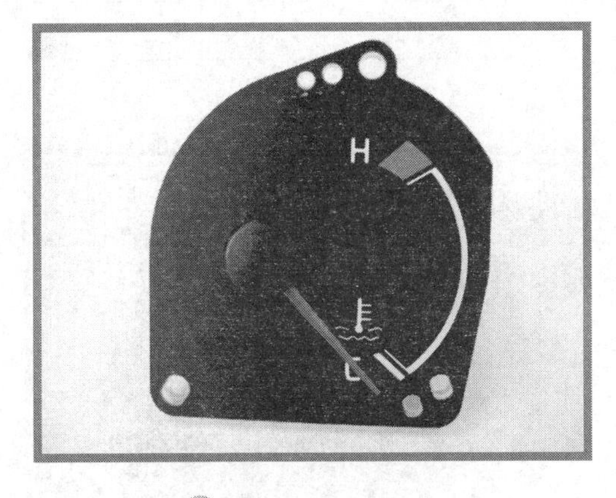

사진8-16 온도 미터

사진8-17

서미스터(thermister)는 표(8-3)과 같이 온도에 따라 저항 값이 변화하면, 이 저항값 변화는 그림(8-18)과 같은 회로에 의해 전류의 증감으로 변화 한다. 이 전류의 증감은 미

터 코일에 자계와 비례하여 미터의 지침이 움직이도록 되어 있다. 가동 철편형 미터의 동작 원리는 교차 코일의 동작 원리와 유사하게 L_1, L_2 코일이 있어 L_1, L_2코일의 합성 자계에 의해 지침이 움직이도록 되어 있다.

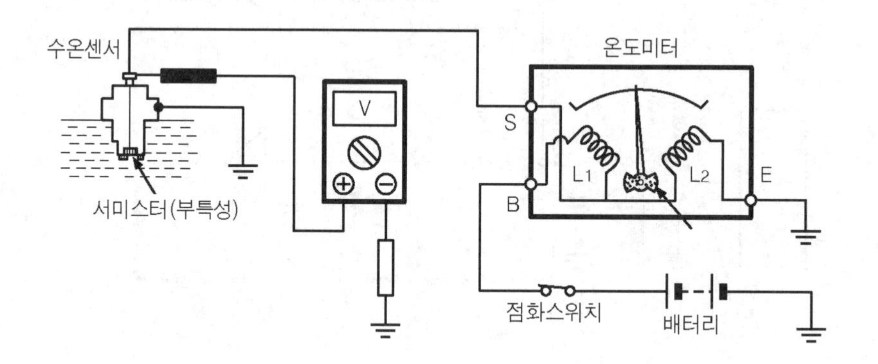

그림8-18 온도미터용 수온센서 회로

[표8-3] 수온센서의 온도 특성표(예)

온 도	60℃<	60℃	85℃	110℃	125℃	>125℃	비 고
지침각	-4.5	0	33°	33°	75°	80°	
오 차	± 2°	± 2°	± 2°	± 2°	± 3°	± 3°	
저 항	>185 Ω	153 Ω	66Ω	29Ω	20Ω	16.5Ω	

교차 코일식 온도 미터는 3코일 방식과 4코일 방식을 사용하며 3코일식 교차 코일은 L_1 코일과 L_3, L_2 코일이 서로 교차되어 있어 L_1 코일과 L_3, L_2 의 합성 자계에 의해 영구자석과 축을 이룬 지침이 가동하게 되어 있어 가동 철편형 계기에 비해 안정성이 뛰어나며 현재 널리 보급화된 방식이다.

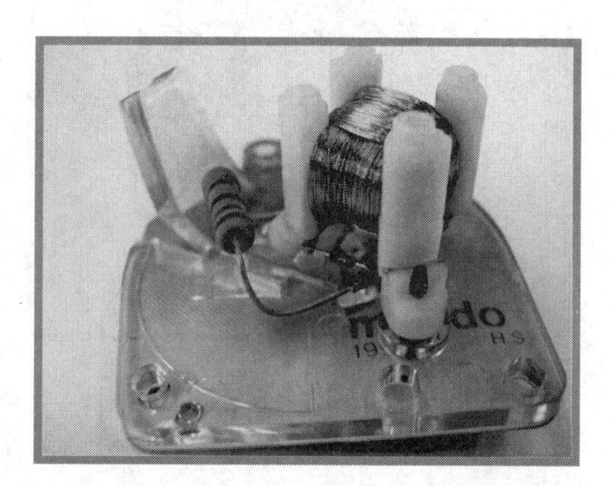

사진8-18 교차 코일시 온도 미터 내부

이에 비해 전자식 계기 장치는 온도에 따라 냉각 수온 센서의 저항값이 변화하면 변화된 서미스터(thermister) 저항에 기준 전압을 가해 전압값으로 변환하고 이 값을 계기

판 ECU(전자 제어식 계기판)에 입력하면 ECU 내의 A/D 컨버터(analog to digital (analog to digital convertor)에 의해 디지털 신호로 변환되고 이 디지털 신호를 입력 받아 미리 설정된 데이터 값에 따라 스텝 모터(step motor)식 지침이 동작하도록 하고 있다.

(4) 연료 미터

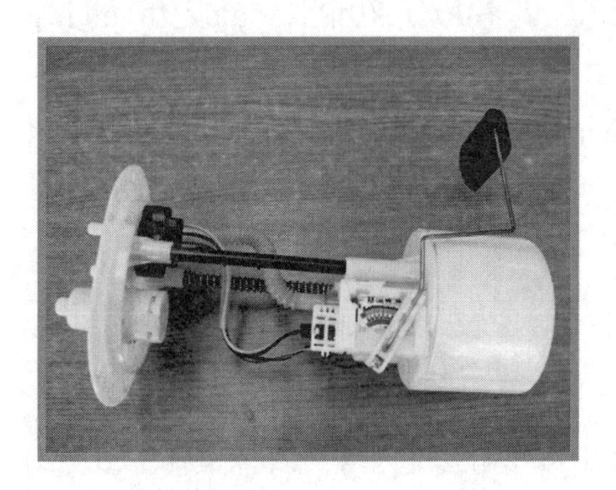

사진8-19 연료 레벨 샌더

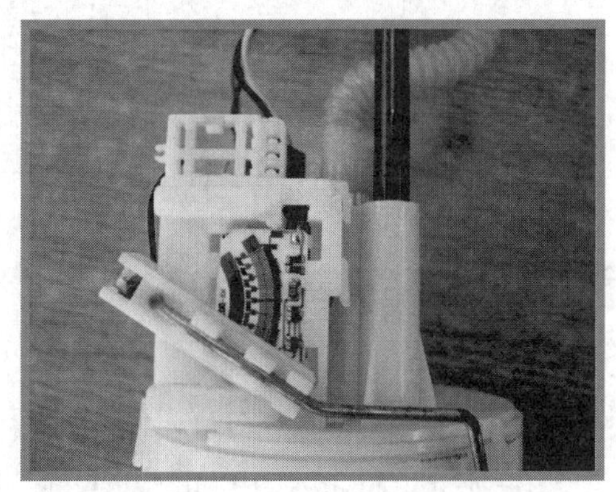

사진8-20 연료 레벨 샌더의 포텐쇼미터

연료 레벨 미터(fuel level meter)도 온도 미터와 같이 저항 변화에 의한 미터의 동작 원리는 동일하다. 연료 탱크 내의 연료량에 따라 뜨개의 위치가 변화하면 그 위치를 포텐쇼미터(potention meter)가 저항값으로 표(8-4)와 같이 뜨개의 위치에 따라 변화하면 그 신호를 받아 회로에 의해 미터의 코일에 흐르는 전류가 변화하고 미터의 코일의 자계는 코일에 흐르는 전류량에 비례하여 미터의 지침이 움직이도록 되어 있다.

[표8-4] 연료 레벨 센서의 특성표(예)

위치	out of	empty	warning	1/8	1/4	3/8	비고
회전각	-4.5	0	3°	10°	20°	30°	
오차	±2.5°	±2.4°	± 2.5°	± 2.5°	± 2.5°	± 2.5°	
저항	110Ω	95Ω	84.2Ω	67.9Ω	52.7Ω	41.5Ω	
위치	1/2	5/8	3/4	7/8	full	over full	비고
회전각	40°	50°	60°	70°	80°	84.5°	
오차	± 2.4°	± 2.5°	± 2.5°	± 2.5°	± 2.4°	± 2.5°	
저항	32.5Ω	25.8Ω	19.7Ω	13.7Ω	7Ω	3Ω	

가동 코일형 미터의 경우에는 L_1, L_2코일이 있어 코일의 흐르는 전류에 따라 합성 자계가 형성되어 미터의 지침이 움직이도록 하고 있는 것은 교차 코일 방식과 동일하다.

전자식 계기 장치인 경우도 온도 미터와 동일하게 연료량이 변화가 연료 레벨 센더의 포텐쇼미터에 의해 저항값으로 변화하고 이 포텐쇼미터에 기준 전압을 가해 연료량이 변화에 따른 저항값 변화는 전압값 변화로 변화하여 계기판 내의 ECU(전자 제어식 계기판)에 입력한다. 입력된 센서 신호값은 ECU 내의 A/D 컨버터(analog to digital convertor)에 의해 디지털 신호로 변환 되고 이 디지털 신호를 CPU(center process unit)에 의해 연산하여 ROM(read only memory) 내에 설정된 데이터 값에 따라 스텝 모터식 지침은 구동하도록 하고 있다.

2. 전자식 계기 장치

(1) 스텝 모터식 계기 장치

마이크로 컴퓨터(micro computer)에 의해 제어 되는 전자식 계기 장치에는 스텝 모터(step moteo)을 사용하여 지침의 변화를 연속적으로 동작하게 하는 스텝 모터식 계기 장치와 LCD(liquid crystal display) 표시 장치를 사용하여 바 그래픽(bar graphic) 또는 숫자로 표시하는 LCD식 계기 장치가 있다. 이들 전자식 계기 장치의 좋은 점은 엔진 ECU, ABS ECU, TCS ECU, ECS ECU, AIR-BAG ECU 등과 연계하여 운전자에 운행에 필요한 정보를 통신선(통신 line)을 통해 제공 받을 수 있다는 큰 장점을 가지고 있다.

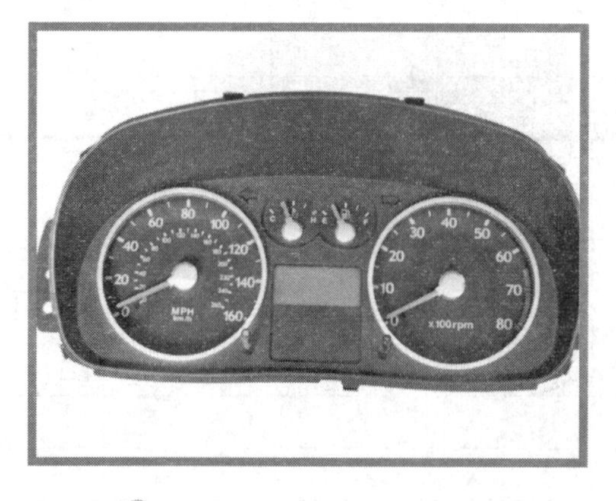

사진8-21 스텝모터식 계기장치

사진8-22 스텝 모터식 미터

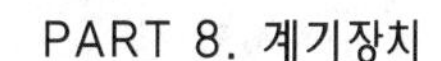

또한 계기의 조명을 초박막형 SMD(surface mounted device) 형식의 LED을 사용하여 소형화는 물론 디자인(design) 성을 높일 수 있어 현대적 감각에 적합한 계기 장치라 할 수 있다. 이 계기 장치의 기본적인 동작과 기능을 살펴보면 원칩 마이크로컴퓨터를 이용하여 연료, 냉각수온, 속도, 엔진 회전수 신호 등을 입력 받아 미리 설정된 ROM 내의 데이터(data)값에 따라 스텝 모터(step motor)를 구동 하도록 하고 있다.

스텝 모터식 계기의 전원 전압은 레귤레이터(regulator) IC를 통해 일정 전압을 공급하도록 하고 외부의 드라이브(drive) 전원이 과전압 또는 저전압일 경우에는 스텝 모터(step motor)식 계기의 지침은 현재의 위치를 유지하도록 하고 있다.

또한 리셋(reset) 단자가 있어 계기의 초기 설정을 할 경우에는 현재 작동 중인 스텝 모터(step moteo)식 계기는 현재의 위치에서 정지하고 배터리 전압이 다시 복귀 할 때 스텝 모터식 계기는 자동으로 동기화 하도록 하고 있다.

ABS EBD장치의 액티브 워닝(active warning)장치가 내장 되어 있는 경우에는 ABS와 EBD 기능은 연계하여 경고하도록 되어 있다. 또한 계기의 조명을 위해 레오스타트(rheostat)와 연계되어 감광하도록 하고 있다. 전자식 계기 장치는 통신 라인을 통해 A/T(오토 트랜스밋션)의 주행 변속 패턴을 TCU와 연계하여 계기판(cluster) 상에 현재의 변속 상태를 표시 할 수도 있으며 트립 컴퓨터(trip computer)기능과 이모빌라이져(immobilizer)의 기능 정보를 표시할 수도 있는 장점을 가지고 있다.

(2) LCD식 계기 장치

전자식 계기 장치에는 표시 기능을 LCD(liquid crystal display)상에 표시하는 것 외에 스텝 모터식과 동일한 기능을 추구 할 수 있는 계기장치이다. LCD 계기장치의 구조를 살펴 보면 회로 상으로는 표시부를 제외한 그 밖에 회로는 스텝 모터(step motor)식과 거의 동일하다.

LCD 표시 장치를 통한 동작은 기본적으로 크롬(chrome) 입자를 평면 유리판에 가두어 두고 크롬 입자에 전극을 삽입하여 전계를 가하면 크롬 입자는 규칙적으로 배열하게 되는 것을 이용한 것으로 LCD 표시 장치를 동작시키기 위해 각 세그먼트(segments)에 전계를 가하여 표시하도록 구동하는 디코더(decoder) 회로가 필요하다. 이 디코더 회로에는 크롬 입자가 전계에 의해 파괴되는 것을 방지하기 위해 벡-플렌(back plane) 주파수를 80~120㎐ 정도의 구형파 펄스(square wave)를 가해 주고 있다.

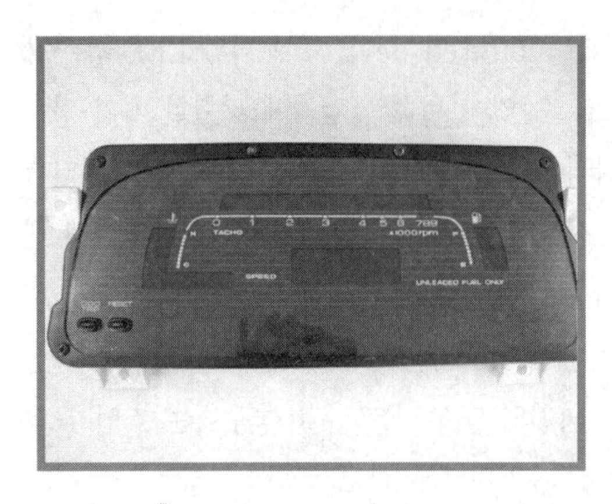

사진8-23 LCD 계기의 정면

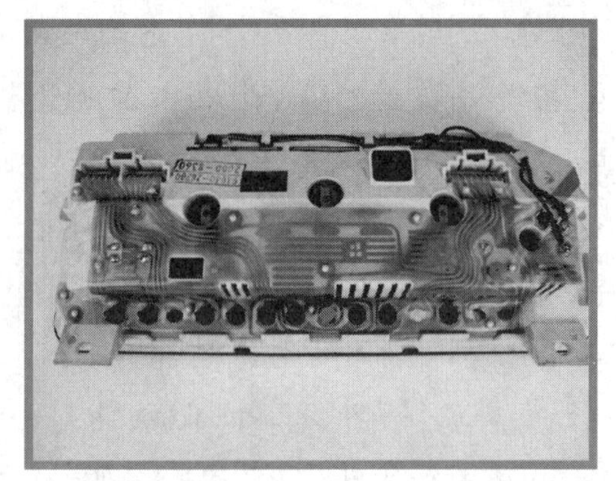

사진8-24 LCD 계기의 후면

이러한 TFT LCD(tine film transistor liquid crystal display) 표시 장치를 이용한 계기장치는 현대적 감각은 우수하나 연속적인 표시에 대해 인간의 감응성이 떨어져 현재로서는 스텝 모터(step motor)방식이 주종을 이루고 있다.

[표8-5] 전자식 계기장치의 접지

GND	power ground	signal ground	fuel ground
기능	전원부 경고등	마이크로컴퓨터 아날로그 신호 입력	연료센서 단독

이와 같은 전자식 계기 장치는 입력 신호 및 통신 신호에 의해 계기가 작동하게 되므로 회로의 노이즈(noise) 대책이 요구되어 진다. 따라서 전원 접지(power ground)와 신호 접지(signal ground)를 별도로 사용하고 있으며 트립 미터(trip meter)의 기능이 있는 계기 장치인 경우에는 연료 레벨 센서(fuel level sensor)를 입력 신호로 트립 기능 산출하기 때문에 연료 접지(fuel ground)를 별도로 사용하고 있는 것도 있다.

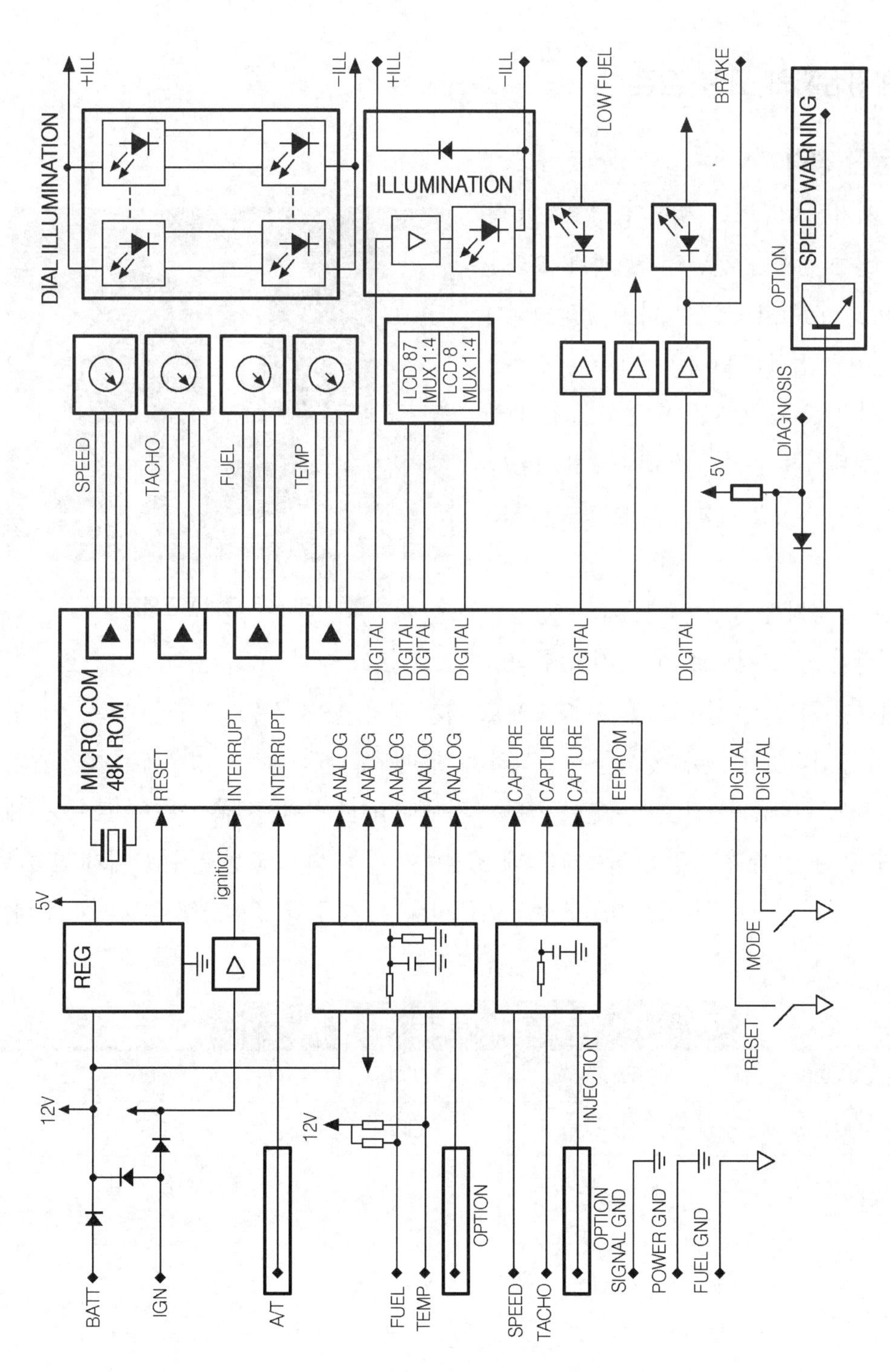

그림8-19 전자식 계기판 내부 회로 블록 다이어그램

3. 계기장치의 고장 점검

(1) 전원단 점검

먼저 계기장치의 모든 미터와 경고등이 동작하지 않는 경우는 전원단 및 파워 그라운드(power ground)을 선행하여 점검하여야 한다. 전원단 점검은 먼저 퓨즈(fuse)점검으로부터 시작 한다. IGN SW(점화 스위치)을 ON한 상태에서 미등 스위치(tail lamp switch)을 ON시켜 미등이 점등되는지 확인한다.

사진8-25 계기판 조명등

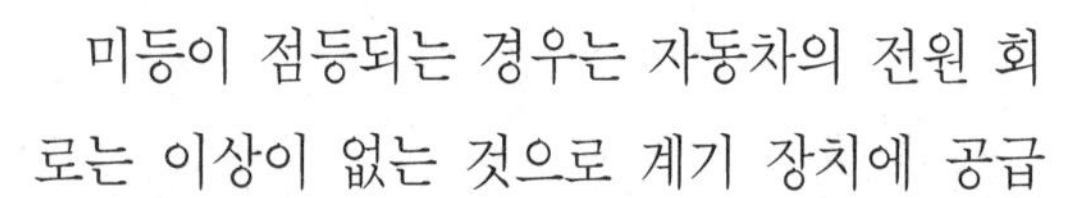

미등이 점등되는 경우는 자동차의 전원 회로는 이상이 없는 것으로 계기 장치에 공급되는 전원이 차단 된 경우로 볼 수 있으므로 계기 장치 ASS'Y측으로 공급 되는 전원의 연결부를 점검하여야 한다. 경고등은 동작하는 데 미터류만 동작하는 경우에는 계기 장치 ASS'Y 측으로 공급되는 IGN 전원이 차단된 경우로 IGN 전원 공급 상태만으로 쉽게 해결 할 수 있다. 미터류는 정상 작동하는 데 조명등이 점등 되지 않는 경우는 계기 장치측으로 공급되는 전원이 차단된 경우로 배터리(battery)의 공급 전원을 점검하여야 한다.

[표8-6] 전원공급에 따른 미터의 동작 상태

battery	OFF	ON	OFF
IGN 신호	OFF	OFF	ON
미터	동작 안함	동작 안함	정상 동작 ※ IGN SW OFF시 동작 안함
경고등	동작 안함	경고등 동작	경고등 동작 ※ 조명등 동작 안함

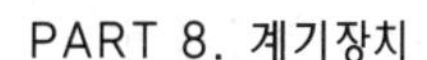

(2) 미터류 점검

미터(meter)류의 고장 현상은 미터(meter)가 전혀 동작을 하지 않는 경우와 미터의 지침이 오동작을 하는 경우로 구분 할 수 있다.

미터(meter)가 전혀 동작을 하지 않는 경우는 미터(meter)의 자체 보다는 사진(9-26)에 나타낸 전원 공급선 또는 신호선이 차단된 경우를 생각 할 수 있다. 반면에 미터의 지침이 정상적인 지시치를 나타내지 않는 경우에는 전원 공급선의 어스 접촉 불량 및 신호선의 접촉 불량에 기인하는 경우가 많다.

사진8-26

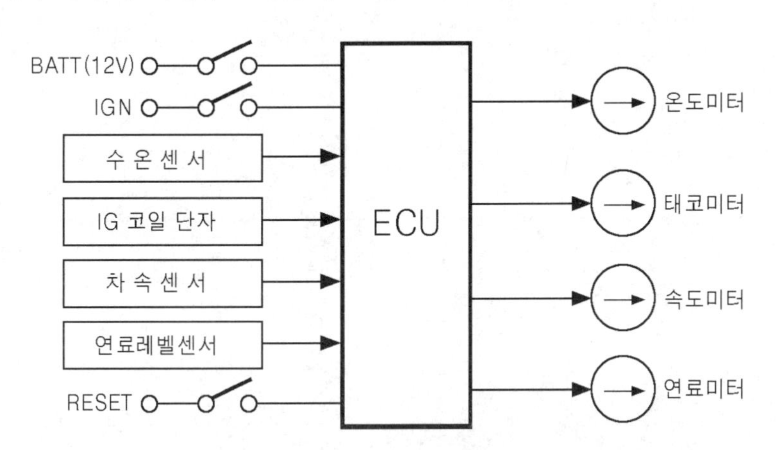

그림8-20 계기장치 회로의 블록 다이어그램

온도 미터나 연료 레벨 게이지의 경우는 센서류가 저항 성분의 변화에 의해 동작하는 미터로 저항이 낮아지면 지침이 상승하는 구조를 갖고 있어 만일 미터의 지시가 정상적으로 표시 되지 않을 때는 센서측으로부터 계기측으로 입력되는 신호선에 테스터 램프(test lamp)을 접속하여 미터의 지침이 상승하는지를 확인하여 본다.

이때 미터의 지침이 상승하면 미터측은 이상이 없는 것으로 판단하고 센서측으로부터 공급되는 센서의 저항분이 접촉 불량에 의한 저항 변화 또는 센서의 이상으로 생각할 수

있다. 속도 미터 및 태코미터의 경우 입력측 신호는 펄스 신호에 의해 미터가 구동되고 있어 온도 미터나 연료 미터와 같은 계기의 오차 뿐만 아니라 지침이 떨리는 현상이 발생하기도 한다.

이 경우에는 미터의 자체 결함보다는 외적인 영향에 의해 발생하는 경우로 계기의 신호 접지(signal ground) 접촉 불량 또는 노이즈 필터(noise filter) 결함 및 계기 내부 필터(filter)회로의 결함을 생각 할 수 있다.

09
편의장치

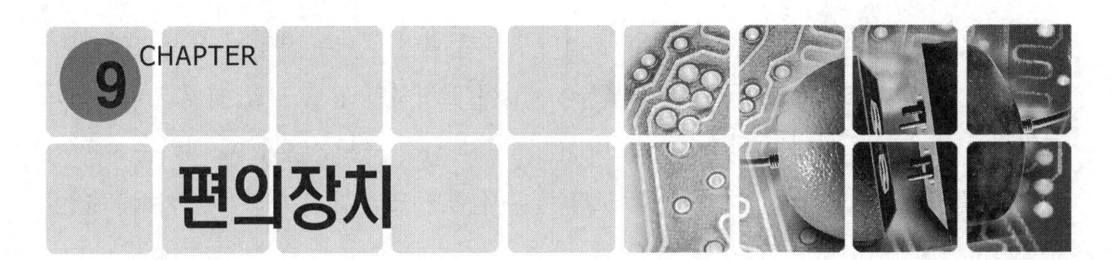

9 CHAPTER 편의장치

1 여러 가지 편의 장치

1. 와이퍼 장치

(1) 와이퍼 모터

필드 코일(field coil) 코일과 아마추어 코일(armature coil)이 직렬로 연결되어 있는 직권식 모터의 경우에는 필드 코일과 아마추어 코일에서 발생 되는 자계는 서로 비례 한다. 이 코일의 자계가 증가하게 되면 코일에서 발생하는 유도 기전력에 의해 모터의 회전 속도는 오히려 감소하고 토크(torque)는 증가하게 된다.

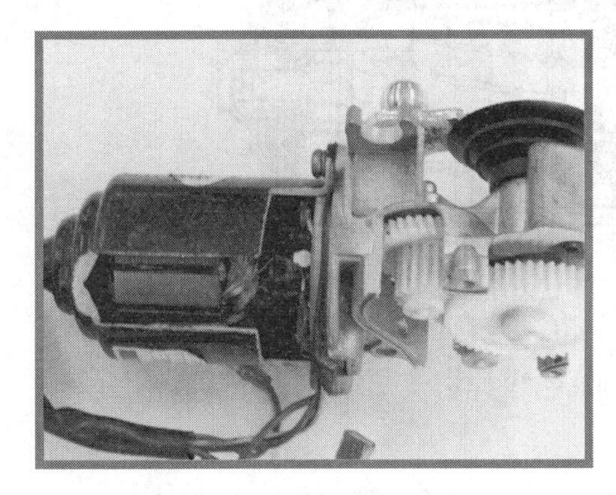

사진9-1 와이퍼 모터의 절개품

사진9-2 와이퍼 모터의 저속, 고속 브러시

이에 반해 분권식 모터는 필드 코일과 아마추어 코일이 전원과 병렬로 연결되어 있어 항상 같은 전압이 코일에 공급 된다. 공급된 전압이 일정하면 필드 코일 코일과 아마추어 코일에서 발생되는 자계도 일정하여 모터(motor)의 회전 속도는 변동이 적다는 이점이 있다. 그러나 소형 모터의 경우 분권식 모터는 현재 필드 코일 대신 페라이트 자석을 많이 사용하고 있다.

따라서 와이퍼 모터(wiper motor)에 사용되는 모터는 직권식 모터의 토크능력과 회전 속도의 변동이 적은 분권식 모터의 장점을 살려 복권식 모터를 사용하고 있다. 특히 최근에는 우수한 페라이트 자석의 개발로 필드 코일 대신 페라이트 자석을 사용하여 회전 속도의 변동을 작게 하고 와이퍼 모터의 크기를 작게 하는 것이 가능하게 되어 자석식 모터를 많이 사용하고 있다.

와이퍼 모터의 구조는 그림(9-1)과 같이 모터 부와 접점부로 나누어 볼 수 있는데 모터 부에는 필드 코일(field coil)과 아마추어 코일(armature coil)과 그리고 코일에 접속을 연결하는 저속, 고속 브러시의 연결부가 있다. 접점부에는 웜 기어(worm gear)의 회전에 의해 감속되어 회전하는 캠 플레이트(cam plate)와 접점으로 이루어져 있어 캠 플레이트(cam plate)가 1회전 할 때 접점이 1번 단속(감지)하도록 하고 있다.

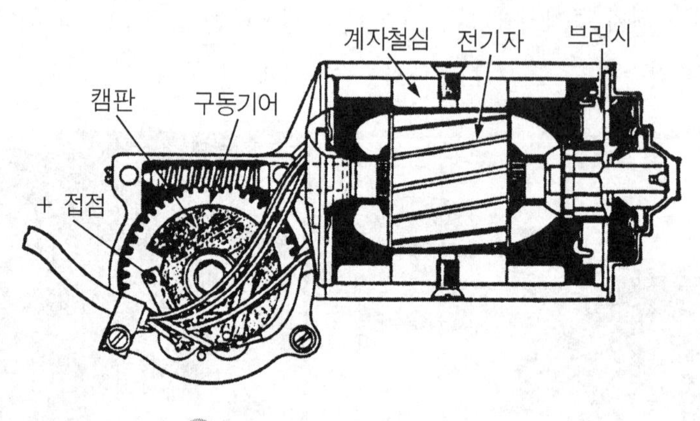

그림9-1 와이퍼 모터의 구조

캠 플레이트(cam plate)는 사진(9-3)과 같이 중량을 감소하기 위해 폴리에틸렌(polyethylene) 수지에 황동판을 부착시켜 놓았다. 이 황동판 디스크(캠 플레이트) 위에 접점을 설치하고 와이퍼의 정위치 및 정지 위치를 감지 할 수 있도록 하고 있다. 황동판 디스크(캠 플레이트) 일부에 황동판이 파여진 것은 캠 플레이트(황동판 디스크)가 웜 기

어(worm gear)에 의해 회전 할 때 접점이 캠 플레이트 위를 슬라이딩(sliding)하여 황동판이 없는 부위를 위치하면 회로가 차단하게 돼 와이퍼 모터는 정지하고 와이퍼 블레이드(wiper blade)는 정위치에 오도록 되어 있다.

와이퍼 모터(wiper motor)는 일반 전동기와 달리 저속과 고속으로 회전할 수 있도록 저속용 브러시(brush)와 고속용 브러시, 공통용 브러시가 붙어 있다. 또한 사용하는 와이퍼 모터에 따라 복권형 와이퍼 모터의 경우는 6개의 외부 단자가 있으며, 자석식 와이퍼 모터는 5개의 외부 단자를 가지고 있다. 복권식 와이퍼 모터의 경우는 페라이트(ferrite) 자석 대신 필드 코일(field coil)을 사용하고 있어 필드 코일로 공급하는 전원과 션트 코일(shunt coil)로 공급하는 전원이 필요로 하게 되어 페라이트 자석식 와이퍼 모터 보다 외부 단자가 1개가 더 많다.

사진9-3 와이퍼 모터의 절개 단면

사진9-4 웜기어

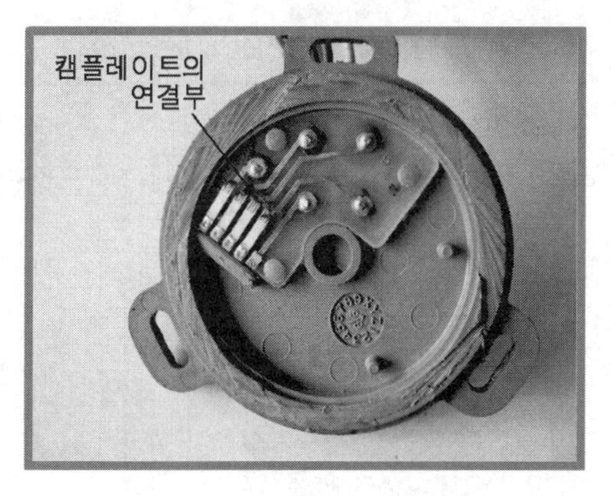

사진9-5 캠 플레이트의 연결부

(2) 와이퍼 모터의 기본 회로

자석식 와이퍼 모터(wiper motor)는 그림(9-1)와 같이 모터(motor)부와 정위치를 감지하는 와이퍼 스위치(wiper switch)부로 구성 되어 있다. 와이퍼 모터부에는 모터의 회전이 저속 및 고속으로 회전 하도록 전원 연결구 역할을 하는 B_1, B_2, B_3 3개의 브러

시(brush)가 있다. 이 브러시 B_1과 B_3에 전원이 연결되는 경우에는 아마추어 코일(armarure coil)의 권선수가 B_2, B_3권선수 보다 많이 감겨져 있어 아마추어 코일에서 발생하는 유도 기전력에 의해 와이퍼 모터의 회전수는 오히려 저속으로 회전을 하게 된다. 반대로 B_2, B_3에 전원이 연결이 되면 아마추어 코일(armature coil)의 권선수가 작아 와이퍼 모터(wiper motor)의 회전수는 고속으로 회전 할 수 있게 되어 있다.

사진9-6 접점 및 캠 플레이트

사진9-7 와이퍼 모터

그림(9-2)의 회로를 살펴보면 와이퍼 스위치(wiper switch)가 저속(low) 상태에 위치 될 때 배터리(battery)의 전원은 B_1 브러시(brush)를 거쳐 B_3브러시(brush)를 통해 어스(earth)로 전류가 흐르게 돼 모터는 저속으로 회전을 하게 된다.

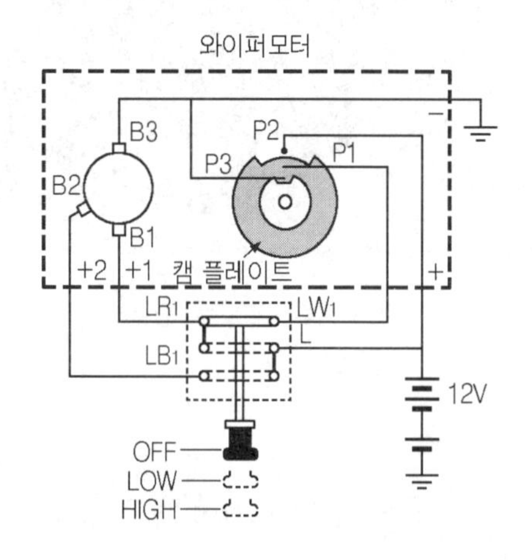

그림9-2 와이퍼 회로(회전시)

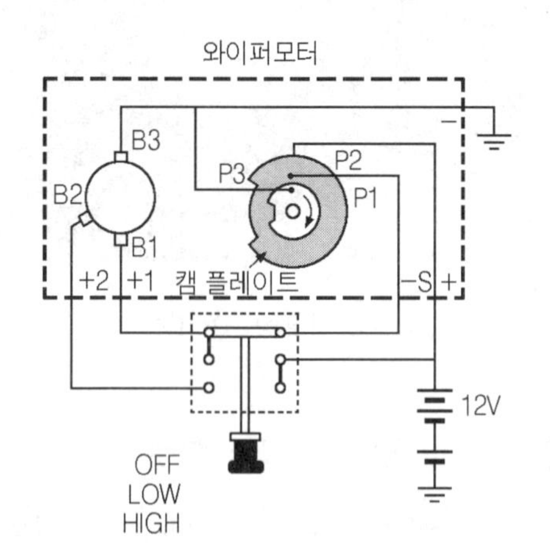

그림9-3 와이퍼 회로(정지시)

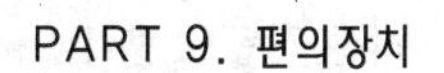

모터가 회전을 하여 켐 플레이트(cam plate)가 그림(9-3)에 나타낸 위치에 오게 되면 캠 플레이트(cam plate)의 P_3접점은 차단되고 P_1, P_2접점은 연결되어 와이퍼의 정위치를 알 수 있다. 와이퍼 스위치(wiper switch)가 OFF 위치 일 때는 지금까지 회전하고 있던 캠 플레이의 위치가 그림(9-3)과 같이 된다. 이때 캠 플레이트의 접점 P_1, P_2은 연결되어 배터리의 전원은 접점을 통해 와이퍼 모터의 브러시 B_1과 B_3를 경유하여 어스(earth)로 흘러 모터의 회전은 정위 위치까지 오게 되며 캠 플레이트의 접점 P_1,P_2은 단선되어 지금까지 흐르던 전류는 차단되고 와이퍼 모터(wiper motor)는 정지하는 구조를 가지고 있다.

2. 와이퍼의 회로와 동작

(1) 와이퍼 회로

와이퍼(wiper)의 속도를 제어하는 시스템(system)에는 전자 회로를 통해 와이퍼 모터(wiper motor)를 제어하는 전자 회로 방식과 와이퍼 스위치(wiper switch)의 입력 신호를 받아 컴퓨터(computer)가 제어하는 전자 제어 방식이 있다. 전자의 경우는 그림(9-4)와 같은 회로를 이용한 시스템(system)으로 회로를 통해 동작 원리를 살펴보면 다음과 같다.

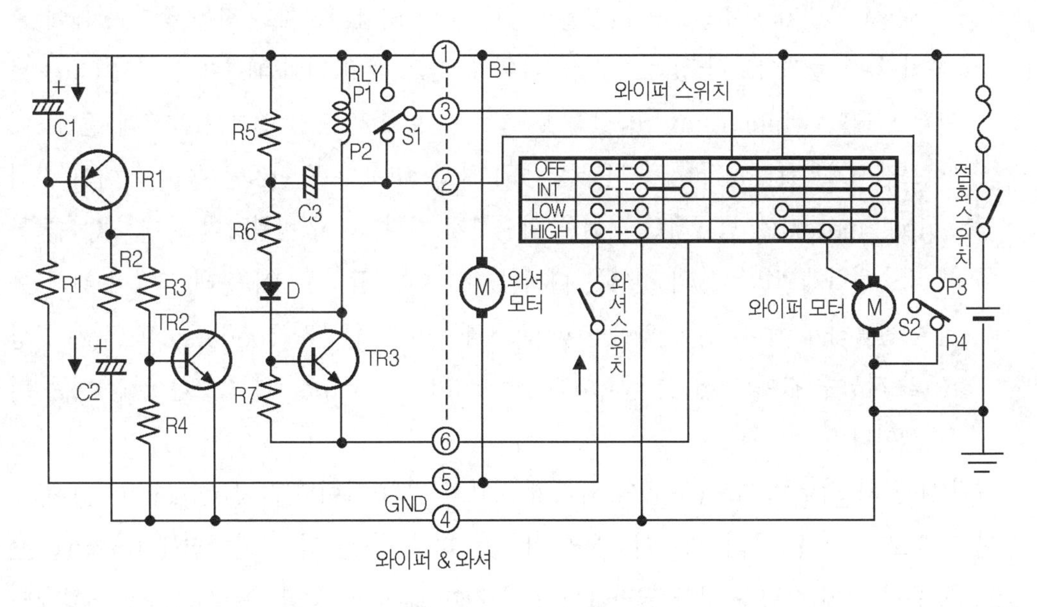

그림9-4 와이퍼 회로

① **저속시** : 와이퍼 스위치(wiper switch)를 저속으로 위치하면 배터리의 전원은 와이퍼 스위치를 거쳐 와이퍼 모터의 저속 브러시(brush)로 접속하게 돼 와이퍼 모터는 저속으로 회전하게 되고

② **고속시** : 와이퍼 스위치를 고속으로 위치하면 배터리의 전원은 와이퍼 스위치를 거쳐 와이퍼 모터의 고속 브러시로 접속하게 돼 와이퍼 모터는 고속으로 회전하게 된다.

③ **INT(간헐 와이퍼)시** : 와이퍼 스위치를 INT(intermittent)위치를 선택하기 전 먼저 IGN(ignition) 스위치를 ON 상태가 되면 캠 플레이트(cam plate)의 접점 S_2가 P_4와 연결되어 있어서 콘덴서 C_3는 저항 R5를 거쳐 콘덴서(condenser) C_3로 ②번 단자를 통해 완전 충전 하게 된다.

이때 와이퍼 스위치(wiper switch)가 INT 위치에 오게 되면 ⑥번 단자는 와이퍼 스위치에 의해 어스(earth)로 연결되고 다이오드 D를 통해 가해진 트랜지스터 TR3의 베이스(base) 전압은 TR3을 ON 상태로 만들어 릴레이(relay)의 코일을 여자 시키게 된다. 이 릴레이 코일이 여자되면 릴레이의 접점 P_2는 P_1으로 절환되어 배터리의 전원은 ③번 단자를 통해 와이퍼 모터(wiper motor)의 저속 브러시 콘덴서 C_3는 저항 R6를 거쳐 다이오드 D, 그리고 TR3를 거쳐 와이퍼 스위치를 통해 어스(earth)로 방전하기 시작한다.

여기서 모터가 회전을 하여 캠 플레이트(cam plate)위치가 작동 정지 상태에 오게 되면 캠 플레이트의 접점은 다시 P_3에서 P_4로 절환 되기 때문에 콘덴서 C_3는 와이퍼 릴레이(wiper relay)의 접점 P_2를 통해 어스로 충전 전류는 흐르게 된다. 이때 트랜지스터(transistor) TR3는 OFF하게 되어 ③번 단자를 통해 와이퍼 모터(wiper motor)에 공급되던 전원을 차단하게 된다. 다시 반복하여 콘덴서 C_3를 통해 만충전하게 되면 C_3의 전위는 다시 높게 되고 TR3는 ON 상태가 되어 위의 동작을 반복하게 된다. 결국 와이퍼(wiper)의 속도는 콘덴서(condenser) C_3와 저항 R5의 시정수 값에 의해 간헐 와이퍼(intermittent wiper)의 속도는 결정 되는 되는 셈이다.

그림(9-5)의 회로는 그림(9-4)의 와이퍼 회로가 간헐 와이퍼 유닛(wiper unit)에 내장된 회로로 그림(9-5)의 와이퍼 제어 회로가 다른 점은 간헐 와이퍼(intermittent wiper) 유닛 안에 시정수 값을 결정하는 고정 저항 대신 조절 할 수 있는 가변 저항배터

리의 전원은 점화 스위치를 거쳐 와이퍼 모터의 공통 브러시(common brush)와 접속하고 저속 브러시(brush)는 멀티 펑션 스위치(multi function switch)의 LO(저속 위치)와 연결되어 어스(earth)로 전류는 흐르게 돼 와이퍼 모터는 저속으로 회전을 하게 된다.

멀티 펑션 스위치(multi function switch)를 INT(intermittent) 위치로 선택하면 간헐 와이퍼 유닛의 6번과 7번 단자를 통해 INT 속도 조절 가변 저항(50㏀)이 연결 되어 있어 내부의 콘덴서(condenser) C_3 와의 시정수 값으로 와이퍼 모터의 속도를 제어하게 되어 있다.

이때 와이퍼 모터의 브러시는 저속으로 접속하게 된다.

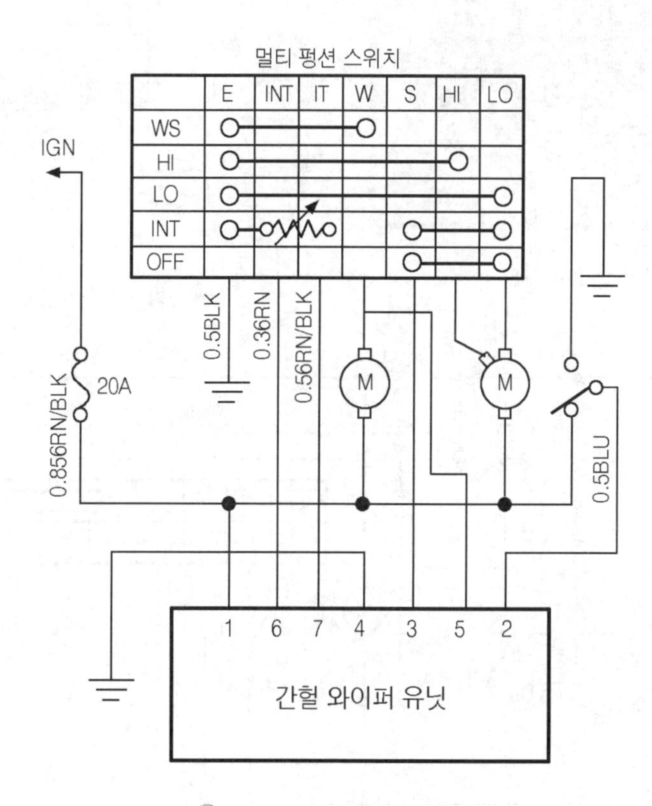

그림9-5 간헐 와이퍼 회로

(2) 와셔 회로

윈드 실드 와셔(windshield washer) 장치의 기능은 와셔 스위치(washer switch)를 눌렀을 때 와셔액이 토출된 후 약 0.5초 후에 와이퍼 모터(wiper motor)가 회전을 하는 기능을 가지고 있다. 이 기능이 작동을 하기 위해서는 그림(9-7)과 같이 전자 회로 유닛

내에 지연 회로를 내장하여 와이퍼 모터(wiper motor)가 작동되도록 되어 있다. 와셔 모터(washer motor)는 모터의 토크(torque)를 증대하기 위해 직권식 모터와 페라이트 자석식 모터를 사용하고 있다.

사진9-8 와셔 모터

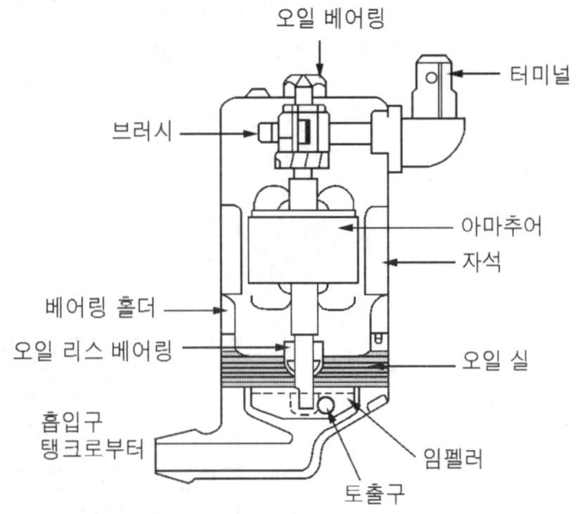

그림9-6 와셔 모터의 구조

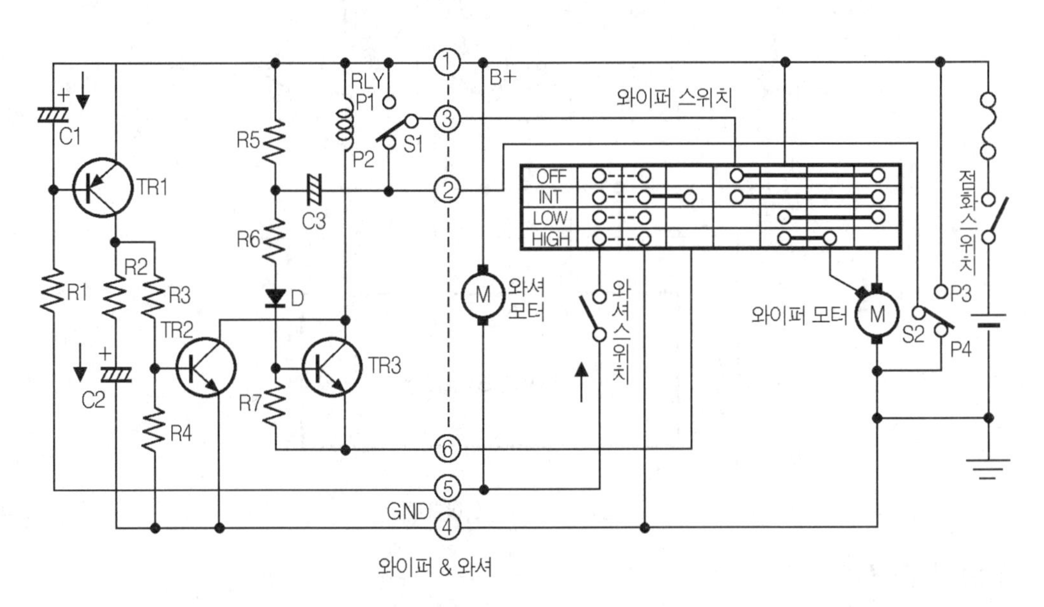

그림9-7 와이퍼 및 와셔 회로

직권식 모터를 사용하는 경우에는 와셔 액이 없이 무부하 상태에서 와셔 모터(washer motor)를 오래 작동시키면 모터는 소손 될 수 있으므로 와셔액이 없는 상태에서는 모터의 회전을 오래 시켜서는 안된다. 와셔 회로의 동작을 살펴보면 다음과 같다.

① **와셔 스위치(washer switch) ON시** : 와셔 스위치를 ON시키면 와셔 모터(washer motor)에 연결 되어 있던 IG(ignition) 전원은 와셔 스위치를 거쳐 어스(earth)로 연결되어 와셔 모터는 작동을 하게 되고 콘덴서 C_1 은 저항 R_1 을 통해 충전을 개시한다. 콘덴서(condenser) C_1 의 전위가 어느 정도 상승하게 되면 트랜지스터 TR1의 베이스(base) 전류는 흐르게 되어 TR1을 턴-온(turn on)시킨다.

이렇게 TR1의 ON상태가 되면 저항 R_2 를 거쳐 콘덴서 C_2 도 충전을 개시함과 동시에 트랜지스터 TR2도 ON상태가 되어 와이퍼 릴레이의 코일을 여자 시킨다. 이때 릴레이(relay)의 접점은 P_2 에서 P_1 으로 접점이 절환 되어 와이퍼 모터(wiper motor)는 저속 작동하게 된다.

여기서 와이퍼 모터의 작동은 콘덴서 C_1 이 충전 될 때 까지 지연되어 작동하게 되므로 결국 와셔 모터(washer motor)가 작동 후에 콘덴서 C_1 이 충전될 때 까지 약 0.5초 지연 후에 와이퍼 모터가 작동하게 된다.

와셔 스위치(washer switch)를 OFF하면 트랜지스터 TR1은 OFF 상태가 되고 TR2는 C_2 의 충전량 만큼 방전 전류에 의해 TR2는 ON상태를 지속하게 된다.

3. 파워 윈도우 장치

파워 윈도우(power window) 장치는 운전자의 편리를 위해 윈도우 버튼(window button)을 사용하여 원-터치(one touch) 만으로도 창문을 열고 닫을 수 있도록 기능을 가지고 있는 장치이다. 버튼을 이용하여 창문을 열고 닫는 것은 직류 모터의 공급 전원의 극성 절환만으로도 쉽게 가능하지만 윈도우가 완전히 열리거나 닫힌 경우 윈도우의 위치를 감지하는 것은 별도의 감지 장치가 있지 않으면 안된다. 또한 창문이 닫히는 경우에도 사람의 신체가 창문 사이에 끼이는 경우는 안전사고 예방을 위해 창문에 일정한 부하가 가해지는 경우 창문은 정지 또는 반전되어 작동되어야 한다.

이와 같은 파워 윈도우 장치의 구성을 살펴보면 창문을 열고 닫는 동력원인 파워 윈도우 유닛, 모터의 회전 운동부에 렌치(wrench)를 연결하여 와이어(wire)를 끌고 당기도

록 하는 파워 윈도우 레귤레이터(power window regulator), 창문의 열리거나 닫힐 때 창문에 부하를 감지하는 파워 윈도우 유닛, 창문을 열고 닫는 스위치로 구성 되어 있다. 보통 파워 윈도우 유닛은 사진(9-9)와 같이 파워 윈도우 메인 스위치 내부에 내장되어 있는 것이 일반적이다.

사진9-9 파워 윈도우 메인 스위치 내부

사진9-10

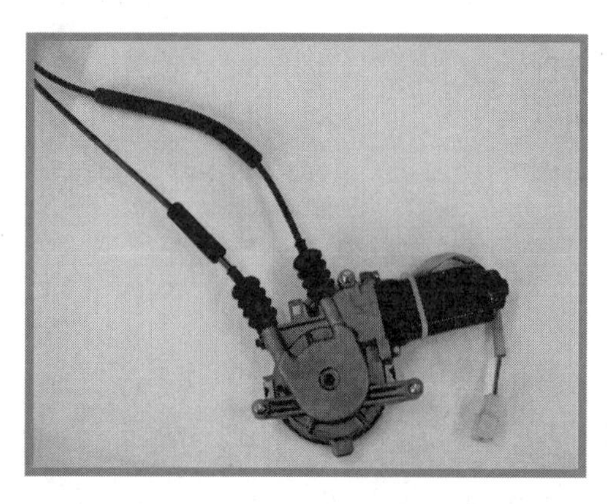

사진9-11 파워 윈도우 모터

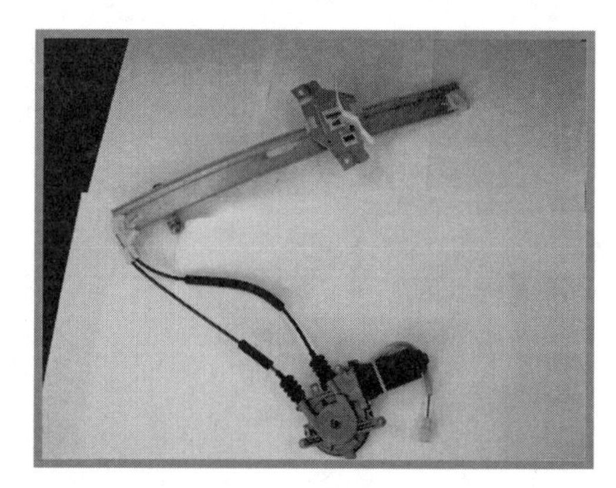

사진9-12 파워 윈도우 모듈

파워 윈도우의 회로를 살펴보면 전방 좌우에 2개의 파워 윈도우 모터와 후방 좌우에 2개의 파워 윈도우 모터가 있고 운전석에 설치되는 파워 윈도우 메인 스위치(power window main switch)를 제외하고 각 도어(door)에 서브 스위치(sub switch)가 3개로 구성되어 있다. 회로의 동작을 살펴 보면 다음과 같다.

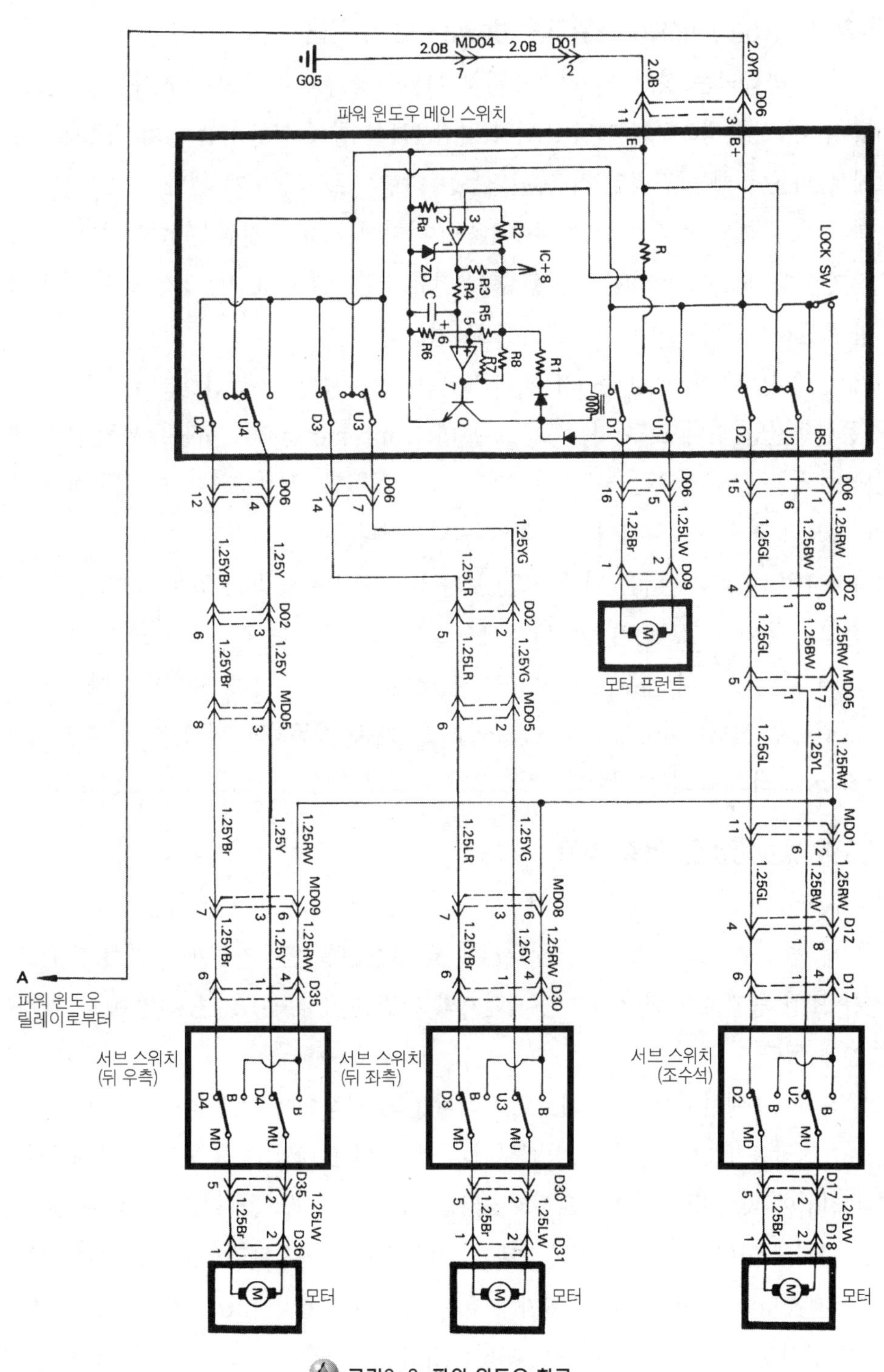

그림9-8 파워 윈도우 회로

■ 전방 좌측 up / down 스위치를 down으로 누르면

배터리로 공급되는 상시 전원은 스위치 D1에 공급되게 되므로 전류는 프론트 모터(front motor)를 경유하여 메인 스위치 접점 U1를 통해 저항 R를 거쳐 어스(earth) 로 흐르게 된다.(이 때는 전방의 좌측 윈도우는 하향으로 작동하게 된다)

파워 윈도우 메인 스위치 회로 내에 IC+8단자에는 항상 전원 전압이 인가 되어 있으므로 저항 R2, Ra 그리고 R5, R6를 통해 전류가 흘러 OP AMP(연산 증폭기) IC1(−) 단자와 IC2(+)단자에 리퍼선스 전압으로 설정하게 된다.

여기서 제너 다이오드 ZD는 OP AMP(연산 증폭기)의 공급 전원을 일정하게 하기 위해 사용한정전압 다이오드이다. 프론트 모터(front motor)를 통하여 저항 R은 직렬로 연결되어 저항 R에 흐르는 전류는 그다지 크지 않지만 IC1(+)에 걸리는 전압은 기준 전압(−)보다 작으므로 IC1의 출력전압은 낮아진다.

따라서 IC2(−)의 전압은 기준 전압 보다 낮아지므로 출력 전압은 높게 된다. IC2의 출력 전압이 높아지면 트랜지스터 Q의 베이스(base) 전류는 흐르게 되고 TR Q는 ON상태가 되어 메인 스위치 내부의 릴레이 코일(relay coil)을 여자 시키게 된다. 이 때에는 프론트 윈도우 모터(front window motor)는 계속 작동하게 되어 윈도우(window)를 다운(down) 시키게 되는 것이다.

■ 윈도우(window)의 멈춤 감지

윈도우(window)가 완전히 열리면 윈도우 모터(window motor)에는 윈도우의 열려진 힘에 의해 윈도우 모터(window motor)에 흐르는 전류는 증가하게 되고 저항 R로 흐르는 전류 또한 증가하게 되어 IC1(+) 단자의 전압은 IC1(−) 기준 전압 보다 높게 되어 IC1 높게 된다.

저항 R4와 콘덴서 C는 지연 회로로 R4 와 C의 시정수에 의해 약 0.5초간 지연 된 후 IC2(−) 전압은 IC2(+) 기준 전압 보다 높게 되어 IC2의 출력 전압은 낮아지게 된다. IC2의 전압이 낮아지면 그동안 트랜지스터(transistor) Q의 베이스(base)에 흐르던 전류는 차단되게 되어 TR Q는 OFF 상태가 된다. TR Q의 콜렉터(collector)에 연결된 릴레이 코일(relay coil)에 흐르던 여자 전류는 차단되고 결국 up / down 스위치의 접점은 원래 상태로 돌아가게 돼 윈도우 모터(window motor)의 회전은 정지하게 된다.

■ 전방 좌측 up / down 스위치를 up으로 누르면

배터리(battery)로 공급되는 상시 전원은 스위치 U1에 공급되게 되므로 전류는 프론트 모터(front motor)를 경유하여 메인 스위치 접점 D1를 통해 저항 R를 거쳐 어스(earth) 로 흐르게 된다(이 때는 전방의 좌측 윈도우는 상향으로 작동하게 된다).

프론트 모터(front motor)를 통하여 저항 R은 직렬로 연결되어 저항 R에 흐르는 전류는 그다지 크지 않으므로 IC1(+)에 걸리는 전압은 기준 전압(−)보다 작으므로 IC1의 출력 전압은 낮아진다. 이때 IC2(−)의 기준 전압은 다이오드(diode)를 거쳐 저항 R1에 의해 결정되어 IC1의 출력 전압이 낮아지더라도 IC2(−) 전압은 기준 전압보다 높아지게 돼 IC2의 출력 전압이 낮아지게 된다.

트랜지스터 Q의 베이스(base) 전류는 차단되고 TR Q는 OFF상태가 되어 메인 스위치 내부의 릴레이 코일(relay coil)의 여자 전류를 차단하게 된다. 이 때에는 프론트 윈도우 모터(front window motor)는 상향으로 작동하게 된다.

4. 도어 록 장치

도어 록(door lock) 장치에는 운전석 도어에서 스위치(door switch)만으로 도어 모두가 잠기는 집중 도어 록(door lock) 기능이 있는 장치 와 리모컨(remocon)에 의해 도어의 열고 닫힘이 이루어지는 원격 제어 도어 록 장치가 있다. 또한 탑승자의 안전을 위해 차량이 일정 속도 이상이 되면 자동으로 잠기는 오토 도어 록(auto door lock) 기능이 있는 장치가 있다.

이와 같은 도어 록 장치의 기본 구성에는 사진(9-13), (9-14)와 같이 도어의 잠김 장치인 도어 록 액추에이터가 있으며 도어록 액추에이터(door lock actuator)의 전원 공급을 절환 역할을 하는 도어 록 릴레이(door lock relay), 그리고 도어록 릴레이를 구동하게 하는 도어 록 스위치로 구성 되어 있다. 원격 제어 도어 록(remocon control door lock) 기능과 오토 도어 록(auto door lock) 기능이 있는 장치는 컴퓨터 시스템이 별도로 필요하게 되는데 이와 같은 컴퓨터 유닛을 일부 자동차 메이커에서는 TACS(time & alarm control system) 또는 ETACS 라고 부르기도 한다.

사진9-13 도어록 액추에이터(a)

사진9-14 도어록 액추에이터(b)

파워 도어 록 회로를 살펴보면 그림(9-9)와 같이 상시 전원을 통해 도어록 액추에이터에 전원 공급을 절환하는 도어 록 릴레이(door lcok relay)가 사용되고 있다.

사진9-15 도어록 스위치

이 도어 록 릴레이의 접점과 코일에는 상시 전원이 인가되어 있어 도어록 릴레이를 구동시키는 도어 록 스위치에는 중심 접점이 어스와 연결되어 있어 스위치를 절환시 릴레이 코일(relay coil)을 어스와 연결되도록 되어 있다. 그리고 도어의 잠김과 풀림 작용을 하는 도어 록 액추에이터가 도어 록 릴레이의 접점을 통해 연결 되어 있다. 이 회로의 동작을 살펴보면 먼저 도어록 스위치를 LOCK위치에 선택 하였을 때

■ 도어 록 스위치가 LOCK 위치시

도어 록 릴레이 (2)의 코일은 도어 록 스위치를 통해 어스(earth) 되어 도어 록 릴레이 (2)의 코일은 여자되고 그라운드(GND)위치에 있던 접점은 상시 전원측의 접점과 연결되어 도어 액추에이터(door actuator)의 5번과 8번 단자를 통해 상시 전원 12V 를 공급하게 된다. 도어 액추에이터의 6번과 7번 단자는 도어 릴레이 (1)의 접점을 통해 어스(earth) 되어 있어 도어 액추에이터는 잠김(lock)위치로 작동하게 된다.

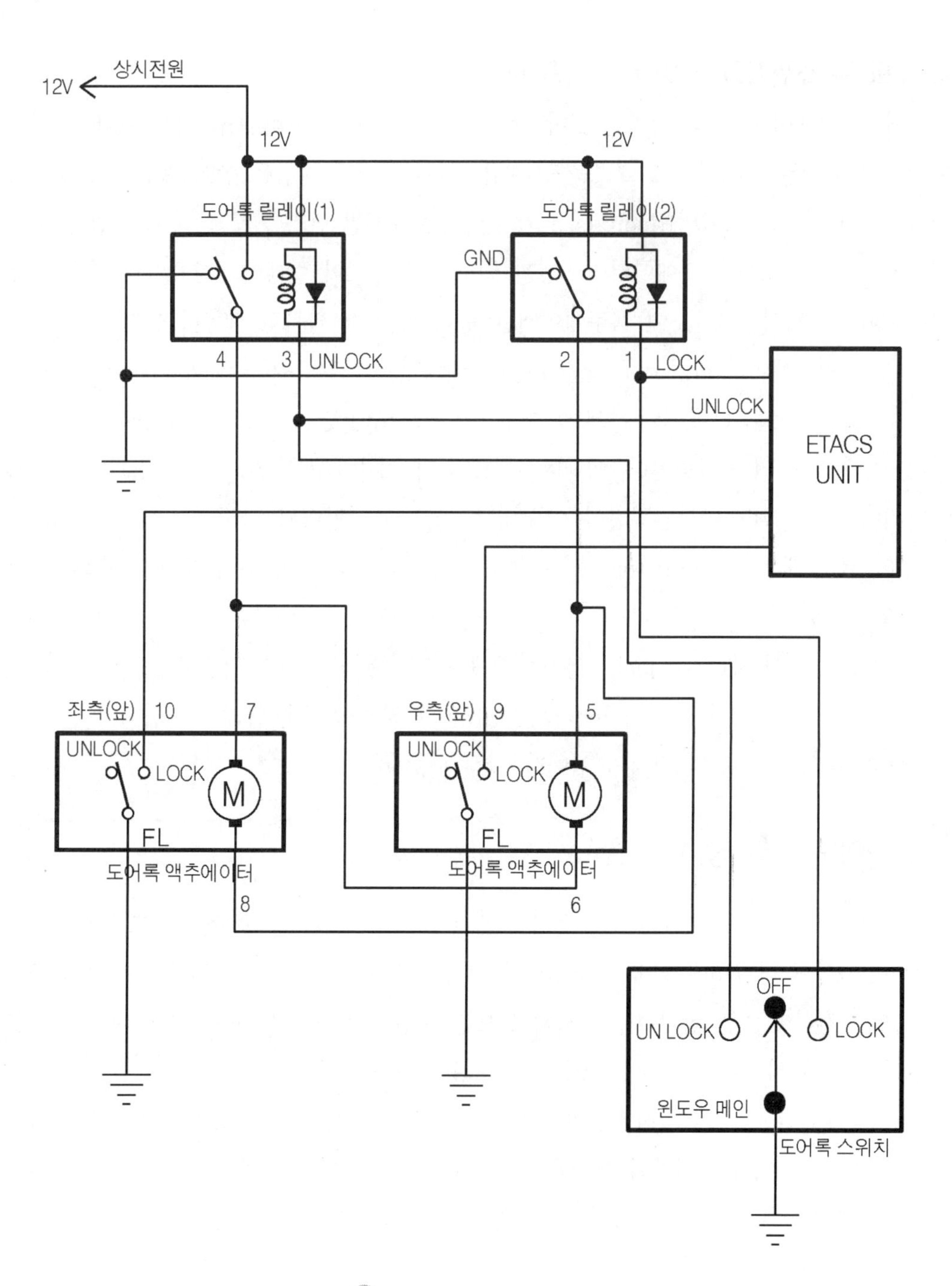

그림9-9 파워 도어록 회로

■ **도어 록 스위치가 UNLOCK 위치시**

도어 록 릴레이 (1)의 코일은 도어 록 스위치를 통해 어스(earth) 되어 도어 록 릴레이 (1)의 코일은 여자되고 그라운드(GND)위치에 있던 접점은 상시 전원측의 접점과 연결되어 도어 액추에이터(door actuator)의 7번과 6번 단자를 통해 상시 전원 12V를 공급하게 된다. 도어 액추에이터의 8번과 5번 단자는 도어 릴레이 (2)의 접점을 통해 어스(earth) 되어 있어 도어 액추에이터는 풀림(unlock)위치로 작동하게 된다.

도어 록 액추에이터(door lock actuator) 내의 접점은 자동차의 도어 키 스위치(door key switch)와 연동하여 작동하게 돼 자동차의 키(key) 만으로도 도어의 잠김과 풀림을 할 수 있게 되어 있는 기능이다. 이 때에는 도어 키 스위치(door key switch)를 통해 컴퓨터(TACS UNIT)에 입력되어 컴퓨터(TACS)는 입력된 신호에 의해 LOCK, UNLOCK 상태를 확인하고 lock 및 unlock 신호를 통해 도어 록 릴레이를 작동시키게 되어 있다

즉, 자동차 도어 록(door lock) 장치는 2개의 도어 록 릴레이를 사용하여 각 도어에 설치 된 도어 록 액추에이터(door lock actuator)에 전원 공급을 릴레이의 접점 절환을 통해 제어하는 간단한 편의 장치인 셈이다.

5. 사이드 미러 장치

자동차 미러(mirror)에도 운전자의 안전과 편의를 위한 기능으로 진보하고 있다. 주행 후 아웃 사이드 미러(out side mirror)가 자동으로 격납하고, 미러의 각도를 신체 조건에 맞게 조절하여 기억 장치에 기억시켜 놓으면 주행시 자동으로 미러의 위치가 자동으로 조절되는 미러 시스템(mirror system)이 적용되고 있다.

이러한 아웃 사이드 미러 시스템의 구성은 그림(9-10)과 같이 미러의 위치를 변화하는 전동식 모터(motor)와 미러의 위치를 감지하는 센서(sensor), 미러의 위치를 인식하고 조절하도록 하는 미러 컨트롤 유닛, 그리고 미러의 위치를 조절하는 아웃 사이드 미러 스위치(out side mirror switch)로 구성되어 있다.

미러의 위치를 기억하는 아웃 사이드 미러 시스템에 사용되는 위치 검출용 센서로는 틸트(tilt)각도를 검출하는 센서는 좌우 방향을 검출하는 포지션 센서(position sensor)와 상하 방향을 검출하는 포지션 센서가 있다. 위치를 검출하는 센서 중 홀 센서(hall

sensor) 방식 센서는 미러의 위치를 변화하는 모터(motor)의 피벗 스크류(pivot screw)축에 자석이 붙어 있어 모터가 회전시 웜-기어(worm gear)에 의해 피벗 스크류가 이동을 하게 되면 홀 센서는 자석에서 발생하는 자계의 세기를 검출하여 미러(mirror)의 틸트(tilt)의 위치를 검출하고 있다.

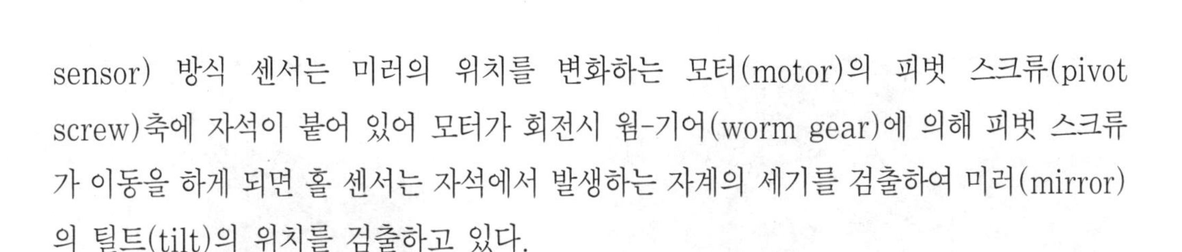

사진9-16 미러 컨트롤 유닛

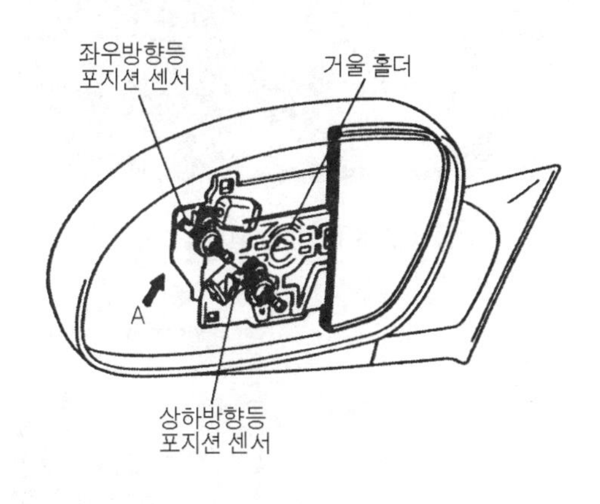

그림9-10 미러용 센서의 구조

그림(9-11)은 미러의 포지션 센서(position sensor)의 출력 특성을 나타낸 것으로 틸트(tilt)의 중립위치를 기준으로 전압 값이 증감하고 있는 것을 볼 수 있다. 그래프(graph)에 나타낸 사선은 실제 미러가 움직일 때 틸트의 위치에 따라 출력 범위를 나타낸 것이다.

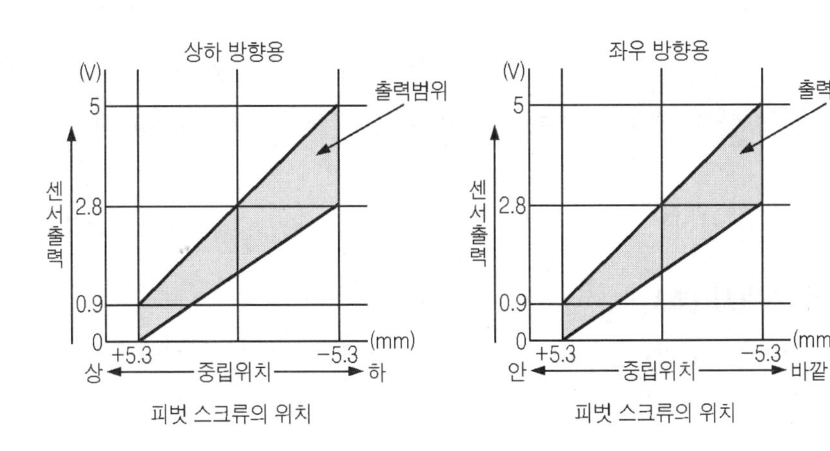

그림9-11 미러 포지션 센서의 출력 특성도

사진9-17 미러 컨트롤 유닛

사진9-18 아웃 사이드 미러 스위치

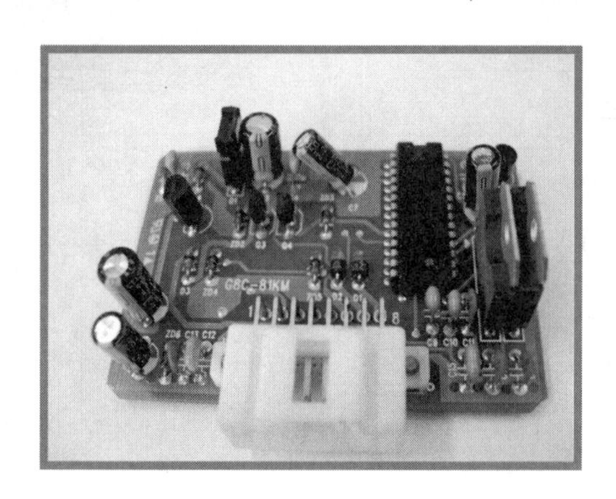

사진9-19 미러 컨트롤 유닛 내부

미러 회로의 기본 동작은 그림(9-12)에 나타낸 것과 같이 아웃 사이드 미러(out side mirror)에는 각각 상하, 좌우 방향을 조절 할 수 있는 전동 모터(motor)가 2개 내장 되어 있다.

따라서 좌측 아웃 사이드 미러 스위치의 상향 버튼(button)을 누르면 다음과 같다.

■ 좌측 상향 스위치 ON시

아웃 사이드 미러 스위치(out side mirror switch)의 2번 단자는 미러의 전동 모터의 한쪽 단자를 접지 시키고 있어 IGN 전원을 통해 공급된 전원은 스위치 SW1의 3번 단자를 통해 미러의 상하 전동 모터에 전원을 공급해 미러는 상향으로 작동하게 된다.

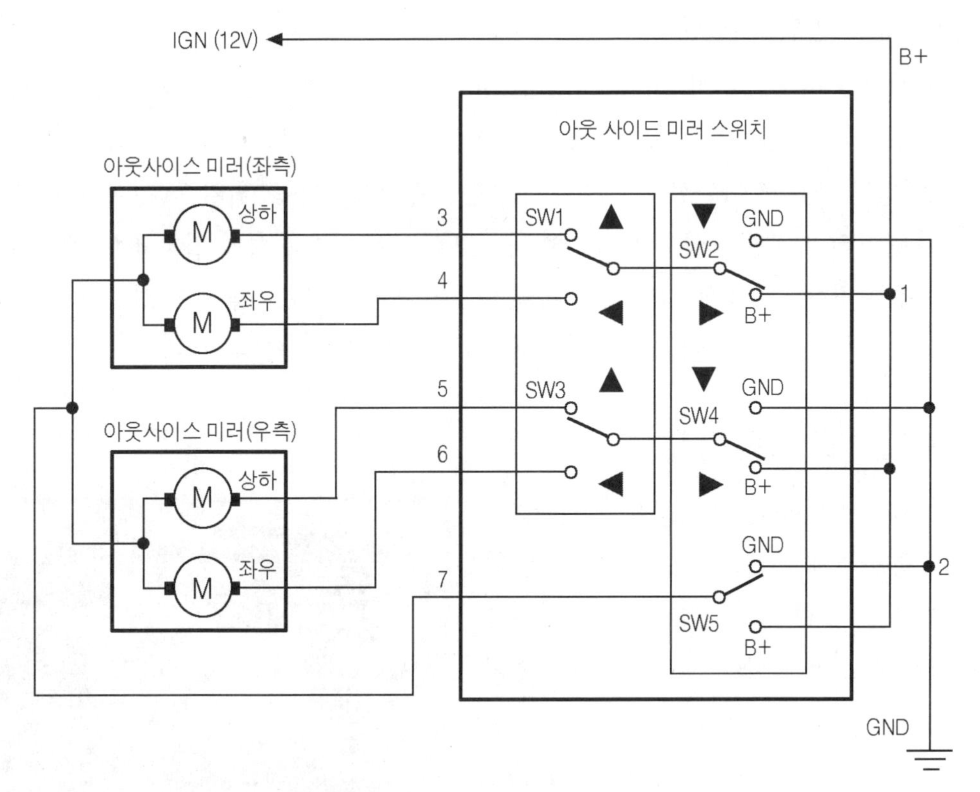

그림9-12 아웃 사이드 미러 회로

■ 좌측 하향 스위치 ON시

아웃 사이드 미러 스위치(out side mirror switch)의 하향 스위치를 누르면 스위치 SW2는 스위치 SW5와 연동해 작동하여 지금까지 공급하고 있던 전동 모터의 접지 단자는 IGN 전원 공급 단자로 절환이 되는 것과 동시에 하향 버튼 스위치 SW2에 의해 상하 방향 전동 모터의 전원은 아웃 사이드 미러 스위치 3번 단자를 통해 접지되게 되어 전동 모터는 하향 방향으로 작동하게 된다. 이와 같은 방법으로

■ 좌측 좌향 스위치 ON시

아웃 사이드 미러 스위치(out side mirror switch)의 2번 단자는 미러의 전동 모터의 한쪽 단자를 접지 시키고 있어 IGN 전원을 통해 공급된 전원은 스위치 SW1의 4번 단자를 통해 미러의 좌우 전동 모터에 전원을 공급해 미러는 좌향으로 작동하게 된다.

■ **좌측 우향 스위치 ON시**

아웃 사이드 미러 스위치(out side mirror switch)의 우향 스위치를 누르면 스위치 SW2는 스위치 SW5와 연동해 작동하여 지금까지 공급하고 있던 전동 모터의 접지 단자는 IGN 전원 공급 단자로 절환이 되는 것과 동시에 우향 버튼 스위치 SW2에 의해 좌우 방향 전동 모터의 전원은 아웃 사이드 미러 스위치 4번 단자를 통해 접지되게 되어 전동 모터는 우향 방향으로 작동하게 된다. 위의 회로는 전동 미러의 기본적인 회로를 살펴 본 것으로 자동 시스템인 경우라도 미러의 전동 회로는 기본적으로 동일하다.

6. 파워 시트 조절 장치

자동차의 시트(seat)는 탑승자의 안락감을 느끼게 하는 실내 인테리어 도구중 하나로 다양한 기능을 가지고 있다. 그 기능 중 시트 조절 장치에는 직접 사람이 손으로 좌석의 위치를 조절하는 수동식 시트 조절 장치와 전동 모터를 이용하여 버튼 스위치만으로 조절이 가능한 전동식 시트 조절 장치가 있다. 전동식 시트 조절 장치에는 스위치(switch)와 전동 모터로 구성되어 있는 파워 시트시스템(power seat system)과 시트의 위치를 감지하는 센서(sensor) 및 컴퓨터(computer)를 이용하여 미리 설정된 시트의 위치를 메모리(memory)에 입력시켜 놓았다 탑승시 자동으로 시트의 위치가 조절되는 자동 조절 시트시스템이 있다.

사진9-20 파워 시트 조절장치

이 자동 조절 시트 시스템을 자동차의 메이커에 따라서는 PSMS(power seat memory system) 시스템이라 표현하기도 하며 IMS(intelligence memory system) 시스템 이라고 표현하기도 한다.

PSMS(power seat memory system)의 구조는 그림(9-13)과 같이 좌석이 전후로 이동하는 것을 감지하는 슬라이드 센서(slid sensor)와 좌석이 상하로 작동하는 것을 감지하는 버티컬 센서(vertical sensor)가 있다. 또한 등받이의 기울기의 위치를 감지하는 리클라이닝(reclining)회전 센서가 있다.

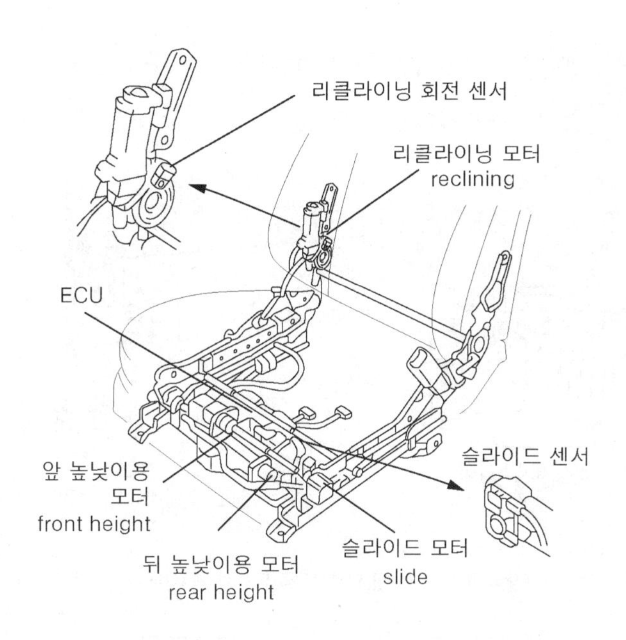

그림9-13 파워 시트용 포지션 센서의 위치

전동 모터에 의해 시트(seat)의 위치가 제어 된 위치를 이 들 센서가 좌석의 틸트(tilt) 및 슬라이딩 위치를 검출하여 PSMS ECU로 입력하고 있다. 입력된 각 좌석의 위치 신호는 기억 소자에 입력되어 운행시 리줌 버튼(resume button)에 의해 원래의 좌석의 위치를 찾을 수가 있다.

또한 사람의 신체와 운전 습관에 맞게 미리 여러 가지 모드(mode)로도 임의 기억시킬 수가 있어서 운행자 및 탑승자의 신체에 자동으로 조절 할 수가 있다. 이와 같은 시스템에 사용되는 센서(sensor)로는 주로 포텐쇼미터(potension meter)나 그림(9-15)와 같은 홀 센서(hall sensor) 방식이 이용되고 있다.

그림(9-14)는 시트 포지션 센서의 외관 구조를 나타낸 것으로 슬라이드 센서(slid sensor), 버티컬 센서(vertical sensor), 리클라이닝 센서(reclining sensor)는 하우징(housing) 내에 웜-기어(worm gear)에 장착되어 있다.

이들 모터(motor)가 회전을 하게 되면 그림(9-15)에 나타낸 원형 자석이 모터와 같이 회전을 하게 되어 있어 홀-소자(hall element)를 통해 원형 자석의 회전수 즉 모터(motor)의 회전수를 통해 모터의 회전 위치를 검출 할 수 있도록 되어 있다. 이렇게 검출된 좌석(seat)의 위치 정보는 PSMS ECU의 ROM 메모리에 기억 되어 필요시 리줌 버

튼(resume button)에 의해 기억되어 있던 좌석의 위치 정보를 출력하여 각 위치를 제어하는 전동 모터를 구동하게 되어 있다.

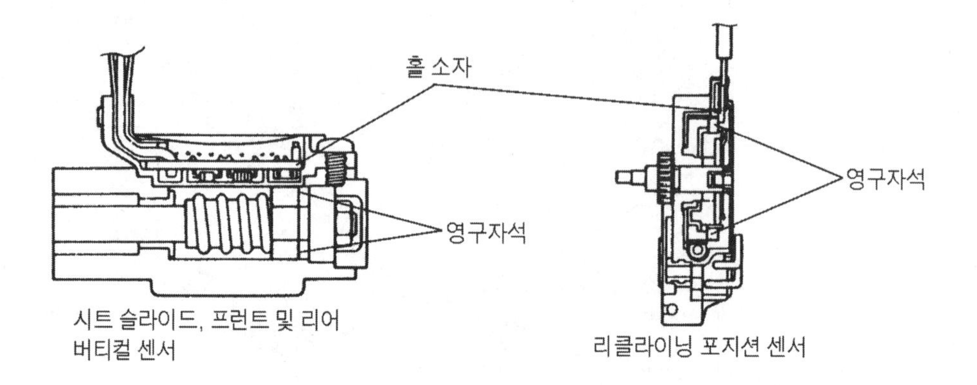

그림9-14 파워 시트용 포지션 세서의 구조

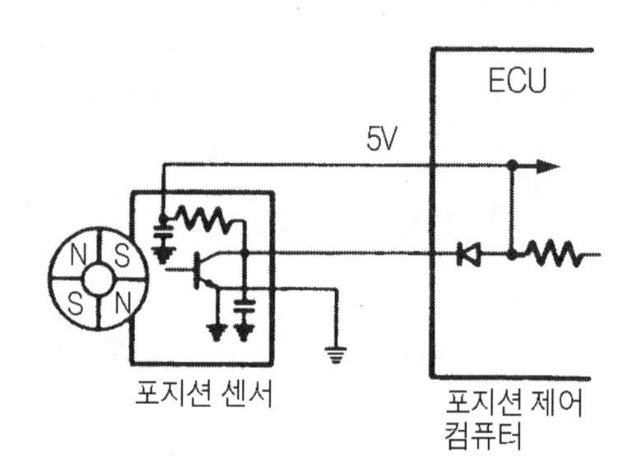

그림9-15 포지션 센서의 회로

각 위치를 제어하는 전동 모터에는 그림(9-16)과 같이 좌석이 앞뒤로 슬라이딩(sliding) 하게 하는 슬라이딩 컨트롤 모터(sliding control motor)와 좌석이 등받이의 기울기를 조절하는 리클라이닝각 컨트롤 모터(reclining angle control motor), 좌석의 높이를 조절하는 프론트 하이트 컨트롤 모터(front height control motor)와 리어 하이트 컨트롤 모터(rear height control motor)로 모두 4종의 모터로 구성되어 있다. 따라서 이들을 작동하기 위한 위치 조절용 스위치는 4종의 파워 시트 스위치(power seat switch)로 구성되어 있다. 그림(9-16)과 같은 시트 회로는 파워 시트(power seat)의 기본 회로를 나타낸 것으로 머리 속에 회로의 흐름을 기억해 두면 좋다.

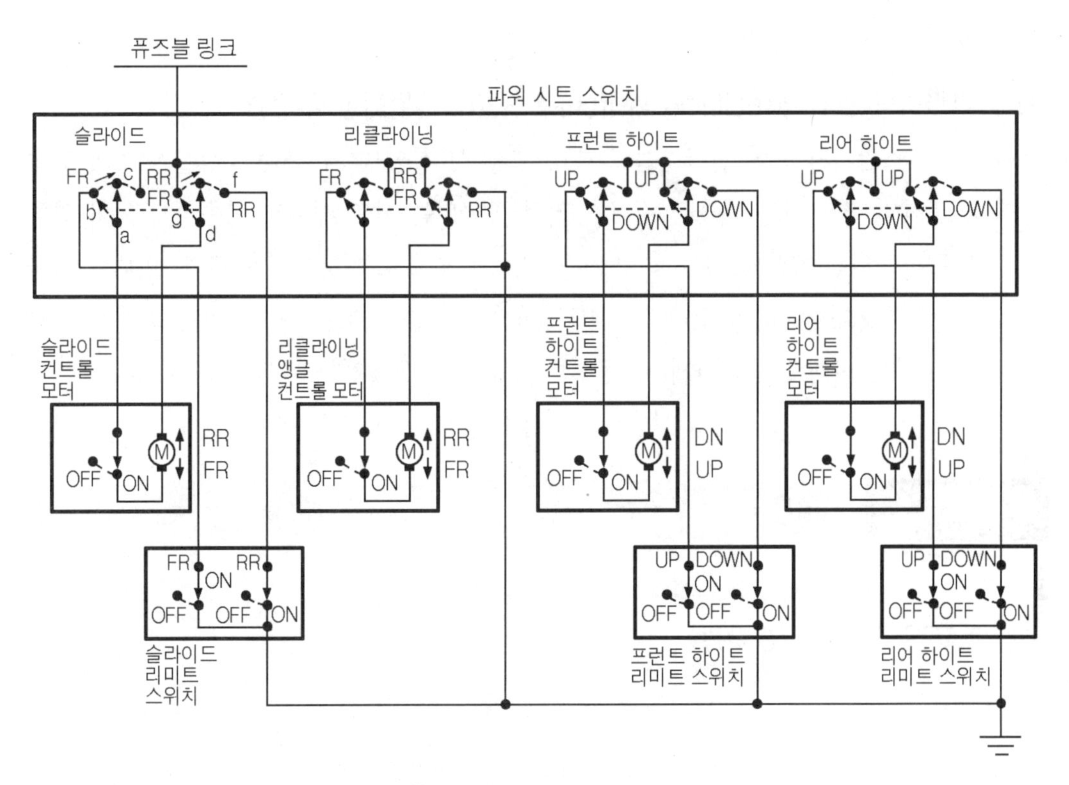

그림9-16 파워 시트 회로

■ 슬라이드 스위치(slid switch)을 FR(front)위치를 누르면

슬라이드 스위치의 중심 전극 a는 b단자와 접속되어 슬라이드 컨트롤 모터(slid control motor)의 한쪽 방향은 어스(earth)와 접속하게 되고 슬라이드 스위치의 중심 전극 d는 퓨즈블 링크(fusible link)를 통해 공급된 배터리 전원과 접속하게 되어 시트(seat)는 앞으로 전진하게 된다. 이 때 시트가 최대한 전진 위치에 다다르게 되면 슬라이드 리미트 스위치(slid limit switch)는 차단하게 되어 슬라이드 컨트롤 모터를 동 작을 정지 시키게 된다.

■ 슬라이드 스위치(slid switch)을 RR(rear)위치를 누르면

슬라이드 스위치의 중심 전 a는 퓨즈블 링크를 통해 공급되는 배터리 전원과 접속하게 되고 중심 전극 d는 슬라이트 리미트 스위치를 거쳐 어스(earth)와 접속하게 되여 슬라이드 컨트롤 모터(slid control motor)는 후진 방향으로 모터를 회전하게 돼 시트를 후

진 방향으로 이동하게 된다.

■ 리클라이닝 스위치(reclining switch)를 FR(front)위치를 누르면

슬라이드 스위치의 중심 전극 a는 리클라이닝 컨트롤 모터의 한쪽 방향을 어스와 접속하게 되고 중심 전극 d는 퓨즈블 링크를 거쳐 공급되는 전원 전압과 접속하게 되어 리클라이닝 모터는 회전하게 돼 시트(seat)의 등받이는 앞으로 기울어지게 된다. 반대로 리클라이닝 스위치(reclining switch)를 RR(rear) 위치를 누르면 리클라이닝 회전각 모터의 전원 극성은 반대로 접속하게 돼 등받이는 뒤로 기울어지게 되어 있다.

2 TACS

1. TACS의 구성 및 기능

TACS는 Time and Alarm Control System의 약자로 마이크로 컴퓨터(micro computer)를 이용하여 주행에 필요한 각종 운행 정보를 사전 경보하고 시간적 요소를 제어 한다하여 TACS 또는 일본에서는 ETACS라고 표현하기도 하고, 구주 지역에서는 BCM(body control module)이라고 표현하기도 한다. 이와 같은 TACS 장치에는 적용하는 차종에 따라 그 기능이 다양하여 기능상으로 분류하기란 난해점이 있다.

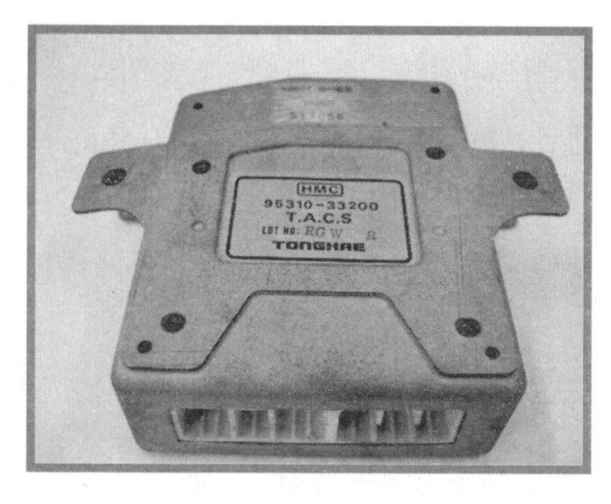

사진9-21 TACS ECU

사진9-22 TACS ECU 내부 PCB

그러나 TACS는 기본적으로 와이퍼(wiper) 및 도어 록(door lock) 기능, 룸 램프 제어 기능, 안전벨트, 경고 기능, 후방 열선 제어 기능, 도어 열림 경고 기능, 파워 윈도우(power window) 기능을 제어하는 것이 일반적이다. 그 밖에 차종에 따라서는 리모컨(remocon) 조작을 통해 도어의 잠김과 풀림이 가능한 키-레스 엔트리(key less entry) 기능과 도난 경보 기능이 내장된 도난 경보 장치(burglar alarm control system)가 있는 시스템도 적용되고 있다. 운전자의 편의를 위해 이러한 다양한 기능을 추구하다 보면 문제점으로 나타나는 것이 와이어 하니스(wire harness)의 증가 및 커넥터(connector)의 접속 문제로 야기되는 경우가 많다.

따라서 최근에는 이러한 문제를 보완하기 위해 차량의 앞측과 뒤측으로 연결되는 각 입력 및 출력 요소의 와이어 하니스(wire harness)를 대폭 감소시키기 위해 차량의 앞측과 뒤측의 별도의 컴퓨터 모듈(computer module)을 두어 통신(data line)을 통해 각 입,출력 요소를 제어 할 수 있도록 하고 있다. 이러한 통신 라인을 통한 제어 시스템은 자기 진단 기능을 강화해 고장 개소를 쉽게 찾을 수 있게 되었고 컴퓨터 투 컴퓨터(computer to computer) 제어가 가능해 차량의 트러블(trouble) 이력까지 관리가 가능해지게 되었다.

또한 이러한 멀티플렉스 시스템(mulitiplex system)을 가지고 있는 시스템 중에는 기존의 단순 기능을 가지고 있는 도난 경보 기능 장치가 엔진 ECU와 커뮤니케이션(Communication) 이 가능해 엔진의 이모빌라이제이션(immobilization)기능이 가능하게 되었다.

사진9-23 Receiver 내장 TACS

사진9-24 Receiver Unit

이와 같은 TACS의 기본 구성은 각 기능을 제어하기 위해 센서 및 스위칭 신호를 입력 요소로 사용하고 있다. 또한 ECU가 인식 할 수 있는 전기 적인 신호로 전환하는 인터페이스 회로와 각 종 액추에이터를 구동하는 드라이버 회로 그리고 마이크로 컴퓨터 내에는 ROM(read only memory)이 있다. ROM의 기억 소자에는 TACS의 기능에 따라 프로그램을 저장하는 기억 소자와 TACS의 기능 정보를 임시 저장하는 RAM(random access memory)가 있다.

컴퓨터 내에 있는 ALU(arithmetic logic unit)는 이러한 기억 장치에 있는 데이터(data)를 불러 들여 연산하는 장치가 있어서 컴퓨터를 전기적으로 동작시키기 위해 명령 및 연산, 계수 등 처리하고 전기적 신호를 만들어 주는 TACL(time and control logic)가 있어서 클럭 신호가 발생이 되면 카운터나 레지스터에 명령에 따라 레치(latch)하거나 저장한다.

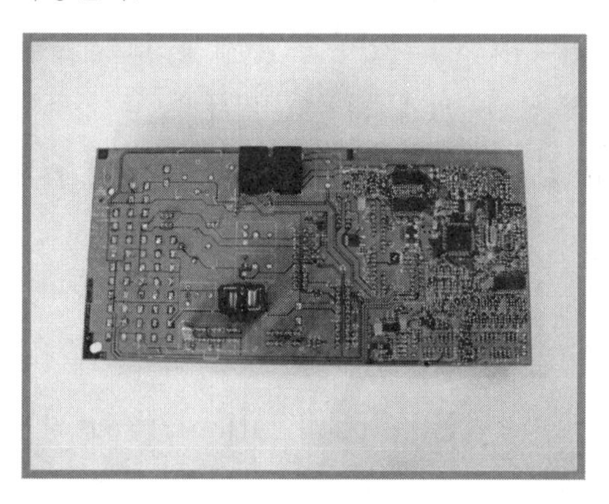

사진9-25 정션 박스에 내장된 TACS 내부

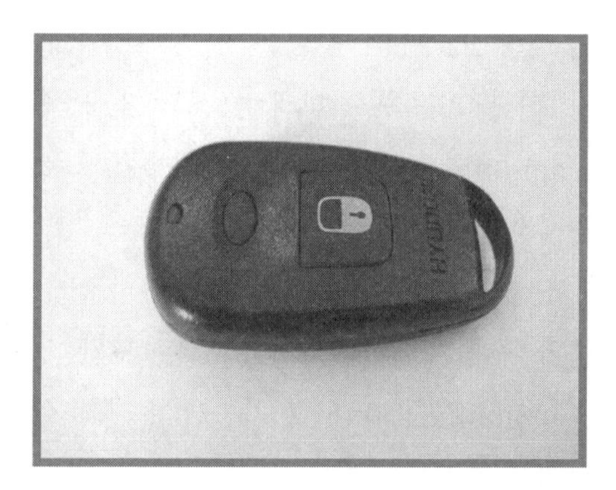

사진9-26 리모컨

원-칩 마이크로 컴퓨터 내에는 각종 데이터(data)나 정보를 일시 기억하는 여러 가지 종류의 레지스터(register)들이 있어서 ALU(연산 장치)에서 처리한 연산 결과나 정보를 일시 기억하는 인덱스 레지스터(index register), 스텍 포인트(stack point), 플래그 레지스터(flag register) 등에 일시 기억하고 있다가 다음 명령에 의해 데이터나 제어 신호로 활용하고 있다. 이와 같은 컴퓨터의 동작에 따라 TACS ECU에 입력 되는 각 정보는 마이크로 컴퓨터(micro computer)가 연산 처리하여 출력측의 드리이버(driver)회로를 구동하게 한다. 이와 같은 마이크로 컴퓨터를 이용 한 TACS의 기능은 자동차의 종류에 따라 다양하며 새로운 아이디어에 따라 그 기능 또한 다양하게 발전하고 있다.

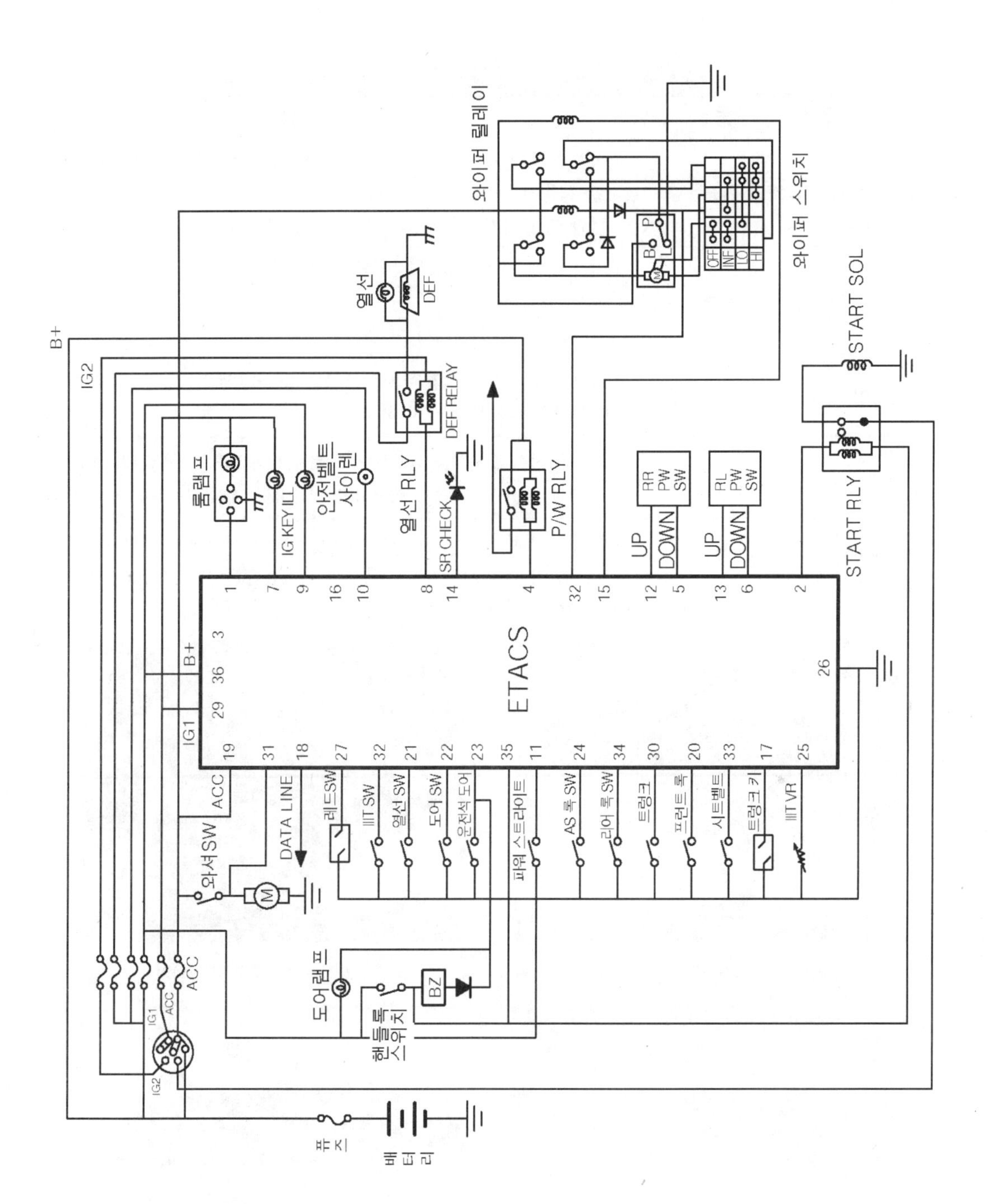

▲ 그림9-17 TACS 회로도

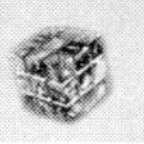

[표9-1] TACS의 기능

기　　능	내　　용
1. 점화키 홀 조명 기능	• 야간 운행 편의를 의해 도어를 개폐하면 점화키 홀 조명은 약 10초간 점등되는 기능 • 점화 키 IGN ON시 조명은 즉시 소등되는 기능
2. 룸 램프 타이머 기능	• 야간 운행 편의를 의해 도어를 개폐하면 룸 램프는 약 5초후 서서히 소등되는 기능 • 키-레스 언록 상태에서는 30초가 점등
3. 안전벨트 경보, 타이머 기능	• 점화 스위치 ON시 안전벨트 경고등 및 차임벨이 약 5초간 작동 • 안전벨트 착용시는 즉시 해제
4. 열선 타이머 기능	• 열선은 전력 소모가 많은 부하이므로 올터네이터의 L-단자가 ON 상태에서 열선 스위치를 ON시키면 약 20분간 ON되는 타이머 기능
5. 미등 자동 소등 기능	• 점화 스위치를 ON → 미등 S/W를 ON한 상태에서 점화 스위치 OFF후 도어를 개폐하면 자동으로 미등은 자동으로 소등되는 기능

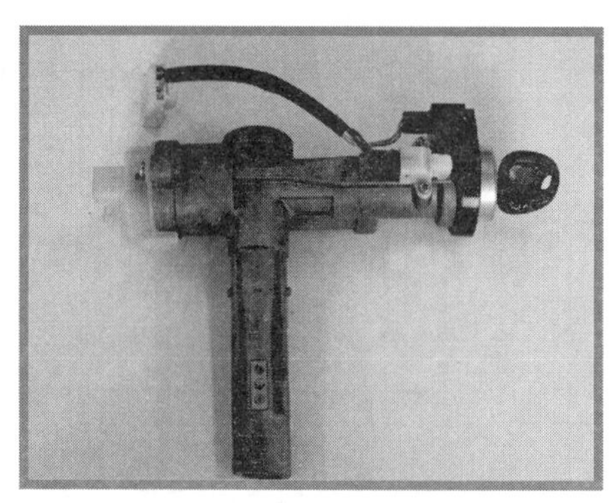

사진9-26 키 스위치 Ass'y

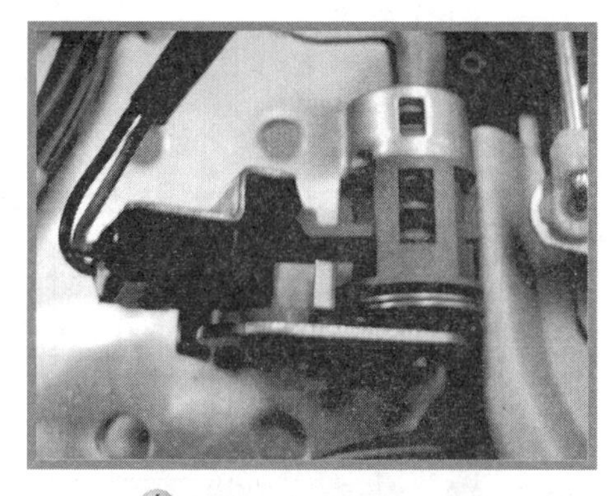

사진9-28 도어 키 스위치

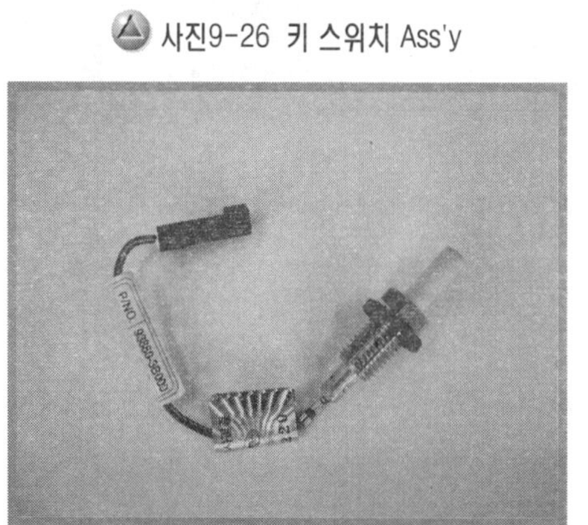

사진9-29 도어 스위치

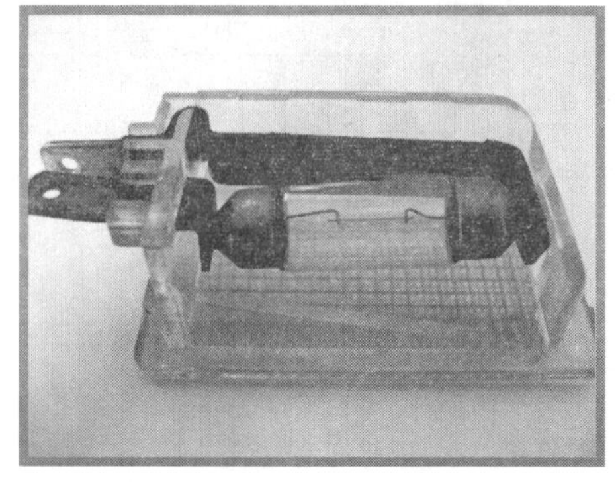

사진9-30 룸 램프

기　　능	내　　용
6. 키 삽입 remind 기능	• 점화 키 삽입 상태에서 도어를 개폐하여 도어를 잠그는 경우 약 1초간 언록 되는 기능
7. 파워 윈도우 타이머 기능	• 점화 키 ON상태 → 점화 키 OFF후 약 30초 간 파워 윈도우에 전원을 공급하는 기능
8. 파킹 브레이크 경보 기능	• 파킹 브레이크를 잠금 상태이거나 도어가 덜 잠김 상태에서 주행을 하면 챠임벨을 경보하는 기능
9. 충돌시 도어 언록 기능	• SRS 시스템과 연계하여 에어백의 전개 신호가 입력되면 승객의 탈출을 용이하게 하기 위해 도어 잠김이 해제 되는 기능
10. 중앙 집중식 도어 잠금 기능	• 운전석 도어 록 스위치 ON시 모든 도어가 잠김과 해제가 가능한 기능

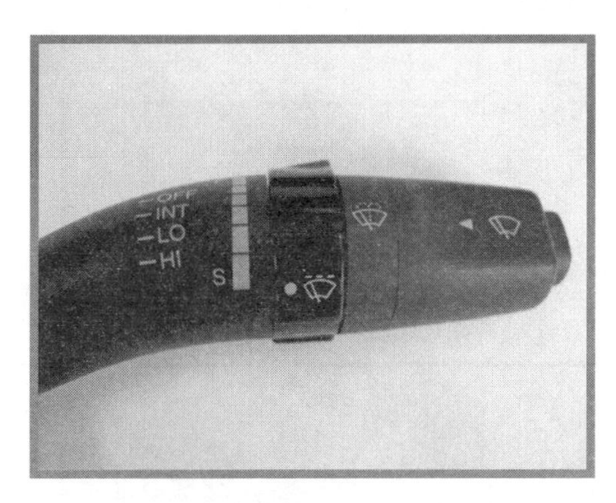

사진9-31 멀티 펑션 스위치

사진9-32 멀티 펑션 스위치 내부

사진9-33 엔진룸 내에 장착된 와이퍼 모터

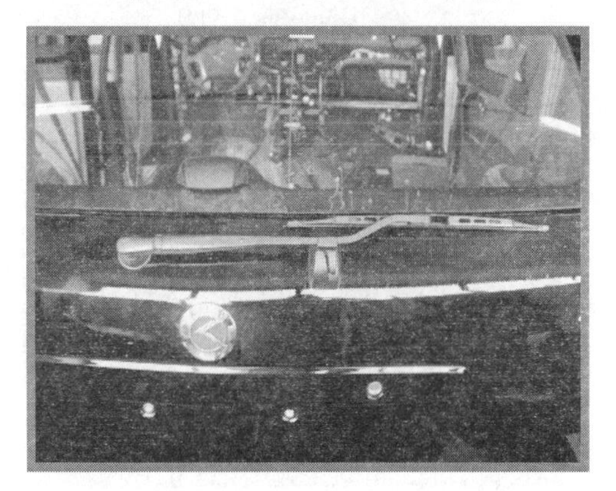

사진9-34 뒤 유리 열선 및 와이퍼 블레이드

기 능	내 용
11. 자동 도어 록 기능	• 시속 약 40km/h 이상 주행시 승객이 안전을 위해 4개의 도어가 자동으로 잠기는 기능 • 운전석에서만 수동 해제가 가능하다
12. 키 레스 엔트리 기능	• 점화 키를 사용하지 않고 무선 리모콘으로 도어의 잠김과 풀림을 하는 기능
13. 간헐 와이퍼 기능	• 와이퍼 조절 노브(knob)에 의해 와이퍼의 속도를 조절하는 기능 • 차속에 따라 와이퍼의 속도가 변화하는 기능
14. 도난 방지 기능	• 각 도어가 닫힌 상태에서 리모콘의 잠김 신호 수신하면 경고 상태에 들어가게 된다. 이때 하나의 도어만 열려도 경보를 발하게 되는 기능
15. 기타 경보 기능	• 경보중 배터리를 탈거 후 → 배터리를 연결하는 경우 재 경보 및 인히비터 릴레이를 작동하여 시동 불능 기능

사진9-35 챠인벨

사진9-36 도난 경보 사이렌

사진9-37 차속 센서

사진9-38 장착된 TACS UNIT

지금까지 살펴 본 TACS의 여러 가지 기능들은 각 자동차 메이커 및 차종에 따라 달라지며 기능에 적용되는 사양 또한 사용자의 요구에 따라 다소 차이가 달라지게 된다

2. ETACS의 기본 회로

ETACS의 내부 회로는 그다지 어렵지 않은 디지털 회로로 이루어져 있어서 ETACS의 주변 회로를 이해하는 데 도움이 쉽게 될 수 있는 회로이다. ETACS의 내부 회로의 블록 다이어그램(block diagram)을 살펴보면 배터리의 전원 전압은 점화 스위치를 거쳐 공급되는 ACC(accessory)전원과 IGN(ignition)전원으로 구분되어 공급되고 있고 배터리 전압은 워치-독(watch dog)회로에 직접 공급하고 있다.

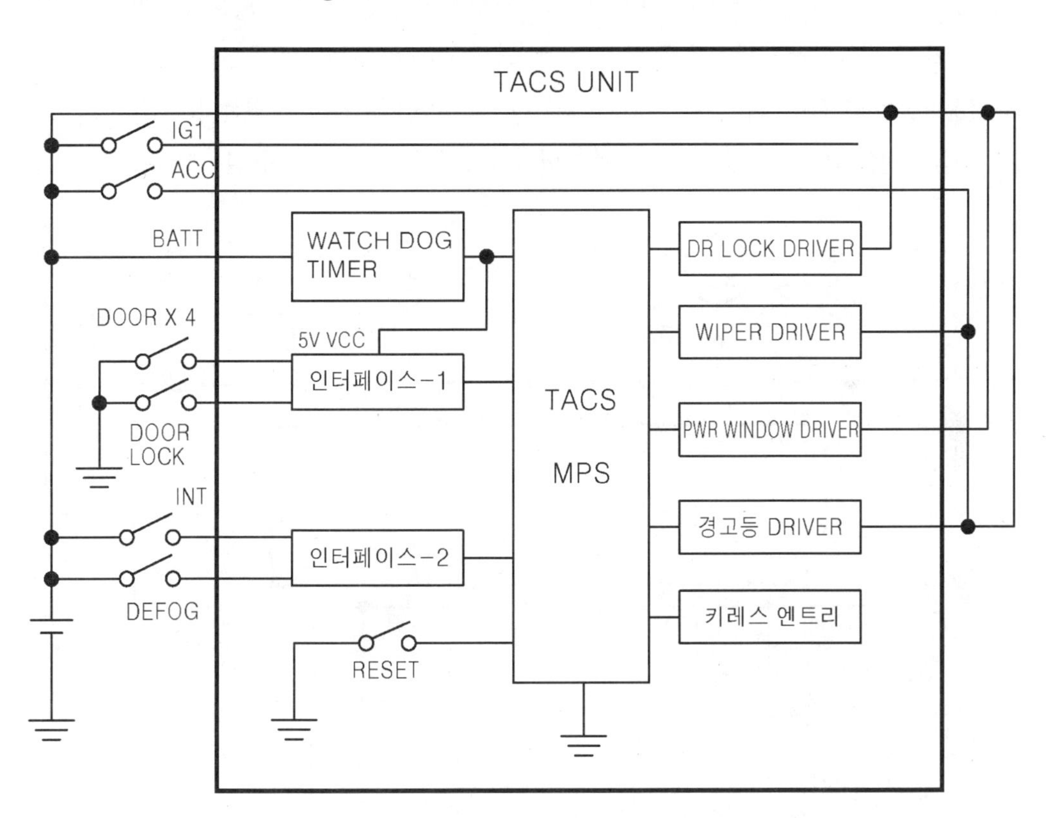

그림9-18 ETACS 내부 회로의 블록 다이어그램

여기에 사용되는 워치-독(watch dog)회로의 기능은 전원 전압의 변동을 감시하고 CPU에 정전압 전원을 일정하게 공급하는 기능을 가지고 있는 회로이다. ETACS의 주변

입력 장치는 대부분 ON, OFF형식의 스위칭 형식으로 되어 있어서 스위칭 상태를 전기적으로 변환하여 CPU(center process unit)에 전달하도록 하는 인터페이스 회로로 구성되어 있다.

출력단 부분은 크게 2가지를 구동하게 되는데 하나는 조명등 및 경고등 류의 전구류와 릴레이(relay) 및 액추에이터(actuator)을 제어하는 인덕티브(inductive) 부하를 가지고 있어 2가지 분류의 드라이버 회로로 구성되어 있는 것이 일반적이다.

(1) 입력 인터페이스 회로

ETACS의 입력 인터페이스(interface) 회로를 살펴보자. 먼저 워치-독(watch dog) 회로는 전원 전압의 변동을 감시하고 있다가 전압이 불안정한 경우 회로의 오동작을 방지하기 위해 리셋(reset) 신호를 통해 CPU를 리셋(reset)하는 기능을 가지고 있으며 배터리 전압으로부터 CPU의 전원 전압인 5V 정전압 기능을 가지고 있는 IC(집적 회로)이다. 그림(9-19)와 같이 워치-독 IC의 1번 핀은 전원을 스타트 시키는 단자이다.

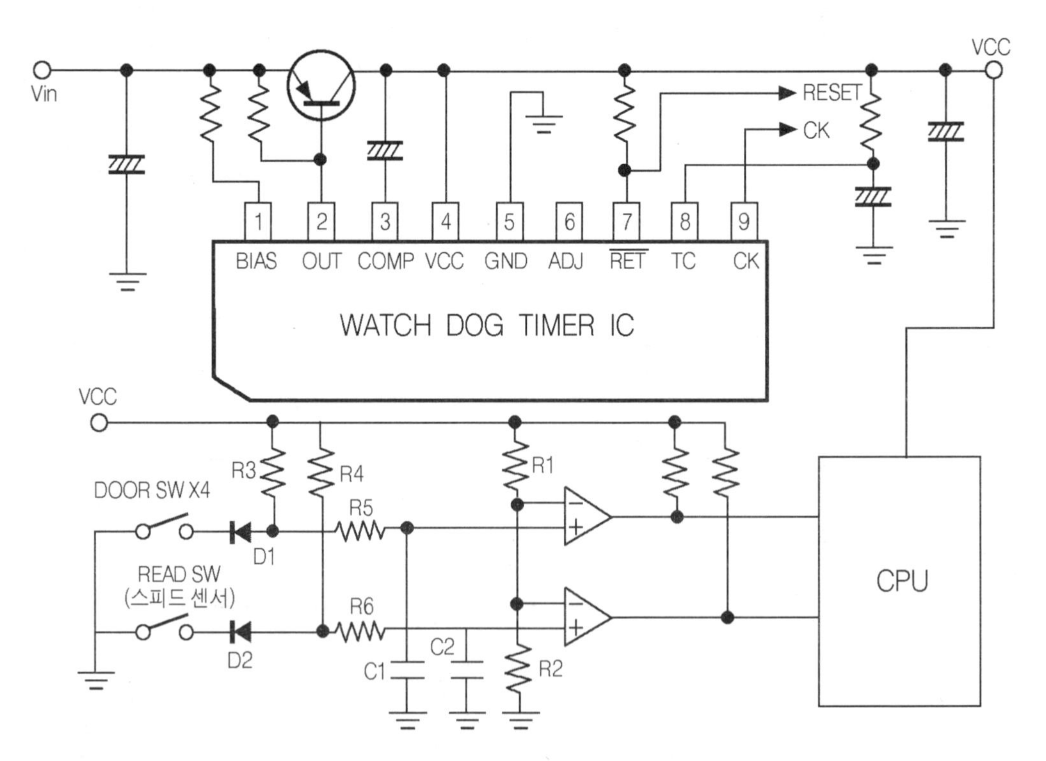

그림9-19 ERACS 입력 워치 독 회로와 인터페이스 회로

이 단자는 배터리의 전원 전압이 저항 R을 통해 1번 핀에 전류가 흐르게 되면 IC 내부의 정전압 회로에 의해 4번 핀은 VCC전압인 5V가 CPU로 공급하게 되고 이 전압은 약 2.7V 이상이 되면 출력 전류는 VCC전원으로부터 공급하게 되어 있는 회로이다.

2번 핀에 연결된 PNP TR은 트랜지스터의 베이스 전류에 의해 VCC 전압을 안정되게 하는 전류를 제어한다. 9번 핀 단자는 IC 내부의 워치 독 타이머(watch dog timer) 회로에 클럭 펄스(clock pulse)의 입력용 단자로 사용되며 8번 핀은 리셋 타이머(reset timer)와 워치 독 타이머 회로의 시간을 설정하는 회로이다. 6번 핀 단자는 출력 전압의 조정용 단자이며 ADJ(adjust)와 GND(ground) 간에 저항을 삽입함으로 전압을 상승 및 가감이 가능한 단자이며 최대 ± 1.0 V까지 전압 조절이 가능한 단자이다. 입력단 인터페이스(interface) 회로는 도어(door) 스위치의 입력 단자와 스피드 센서의 입력 단자 2가지만 나타내었지만 다른 입력 회로와 거의 유사하다.

(2) 출력 드라이버 회로

ETACS의 출력단 회로는 그림 (9-20)에 나타낸 것과 같이 조명등을 제어하는 회로와 릴레이(relay) 및 액추에이터(actuator)를 제어하는 드라이버 회로는 크게 다르지 않다.

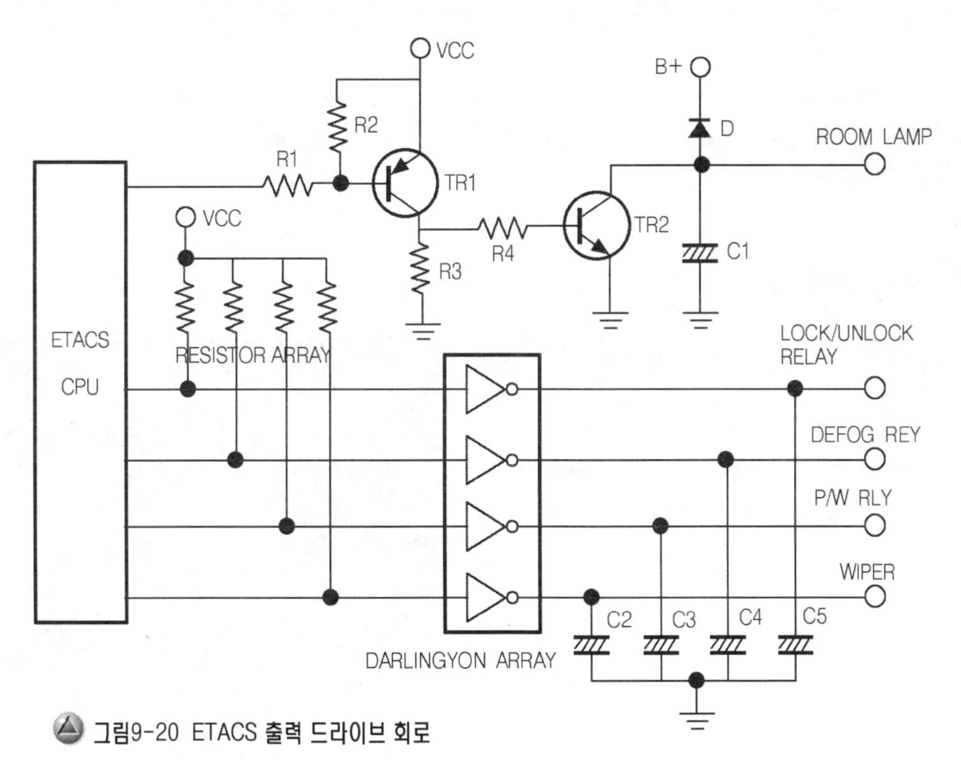

그림9-20 ETACS 출력 드라이브 회로

먼저 트랜지스터(transistor)를 사용한 룸 램프(room lamp)의 드라이버 회로를 살펴보면 저항 R1은 CPU의 입력 포트(port)을 보호하기 위한 전류 제한용 저항이며 트랜지스터 TR1의 베이스(base)의 바이어스(bias) 전압은 저항 R2를 통해 공급되고 CPU의 포트(port) 출력 전압이 낮게 출력되면 VCC 전원 공급 전압은 저항 R2을 통해 TR1의 베이스(base) 전압을 공급하여 TR1의 베이스 전류는 저항 R1을 통해 CPU의 포트(port)로 전류는 싱크(sink) 되게 된다. TR1에 베이스 전류가 흐르게 되면 TR1의 이미터 전류는 저항 R3을 통해 흐르게 되어 저항 R3의 양단에는 전압은 상승하게 된다.

저항 R3의 양단 전압은 TR2의 베이스 공급 전압으로 작용해 TR2는 턴-온(turn on)된다. 룸 -램프는 CPU 내에 미리 설정된 데이터 값 만큼 출력하게 돼 결국 룸 램프(room lamp)는 미리 설정된 시간 만큼만 동작하는 타이머 기능을 가지고 있는 것과 동일하다.

회로 내에 인버터(invertor)의 심볼은 다링톤 트랜지스터(darlington transistor)의 어레이를 표시한 것으로 전류 증폭율이 큰 이점이 있어 출력측의 액추에이터의 구동 회로를 사용하고 있다. 인버팅(inverting)의 의미는 트랜지스터의 이미터(emitter)접지 회로는 입출력 위상이 180° 차가 나기 때문에 나타낸 심볼의 회로이다.

3 그 밖의 편의 장치

1. 오토 안테나

자동차에 사용되는 라디오용 안테나는 수동으로 안테나의 로드를 펼치는 수동 조절 로드 안테나와 라디오의 스위치를 ON시켰을 때 안테나의 로드가 자동으로 펼쳐지는 자동 로드 안테나(auto rod antenna)가 있다. 또한 뒤 유리의 열선을 이용한 열선 안테나 그리고 사진(9-39)와 같이 실내에 내장된 내장형 안테나가 사용되고 있다. 이 중 로드 안테나는 수

사진9-39 안테나

신 감도는 우수하나 외부의 돌출 방식으로 외부 물체와 접촉시 파손이 쉽고 열선을 이용한 안테나는 열선에 전류가 흐를 때 열선에서 발생하는 열전자 방출에 의한 입자의 운동으로 고주파 회로에 잡음원으로 작용 할 수 있는 단점을 가지고 있다.

내장형 안테나는 외장형 안테나에 비해 수신 감도는 떨어지나 외부에 돌출되지 않아 파손 우려가 없는 이점이 있다. 그림(9-21)의 회로는 외부 돌출형 오토 안테나의 회로를 나타낸 것으로 전동 모터(motor)를 이용하여 안테나(antenna)의 로드(rod)를 UP, DOWN 할 수 있는 안테나이다. 회로의 동작은 라디오(radio)의 스위치를 ON시키면 2번 단자를 통해 ACC(accessory) 전원이 공급되어 오토 안테나 전동회로 내의 릴레이(relay)의 코일에 전원을 공급하게 된다. 이 릴레이 코일(relay coil)이 여자되면 접점은 아래로 이동하게 되고 전동 모터의 상측에는 배터리 +12V을 공급하고 있어 하측에는 어스(earth)와 연결 되어 모터는 와이어(wire)를 통해 안테나의 로드를 상측으로 동작하게 된다.

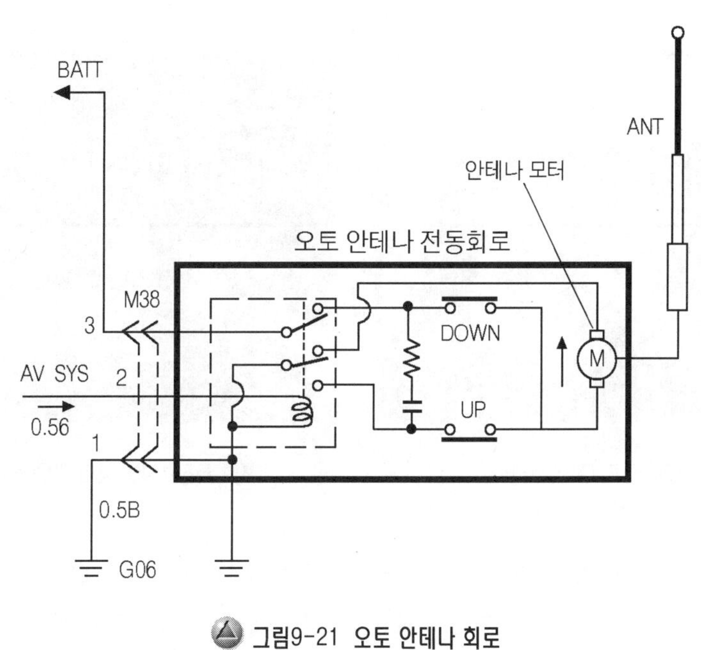

그림9-21 오토 안테나 회로

여기서 up, down 스위치는 로드 안테나(rod antenna)의 리미트 스위치(limit switch)로 모터가 일정 한계치에 다다르면 자동 OFF 되는 리미트 스위치이다.

반대로 라디오 스위치를 OFF하면 오토 안테나의 전동회로에 내장된 릴레이의 코일 전류를 차단하여 릴레이(relay)의 접점은 원래 상태로 돌아가게 된다. 이때 전동 모터의 상측은 어스(earth)와 접속하게 되고 전동 모터의 하측은 down 스위치를 통해 배터리 전원이 공급하게 돼 모터와 연동된 와이어(wire)에 의해 로드 안테나(rod antenna)는 펼쳐진 것을 접게 된다.

2. GPS 시스템

원래 GPS(global position system)은 군사적 목적으로 항공기나 선박의 위치를 인공위성으로부터 전파의 수신을 통해 현재의 위치를 정확히 측위하는 시스템으로 사용하여 왔다. 그동안 이 시스템을 사용하여 오면서 그 편리성 및 정확성이 뛰어나 여러 가지 기능을 추가하여 자동차에도 항법 장치인 카 네비게이션 시스템(car navigation system)이 일반화 대기 시작하였다.

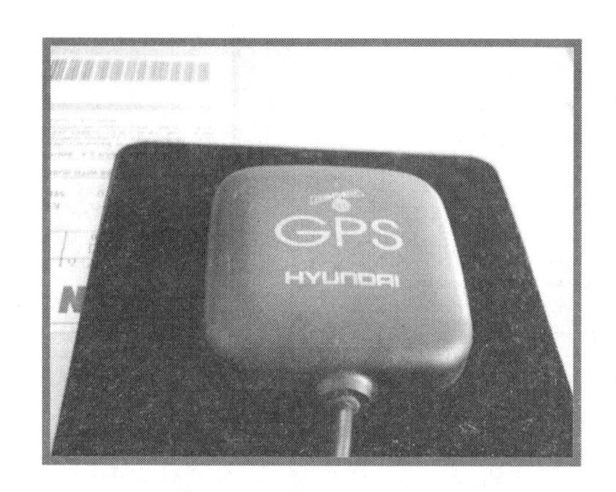

사진9-39 GPS 안테나

사진9-40 장착된 GPS 안테나

고도 약 21000(m)의 상공에 6개의 궤도 상에 돌고 있는 21개의 위성으로부터 약 1.5GHz(1500MHz)정도의 주파수로 전파를 송신하고 있는 것들 중에 전파의 수신 감도가 좋은 3~4개의 위성에서 전파를 수신해 위성의 식별 신호, 궤도 신호, 발신 시각 신호 등의 데이터(data)를 수신 해 컴퓨터(computer)를 통해 위치를 계산하도록 하고 있다. 사용하고 있는 위성을 3개를 사용하는 경우는 경도 및 위도를 알 수 있지만 고도는 알 수가 없는 문제로 현재에는 일반적으로 4개의 위성에서 수신을 하고 있다.

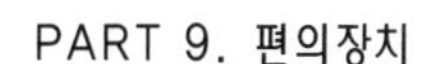

위치를 측위하는 원리는 3점 측량과 같은 방법으로 먼저 위성 시계의 시간과 GPS에 내장된 시계의 시간과 일치하여야 한다. 위성 시계의 시간과 GPS에 내장된 시계의 시간이 완전히 일치하기 위해서는 위성과 수신측에 시차를 수정하는 시각 신호용 위성이 별도로 필요하게 된다. 위성측과 수신측이 시계가 완전히 일치가 되면 위성으로부터 도달한 전파의 도달 시간의 차로부터 현재의 거리를 알 수가 있다.

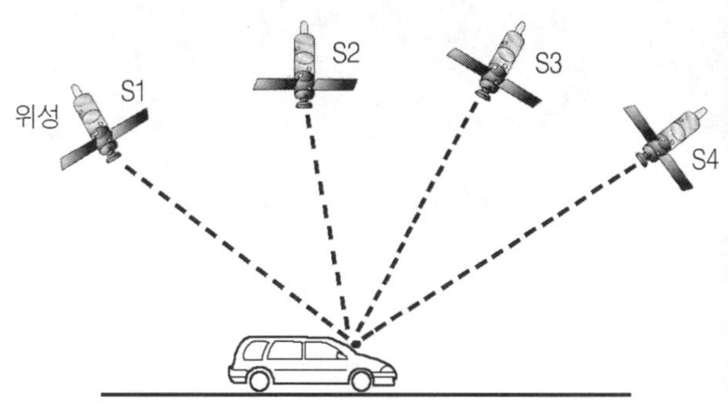

그림9-22 카 네비게이션의 방위 측위

사진9-42

(전파의 도달 시간 차 = 도달 지연 시간 × 광속)
이때 수신점의 위치는 그림(9-23)과 같이 위성을 중심으로 3개의 지표면의 교차점으로 하여 구할 수가 있는 것이다.

현재 카-네비게이션에 사용되는 위성 시계와 일치시키는 방법은 비용 문제로 사용되지 않고 수신측의 시계의 차를 하나의 미지수 생각하고 신호를 수신하는 위성을 1개 늘려서 수신하고 있다.

따라서 위성 3개로부터 수신한 2차원 모델(model)의 경우에는 1개를 시차 수정용으로 사용하고 나머지 2개의 위성은 경도 및 위도를 수신하고 있다.

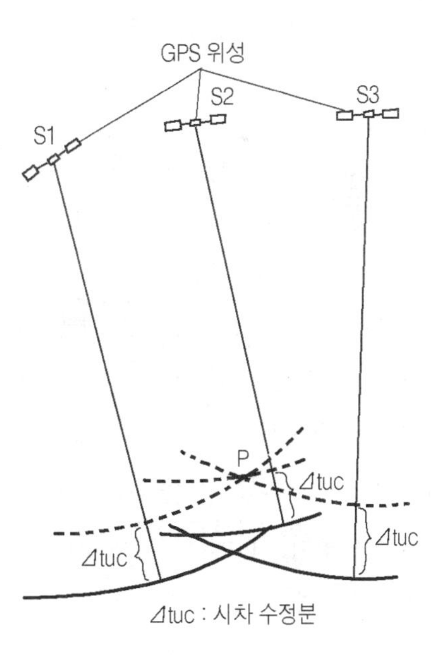

그림9-23 GPS의 2차원 측위

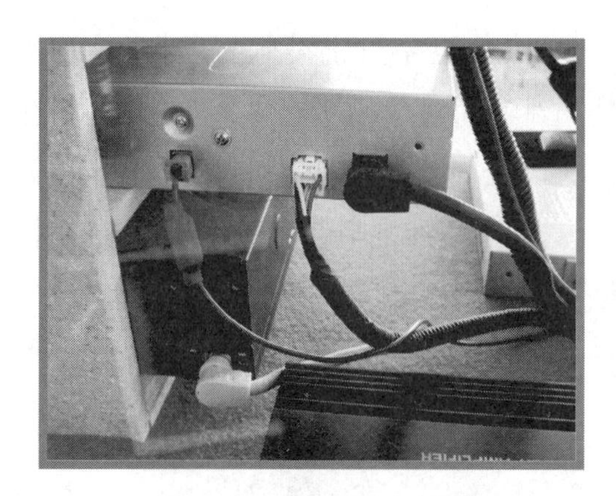

사진9-43 DISC CHANGER

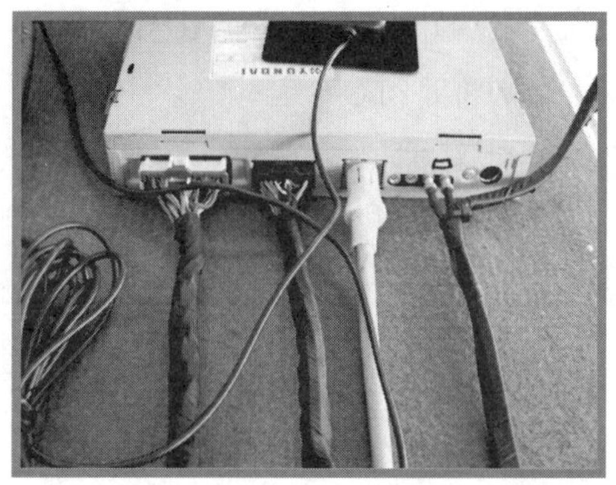

사진9-44 RECEIVER MODULE

4 통신 시스템

1. 시스템 통신 방식

초기의 컴퓨터의 기술은 보다 편리하고 안전한 기계적 중심의 사고에서 현대의 기술 진보는 보다 안전하고 친환경적인 인간 중심의 꿈을 실현해가는 기술로 발전하여 오고 있다. 이러한 기술 진보는 메카트로닉스(mechatronics)의 대표적인 자동차에도 많은 변화를 가져오게 하였다.

특히 자동차에 사용되는 각종 편의 장치는 주로 센서(sensor)나 스위치(switch)를 통해 모터(motor)나 액추에이터(actuator), 전구(lamp) 등을 구동하는 회로이어서 이들 회로를 구동하고 제어하기위해 많은 배선(wire harness)이 필요하게 되고 정비성 또한 떨어지게 돼 이러한 문제점을 보다 효과적으로 대응하기 위해 각 전장품을 제어하는 컴퓨터를 이용 ECU(컴퓨터)와 ECU(컴퓨터)가 대화하는 LAN(local area network) 통신 방식을 채택하게 되었다.

LAN(local area network) 통신 방식은 각종 스위치 신호 및 센서의 신호와 모터 및 액추에이터 신호 등을 LAN 통신 라인을 통해 송수신 할 수 있고 이들 송수신 신호를 통해 이상 유무를 체크(check) 할 수 있게 되었다. 그러나 각 자동차 제조사 마다 통신 방

식이 다르고 상호 호환성이 결여 되면서 자동차 전용 프로토콜(protocol)을 개발하여 CAN(controller area network) 통신 방식 이라는 대화 상자로 독일의 로보트 보쉬(Robert Bosch)사가 국제 특허를 하게 되면서 현재는 자동차의 컴퓨터 통신 방식이라 하면 CAN(controller area network) 통신이 표준 통신 방식으로 통하게 되었다.

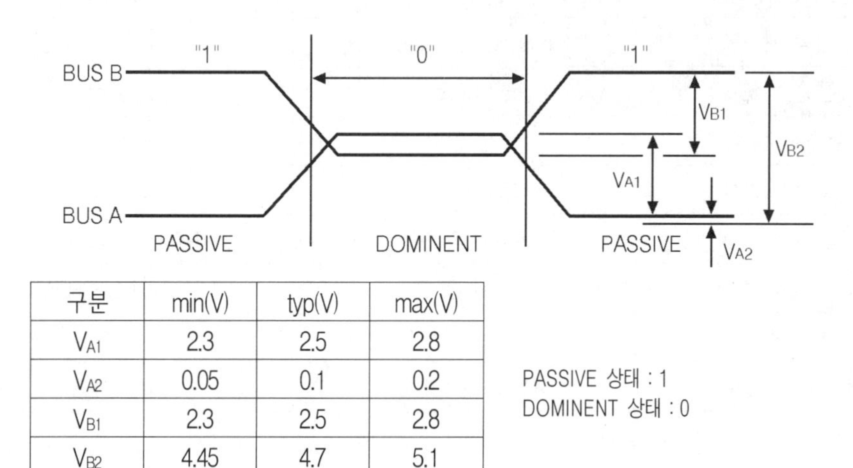

구분	min(V)	typ(V)	max(V)
V_{A1}	2.3	2.5	2.8
V_{A2}	0.05	0.1	0.2
V_{B1}	2.3	2.5	2.8
V_{B2}	4.45	4.7	5.1

PASSIVE 상태 : 1
DOMINENT 상태 : 0

그림9-24 BUS의 데이터 비트 정의

표(9-2)은 CAN 통신과 LAN 통신 방신의 제원 비교를 나타낸 것으로 CAN 통신과 LAN 통신은 데이터 설정하는 방법 외에는 크게 차이가 없다. CAN(controller area network)통신 방식은 차량의 각종 편의 장치를 원격으로 제어 할 수도 있고 스마트 카드 칩(smart card chip)을 차량 내에 실장하여 무선으로 데이터(data)를 자동으로 제어 할 수도 있는 시리얼(serial) 통신 방식으로 데이터 버스(data bus)를 통해 정보를 주고 받을 수 있어 차량용 통신 방식에 적합하다.

이와 같은 CAN 통신 방식은 모터(motor)나 솔레노이드 밸브와 같은 액추에이터(actuator)의 인접 거리에 서브 ECU(sub 컴퓨터)를 장착하여 CAN 통신에 의해 서브 ECU를 제어하므로 전장품에 소요되는 배선(wire harness)의 량을 현저하게 감소 할 수 있게 되었다.

액추에이터나 스위치와 같은 신호의 상태를 서브 ECU를 통해 모니터링(monitoring) 할 수가 있어 전장 회로에 이상 상태를 컴퓨터(computer)를 통해 체크(check) 할 수 있게 되어 전장 회로의 복잡성에 비해 정비성이 우수하다 할 수 있다.

[표9-2] CAN과 LAN통신의 비교 사양

제원	사 양	
	CAN통신방식	LAN통신방식
NET WORK 형태	BUS형	BUS형
전송 매체	Twisted pair wires	Twisted pair wires
전송 속도	50 Kbps	62.5Kbps
부호화 방식	NRZ 방식	NRZ 방식
ACCESS 방식	CSMA/CD	CSMA/CD
우선 순위 제어	NDA(비파괴 조정)	NDA(비파괴 조정)
오류 검출 방식	15 bit CRC	8 bit CRC CHECK
동기 방식	bit stuffing	
데이터의 길이	MAX 8 BYTES	4 BYTES

그림(9-25)은 CAN 통신과 LAN 통신의 데이터 프레임을 나타낸 것으로 1 데이터 프레임은 약 140비트로 이루어져 데이터를 주고받고 있다. SOF(Start Of Frame)은 데이터의 프레임의 시작을 나타내는 코드이며 AFTF(arbitration field)은 해당 프레임의 타입(type)을 나타내고 해당 프레임의 우선 순위를 결정한다. 또한 해당 프레임이 무슨 타입인지를 나타내며 해당 프레임(frame) 중 데이터 영역의 내용을 식별하기 위한 ID 코드로 무선으로 데이터를 요구하는 RTR(Remote Transmossion Request) 코드를 1 비트 포함하고 있다.

1bit	24bit	12bit	max 8 byte	32bit	4bit	7bit
SOF	AFTF	CF	DATA	CRC	ACK	EOF

8bit	8bit	8bit	8bit	4 byte			8bit
SOF	PRI	TYPE	ID	DATA	CRC	ACK	EOF

DATA FRAME

그림9-25 CAN통신의 프레임 구조

여기서 사용하는 ID 코드는 각 ECU 들을 식별하기 위한 코드이며 타입 프레임은 전송 모드를 설정하기 위해 마이크로 컴퓨터의 반도체 제조사로 부터 설정되어 있는 코드를 설정하는 코드(code)이다.

CF(control field)는 전송 데이터를 컨트롤하기 위한 코드이며 데이터의 길이를 지정하고 있다. CAN 통신 프레임은 데이터를 데이터 프레임 당 최대 8 byte 까지 전송 할 수 있다. 전송된 데이터의 에러(error)를 체크하기 위해 CRC(cylic redundancy check) 에어 검출 방식을 사용하고 있다.

CRC 에러 검출 방식은 채널 에러(channal error), CSE, 포멧 에러(format error), ANC 에러(acknowledge error)가 사용되고 있다. 채널 에러인 경우에는 송신 ECU가 데이터를 송신함과 동시에 비트를 수신하여 비교하고 이상이 있는 경우 에러로 인식하게 되고 데이터의 송신을 중단하게 하는 에러 검출 코드이며 CSE는 BUS상에 송신된 데이터 프레임(data frame)이 길이가 최대 데이터 프레임 보다 긴 경우 에러(error)로 데이터를 처리하게 된다. 또한 포멧 에러(format error) 검출은 버스(bus) 상에 데이터 프레임을 수신시 데이터의 포멧이 규정된 포멧과 다른 경우 송신을 중단하게 된다. ANC 에러(acknowledge error) 검출은 데이터 프레임 수신시 ECU에 등록된 ACK 코드가 반송되지 않는 경우 재송후 에러 검출시 송신을 중단하게 된다. EOF(end of frame)은 데이터 프레임의 끝을 알리는 코드이다.

CAN 통신 방식과 같이 보조 통신 수단으로 LIN 통신을 사용하고 있는데 LIN(local interconnection network) 통신은 스위치나 모터, 전구 회로와 같이 ON, OFF에 의해 제어되는 부하 또는 입력 장치간에 1개의 라인을 통한 시리얼(serial) 통신을 통해 제어하는 방식이다. 이 방식은 통신 라인을 1개를 사용하여 비교적 간단한 부하를 제어하기 위한 것으로 데이터 프레임은 2~8byte 까지 가능하다. 데이터의 전송 속도는 최대 20Kbps 까지 가능하며 자기 동기 방식을 채택하고 있는 통신 방식이다. LAN 통신 방식의 데이터 프레임은 CAN 통신 방식과 거의 유사하며 PRI(priority)는 우선 순위를 나타낸 코드이다. 이 코드는 각 ECU의 데이터 프레임의 충돌을 방지하기 위해 우선 순위도를 정한 ECU 순으로 데이터 프레임을 송신하게 된다.

10
에어백

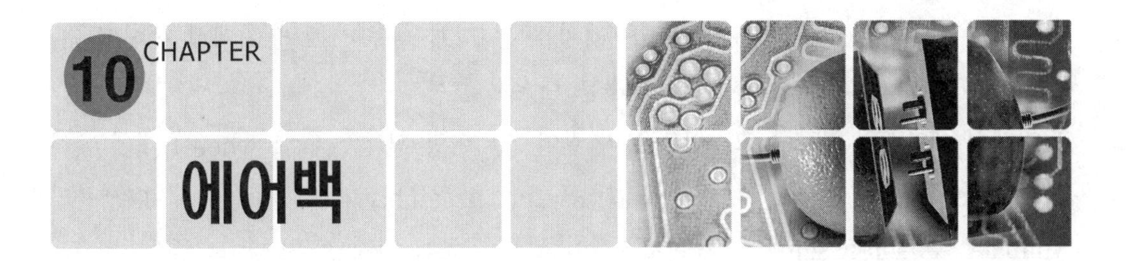

10 CHAPTER 에어백

1 에어백의 종류와 구조

1. 기계식 에어백

에어백(air bag) 장치는 차량이 전방으로부터 충격을 일정이상 감지하면 탑승자의 상체가 관성에 의해 앞으로 쏠려 차체와 충돌하는 것을 방지하기 위해 약 0.1초 간에 공기주머니를 부풀리는 고도의 안전장치이다. 이러한 고도의 안전장치라도 에어백장치를 일명 SRS(Supplemental Restraint System)이라고 표현하는 것은 충돌시 신체를 완전히 보호 할 수 없는 보조 억제 장치의 의미를 가지고 있기 때문이다.

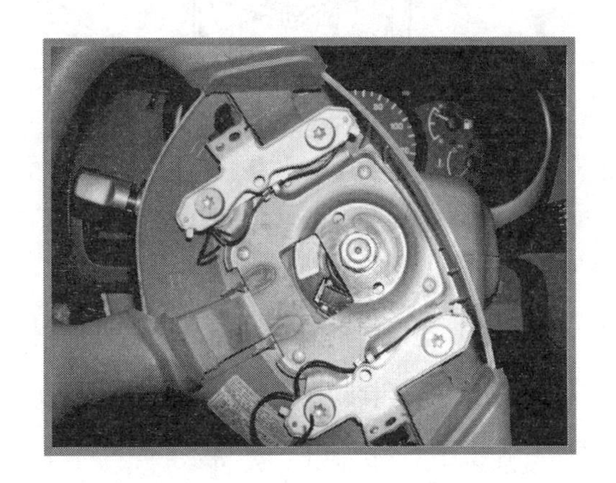

사진10-1 탈착된 인플레이터

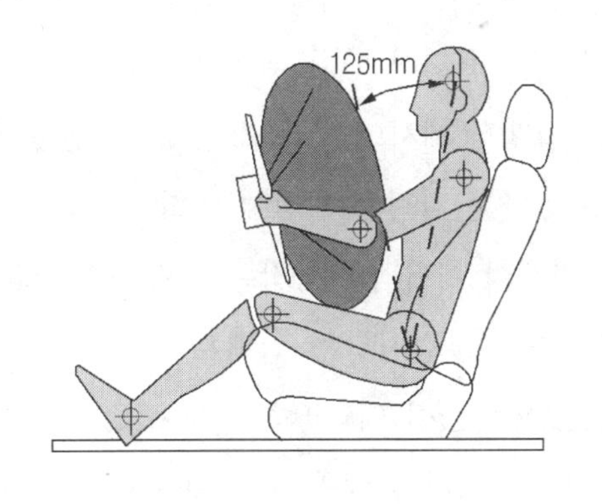

그림10-1 에어백의 전개

따라서 SRS(보조 억제 장치) 장치로서 보다 좋은 효과를 얻기 위하여는 안전벨트(seat belt)를 착용하는 것이 비착용시보다 훨씬 효과가 높다는 것이 실험을 통해 이미

입증되기도 하였다. 에어백 장치(SRS 장치)에는 크게 나누어 보면 기계식 에어백(air bag)과 전기식 에어백(air bag)으로 구분 할 수 있다.

기계식 에어백의 구조는 그림(10-2)와 같이 스티어링-휠(steering wheel) 내에 에어백(air bag)과 인플레이터 어셈블리(inflator assembly), 임팩트 센서 어셈블리(impact sensor assembly)로 일체화되어 있는 구조를 가지고 있다.

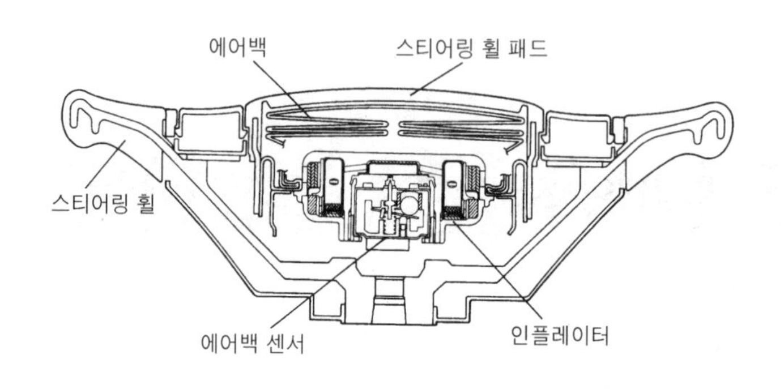

그림10-2 기계식 에어백의 구조

이와 같은 일체형 에어백은 전개시 에어백 모듈 일체를 교환하여야 하는 결점을 가지고 있다. 또한 임팩트 센서(impact sensor)의 장착 위치가 스티어링-휠(steering wheel) 내에 고정 되어 있어 충돌시 충돌 각도에 따라 임팩트 센서의 충돌 감도 가 크게 달라질 수 있다는 결점을 가지고 있다.

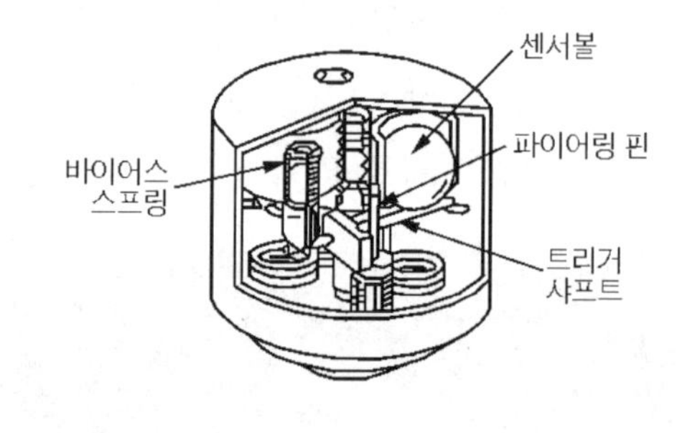

그림10-3 내부 임팩트 센서의 구조

기계식 에어백의 동작은 그림(10-4)와 같이 충격을 감지하는 임팩트 센서에 충격이 가해지면 관성에 의해 센서 내의 센서-볼(sensor ball)이 하측 방향으로 이동하게 되고 관성에 의해 이동된 센서-볼(sensor ball)은 트리거 샤프트(trigger shaft)에 지렛대 작용을 하게 하여 스프링 장력을 이기고 파이어링 핀(firing pin)을 들어 올리게 된다.

결국 차량이 충돌에 의해 임팩트 센서(impact sensor)가 작동하는 것은 볼(ball)이 트리거 샤프트를 움직이는 힘의 크기는 바이어스 스프링(bias spring)의 장력에 의해 결

정되게 된다. 이렇게 임팩트 센서에 의해 충격을 감지하게 되면 인플레이터에 의해 화약이 점화를 하게 된다.

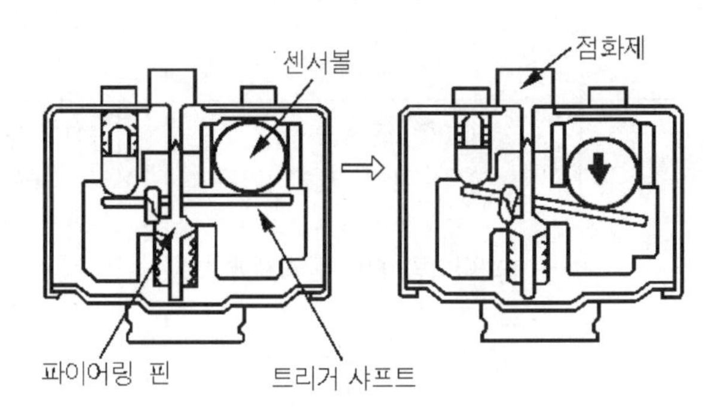

그림10-4 충격을 감지할 때

인플레이터의 구조는 그림(10-5)와 같이 점화제와 전화제(傳火劑), 그리고 가스 발생제로 구성되어 있어서 충격을 감지하는 임팩트 센서(impact sensor)의 파이어링 핀(firing pin)이 점화제를 점화 시켜 전화제에 전달하면 전화제는 가스 발생제를 반응 시켜 에어백(공기 주머니)을 부풀리게 한다.

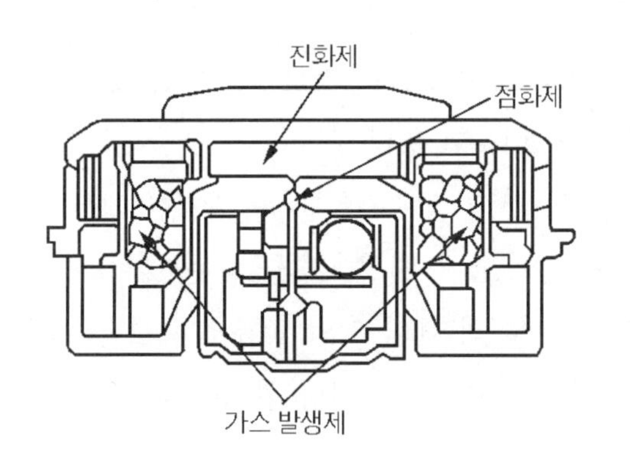

그림10-5 인플레이터의 구조(기계식)

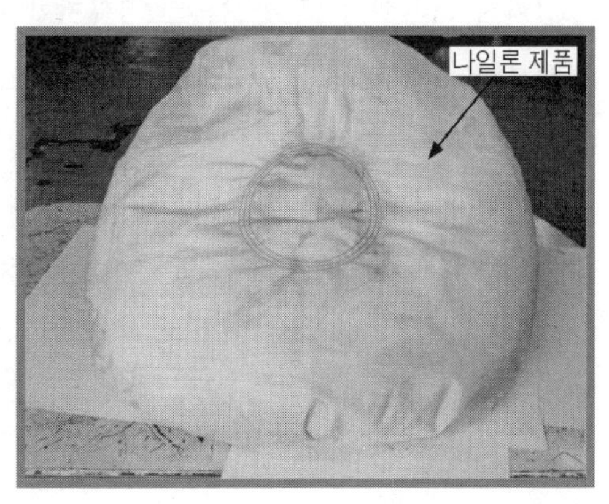

사진10-2 전개된 에어백

에어백(공기 주머니)은 나일론 제품으로 내부에는 고무 코팅이 되어 있어서 가스가 발생 할 때 가스가 외부로 방출되는 것을 막고 있다. 또 에어백(air bag)이 전개된 후에는 가스가 쉽게 배출 할 수 있도록 하기 위해 에어백 후면에는 통상 2개의 배출구를 두고 있다. 여기서 배출되는 가스는 질소 가스로 인체상에는 해가 없으나 화약에 의한 점화를 하

고 있어 에어백 전개시 높은 온도로 두면부의 화상을 입을 수도 있는 단점이 있다.

【 에어백 전개 과정 】

① 충격 감지	② 점 화	① 충격 감지
-임팩트 센서 : 차량의 충돌 감지 -센서 내의 볼 : 하측 방향 이동 -트리거 샤프트 : 화이어링 핀 상승	-화이어링 핀 : 용수철 장력을 이기고 들어올리면 -화이어링 핀이 점화제에 닫게 한다. -점화제는 착화하게 된다.	-착화 후 : 불은 전화제에 전달 -가스 발생제 : 전달된 불에 의해 질소가스를 발생 -에어백 전개

2. 전기식 에어백

전기식 에어백(air bag)은 기계식과 같이 차량의 충격에 의한 에어백 전개과정은 동일하나 충격을 감지하는 센서의 위치를 충격이 잘 감지 할 수 있는 위치에 설치 할 수 있다는 장점과 전기 신호에 의해 점화제가 점화될 수도 있어 점검시 주의를 필요로 한다.

전기식 에어백의 큰 장점은 ECU(전자 제어 장치)를 사용함으로서 에어백 시스템이 이상시 사전에 경고하는 기능과 유사시 이력을 관리 할 수 있다는 장점을 가지고 있다. 따라서 현재에는 전기식 에어-백(air bag)이 주종을 이루고 있다.

전기식 에어-백(air bag)의 구성은 충격을 감지하는 임펙트 센서와 감지한 센서의 신호를 제어하는 에어-백 ECU, 운전석 에어-백 모듈에 전원을 공급하는 클럭 스프링(clock spring)과 에어-백으로 이루어져 있다. 전기식 에어-백의 종류로는 그림(10-6)과 같이 에어-벡 모듈(air bag module)이 일체가 되어 스티어링-휠(steering wheel)에 내장된 운전석 에어백과 조수석 에어-백 모듈이 사용되고 있다.

최근에는 측면 충돌을 보호하기 위해 측면 에어-백 모듈과 전방 좌, 우측의 충격을 감지하는 임펙트 센서(impact sensor)와 에어-백 ECU 내에 내장된 세이핑 임펙트 센서(safing impact sensor)가 사용되고 있다.

전기식 에어-백 시스템에서는 임펙트 센서를 ECU(전자 제어 장치) 내에 내장한 세이핑 임펙트 센서와 외측에 좌, 우 임펙트 센서를 설치한 것은 외측의 어느 하나의 센서가 충격을 감지하고 ECU 내에 내장한 세이핑 임펙트 센서가 충격을 감지하였 때 에어-백

(공기 주머니)이 전개 하도록 2중 안전 감지 장치를 둔 것으로 오류에 의한 전개를 방지하기 위한 안전 방법이다.

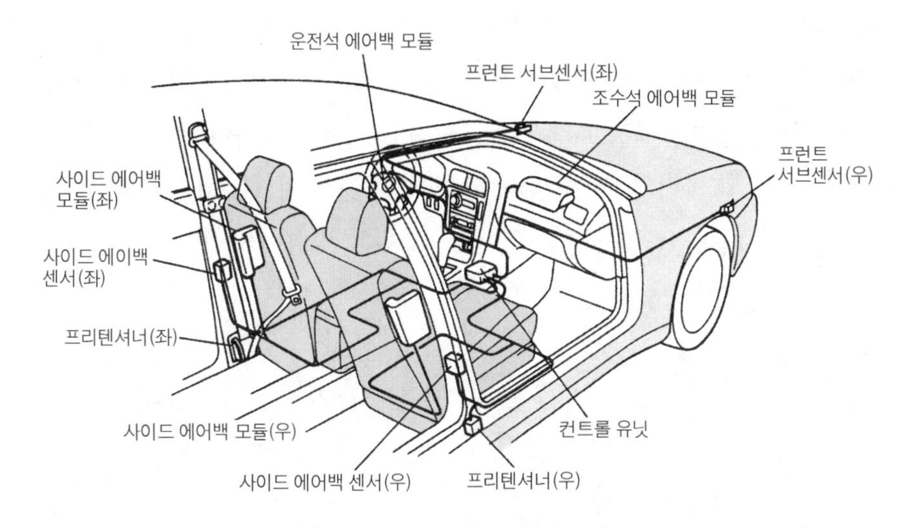

그림10-6 에어백의 구성 부품

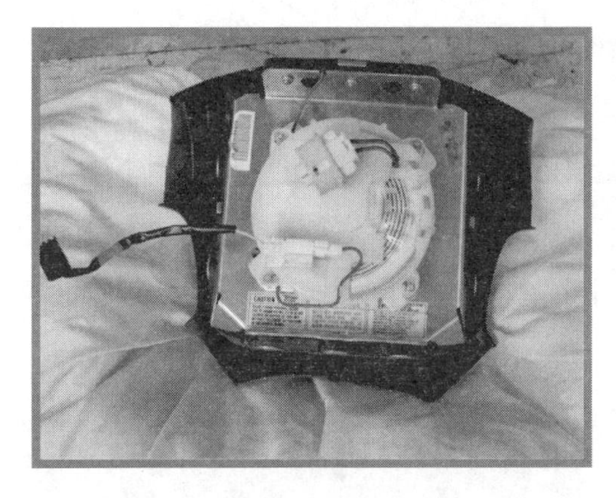

사진10-5 에어백이 전개된 인플레이터 모듈

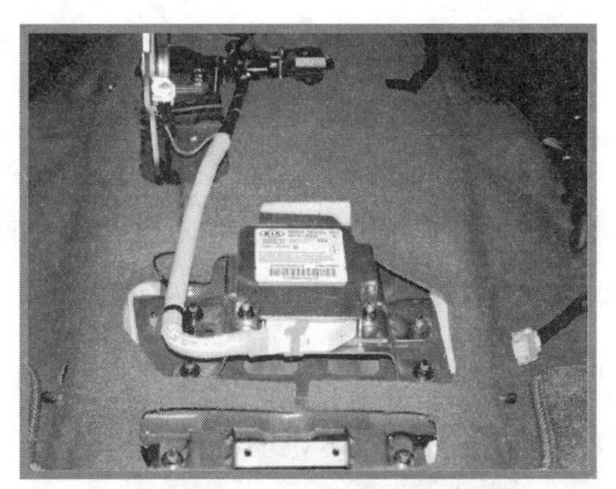

사진10-6 장착된 에어백 ECU

일체식 에어백의 구성은 그림(10-7)과 같이 에어백이 인플레이터와 센서 유닛이 일체와 되어 있는 형식으로 차량이 충격이 발생하면 엔서 유닛 내에 있는 임팩트 센서(impact sensor)가 충격을 감지하여 인플레이터(inflator)를 점화하여 에어백이 전개하는 일체형 방식이다. 에어-백(공기 주머니)의 전개는 보통 차량이 시속 약 50㎞/h(차종에 따라 다소 다름) 주행시 고정된 벽을 충돌 하였을 때 전개하도록 하고 있다. 이것은 결

국 센서의 장착 위치와 센서의 감응 확도에 따라 결정되어 지는 것을 알 수 있다.

임펙트 센서의 장착 위치는 차량의 메이커(maker)마다 다르지만 일반적으로 프론트의 사이드 멤버에 장착하는 것이 많다. 센서의 장착 위치는 에어-백의 성능 과 직결되므로 에어-백 시스템에서 무엇보다도 중요한 것이 충격을 감지하는 임펙트 센서(impact sensor)라고 할 수 있다. 임펙트 센서에는 편심 로터를 이용하여 충격을 감지하는 편심 질량형 임펙트 센서와 롤러의 충돌 관성을 이용한 롤러 메이드(roller made) 방식, 그리고 리드 스위치(lead switch)를 이용한 리드 스위치 방식 등이 이용되고 있다.

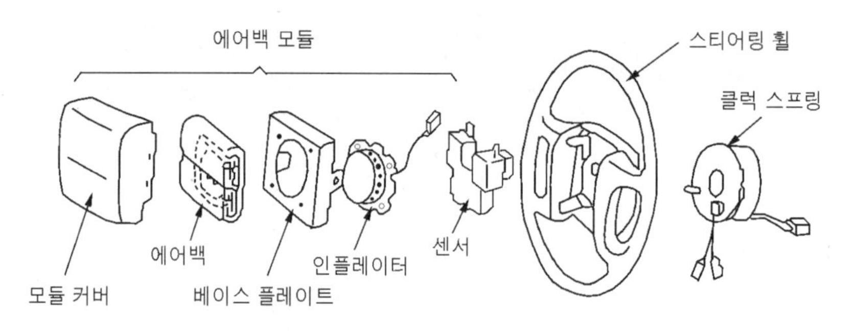

그림10-7 에어백 모듈 전개도

편심 로터를 이용한 센서는 그림(10-8)과 같이 감속도를 검출하는 편심 메스를 어느 속도까지는 유지해 놓기 위한 코일 스프링과 감속도에 의해 회전하는 편심 로터, 그리고 편심 로터를 지지하고 있는 샤프트, 편심 로터와 일체로 되어 있는 가동 접점 및 고정 접점으로 구성되어 있다.

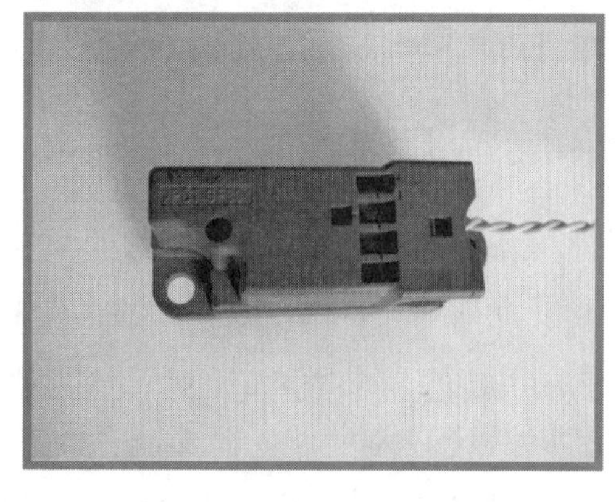

사진10-7 사이드 임팩트 센서

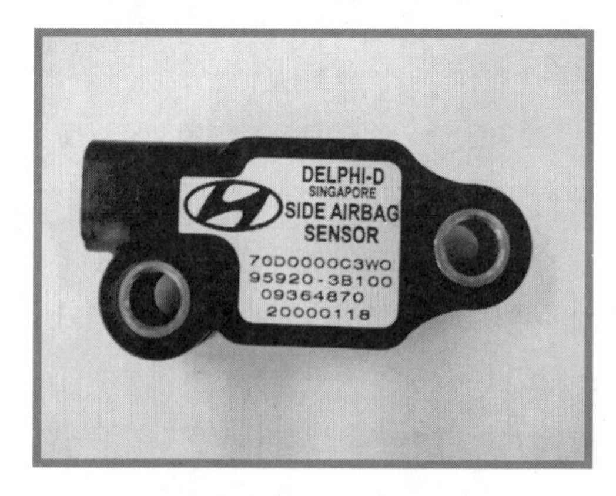

사진10-8 사이드 에어백 센서

따라서 정상적인 상태에서는 그림(10-8)과 같이 코일 스프링(coil spring)의 장력에 의해 편심 메스(mass)가 스톱퍼(stopper)상에 닫아 있어 정지 상태에 있지만 차량이 충돌시에는 충격을 센서의 편심 메스가 코일 스프링의 장력의 힘을 이기고 반시계 방향으로 이동하게 되면 편심 로터는 회전을 하게 돼 편심 로터(rotor)에 붙어 있는 가동 접점이 이동을 하게 돼 고정 접점에 닫게 된다.

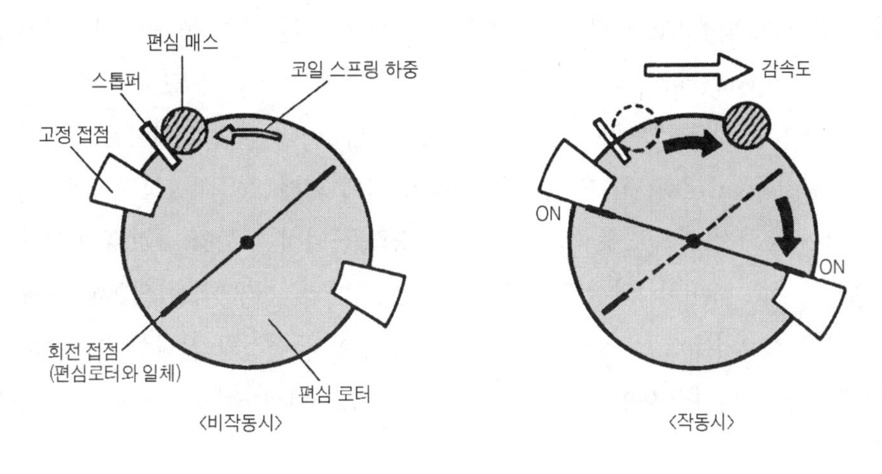

그림10-8 편심 질량에 의한 충격 감지 센서의 원리

롤러 메이드식 임펙트 센서는 그림(10-9)와 같이 충돌시 관성에 의해 원통형의 롤러(roller)가 구르는 원통형의 롤러와 그 롤러와 일체가 되어 있는 회전 접점 있고 원통형 롤러에 부착된 판 스프링과 판 스프링과 일체가 된 고정 접점으로 구성되어 있다.

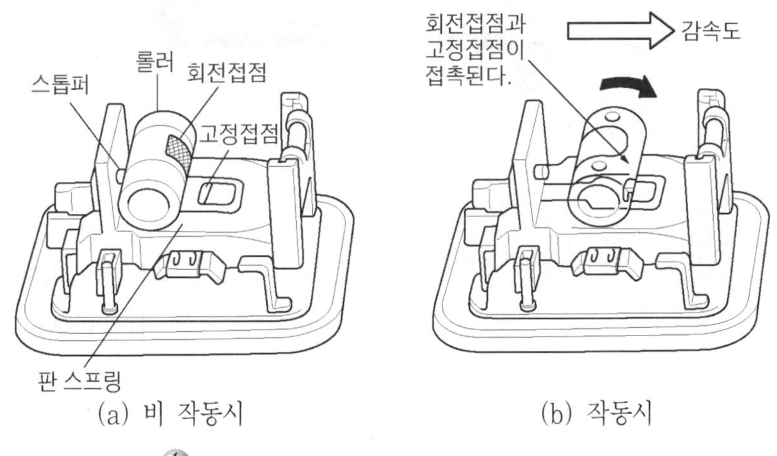

그림10-9 롤러 메이드식 임팩트 센서의 구조

따라서 충격이 발생하면 롤러 메이드식 임펙트 센서의 원통형 롤러가 감속도에 의해 롤러가 구르게 되어 롤러와 일체가 된 회전 접점이 판 스프링(plate spring)과 일체화 된 고정 접점과 접촉하게 되어 있다. 이 신호는 차량의 충돌 시 센서의 접점 신호를 에어-백 ECU에 입력하도록 되어 있다.

회전 접점과 고정 접점에 사용되는 접점에는 전기 전도성이 우수한 금도금을 사용하여 접촉시 도전율을 향상하고 있다. 또한 접점의 부식에 의한 접촉 불량이 일어나지 않도록 임팩트 센서(impact sensor) 내부에는 불활성 가스를 봉입하고 있다.

그림(10-10)은 리드 스위치 타입(lead switch type)의 임팩트 센서로 센서의 중앙에는 리드 스위치(lead switch)를 놓고 스프링의 힘에 의해 스톱퍼까지 이동한 원통형 마그넷(자석)이 충격시 감속도에 의해 스프링의 장력을 밀치고 중앙 부위로 이동하게 되면 리드 스위치(lead switch)의 접점이 접촉하는 방식이다. 이 방식은 밀봉된 불활성 가스관 내에 리드 스위치(lead switch)가 내장 되어 있어서 접점의 신뢰성이 우수하며 감속도에 의해 밀폐된 합성수지 내에 원통형 마그넷(magnet)의 자계에 의한 리드의 동작으로 정확성이 우수하다.

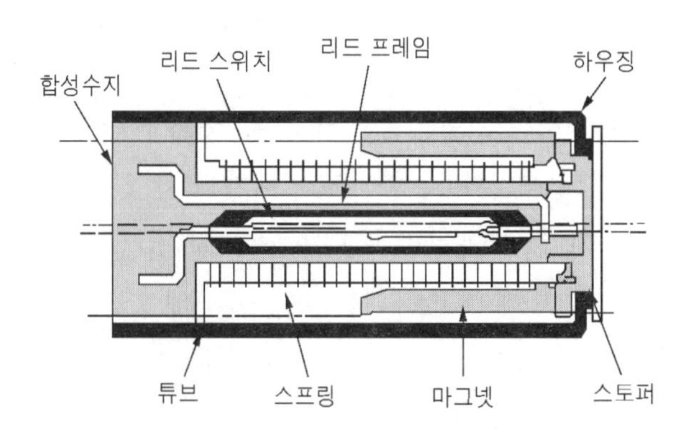

그림10-10 임팩트 센서의 구조

에어-백(air bag)의 설치된 전면 커버(cover)는 우레탄을 이용한 커버를 많이 사용하며 에어-백이 전개시 입구에서 에어-백(공기 주머니)이 쉽게 튀어 나오도록 패트 커버(pat cover) 부위가 갈라지도록 하고 있다. 이 커버에는 에어-백(공기 주머니)이 전개할 때 패트 커버(pat cover)의 파편이 발생되지 않도록 그물망을 넣어 사출을 하고 있다.

에어-백의 인플레터(inflator)는 산업용 화약인 AZID(화약)을 사용하여 점화제에 의

해 열이 발생하면 질소 가스가 발생하도록 화약과 점화제 및 가스 발생제를 그림(10-12)와 같이 알루미늄 용기에 넣어 만든 것으로 에어-백(공기 주머니)의 뒤측에 부착되어 있다.

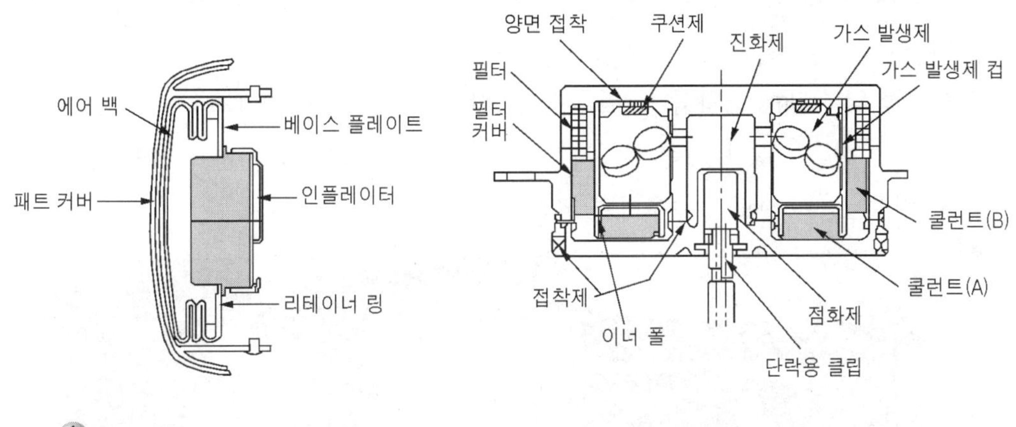

그림10-11 에어백 모듈의 구조

그림10-12 인플레이터의 구조

인플레이터(inflator) 내에는 점화 전류가 흐를 수 있도록 접속부가 있어서 화약(AZID)에 점화 전류가 흐르게 되면 소량의 화약이 연소하여 점화제를 연소 시킨다.

점화제는 열에 의해 가스 발생제를 연소 시키게 되고 가스 발생제가 연소하게 되면 급속히 질소 가스를 발생하게 돼 디퓨저 스크린(diffuser screen)에 발산된 질소 가스는 에어백(공기 주머니)을 약 0.1초 사이에 전개 하게 된다. 또한 인플레이터에는 커넥터를 탈착시 쇼트 크립(short clip)으로 되어 있어 정전기 및 임펄스 전류에 의해 에어백(air bag)이 갑자기 전개 되는 것을 방지하고 있다.

에어백의 전개 시간은

① **충돌 후 약 15ms 경과 후** : 임팩트 센서는 강한 충격에 의해 세이핑 임팩트 센서(safing impact sensor)와 프런트 임팩트 센서(front impact sensor) 및 사이드 임팩트 센서(side impact sensor)가 충격을 검지하여 ON상태가 되면 SRS ECU는 점화 신호를 출력하여 점화 신호에 의해 화약은 약 3(ms) 사이에 가스를 발생하게 된다.

② **충돌 후 약 20ms 경과 후** : 패트 커버(pat cover)내에 접혀 있는 에어백(공기 주머

니)는 팽창하기 시작하여 패트 커버(pat cover)를 밀치고 밖으로 나오기 시작하게 된다.

③ **충돌 후 약 35ms 경과 후** : 에어-백(공기 주머니)은 사람의 안면을 접촉하게 되고

④ **충돌 후 약 40ms 경과 후** : 에어백(공기 주머니)은 완전히 팽창하여 전개한 상태가 된다.

⑤ **충돌 후 약 100ms 경과 후** : 충돌 후 약 50ms가 경과하면 에어-백(air bag)은 2개의 가스 배출구 통해 배출하기 시작하여 약 100ms 되면 운전자가 전방 시야를 확보 할 수 있는 정도로 수축하게 된다.

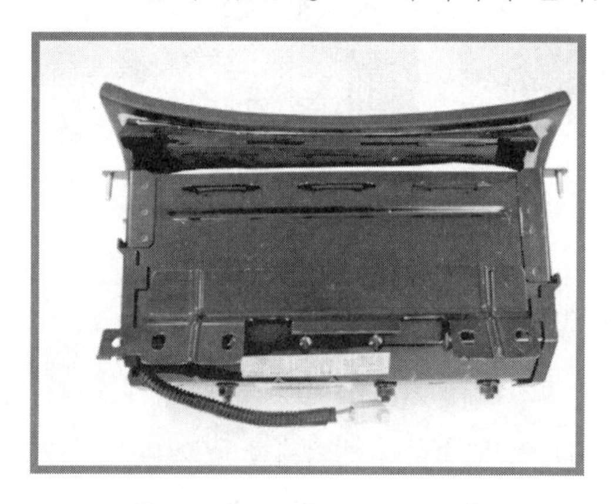

사진10-9 조수석 에어백 모듈

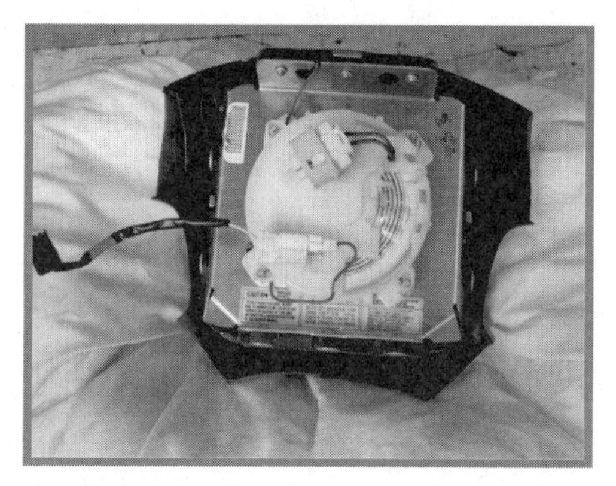

사진10-10 전개된 에어백 모듈

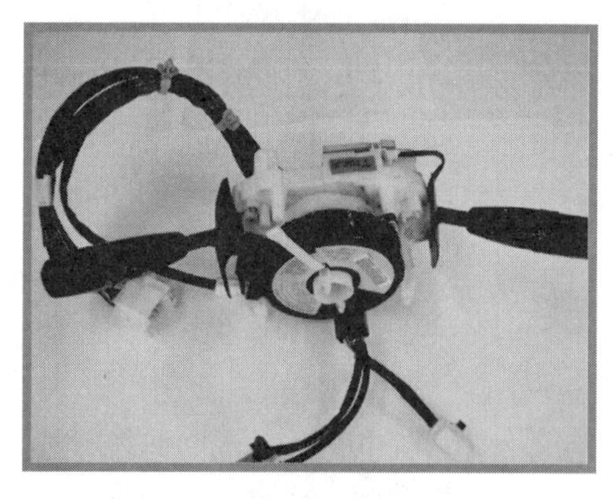

사진10-11 클럭 스프링의 Ass'y

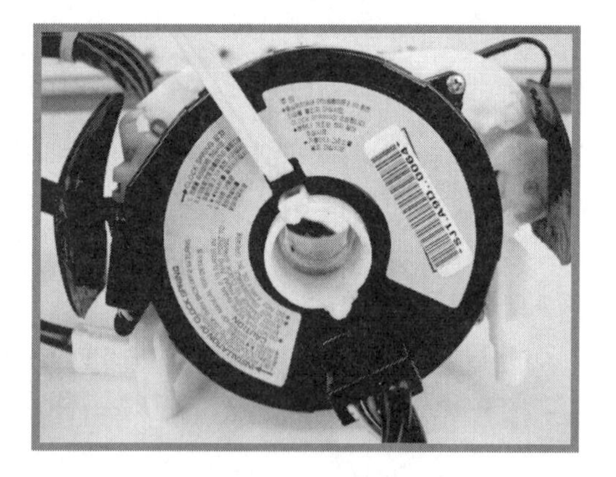

사진10-12 클럭 스프링

클럭 스프링(clock spring)은 사진(10-11)과 같이 스팅어링 휠(steering wheel)과 스티어링 콜럼(steering column) 사이에 설치하여 에어-백 모듈(air bag module)

과 에어-백 ECU와 연결하는 기능을 가지고 있다. 이것은 스티어링(steering)이 회전을 하여도 연결된 와이어(wire)가 신장에 의해 단선 되지 않도록 릴(reel)식의 구조를 가지고 있다.

클럭 스프링(clock spring)의 구조는 로우 케이스(lower case)와 어퍼 케이스(upper case) 내에 플렛 케이블(flat cable)이 내장되어 있고 스티어링 샤프트의 회전에 따라 회전하는 로터(rotor)로 구성 되어 있다. 어퍼 케이스는 스티어링 콜럼(column)측에 부착 되어 있어 상시 고정 되어 있으며 로터는 스티어링 샤프트(steering shaft)에 붙어 있어서 스티어링 휠과 항상 연동되어 동작한다.

따라서 그림(10-13)과 같이 스티어링(steering)이 회전을 하면 로터는 회전을 하게 되고 로터가 회전하면 내부의 링 기어(ring gear)는 기어 차 만큼 로터의 회전 방향과 반대 방향으로 회전하게 된다. 이 링 기어에는 어퍼 케이스(upper case)상에 조립 표시 ▶가 표기 되어 있어서 조립 표시 ▶와 케이스(case)의 중립(neutral) 표시가 일치하면 클럭 스프링(clock spring)은 중립 상태에 오게 되도록 되어 있다.

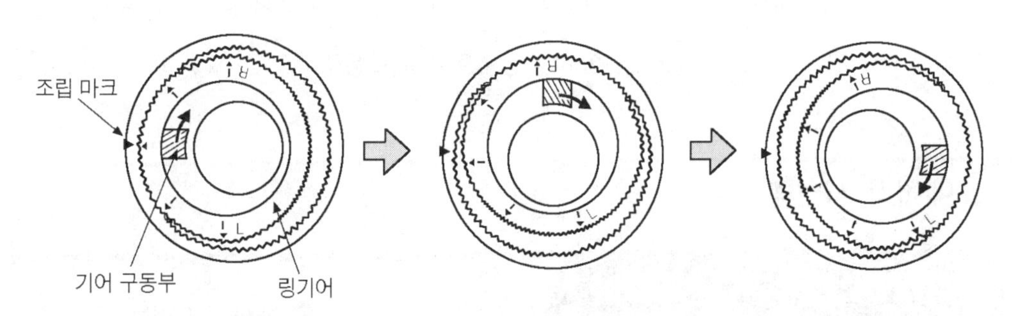

그림10-13 클럭 스프링의 동작

에어-백은 전개가 되면 안전을 위해 주변 구성 부품을 새것으로 교환하게 되는 경제적 비용이 든다.

따라서 SRS 시스템을 점검시 에어-백이 실수로 인해 전개 되지 않도록 하기 위해 그림(10-14)와 같이 SRS ECU와 클럭 스프링(clock spring) 사이에 연결되는 커넥터사이에 자동 쇼트 기능을 갖는 커넥터(connector)를 사용하고 있다. 이 자동 쇼트 커넥터 내에는 그림 과 같이 쇼트 스프링이 있어서 커넥터를 탈착시 자동으로 쇼트 스프링 플레이트(short spring plate)가 터미널(terminal)을 단락 시키도록 되어 있다. 이것은 SRS

ECU의 커넥터를 탈착시 자동으로 터미널이 쇼트되어 접지 시키므로서 인플레이터(inflator)가 정전기나 회로의 임펄스(impulse)에 의해 점화되지 않도록 하기 위한 일종의 안전장치이다.

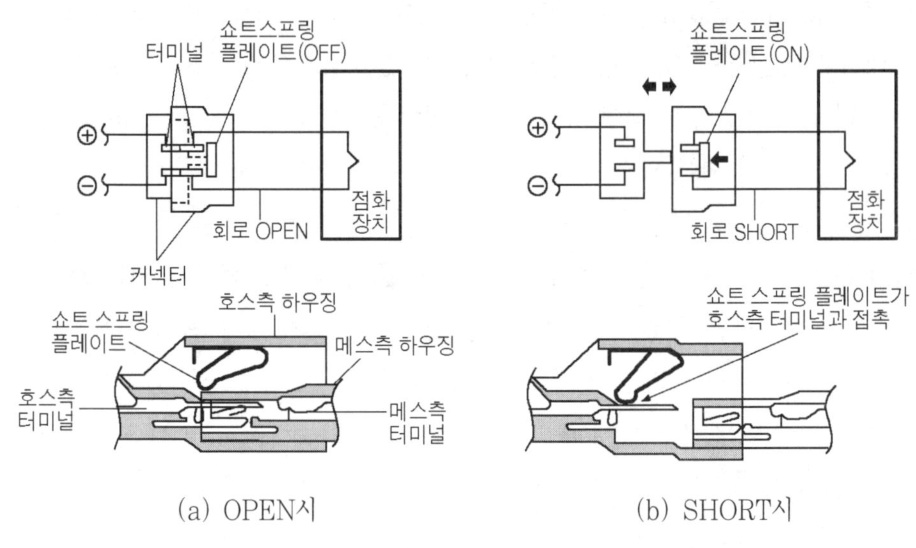

(a) OPEN시 (b) SHORT시

그림10-14 자동 쇼트 커넥터의 동작

3. 에어백 시스템

사진10-13 에어백 ECU의 내부 PCB

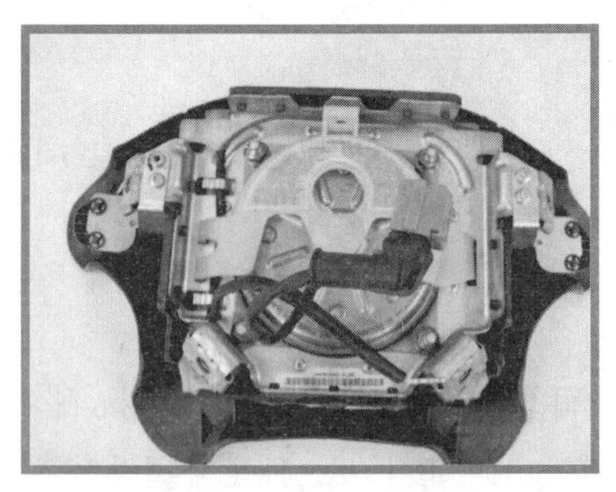

사진10-14 에어백 모듈

전기식 에어-백의 구성은 그림(10-15)와 같이 입력 측에는 충격을 감지하는 프론트 임팩트 센서(front impact sensor) 좌측과 우측, 그리고 SRS ECU 유닛 내부에 장착된 세이핑 인펙트 센서(safing impact sensor)로 구성되어 있다. 출력 측에는 운전석 에어백 모듈(air bag module)과 조수석 에어백 모듈(assistant air bag module), 그리고 최근에는 측면을 보호하기 위한 사이드 에어백 모듈(side air bag module)로 구성되어 있다.

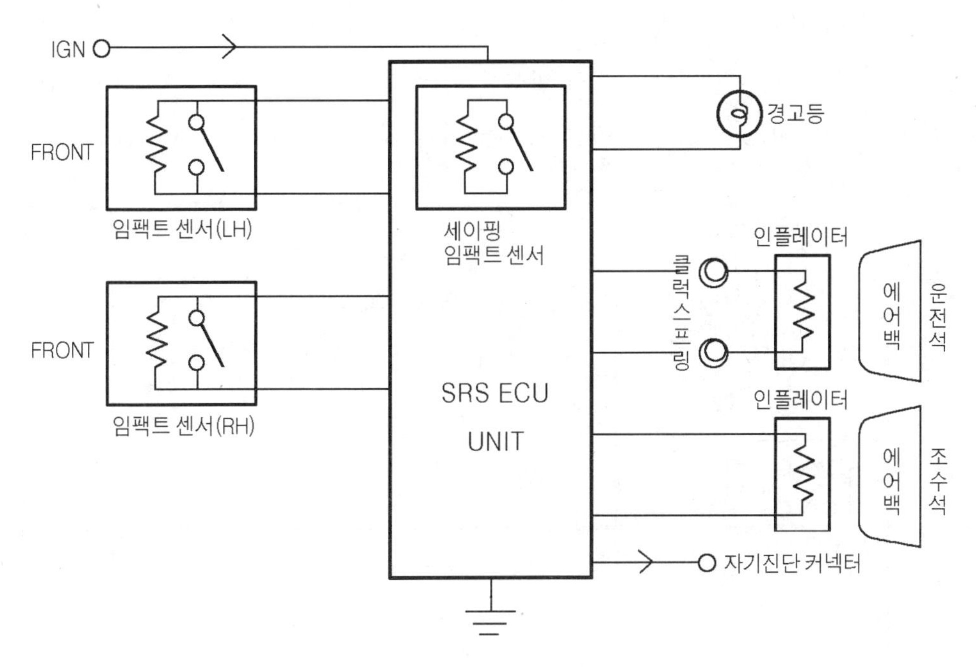

그림10-15 에어백 시스템 블록 다이어그램

에어백 시스템(air bag system)의 회로를 살펴보면 보통 그림(10-16)과 같이 에어백이 주행 중에만 작동하도록 전원 전압은 IGN 1 전원을 통해 공급 받고 있다. 또한 SRS ECU가 현재 주행 모드(mode)에 있는 지를 모니터링(monitering)하기 위해 IGN 2 전압이 오토 밋션의 인히비터 스위치(inhibitor switch)를 거쳐 SRS ECU 유닛으로 입력되고 있어 에어백이 인히비터 스위치의 N-렌지, P-렌지에서는 전개 하지 않도록 하고 있다. 충격을 감지하는 센서는 전방의 좌, 우에 외측 임팩트 센서가 2개가 있고 SRS ECU 내부에는 세이핑 임팩트 센서(safing impact sensor)가 1개가 있다(사이드 에어백이 있는 차량의 경우는 외측에 사이드 임팩트 센서가 1개 있다).

에어백(공기 주머니)이 전개하기 위하여는 SRS ECU 내부 임팩트 센서와 외측 임팩트 센서의 작동이 서로 크로싱 체크(crossing check)를 하도록 하여 충돌에 의한 충격을 정확히 감지하도록 하고 있다. 또한 SRS 시스템에 이상이 생기면 운전자가 사전에 알 수 있도록 경고등을 설치하고 있다. 한번 고장을 검출하면 시스템이 정상으로 복귀가 되어도 진단 코드의 데이터가 지워질 때 까지 SRS의 경고등은 점등을 지속하도록 되어 있다.

이것은 자기 진단 커넥터를 통해 MUT(multi use tester) 장비나 스캐너(scanner)를 사용하여 이상 코드를 지울 수가 있다. 고장 기록을 지우는 경우도 SRS 시스템의 이력을 관리하기 위해 자기 진단 코드시 발생한 이상 코드 및 삭제 횟수를 EEPROM 내에 기억하고 있어서 SRS 시스템의 이전 이력을 파악 할 수가 있도록 하고 있다.

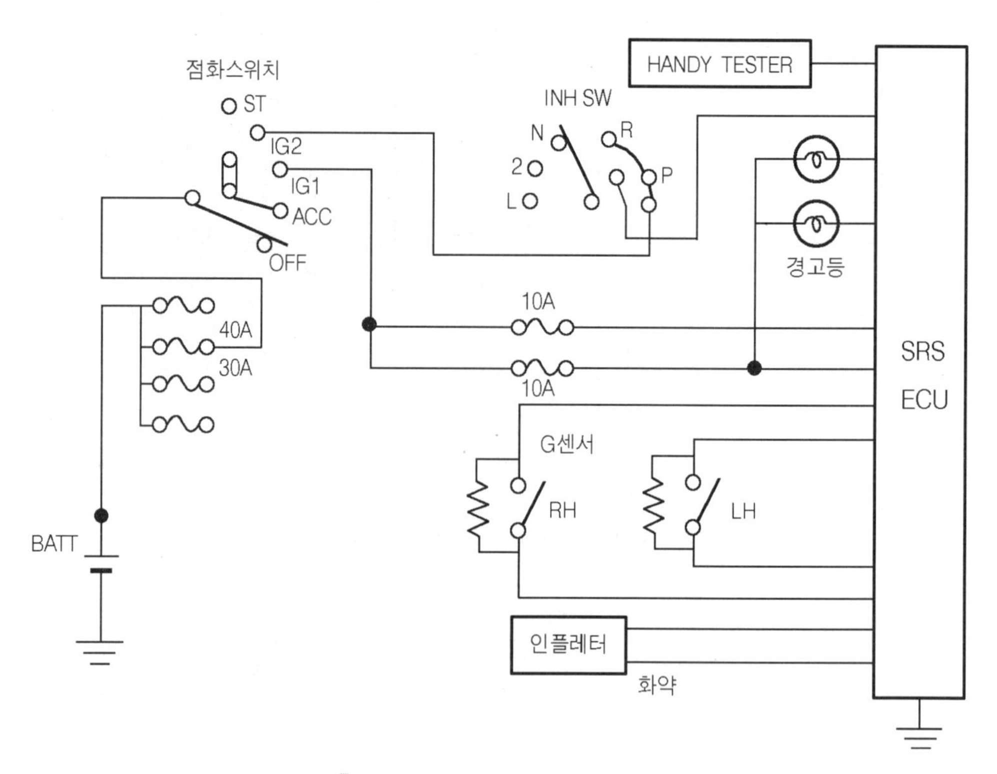

그림10-16 에어백 시스템 회로도

에어백의 전원 공급은 유사시 에어백(air bag)의 전개 유무와 관계가 있어서 일시적인 전원이 차단되어도 에어백(공기 주머니)은 전개가 되도록 하는 것이 보통이다.

그림(10-17)회로는 SRS 시스템이 유사시에도 안전하게 동작 할 수 있도록 전원을 공

급하는 회로도로서 IGN 1전원을 통해 공급된 전원이 일시에 차단이 되더라도 C1, C2의 콘덴서(condenser)에 충전된 전하량에 의해 약 0.5간 인플레이터(inflator)의 점화가 유지하도록 하고 있어 점화가 가능하도록 하고 있다. 또한 SRS ECU 내에는 DC/DC 컨버터(DC to DC convertor)가 내장 되어 있어서 배터리의 공급 전압이 12V 이하로 강하 하여도 IGN 전압은 DC/DC 컨버터에 의해 약 25V 까지 승압하여 유사시 배터리의 전압 변동에 의해 에어백(air bag)이 전개되지 않는 것을 방지하고 있다. 이것은 점화 에너지를 공급 할 수 있도록 콘덴서 C1, C2에 충전하도록 하여 이루어진다.

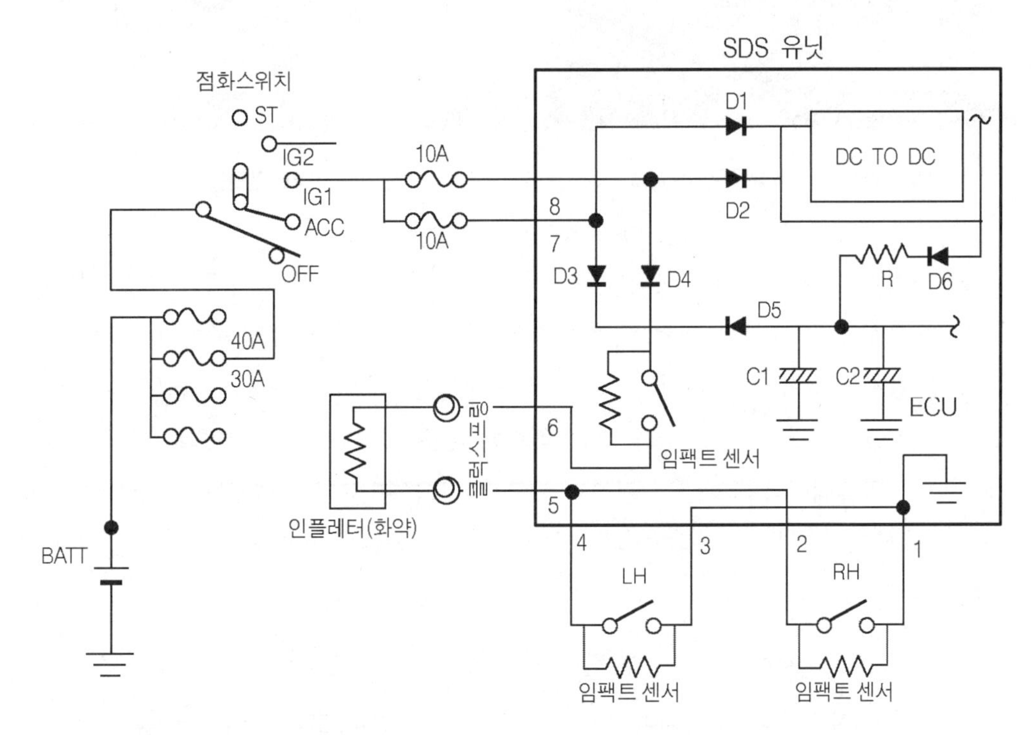

그림10-17 에어백 ECU의 안전 전원 공급회로

4. 프리텐셔너

SRS(Supplemental Restraint System) 시스템은 앞서 설명한 바와 같이 보조 억제 장치의 의미로 안전벨트(seat belt)를 착용하였을 때 그 효과를 극대화 할 수 있다. 여기서 사용하는 프리텐셔너(pre-tensioner)는 안전벨트의 기능을 보완하기 위해 에어백

(air-bag)이 전개하기 전에 프리텐셔너(pre-tensioner)를 작동시켜 벨트의 느슨한 부분을 되감아 줌으로서 좌석으로부터 신체의 쏠림 현상을 방지하도록 하는 장치이다.

사진10-15 장착된 프리텐셔너

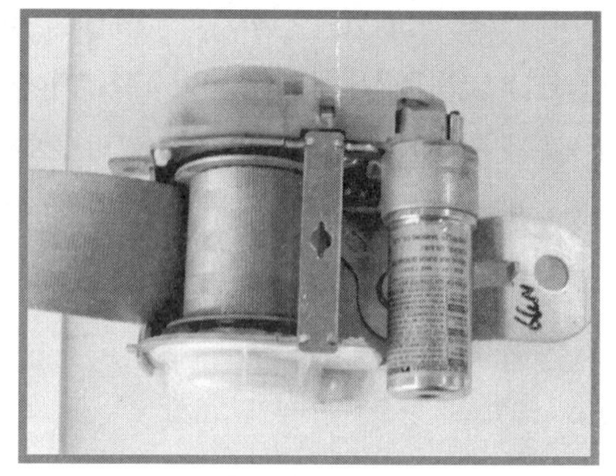

사진10-16 프리텐셔너 Ass'y

즉, 에어백은 신체의 상체 부분을 충돌로부터 보호하기 위한 장치이라면 프리텐셔너는 신체가 좌석(seat)으로부터 쏠림 현상을 방지하여 에어백의 효과를 충분히 발휘하도록 하는 보조 장치인 셈이다. 프리텐셔너의 구조는 화약을 점화하는 인플레이터(inftator)와 벨트를 되감도록 피스톤(piston)을 미는 피스톤 ASS'Y로 구성 되어 있다. 따라서 피스톤에 부착된 인플레이터의 화약이 점화가 되면 그림(10-18)과 같이 화약의 폭발에 의해 피스톤이 우측으로 이동하게 되고 이동 된 피스톤(piston)은 벨트(belt)를 감고 있어 피스톤이 이동한 량 만큼 벨트를 조여주는 역할을 하도록 한다.

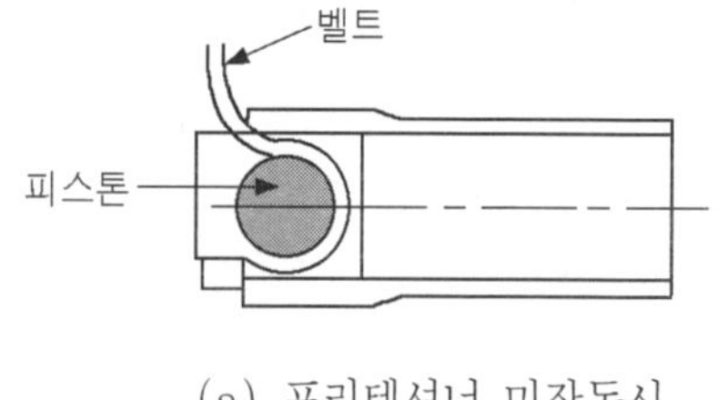

(a) 프리텐셔너 미작동시

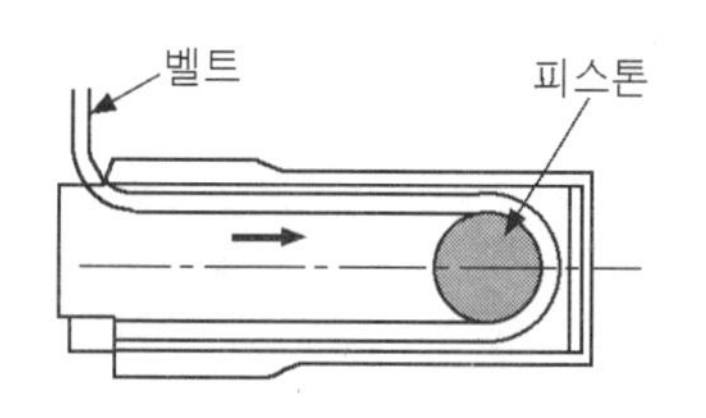

(b) 프리텐셔너 작동시

그림10-18 프리텐셔너의 작동

프리텐셔너(pre-tensioner)의 동작 조건은 표(10-1)과 같이 에어백(공기 주머니)의 전개 조건이 되어야 프리텐셔너에 점화 전류가 흐르도록 되어 있어서 에어백의 전개 조건

이 아니면 작동되지 않도록 하고 있다. 또한 오류에 인한 작동시 고장 코드가 기록 되도록 하고 있다.

[표10-1] 임팩트 센서 신호에 의한 에어백의 전개 조건

구 분	모두 전개	RH만 전개	LH만 전개	전개 안됨	전개안됨	비고
세이핑 임팩트 센서	ON	ON	ON	ON	OFF	
전방 임팩트 센서(RH)	ON	ON	OFF	OFF	ON	
전방 임팩트 센서(LH)	ON	OFF	ON	OFF	ON	

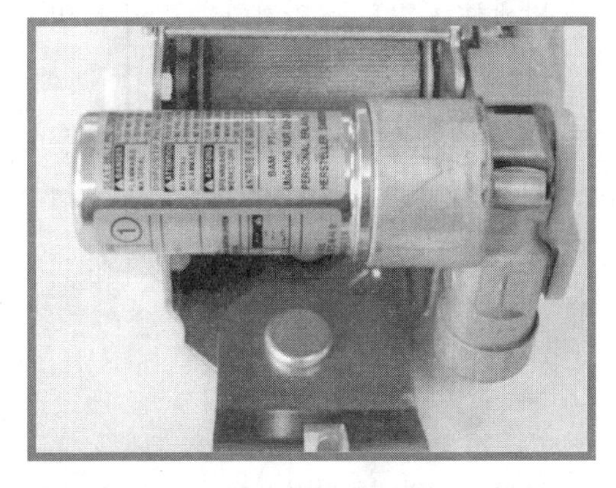

사진10-17 프리텐셔너 피스톤

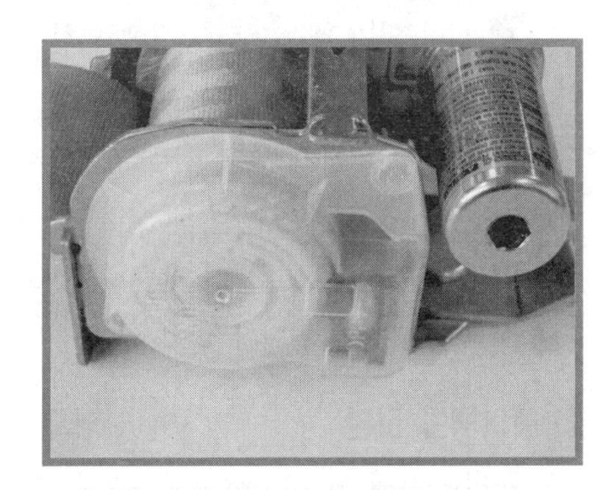

사진10-18 릴에 감긴 벨트와 피스톤

5. 에어백의 정비

(1) SRS 시스템의 점검 전에 주의 할 점

SRS 시스템은 점검시 오류로 인해 에어백(air bag)이 전개하는 경우는 에어백 모듈 ASS'Y 자체를 교환하여야 하는 문제로 에어백이 오폭에 의해 전개하지 않도록 사전에 기본적인 예방 조치가 필요하다.

따라서 SRS 시스템 점검시에는

① 아날로그 테스터(analog tester)를 사용하여서는 안된다. 이것은 부품의 저항 측정시나 회로의 도통 체크(check)를 하기 위해 테스터의 선택 스위치를 저항 레인지(range)에 위치하면 테스터 내의 배터리 전압이 아날로그 테스터(analog tester)

의 측정봉에 미터를 거쳐 인가되기 때문으로 에어백의 인플레이터(imflator)가 오폭 할 수 있기 때문이 다. 따라서 전류가 작게 흐르는 디지털 테스터(digital tester)를 사용하여 저항 측정시 최저 레인지(range) 에서 테스터 봉으로 흐르는 최대 전류가 2(㎃)가 넘는 레인지(range)를 사용하지 않도록 한다.

② 에어백 모듈(air bag module)이나 임팩트 센서(impact sensor)를 교환 할 때에는 배터리 터미널(battery terminal)단자를 제거 한 후, 약 10분 후에 작업에 임하는 것이 좋다. 이것은 배터리 전압에 의해 SRS ECU 유닛 내에 안전 전원 공급 장치인 콘덴서에 충전된 전하량이 배터리의 터미널을 탈착하였다 하더라도 콘덴서에 남아 있기 때문으로 오류에 의한 전개가 발생하지 않도록 안전하게 작업에 임하기 위함이다.

③ 차체 수리를 하기 위해 SRS 시스템에 배터리 전압이 연결 된 상태에서 범퍼 등에 해머(hammer) 작업을 하지 않도록 한다. 이것은 차체 수리시 실수에 의해 에어백이 전개 되지 않도록 사전에 배터리의 터미널(terminal)을 제거하여 해머에 의해 임팩트 센서가 충격을 받지 않게 하기 위함이다.

(2) 에어백의 교환

① 스티어링 콜럼(column)에 부착된 에어백 모듈(air bag module)의 커넥터를 탈착한다.

② 에어백 모듈의 교환 작업은 먼저 스티어링-휠(steering wheel)의 뒤측 서비스 캡(service cap)을 제거하고

③ 토크 소켓 렌치를 사용하여 센서 록 볼트를 푼다(좌, 우에 부착된 에어백 볼트를 풀어 에어백을 탈착한다).

에어백 모듈(air-bag module)은 발포제가 내장되어 있어 탈착한 후라도 충격을 주지 않도록 주의를 기울 일 필요가 있다. 또한 탈착 후에 에어백 모듈을 사진(10-19)와 반대로 에어백(공기주머니)전개면이 위로 향하도록 놓아야

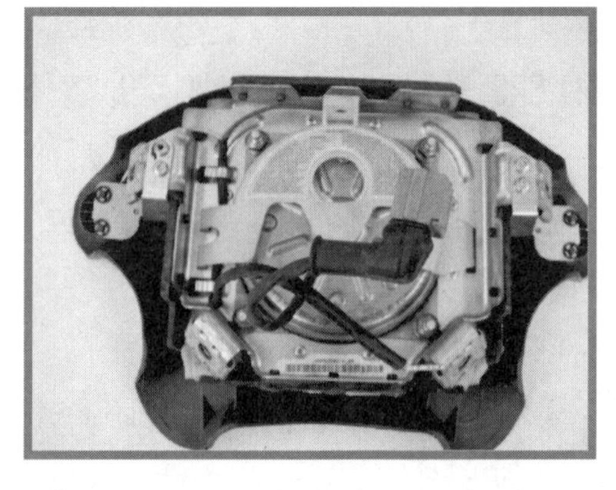

사진10-19 에어백 모듈(사진과 반대로 놓는다)

한다. 에어백 모듈을 사진(10-19)와 같이 바닥에 놓아둔 경우에 오폭이 일어나면 에어백의 전개에 의해 에어백 모듈이 공중을 향해 튀어 올라 신체를 타격하는 경우 부상으로 이어 질 수 있기 때문으로 안전사고를 방지하기 위해 탈착 후 에어백 모듈은 패트 커버(pat cover)가 하늘을 향하도록 하여야 한다.

(3) SRS 시스템의 점검

① SRS 시스템은 보통 수백 ms 주기로 시스템(system)의 이상 유무를 스캔(scan)을 하고 있어 약 2초 이상 트러블(trouble)이 지속되면 경고등을 점등한다. 이 때 약 2초 이하로 시스템이 순간 접촉 불량이 일어나는 경우에는 트러블로 인식하지 않는다.

② 에어백(air-bag)이 전개 된 경우에는 경고등이 점등되고 SRS ECU 내부의 메모리에 에어백의 전개 유무, 프리텐셔너(pre-tensioner)의 점화 횟수, 고장 발생시부터 충돌시까지 경고등이 지속 시간 등을 서비스 데이터(service data)상에 표시하여 주는 기능을 가지고 있어 SRS 시스템의 트러블 상태를 파악 할 수 있다.

③ 경고등이 점등 되지 않더라도 자기 진단 커넥터(connector)에 스캔 툴(scan tool)을 연결하고 자기 진단하여 고장 코드 및 서비스 데이터를 확인한다.

④ 서비스 데이터(service data)에 의한 저항 과대 및 과소는 해당 커넥터의 접촉 불량 및 쇼트(short)에 기인한 것으로 배터리 터미널(battery terminal)을 탈거 한 후 디지털 멀티 테스터를 이용하여 저항 및 도통 점검을 하여야 한다.

특히 SRS 시스템의 경우에는 인플레이터가 전류에 의해 점화가 이루어지므로 커넥터(connector)의 작은 접촉 저항이 존재 하더라도 경고등이 점등되도록 되어 있어 커넥터의 삽입은 확실하게 하여야 한다.

11

냉방장치

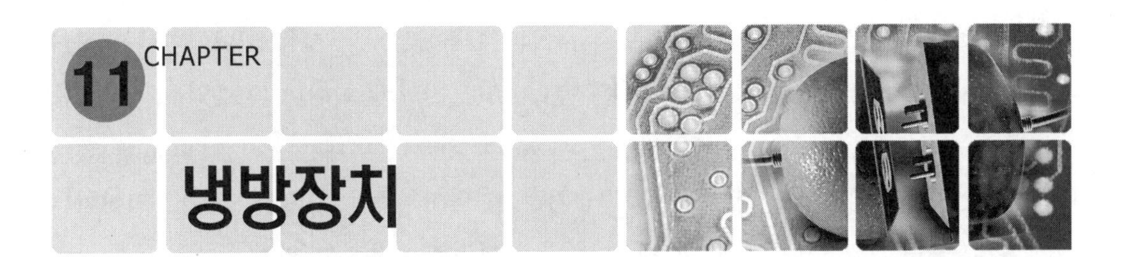

11 CHAPTER 냉방장치

1 에어컨의 구성 및 구조

1. 에어컨의 구성

사진11-1 에어컨 압력 게이지

사진11-2 컴프레서

우리의 신체를 물에 적셔 바람을 피부와 닫도록 하면 물이 묻은 피부는 감각을 통해 시원함을 느끼게 된다. 이것은 물이라는 액체가 바람에 의해 증발(기체화)하면서 주위의 열을 빼앗기 때문이다. 이 액체가 기체로 변화하기 위하여는 증발열이 필요하게 되어 열을 빼앗기는 측(액체가 닫는 측)은 온도가 내려가게 된다. 이와 같이 에어컨(air-con)이라는 것은 이렇게 주위의 열을 빼앗는 원리를 이용한 장치이다.

액체가 기체로 변화하는 것을 기화라 하면 기화 할 때 주위의 열을 빼앗는 것을 증발 잠열이라 부르기도 한다. 따라서 에어컨(air con)은 사용하는 액체 가스(냉매 가스)는 기체

를 액체화하기 위해 컴프레서(compressor)라는 압축기를 사용하게 된다. 또한 에어컨(air-con)의 액체화한 냉매 가스로는 물 보다 증발 잠열이 뛰어난 프레온 가스(freon gas) 또는 R-12(refrigerant-12)가스를 사용하여 왔으나 현재는 R-12(freon gas)는 지구의 오존층 파괴 물질로 사용을 금지하고 있어 증발 잠열이 다소 떨어지는 R-134a(HCFC)의 냉매 가스가 자동차용 냉매 가스로 사용하고 있다.

사진11-3 콘덴서 팬 모터

사진11-4 이배퍼레이터 모듈 Ass'y

냉매 가스를 이용한 에어컨 시스템(air con system)의 순환 구조는 기본적으로 그림(11-1)과 같이 컴프레서(compressor) → 콘덴서(condenser) → 리시버 드라이어(receiver drier) → 익스팬션 밸브(expansion valve) → 이배퍼레이터(evaporator)의 구성 부품으로 이루어져 있다.

이 구성 부품은 냉매 가스가 밀봉된 관내에서 기화된 냉매를 압축하고 냉각해 액체화할 수 있도록 구성에 필요한 순환 부품에 지나지 않는다. 보통 기체를 압축하면 액체 상태로 변화하게 되는데 에어컨(air-con)의 증기압 곡선에서도 알 수 있듯이 일정 온도에서 냉매를 압축하면 액체 상태로 변화한다.

에어컨에서도 기체 상태의 냉매 가스를 액체화하기 위해 압축기(compressor)를 통해 압축하게 되며 압축된 냉매는 압축 할 때 온도가 상승 하게 돼 컴프레서는 압력 상승과 함께 온도가 상승하게 된다. 컴프레서로부터 압축된 고온 고압의 냉매 가스는 증기압 곡선에서와 같이 일정 온도 이하가 되지 않으면 액화 되지 않아 압축된 고온 고압의 냉매 가스 온도를 낮추기 위해서는 콘덴서(condenser)가 필요하게 된다.

콘덴서에는 냉각 효율을 향상하기 위해 전동 쿨링 팬(cooling fan)을 달아 보다 빨리 냉매 가스를 액화 할 수 있도록 하고 있다. 이렇게 콘덴서(condenser)를 통해 액화 된 냉매는 리시버 드라이어(reciever drier)를 거쳐 일시적인 저장과 함께 냉매 가스에 포함된 수분 및 슬러지(sludge)를 내부 필터를 통해 제거하게 된다.

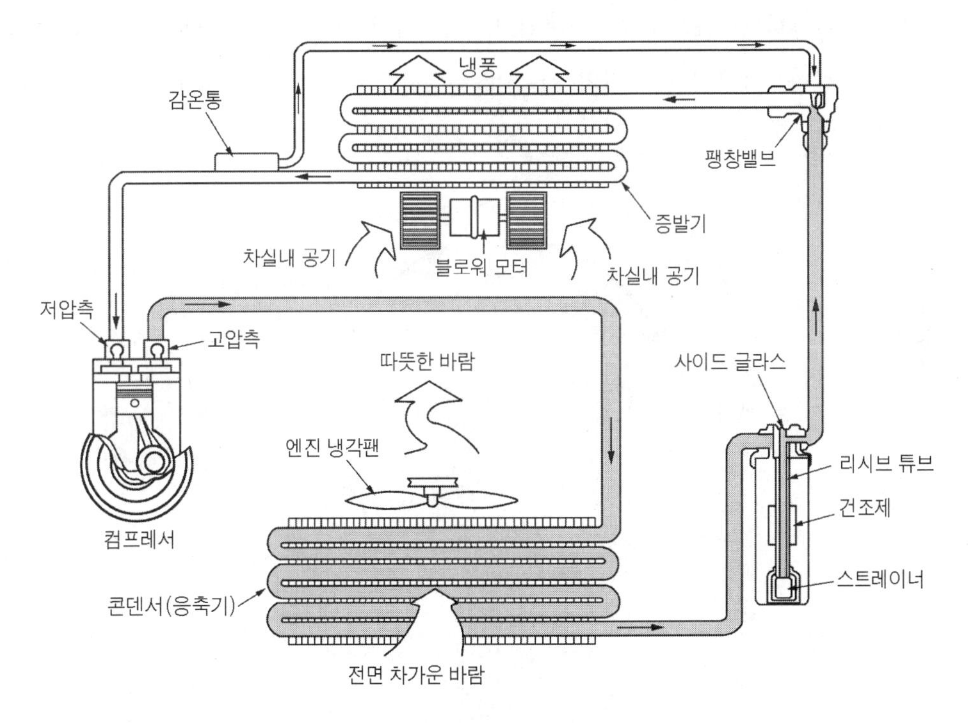

그림11-1 에어컨의 냉매 사이클

이렇게 걸러진 고압의 액상 냉매는 익스팬션 밸브(expansion valve)를 통해 흘러 들어가 기화가 용이하게 무화(짙은 안개 상태) 상태로 변화 하여 익스팬션 밸브의 출구측으로 냉매의 양을 조절하여 내 보내게 된다.

리시버 드라이어에서 흘러나온 고압의 액상 냉매는 관내에서 바로 기화 시키면 충분히 기화가 되지 않아 익스팬션 밸브(expansion valve)를 이배퍼레이터(evaporator)를 통해 기화 되면서 이배퍼레이터의 핀(pin)을 통해 주위의 공기 열을 빼앗게 된다. 주위의 공기 열을 빼앗긴 공기는 주위의 온도를 끌어내려 블로어 모터(blower motor)을 통해 차량의 실내로 불어내게 된다. 이렇게 이배퍼레이터(evaporator)의 출구에서 나온 저압의 기체 냉매는 다시 → 액체화 하기 드라이어(reciever drier)를 통해 슬러지(sludge)

를 제거하게 되고 고압의 액상 냉매는 → 기화하기 쉽게 익스팬션 밸브(expansion valve)를 통해 조절하여 무화 상태로 만들어 → 증발기(evaporator)을 통해 주위의 공기 열을 빼앗는 과정을 반복하게 된다.

이렇게 그림(11-2)와 같이 냉매 가스가 에어컨(air-con)의 관내를 한번 순환하는 것을 냉매의 순환 사이클이라 하며 이 냉매의 순환 사이클(cycle)을 반복하게 하는 장치를 에어컨 이라 한다. 따라서 에어컨의 성능이 우수하려면 무엇보다 냉매의 순환 사이클의 각 구성 부품이 충분히 기능을 갖도록 하는 것이 무엇 보다 중요하다 하겠다.

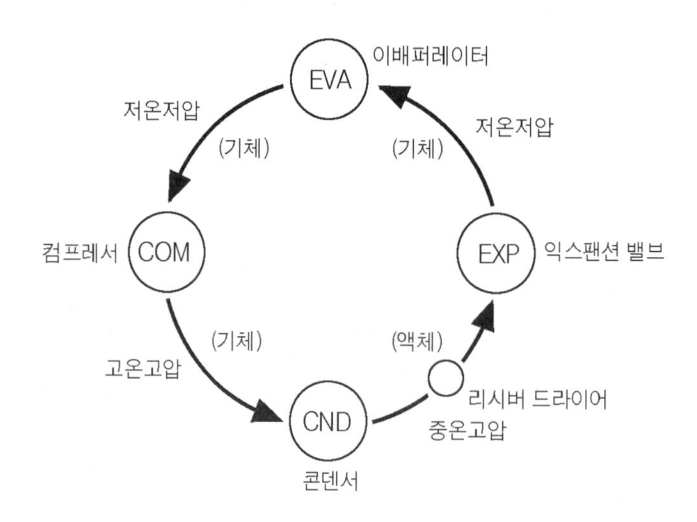

그림11-2 냉매의 순환 사이클

사진11-5 블로어 모터 팬

사진11-6 이배퍼레이터

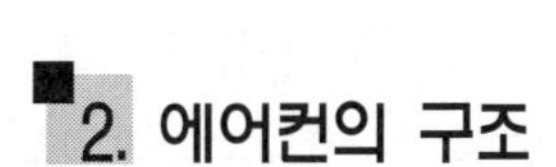

2. 에어컨의 구조

(1) 컴프레서

기체의 냉매를 압축하는 컴프레서(compressor)의 종류에는 피스톤을 이용한 크랭크식 컴프레서(crank type compressor)와 사판(swash plate)을 이용한 사판식 컴프레서, 베인(vane)을 이용한 베인식 컴프레서(vane type compressor)가 있다

이와 같은 컴프레서의 기본적인 구성은 보통 그림(11-3)과 같이 기체 냉매를 압축하는 압축부(compresser부)와 엔진의 크랭크 축(crank shaft)과 동력을 연결하는 연결부로 구성되어 있다.

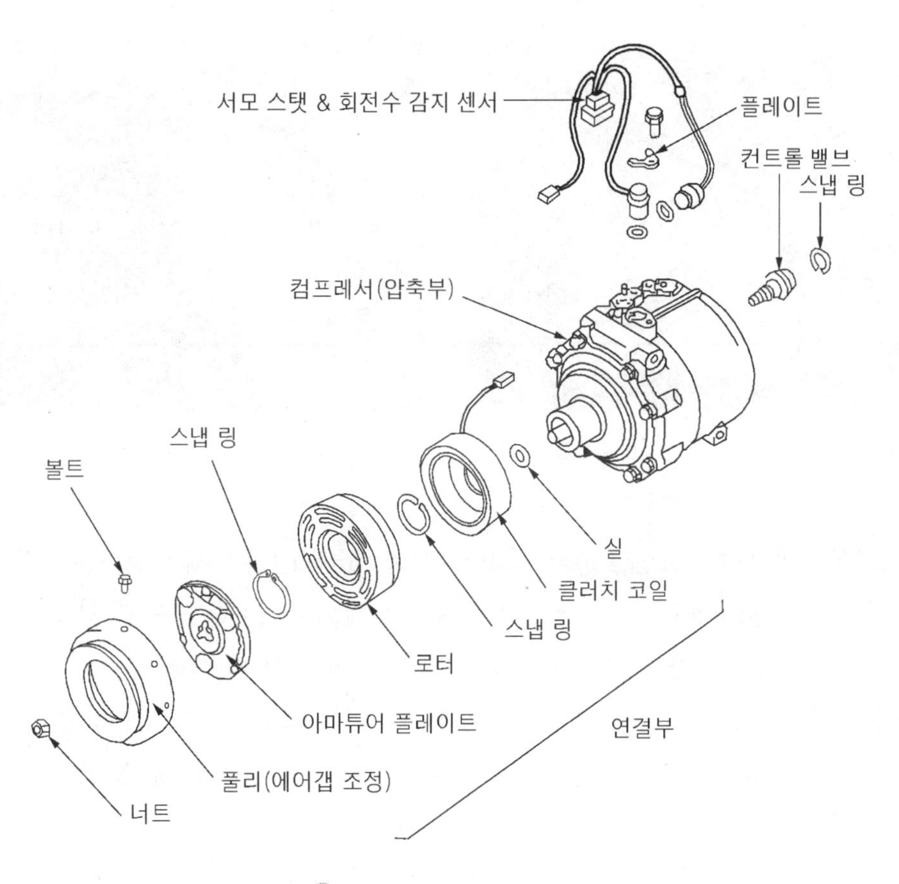

그림11-3 컴프레서 분해도

이 압축부(compressor)에는 압축기의 축(shaft)을 통해 냉매가 누설되지 않도록 씰(seal)과 스프링이 붙어 있는 흑연링이 있어 실 시트(seal seat)를 오-링(o-ring)을 통해 밀봉하게 된다. 연결부에는 에어컨 벨트(air-con belt)를 통해 회전하는 풀리(pulley)가 로터(rotor)와 함께 회전 할 수 있도록 사진(11-7)과 같이 마그넷 클러치 코일(magnet clutch coil)이 있어 코일에 전류가 흐르면 전자석이 되어 아마추어 플레이트(armature plate)를 끌어당기게 된다. 이렇게 끌어당긴 플레이트는 풀리(pulley)와 컴프레서의 샤프트를 고정시켜 동력을 전달하는 클러치 역할을 하고 있는 클러치 장치로 이루어져 있다. 엔진에 의해 구동된 컴프레서(compressor)의 실린더(cylinder)는 크랭크식 의 경우는 2~6개를 사용하며 사판식 컴프레서의 경우는 6~10개를 사용하는 것이 주류를 이루고 있다.

사진11-7 마그네 클러치, 코일

사진11-8 6실린더 크랭크식 컴프레서

크랭크식 컴프레서는 그림(11-4)와 같이 피스톤(piston)에 의해 압축하는 방식으로 2기통 직렬형(2 cylinder inline type)은 하나의 헤드(head)를 가지고 있다. 이 헤드(head) 부위에는 디스차지 밸브(discharge valve)와 석션 밸브(suction valve)를 가지고 있어 기체의 냉매 가스를 석션 밸브를 통해 실린더 내로 들어가 압축하게 되고 피스톤(piston)이 상승하여 기상의 냉매를 압축하게 되면 디스차지 밸브를 통해 배출하게 되어 있는 구조를 가지고 있다.

사진(11-8)과 같이 실린더가 6개를 가지고 있는 6실린더 크랭크식 컴프레서는 피스톤 로드(piston rod)가 회전 경사판(swash plate)과 연결되어 있어 컴프레서의 회전축이 회전을 하면 회전 경사판이 회전을 하게 되어 피스톤이 왕복 운동을 하게 하는 방식이다.

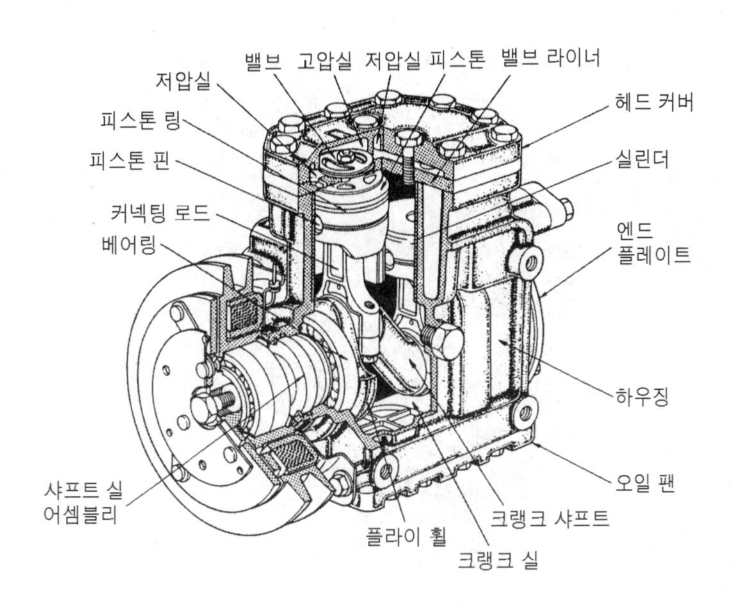

그림11-4 크랭크식 컴프레서

베인식 컴프레서(vane type compressor)는 2개의 베인(vane)이 그림(11-5)와 같이 4개의 기압실에 있는 냉매를 압축하게 된다. 로터(rotor)를 관통하는 2개의 베인(vane)은 그림(11-6)의 구조와 같이 서로 직각으로 되어 있어 컴프레서의 축이 회전을 하게 되면 로터에 붙어 있는 베인(vane)은 실린더(cylinder) 내를 회전을 하게 돼 베인(vane)에 의한 실린더의 체적이 변화하며 흡입과 압축을 반복하여 기상의 냉매 가스를 압축하게 된다. 즉 베인식은 베인이 회전을 하게 되므로 냉매 가스의 펌핑 및 압축을 동시에 진행하는 방식이다.

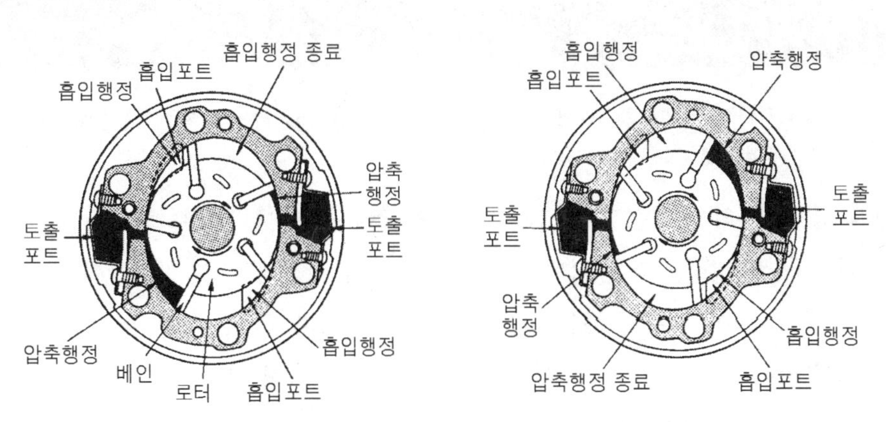

그림11-5 베인식 컴프레서의 작동

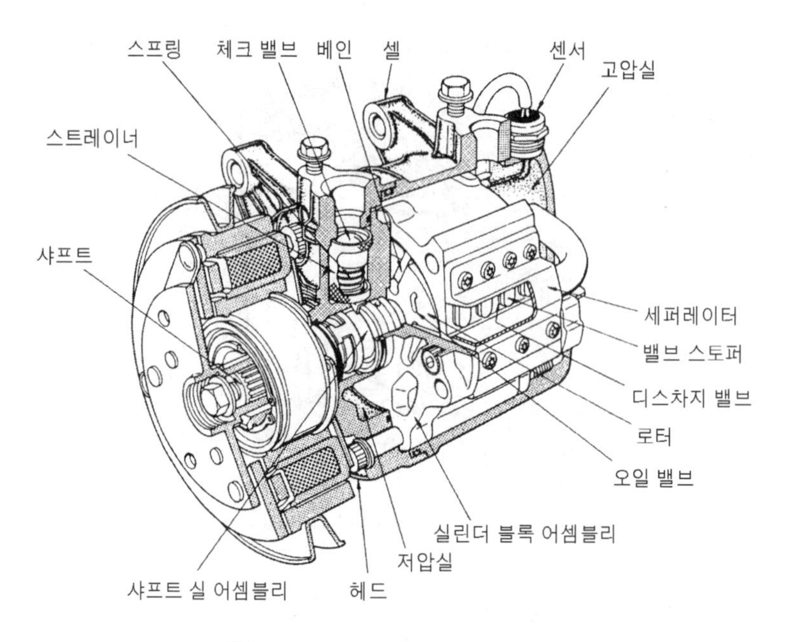

그림11-6 베인식 컴프레서의 구조

사진11-9 베인식 컴프레서

사진11-10 베인식 컴프레서 내부

사판식 컴프레서의 구조는 그림(11-7)과 같이 엔진에 의해 회전하는 컴프레서의 구동축은 사판(swash plate)과 연결되어 있어 경사판의 회전에 따라 회전각이 변화하는 것을 피스톤(piston)이 왕복 운동을 하도록 하는 방식이다.

사판식 컴프레서는 사판에 2~10개 정도의 피스톤이 붙어 있다. 컴프레서와 일체가 된 사판은 사판이 회전을 함에 따라 피스톤은 샤프트(shaft)와 동일 방향으로 왕복 운동을

하게 되어 사판의 경사각에 따라 1개의 피스톤이 기상의 냉매를 압축 행정 상태에 있을 때 경사면의 반대에 있는 피스톤은 냉매 가스를 흡입 하는 행정에 있게 된다. 사진(11-11)은 컴프레서 내의 냉매 가스의 슬러지를 제거함으로서 컴프레서를 보호하기 위한 스트레이너가 붙어 있으며 사진(11-12)는 컴프레서의 압력에 따라 접점이 ON, OFF 하는 압력 스위치가 붙어서 컴프레서의 냉매 압을 조절하고 있다. 이 압력 스위치는 컴프레서 릴레이 코일(compressor relay coil)과 직렬 연결되어 있어서 압력이 상승하면 압력 스위치의 접점은 차단되어 컴프레서의 릴레이 코일 전원을 차단하게 한다.

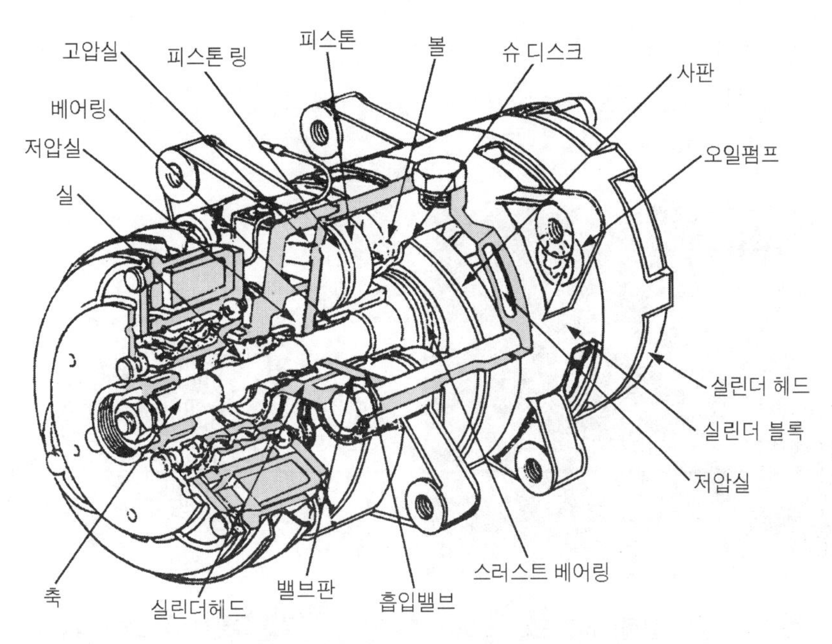

그림11-7 사판식 컴프레서의 구조

사진11-11 스트레이너

사진11-12 압력 스위치

에어컨(air-con)의 순환 사이클 내에 수분이 함유되면 에어컨(air-con)의 냉방 능력은 떨어지게 되고 냉매의 순환 사이클 내에도 압력은 이상 상승하여 컴프레서에 부하가 증가하게 된다. 또한 에어컨(air-con)의 관 내의 부식과 익스팬션 밸브(expansion valve)에 결빙을 초래 해 에어컨의 성능은 현저히 떨어지게 된다. 따라서 에어컨의 관 내에 수분 침입을 방지하기 위해서는 대기중에는 수분을 함유하고 있는 것을 관내의 진공을 통해 충분히 제거하여 주어야 한다.

(2) 콘덴서

컴프레서(compressor)에 의해 압축된 고압의 냉매 가스는 압축 할 때 열이 발생하게 돼 그림(11-8)과 같은 콘덴서(condenser)의 입구로 보내 방열핀이 설치된 냉매용 튜브(tube)를 통해 냉각하게 된다.

사진11-13 콘덴서와 팬 모터

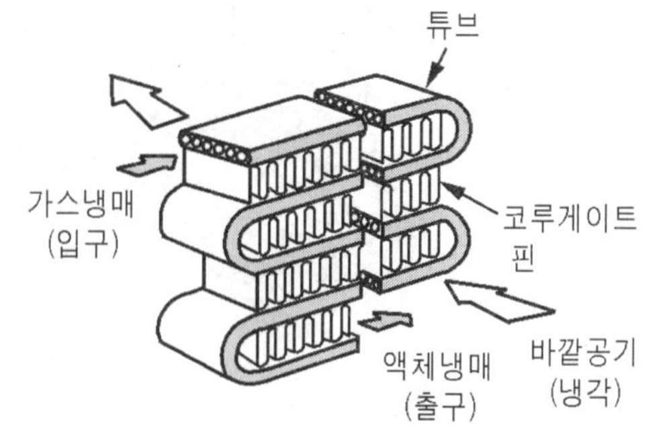

그림11-8 콘덴서의 구조

콘덴서(condenser)는 고압의 기체 냉매를 얼마나 빨리 많은 량의 냉매를 액화 하는냐에 따라 에어컨(air-con)의 성능은 현저하게 차이가 나므로 콘덴서에 냉각 팬을 달아 고압의 기체 냉매를 냉각 시키고 있다. 대기압 중에 물의 비점은 100℃ 이지만 R-12냉매(freon gas)의 비점은 −29.8℃, R-134a 냉매(HCFC gas)의 비점은 −26.2℃로 R-134a 냉매는 R-12 냉매 가스보다 비점이 3.6℃ 낮아 그 만큼 기체 냉매를 액화하기 위해 콘덴서의 능력이 좋아야 한다는 것을 알 수 있다.

보통 콘덴서는 라디에이터(radiator) 앞에 설치하여 라디에이터 팬(radiator fan)과 일체화 한 것이 보통이지만 독립적으로 설치하여 사용하기도 한다. 콘덴서가 에어컨에 미

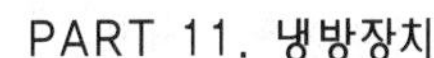

치는 영향은 자동차를 운행 할 때 알 수 있다. 특히 하계절 고속 주행시 전방의 맞바람에 의해 콘덴서의 기능은 향상되어 차량의 냉방 능력은 현저히 증가하는 것을 느낄 수 있지만 정차시에는 곧 콘덴서의 냉각 팬에 의해 냉매 가스가 액화하게 되어 차량의 냉방 성능은 현저히 떨어지는 것을 느낄 수 있는 것도 바로 이 때문이다.

(3) 리시버 드라이어

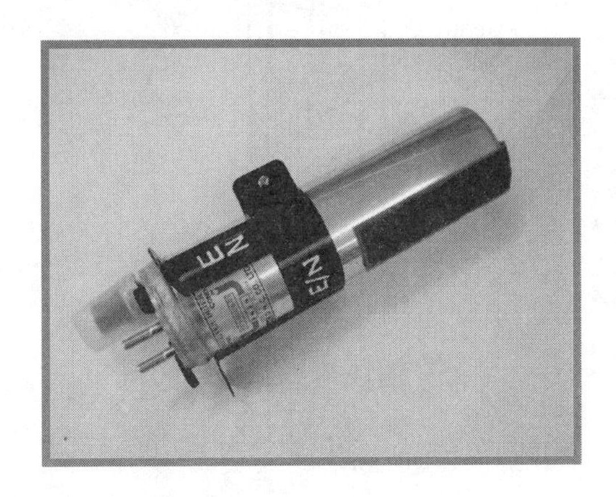

사진11-14 리시버 드라이어

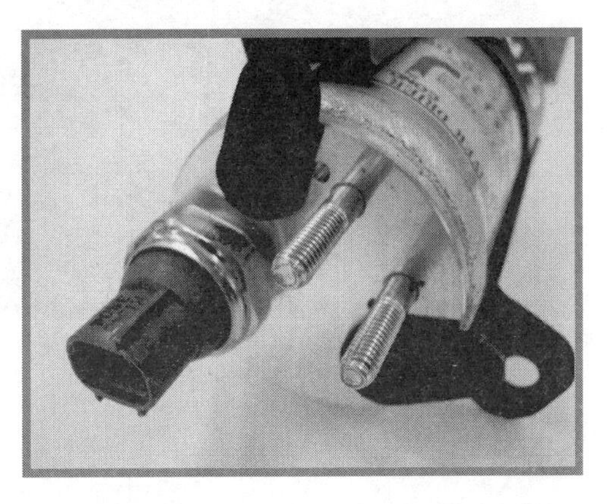

사진11-15 리시버 드라이어의 커넥터와 체결부

리시버 드라이어(reciever drier)의 구조는 그림(11-9)와 같이 콘덴서(condenser)를 통해 들어온 액상의 냉매는 리시버 드라이어의 원통형에 일시 저장을 하게 되는데 이것은 익스팬션 밸브(expansion valve)에 충분한 액상의 냉매를 공급하기 위한 것이다. 여기에 저장된 액상의 냉매는 건조제를 통해 냉매에 포함된 수분을 걸러내고 스트레너(strainer)를 통해 슬러지(sludge) 및 불순물을 걸러내어 리시버 튜브(reciever tube)인 유도관을 거쳐 출구로 나오게 되는 일종의 필터(filter) 및 저장기(accumulator)의 기능을 하는 장치이다.

콘덴서(condenser)에서 나온 액상의 냉매는 완전한 액상 상태가 아니어서 원통형의 저장기 역할을 하는 냉매는 아래쪽 리시버 튜브(유도관)를 통해 익스팬션 밸브로 냉매를 공급하는 것은 액상의 냉매를 공급하기 위한 것이다. 리시버 드라이어(reciever drier)의 상측에는 투명한 글라스(glass)인 사이트 글라스(sight glass)가 붙어 있어서 액상 냉매의 흐름을 볼 수 있는 구조로 되어 있다.

리시버 드라이어는 슬러지(sludge)를 걸러내는 필터(filter)의 기능이 있어서 장기간

사용 할 수 없는 소모성 부품으로 냉매를 재충진시에는 새것으로 교환하여 사용하는 것이 좋다.

사진11-16 리시버 드라이어 내부

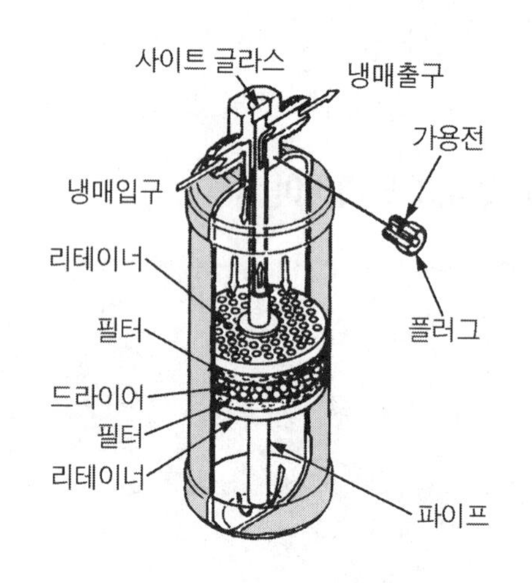

그림11-9 리시버 드라이어

(4) 팽창 밸브

익스팬션 밸브(expansion valve)의 핵심적인 작용은 그림(11-10)에 나타낸 캐필러리 튜브(capilleary tube)로서 온도를 감지하는 감열통은 이배퍼레이터(증발기)의 출구측에 부착되어 이배퍼레이터(evaporator)의 출구 온도를 감지하는 기능을 한다.

이배퍼레이터의 출구 온도가 상승하면 감 열통의 온도는 상승하여 캐필러리 튜브에 있는 냉매는 압력이 상승하게 되고 상승된 압력은 익스팬션 밸브의 다이어프램 액상의 냉매는 이배퍼레이터(증발기)로 냉매를 보내게 된다.

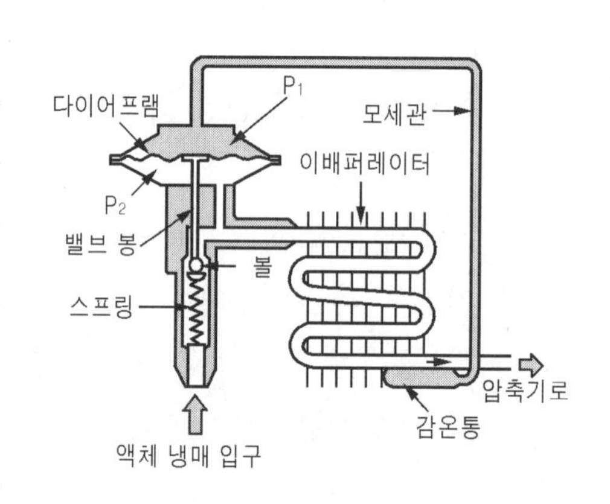

그림11-10 팽창밸브 구조

반대로 이배퍼레이터(증발기)의 출구가 냉매의 기화열에 의해 온도가 낮아지면 캐필러리 튜브(모세관) 내의 냉매 압력은 낮아지게 돼 다이어프램을 누르는 힘의 크기보다 스프링의 장력이 강해 볼은 리시버 드라이어를 통해 들어온 냉매는 온도가 낮아진 만큼 차단하게 돼 냉매의 량을 조절하게 된다. 결국 익스팬션 밸브는 이배퍼레이터가 기화를 잘 할 수 있도록 액상의 냉매를 무상(안개 상태)으로 하기 위해 이배퍼레이터의 출구 온도를 감지하여 이배퍼레이터로 들어가는 냉매의 량을 조절해 주고 있는 장치이다.

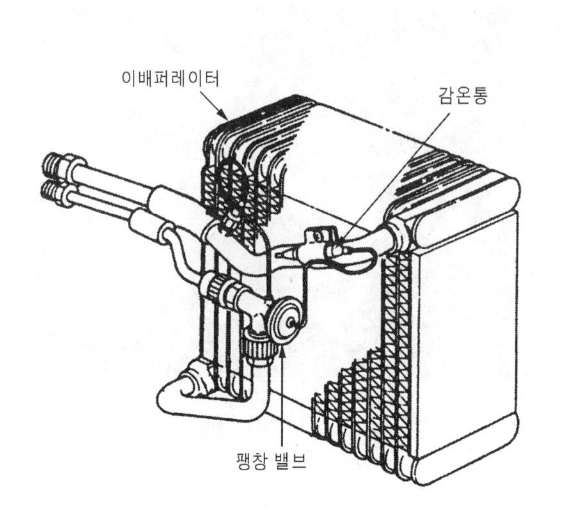

그림11-11 팽창벨트의 탈거

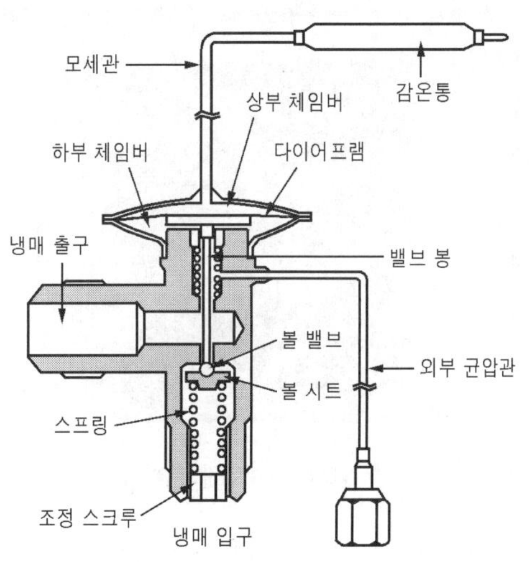

그림11-12 팽창밸브의 구조

(5) 이배퍼레이터

사진11-17 이배퍼레이터 모듈 Ass'y

사진11-18 이배퍼레이터

기체가 액체로 액화 할 때에는 액화하기 위해 열을 발산하게 되지만 액체가 기체로 변화할 때에는 기화하기 위해 필요한 기화열을 주위로부터 열을 흡수하게 된다.

익스팬션 밸브(expansion valve)로부터 방출된 무화(안개화)된 냉매는 이배퍼레이터를 거치면서 완전히 기화하게 된다. 냉매 가스는 이배퍼레이터에서 기화하기 위해 필요한 열량을 주위의 공기로부터 빼앗게 돼 이배퍼레이터의 주위의 공기 온도는 저하하게 된다.

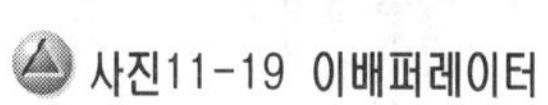

사진11-19 이배퍼레이터

사진11-20 리어 이배퍼레이터

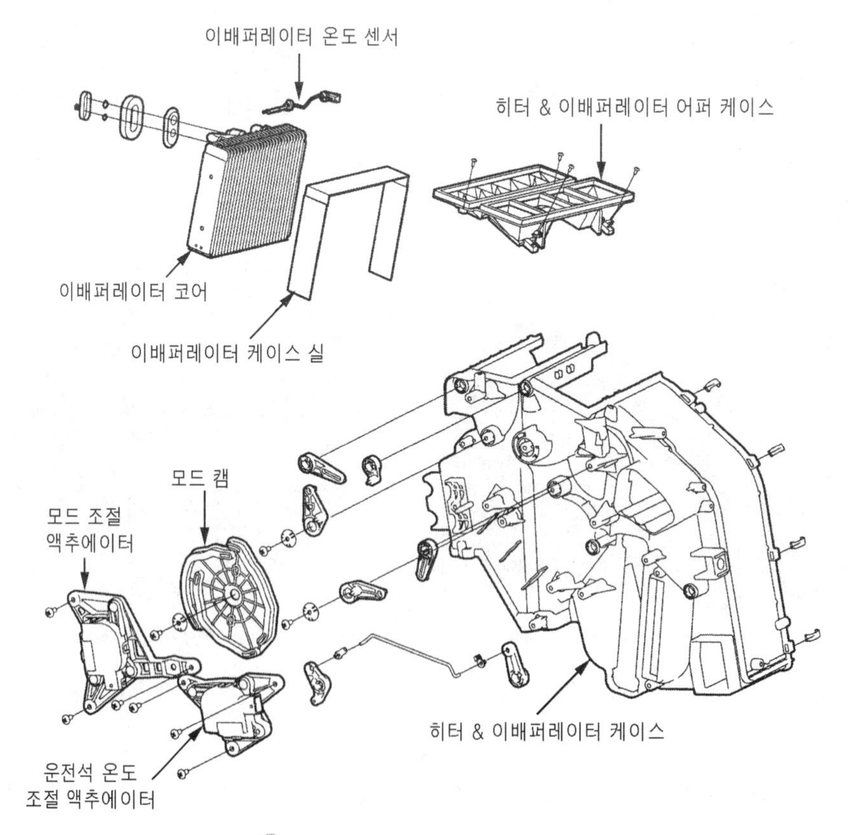

그림11-13 이배퍼레이터 분해도

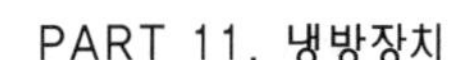

따라서 이배퍼레이터(evaporator)는 기화에 필요한 열량을 잘 흡수하기 위해 U-자형의 긴관을 통과하는 주위에 방열핀을 설치하여 기화에 필요한 열량을 흡수하고 있다. 100℃가 되는 물의 1g을 수증기로 할 때 필요한 열량은 539cal 라는 열량이 필요하게 되므로 이배퍼레이터에서 발생하는 기화량이 많으면 많을수록 기화에 필요한 열량은 많아진다.

그러나 이배퍼레이터로부터 기화를 많이 시키기 위해 에어컨(air-con) 내에 냉매 가스(R-134a)를 많이 충진한다 하여 에어컨의 성능을 향상하는 것은 아니다. 오히려 에어컨 관내에 냉매의 주입량이 지나치게 많은 경우에는 이배퍼레이터(증발기)로부터 기화하기도 전에 액상의 냉매가 컴프레서(compressor)로 흘러 들어가 에어컨의 냉방 능력은 오히려 떨어지게 되고 액체 상태의 냉매가 컴프레서에 흡입되어 컴프레서는 큰 부하가 걸리게 돼 심한 경우에는 파손에 이루는 경우가 발생하게 된다.

사진11-21 이배퍼레이터 내의 블로어 모터 팬

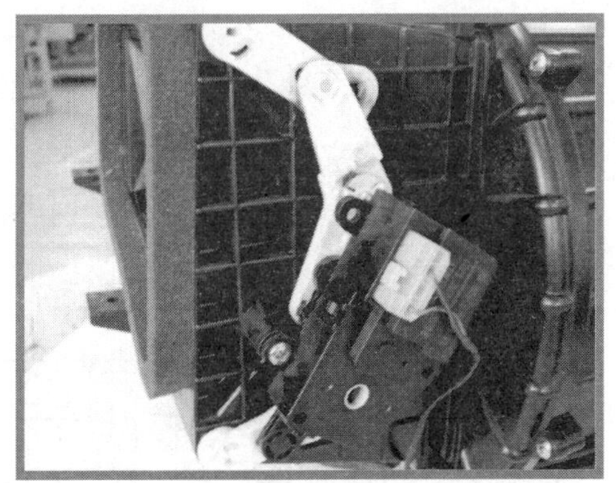

사진11-22 액추에이터

2 에어컨 시스템

1. 수동 에어컨

에어컨(air-con)의 기구적 구성품은 앞서 기술한 것과 같이 냉매를 압축시키는 컴프레서(compressor), 고압의 기체 냉매를 액화시키기 위한 콘덴서(condenser), 냉매 가스

의 찌꺼기 및 수분을 제거하는 리시버 드라이어(reciever direr), 그리고 팽창 밸브 및 냉매를 기화시키는 이배퍼레이터(evaporator)로 구성되어 있다.

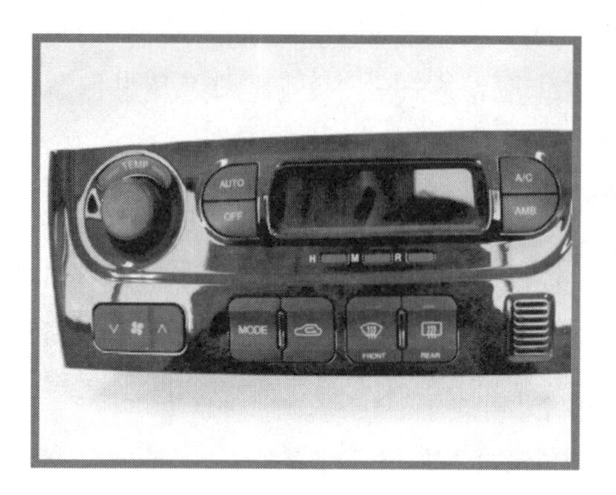

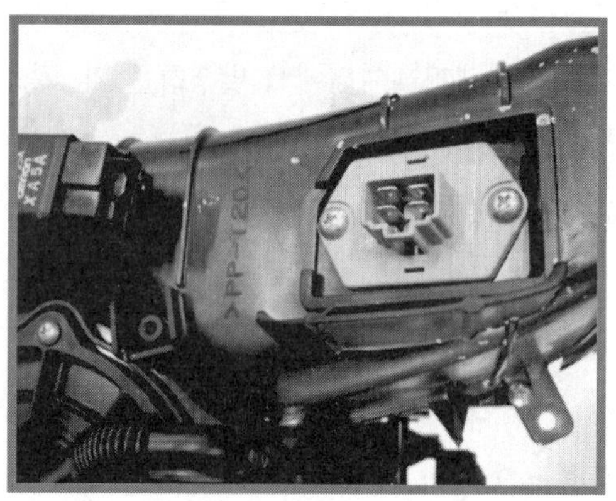

사진11-23 컨트롤 유닛 전면 스위치부

사진11-24 블로어 모터 릴레이와 파워 TR

이들 구성품을 작동하기 위한 전기적 구성품은 그림(11-14)와 같이 엔진의 회전력을 컴프레서(compressor)의 회전축과 연결하여 주는 마그넷 클러치(magnet clutch)와 마그넷 클러치에 전원을 연결하여 주는 에어컨 릴레이(air-con relay)가 있다.

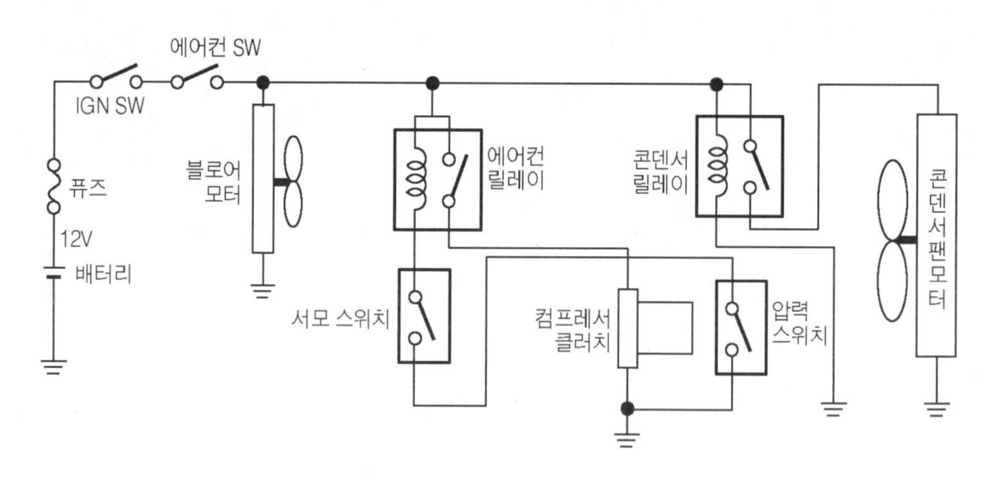

그림11-14 수동 에어컨의 기본 전기 회로

또한 엔진이 구동시에만 에어컨이 작동할 수 있도록 압력 스위치와 이배퍼레이터(evaporator)의 기능을 증대하기 위한 블로어 모터(blower motor), 고온의 기체 냉매

를 액화하기 위해 냉각하는 콘덴서 팬 모터로 구성되어 있다. 자동 에어컨의 기구적 구성은 수동 에어컨과 거의 동일하지만 전기적 구성은 에어컨의 공조 장치 및 온도 조절을 위한 장치가 추가되게 되므로 수동 에어컨의 기본적인 구성은 거의 동일하다고 할 수 있다.

그러나 전기적인 조절 장치 들이 필요하게 되어 수동 에어컨에 대한 기본적인 회로 구성을 먼저 이해하여야 자동 에어컨을 쉽게 이해 할 수가 있다.

그림(11-14)의 수동 에어컨의 기본 회로를 통해 동작을 살펴보자.

먼저 점화 스위치가 ON 상태로 되어 있는 상태에서 에어컨 스위치(air-con switch)를 ON 시키면 배터리의 전원은 콘덴서 릴레이(condenser relay)를 작동 시켜 콘덴서 팬 모터를 회전하게 한다.

또한 이배퍼레이터(evaporator)에 부착 돼 있는 써모 스위치는 −4℃ ~ −8℃ 범위에 있지 않으면 항상 ON상태가 되어 있어 점화 스위치를 통해 공급되는 IGN(ignition) 전원은 에어컨 릴레이의 코일을 거쳐 에어컨의 압력 스위치를 통해 전류가 흘러 에어컨 릴레이의 접점은 접촉되고 컴프레서(compressor)의 마그넷 클러치(magnet clutch)의 코일로 전류가 흘러 컴프레서는 작동하게 된다.

여기서 서머 스위치는 이배퍼레이터의 빙결을 방지하기 위해 설치한 써모 스위치(thermo switch)이며 압력 스위치는 컴프레서(compressor)의 고압측 압력이 이상 상승하게 되면 컴프레서의 부하에 의해 컴프레서가 파손되는 것을 방지하기 위해 설치한 일종의 안전밸브 스위치(valve switch)이다.

그림(11-15)의 회로는 수동식 에어컨으로 쿨러 엠프(cooler amp) 유닛을 장착한 에어컨(air-con)으로 동작은 앞서 설명한 수동 에어컨과 거의 동일하다.

먼저 쿨러 엠프(cooler amp)의 입력 신호로는 점화 1차 신호와 에어컨 전원 및 이배퍼레이터(evaporator)의 토출 온도를 감지하는 서미스터(thermister)를 이용한 센서가 있고 출력측에는 컴프레서의 마그넷 클러치(magnet clutch)의 전원을 공급하기 위한 에어컨 릴레이(air-con relay)로 되어 있어서 에어컨의 작동은 엔진이 회전하는 상태에서만 컴프레서(compressor) 가 작동하게 된다. 입력측으로 서미스터 센서는 −3℃ 이하인 경우에만 서미스터 인터페이스(thermister interface) 회로를 통해 전압 레벨이 높게 트리거(trigger) 돼 트랜지스터 TR1의 베이스 전류 흐름을 차단시켜 이배퍼레이터의 빙결을 방지하지도록 하고 있는 시스템이다.

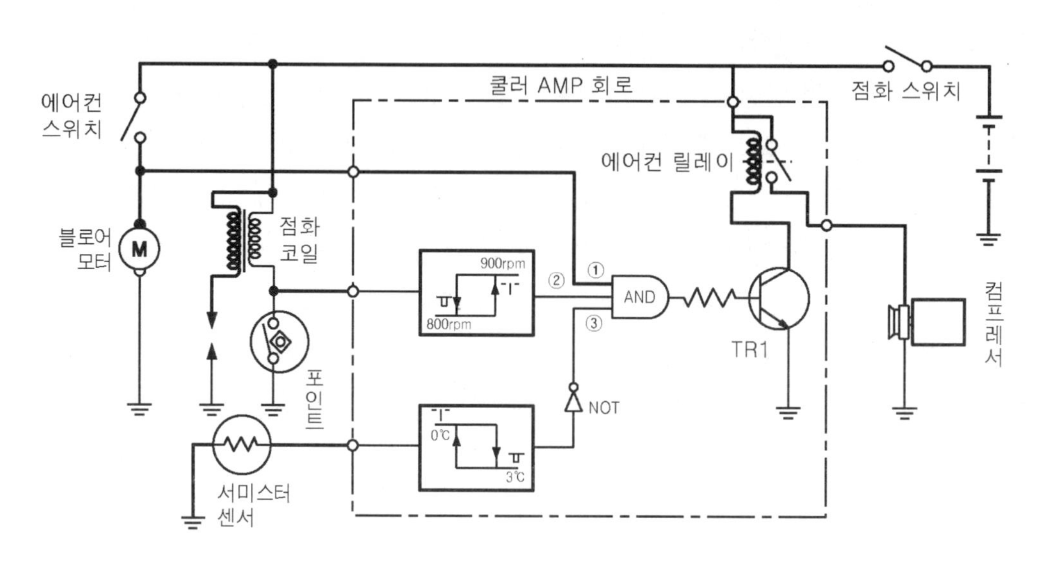

그림11-15 에어컨 AMP 기본 회로

2. 자동 에어컨

(1) 오토 에어컨의 기능

사진11-25 오토 에어컨 컨트롤 유닛 전면 스위치부

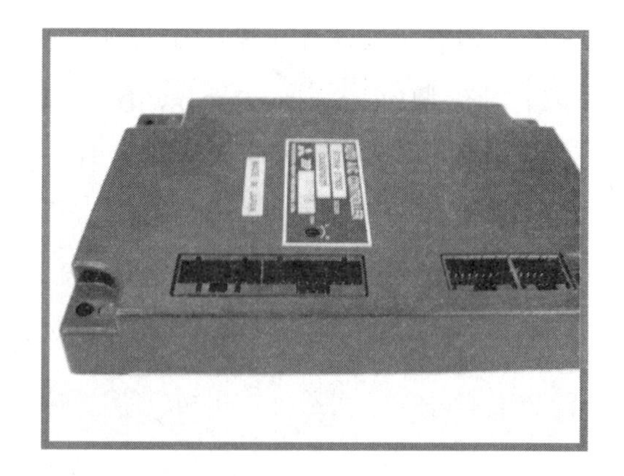

사진11-26 에어컨 ECU

오토 에어컨(auto air conditioner)의 기구적 구성과 에어컨의 기본 기능은 수동 에어컨 크게 다르지 않다. 오토 에어컨은 컴퓨터를 이용 차량 실내 공간의 쾌적성과 운행자의 편리성을 향상하기 위해 실내의 공조(air conditioning) 상태를 자동으로 조절하는 실내

공조 시스템이다. 이 시스템은 자동 온도 제어 기능과 토출 모드 제어, 그리고 자동 풍량 제어 등의 기능을 제어하는 시스템(system)으로 보통 수동 기능으로도 선택 할 수 있도록 되어 있다. 오토 에어컨의 공기 흐름 경로는 그림(11-16)과 같이 내기 및 외기의 공기를 이용하여 다음과 같이 토출을 조절하는 기능을 가지고 있다.

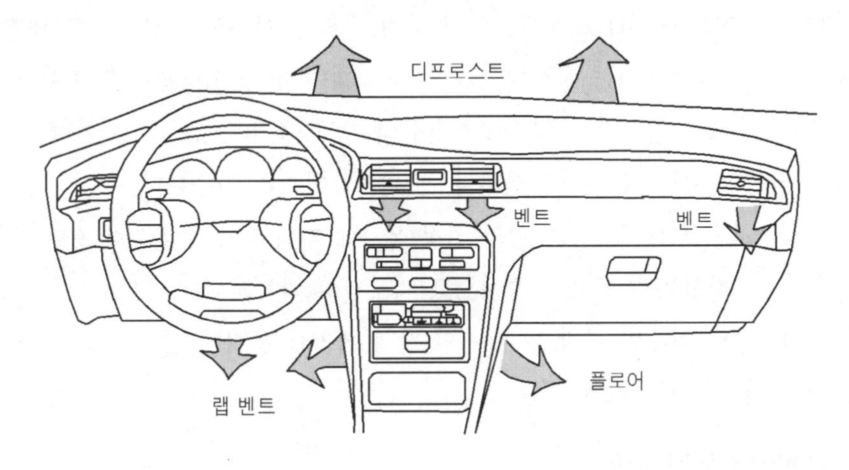

그림11-16 공조장치의 공기 토출 경로

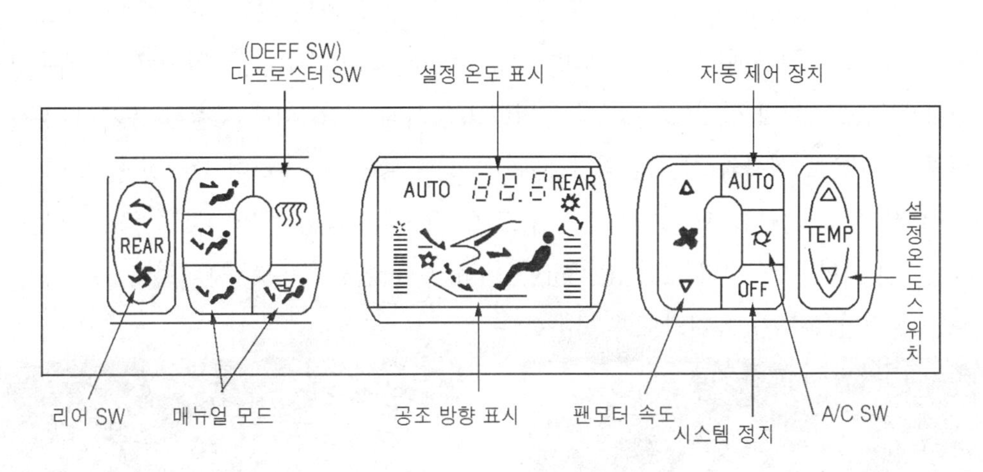

그림11-17 컨트롤러의 조정 판넬

① VENT : 주로 차량의 실내 환기 및 에어컨(air-con)작동시 사용하며 급속 냉방시에는 내기를 그 외의 경우에는 외기를 사용하는 토출 기능이다.

② DEFROST : 주로 외기를 사용 앞 유리의 성애 제거로 사용되며 풍량은 임의로 선택이 가능한 토출 기능이다.

③ FLOOR : 주로 난방시 사용하는 토출구로 내, 외기 임의로 선택하여 사용이 가능한 토출 기능이다.

④ LAP VENT : 운전자의 극소 냉방을 하기 위한 토출 기능이다.

⑤ BI-LEVEL : 냉·난방 혼용시 사용하는 모드로 내, 외기는 임의로 선택이 가능하다.

⑥ RECIRC/FRESH : 내기(recirc)는 실내 공기 순환용으로 사용하며 급속 냉방시에도 사용한다. 외기(fresh)는 차량의 실내를 환기하기 위해 사용하는 모드이다.

⑦ **온도 조절** : 온도 조절 스위치에 따라 에어 믹스 도어(air-mix door)가 히터 코어의 출구 여닫이의 량을 조절하여 실내의 온도를 제어하는 기능이다.

⑧ **풍량 조절** : 자동 모드에서 에어컨의 설정 온도에 따라 실내의 온도에 맞추어 자동으로 풍량이 조절되는 기능으로 수동으로도 조절이 가능하다.

⑨ **믹스(mix)** : 주로 실내의 난방 및 유리의 성애 제거를 동시에 필요로 할 때 사용하는 모드이며 외기를 사용한다.

(2) 오토 에어컨의 동작 원리

오토 에어컨(auto air-con)의 기본 원리는 설정 온도 스위치에 의해 설정된 온도값을 에어컨 ECU(컴퓨터)에 입력하게 되면 미리 설정된 데이터(data) 값에 의해 에어컨은 작동하게 되고 차량의 실내에 냉·난방 공기는 토출하게 된다. 이때 토출된 풍량 및 풍향은 실내의 내기 온도 센서와 실외의 외기 온도 센서는 온도를 감지하여 에어컨 ECU에 입력되어 설정 온도에 근접 할 수 있도록 컴프레서(compressor) 및 블로어 모터(blower motor) 및 에어 믹스 댐퍼 모터(air mix damper motor)를 구동 제어하여 차량의 실내 온도를 설정된 온도가 유지되도록 작동한다.

사진11-27 컴프레서

사진11-28 고압측 압력 스위치

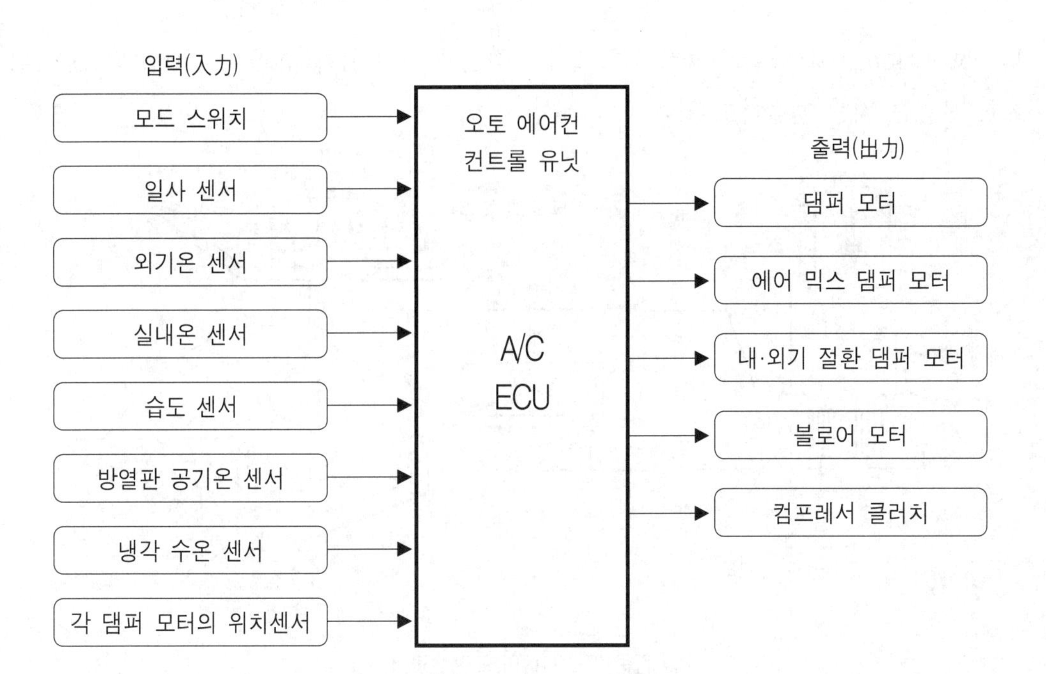

그림11-18 오토 에어컨의 입출력 신호

실제 오토 에어컨(auto air-con)의 입력 및 출력 장치를 살펴보면 에어컨의 풍향 및 풍속을 결정하는 모드 스위치(mode switch)가 적용되고, 차량의 실내 온도는 사람이 느끼는 온도와 다르게 느껴 질 수가 있어 이것을 보완하기 위해 태양 빛의 량을 감지하는 일사 센서를 두고 있다. 또한 에어컨의 순환 사이클에 냉매 압력은 외기 온도에 따라 달라지게 되므로 내기 온도 센서와 외기 온도 센서 신호를 바탕으로 설정된 모드(mode)의 설정 온도를 제어하고 있다. 이배퍼레이터(evaporator) 방열판의 공기 온도 센서는 이배퍼레이터의 빙결을 방지하기 위해 토출온도가 약 4℃ 이하로 내려가는 것을 감지하기 위해 사용하고 있다.

수온 센서는 에어컨에 의한 엔진의 과열 상태를 감지하는 센서이다.

이와 같이 각 데이터를 감지한 센서의 입력 정보는 에어컨 ECU(컴퓨터)에 입력되어 미리 설정된 ROM(read only memory) 내의 데이터 값에 따라 블로어 모터(blower motor)의 회전 속도 및 에어 믹스 댐퍼 모터(air mix damper motor)를 통해 냉방 공기와 난방 공기의 량을 에어 믹스 도어(air mix deer)의 개폐를 통해 차량의 실내에 토출하도록 하고 있다. 여기서 댐퍼 믹스 도어의 개폐 량을 감지하는 센서는 주로 포텐쇼미

터(potention meter)를 사용하고 있으며 설정된 모드 스위치(mode switch)의 값에 위치하고 있는 지를 검출하고 있다.

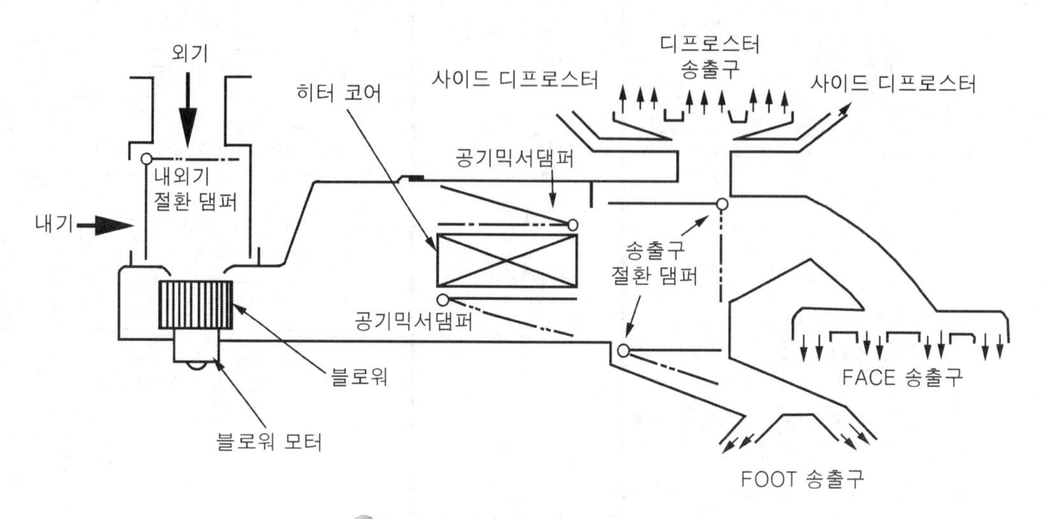

그림11-19 에어 믹스 댐퍼의 구조

즉, 오토 에어컨 시스템(auto air-con system)의 동작 원리 설정된 모드 스위치 및 설정 온도 스위치 신호에 의해 그림(11-20)과 같이 오토 에어컨 ECU는 에어컨 릴레이를 작동시켜 컴프레서(compressor)를 작동하게 하고 블로어 모터(blower motor)에 의해 토출된 공기의 량 및 방향은 일사 센서 및 내기온 센서, 외기온 센서의 신호를 입력 받아 블로어 모터의 회전 속도 및 에어 댐퍼 믹스 모터(air damper mix motor)의 회전 방향을 결정하여 차량의 실내 공기의 흐름과 온도를 제어하도록 하고 있다.

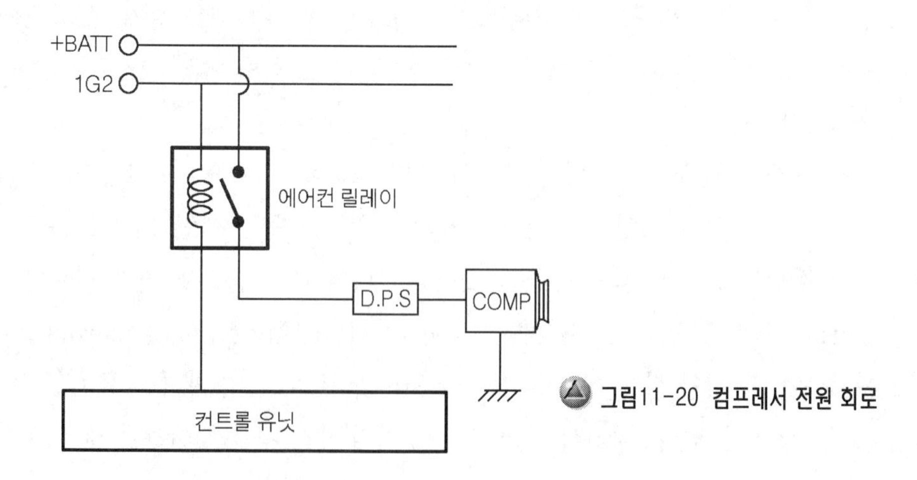

그림11-20 컴프레서 전원 회로

결국 오토 에어컨 시스템은 기구적 구성은 수동 에어컨과 동일한 시스템으로 컴퓨터(computer)를 이용해 공조(air conditioning)를 조절하는 기능 외에 크게 차이가 없다.

(3) 자동 온도 조절

자동 온도 조절 기능은 오토 에어컨(auto air-con)의 핵심 기능으로 온도 설정 스위치에 의해 입력된 정보는 에어컨 ECU(컴퓨터)로 입력되고 내기 온도 및 외기 온도 센서 신호에 의해 에어컨 ECU는 컴프레서의 작동 시간 및 댐퍼 믹스 액추에이터(damper mix actuator)의 개도량을 연산하게 된다. 이렇게 연산된 데이터(data)는 에어컨 ECU의 출력측의 컴프레서 마그넷 클러치(magnet clutch)의 작동 시간을 제어 및 댐퍼 믹스 액추에이터의 도어(door) 개도를 하게 된다.

사진11-29 블로어 모터

사진11-30 액추에이터

댐퍼 믹스 액추에이터(damper mix actuator)에는 사진(11-30)과 같이 도어(door)을 열고 닫는 기어(gear)로 되어 있고 액추에이터의 축에는 5kΩ(메이커 마다 다를 수 있음)의 포텐쇼미터(potontion meter)가 부착되어 있어 댐퍼 믹스 도어의 개도 량을 검출하여 댐퍼 믹스 액추에이터의 회전 방향을 결정한다.

댐퍼 믹스 도어(damper mix door)의 개도는 에어컨 스위치를 OFF 하면 냉방이 되는 이배퍼레이터(evaporator) 측의 입구를 차단하고 에어컨 스위치를 다시 ON 시키면 설정된 온도를 기억하고 있어 에어컨은 다시 설정 온도를 조절하기 위해 오토 모드(auto mode)로 제어하게 된다. 즉, 에어컨의 오토 모드 상태에서는 설정 온도 및 설정 모드를 제어하기 위해 컴프레서(compressor)의 ON, OFF 시간을 제어한다.

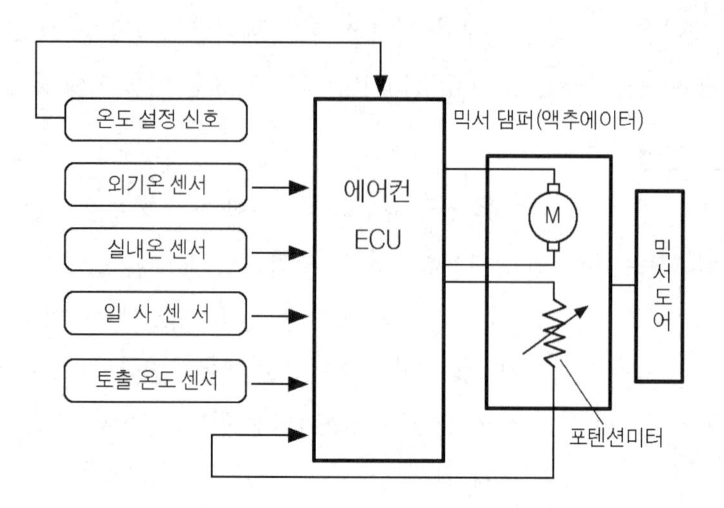

그림11-21 자동 온도 제어

한편 내기 온도 센서 및 외기 온도 센서, 일사 센서 댐퍼 믹스 위치 센서 신호에 의해 에어 믹스 댐퍼(air mix damper)의 도어(door)의 개도를 제어 하여 풍향을 조절하고, 내 외기 온도 센서 및 일사 센서의 신호에 의해 블로어 모터(blower motor)의 토출 풍량을 조절한다.

사진11-31 핀 서머 센서

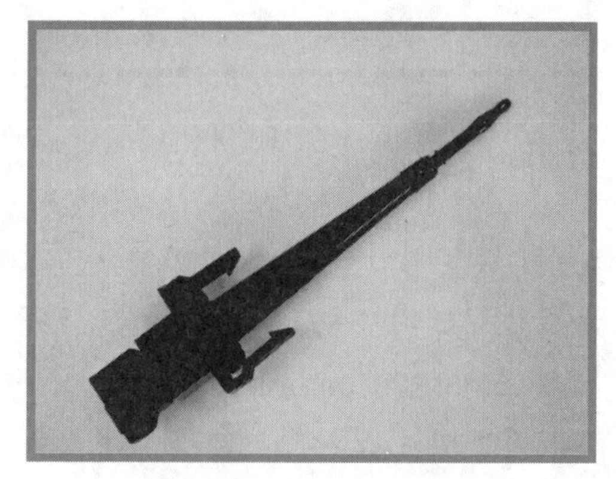
사진11-32 내기온 센서

또한 모드 스위치(mode switch)에 의해 선택된 입력 정보는 에어컨 ECU에 미리 설정된 값에 따라 각 에어 믹스 댐퍼(air mix damper)의 도어(door) 개도량을 조절함으로 내·외기 차단 및 벤트 모드를 제어하여 차량 실내의 공조를 제어하고 있다. 온도를 감

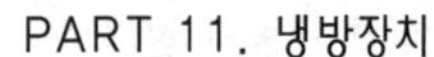

지하는 센서로는 주로 반도체를 이용한 서미스터(thermister) 센서를 이용하는데 에어컨에서도 핀 서머 센서 및 내, 외기 센서에는 그림(11-22)과 그림(11-23)과 같이 온도가 증가하면 저항 값이 내려가는 NTC형 서미스터(trermister)를 사용하고 있다. 내기온 센서, 외기온 센서, 핀 서머 센서의 저항 값은 메이커 마다 다소 차이는 있지만 보통 섭씨 20℃ 을 기준으로 약 5kΩ의 저항 값을 가지고 있다.

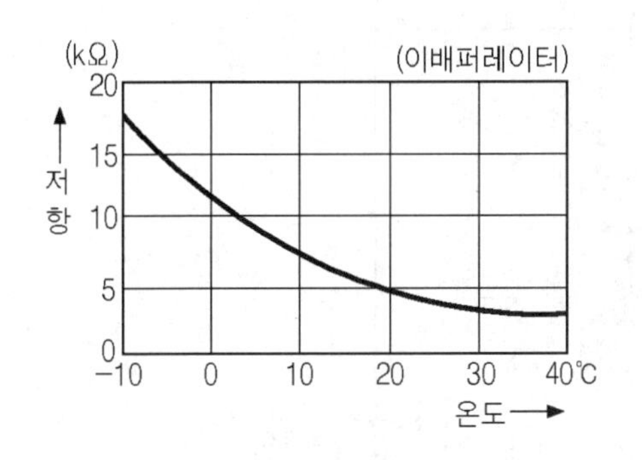

그림11-22 핀 서모센서의 특성

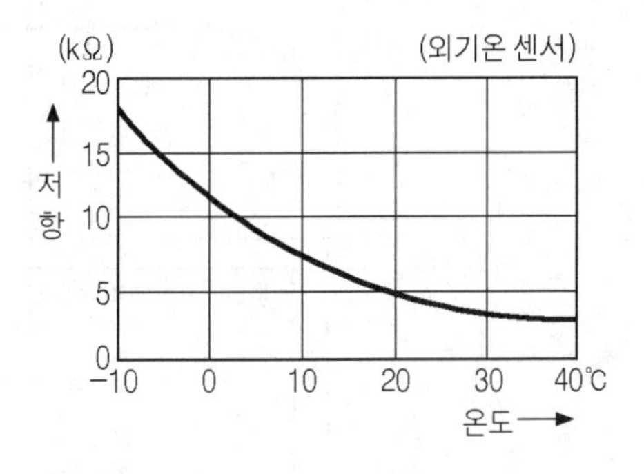

그림11-23 외기 온도 센서의 특성

(4) 풍량 조절

오토 에어컨(auto air-con)의 풍량 조절은 블로어 스위치(blower switch) 및 자동 모드 스위치의 모드 정보에 의해 에어컨 ECU는 블로어 모터의 회전속을 제어하는 파워 트랜지스터(power transistor)의 베이스(base) 전압을 제어하여 풍량을 조절하도록 하고 있다.

사진11-33 블로어 모터 릴레이

사진11-34 파워 트랜지스터

그림(11-24)는 오토 에어컨의 블로어 모터 제어 회로로 에어컨 ECU는 블로어 릴레이(blower relay)를 작동시켜 블로어 모터의 전원을 공급하고 ECU로 부터 출력된 블로어 모터의 출력 신호 값은 파워 TR의 컬렉터(collector) 전류량을 제어하여 블로어 모터의 회전속을 제어한다.

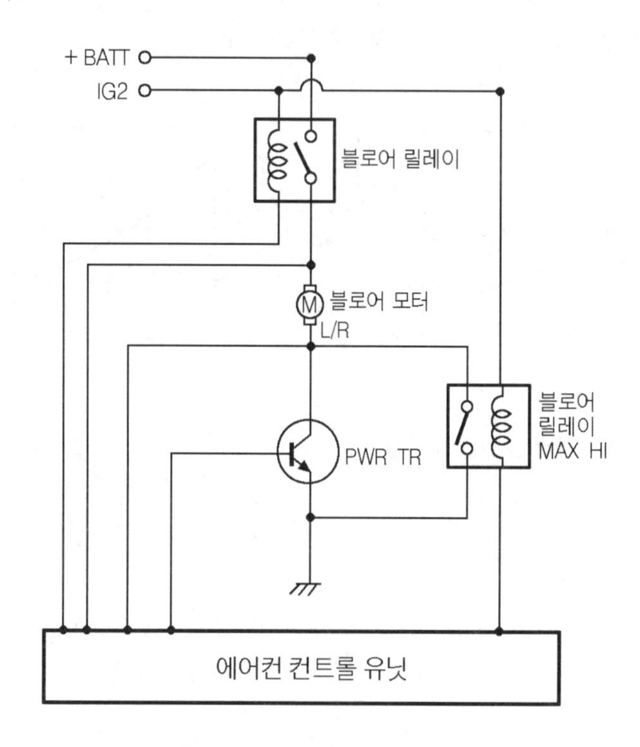

그림11-24 블로어 모터 회로

결국 블로어 모터는 파워 TR의 베이스 전압값에 따라 그림(11-25)의 전압 특성도와 같이 블로어 모터의 회전 속도를 제어하게 된다. 여기서 블로어 릴레이(blower relay) MAX HIGH 는 매뉴얼 조작에 의해 블로어 스위치를 최대로 조작하였을 시에 또는 급속 냉방, 난방의 기동 제어를 선택 시에 파워 TR의 컬렉터(collector)와 이미터(emitter)를 거치지 않고 블로어 릴레이 MAX HIGH의 접점을 통해 블로어 모터의 전원 전압을 직접 공급하게 함으로서 블로어 모터의 회전 속도가 최대가 되도록 하고 있는 릴레이(relay)이다.

사진11-35 장착된 파워 TR

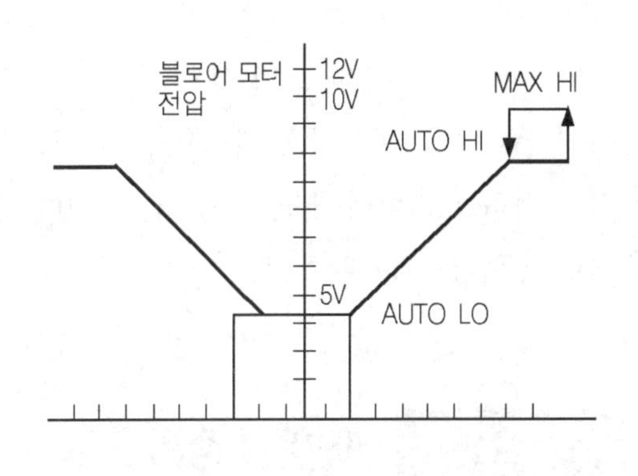

그림11-25 블로어 모터 전압 특성

(5) 풍향 조절

풍향 조절은 보통 모드 스위치(mode switch)에 의해 VENT, DEFROST, MIX, LEVEL, HEAT등의 모드 기능이 있다. 이 모드 스위치를 선택하면 모드 스위치(mode switch) 신호 및 일사 센서, 내기 및 외기 센서의 입력 신호를 에어컨 ECU는 입력 받아 미리 설정된 데이터(data) 값과 연산하여 토출 풍량 신호와 같이 각 댐퍼 믹스 모터 또는 댐퍼 믹스 액추에이터에 출력 신호를 출력하여 모드 스위치에 의해 선택된 모드(mode)를 제어하게 하는 기능이다. 모드 스위치(mode switch)의 종류 및 모드의 패턴(pattern)은 각 자동차 메이커 마다 다소 차이는 있지만 근본 원리는 동일하다.

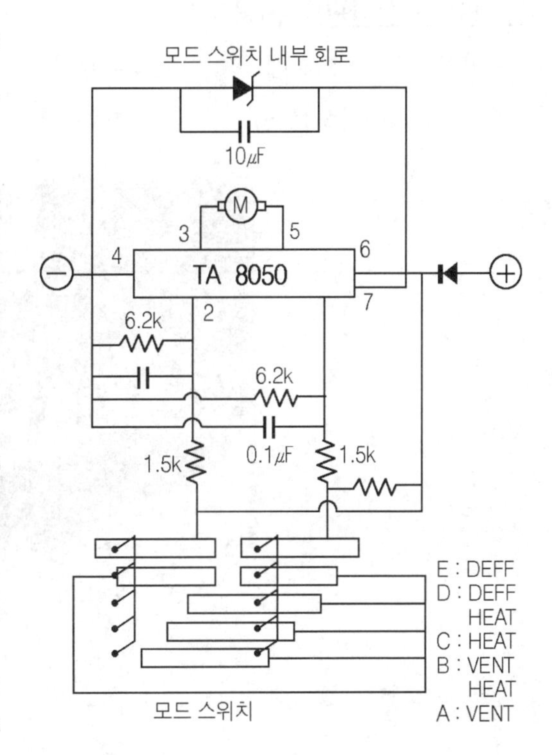

그림11-26 모드 SW 내부 회로

그림(11-26)의 모드 스위치의 내부 회로는 모드 선택에 대한 일례를 나타낸 것으로 디프로스트(difrost)를 선택하면 스위치는

E의 위치에 가게 돼 회로의 연결 패턴이 달라지게 되고 에어컨 ECU는 이 신호를 입력 받아 에어 믹스 댐퍼 모터(에어 믹스 액추에이터)의 회전각을 제어하게 된다. 회로에 나타낸 TA 8050 IC(집적 회로)는 에어 믹스 댐퍼 모터(air mix damper motor)를 제어하기 위한 드라이버(driver control) IC 이며 주변회로는 TA 8050을 구동하기 위한 회로의 소자를 나타낸 것이다.

3 에어컨 정비

1. 에어컨의 냉매 충진

(1) 에어컨 순환관의 진공

에어컨의 순환 기관에 공기 또는 수분이 침입하게 되면 콘덴서(condenser)는 고압의 기체 냉매를 냉각하는 열 교환율이 저하 하게 되어 고압측 압력은 상승하게 된다.

사진11-36 서비스 밸브

이것은 공기에 포함된 수분의 기화 온도는 대단히 낮게 때문에 냉매 가스(R-134a)는 쉽게 기화가 가능하지만 공기에 포함된 수분은 쉽게 기화되지 않기 때문인데 냉매를 액화하기 위한 유효 면적은 잔류 공기의 용적분 만큼 작게 되어 압력은 상승하게 된다.

따라서 이로 인한 에어컨의 냉방 성능은 현저히 떨어지게 된다. 또한 공기 중에 포함된 수분은 냉매 가스와 화학 반응을 일으켜 염산을 만들게 되고 에어컨의 파이프(pipe)로 사

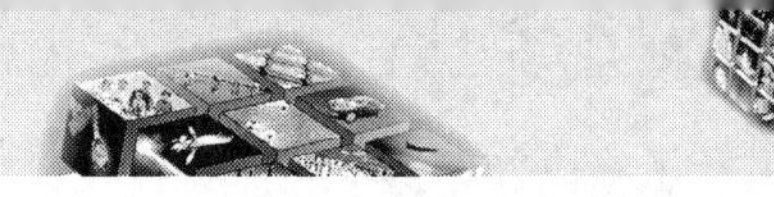

용하고 있는 동재 및 알르미늄재의 파이프(pipe) 등은 쉽게 부식되어 녹슨 슬러지(sludge) 들은 에어컨의 순환관 내를 흐르게 되면 오리피스 튜브(orifice tube)나 익스팬션 밸브(expansion valve) 등의 통로를 막게 되기도 한다.

익스팬션 밸브를 통한 냉매는 오리피스 튜브(orifice tube) 및 이배퍼레이터(evaporator) 통해 기화 할 때 온도는 – 5℃ ~ – 20℃ 정도가 되어 순환관에 수분이 유입되면 빙결되어 에어컨(air-con)의 순환 사이클을 불안정하게 한다. 심한 경우에는 에어컨의 기능을 잊게 되는 경우도 발생 할 수가 있어 에어컨(air-con)의 순환관을 진공을 통해 수분을 완전히 제거해 주어야 한다.

물은 대기압 상태에서 100℃의 비등점을 갖고 있지만 압력이 상승하면 비등점은 상승하게 되며 반대로 압력을 대기압 이하의 진공 상태(740mmHg)로 되면 비등점은 22.5℃로 낮아지기 때문에 순환관 내의 매니폴드 게이지를 연결하고 저압, 고압 밸브를 열어 710mmHg 정도의 진공 상태를 만들어 냉매 가스를 충진하여야 한다.

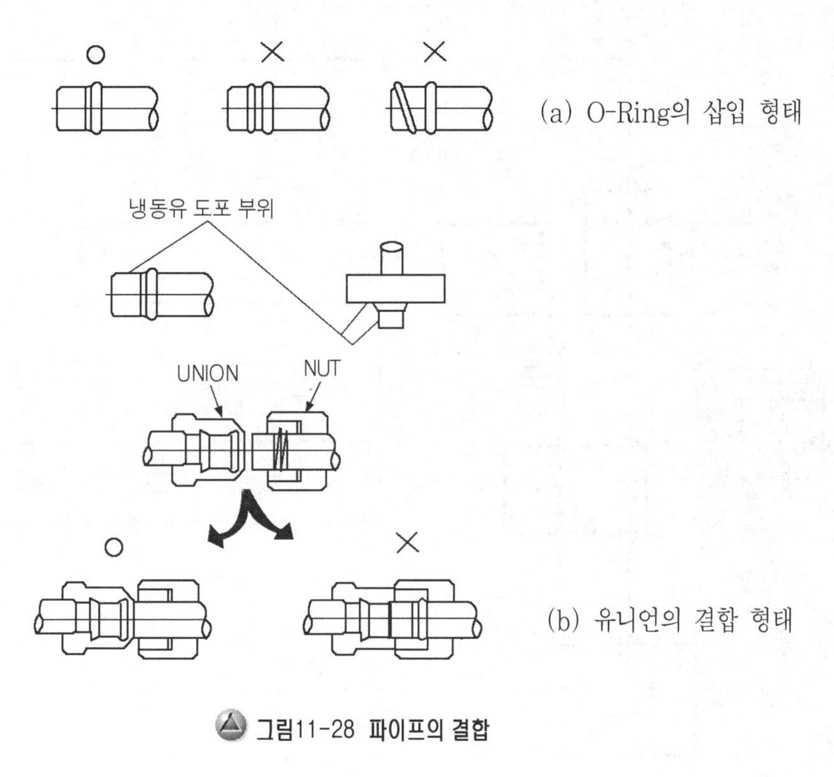

그림11-28 파이프의 결합

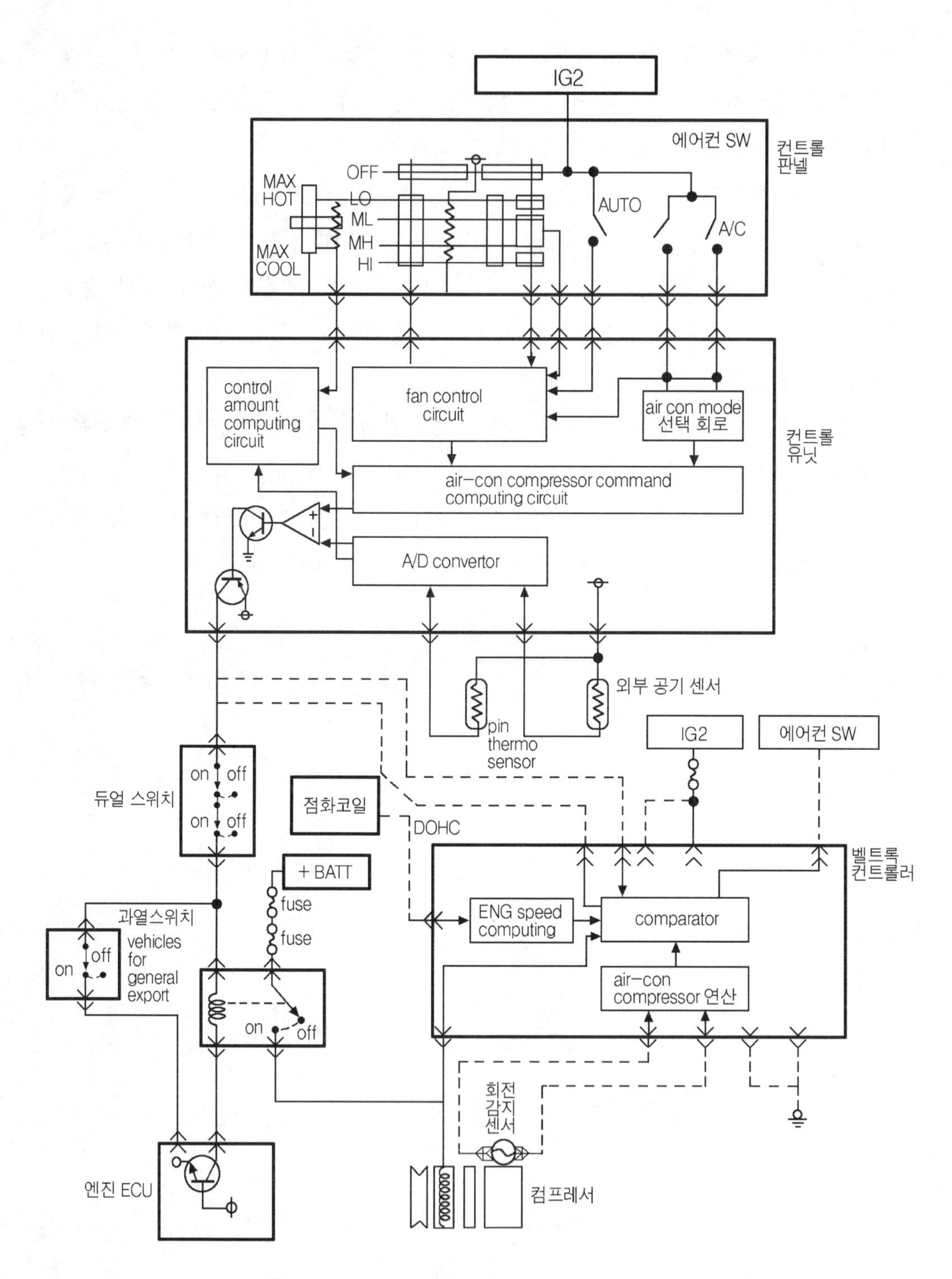

그림11-27 반자동 에어컨의 내부 회로 블록도

(2) 냉매 충진

냉매의 충진량이 너무 과다하면 액상의 냉매는 이배퍼레이터(evaporator)에서 완전히 기화 되지 않고 컴프레서(compressor)로 흡입되기 때문에 에어컨의 압력은 상승하게 되고 냉매 가스가 부족하면 기화 할 수 있는 냉매량이 부족하게 되어 에어컨(air-con)의 성능은 현저히 떨어지기 때문에 적정량의 냉매를 충진하여야 한다. 냉매의 적정량을 충진하기 위하여는 냉매의 중량을 체크(check)하여 주입하는 방법과 사진(11-38)과 같은 매니폴드 게이지(manifold gauge)를 이용하여 냉매 가스를 충진하는 방법이 있다.

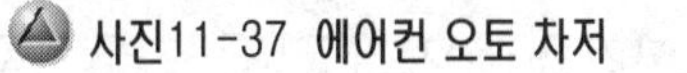
사진11-37 에어컨 오토 차저

사진11-38 에어컨 압력 게이지

냉매의 중량을 체크하는 방법은 차종에 따라 냉매의 량이 달라지므로 별도의 서비스 데이터(data)를 참고하여야 한다. 일반적으로 승용차의 경우에는 900 ± 50g 정도의 량을 주입하며 승합차의 경우에는 1400 ± 50g 정도의 량을 주입한다. 냉매를 충진하기 위해서는 냉매 가스 충진기가 필요한데 최근에는 사진(11-37)과 같은 자동 에어컨 차저(auto air-con charger)와 같은 장비가 출현되어 냉매량을 입력하면 자동으로 구냉매 회수에서부터 진공 및 충진까지 자동으로 이루어지는 장비가 발매되고 있어 쉽게 충진이 가능하다.

또한 일반적인 방법으로는 사진(11-38)과 같은 매니폴드 게이지(manifold gauge)를 이용하는 방법으로 좌측에 있는 게이지(청색)는 저압 게이지이며 우측에 있는 고압 게이지(적색)로 에어컨 순환관의 저압과 고압의 압력을 측정하여 주입하는 방법이다. 이 방법은 일반적으로 외기 온도의 1/2을 기준으로 고압 게이지를 보고 냉매의 충진량을 판단하

는 것이 보통인데 예를 들면 외기 온도가 30℃ 이라면 이 경우에는 에어컨의 고압측 압력은 15kg/㎠ 이 되면 냉매의 충진 완료 시점으로 보는 방법이다. 그러나 냉매 가스의 압력은 표(11-1)과 같이 온도 및 습도에 따라 변화하기 때문에 정확성이 떨어지게 되므로 표(11-1)과 같이 습도 및 외기 온도에 의해 게이지 압을 측정하는 것이 바람직하다.

[표11-1] 외기 온도에 의한 에어컨 압력

rpm	습도(%)	외기온도	저압(PSI)	고압(PSI)	비고
1500rpm	60 ~ 70	21℃	15 ~ 16 psi	193 ~ 198 psi	
		23℃	18 ~ 19 psi	213 ~ 218 psi	
		27℃	21 ~ 22 psi	233 ~ 238 psi	
		29℃	25 ~ 26 psi	246 ~ 253 psi	
		32℃	28 ~ 30 psi	259 ~ 267 psi	
		35℃	32 ~ 34 psi	280 ~ 290 psi	
		38℃	35 ~ 37 psi	300 ~ 312 psi	

냉매의 정확한 충진량을 확인하는 방법으로는 에어컨을 10시간 정도 정지한 후 저압과 고압이 동일하게 될 때 표(11-2)의 범주에 있는 지를 확인하는 방법으로 현실성이 떨어져 적용하지 않고 있다.

[표11-2] 외기 온도와 밸런스 압

외기 온도 (℃)	balance 압(kg/㎠)
15℃	3.5 ~ 4.2 kg/㎠
20 ℃	4.3 ~ 5.0 kg/㎠
25 ℃	5.2 ~ 6.0 kg/㎠
30 ℃	6.2 ~ 7.0 kg/㎠
35 ℃	7.0 ~ 7.8 kg/㎠

(3) 냉매 가스 및 충진시 주의사항

① 냉매 가스는 빙점이 낮고 강한 휘발성을 가지고 있기 때문에 피부에 접촉시 동상이 걸릴 수 있으므로 피부에 접촉을 피해야 한다.

② 고압 용기에 저장된 냉매 가스는 40℃ 이상이 되면 급격히 팽창해 압력이 상승하기 때문에 보관시나 취급시 햇빛이나 엔진과 같은 고열 부위에 접촉을 피해야 한다.

③ 에어컨(air-con)의 순환관을 분해 할 때에는 냉매 가스를 완전히 제거하지 않고 냉매의 순환관을 제거하여서는 안된다.

④ 에어컨(air-con)의 부품은 오물이나 수분의 유입을 방지하기 위해 보호용 캡(cap)으로 밀봉되어 있어 이 보호용 캡(cap)은 작업을 하기도 전에 미리 제거하는 일이 없도록 하는 것이 좋다.

⑤ 호스(hose) 및 파이프(pipe)를 신품으로 교환 할 때에는 오-링(o-ring)을 새것으로 교환하고 냉동유를 그림(11-28)과 같이 냉동유를 도포하여야 한다.

⑥ 이배퍼레이터(ebaporator), 콘덴서(condenser), 컴프레서(compressor)및 호스(hose) 파이프(pipe) 등을 교환시에는 반드시 리시버 드라이어(reciever drier)를 함께 교환하여야 한다.

2. 에어컨의 고장 진단

(1) 고압측과 저압측의 변화

에어컨(air-con)은 익스팬션 밸브(expansino valve)를 기준으로 고압측과 저압측으로 구분 할 수 있는데 이들 순환 기관의 압력은 냉매의 충진량과 구성 부품의 능력에 따라 크게 변화하기 때문에 에어컨의 압력은 순환 기관의 이상 유무를 점검하는데 유용하다.

■ 고압측 압력 변화

냉매의 충진량이 규정량 보다 많으면 고압측의 압력은 상승하게 된다. 또한 콘덴서(condenser)의 액화 능력 저하 및 리시버 드라이어(reciever drier)의 이후 단의 순환관이 막히는 경우에도 고압측의 압력은 상승하게 되고 엔진 회전수를 상승하는 경우에도 고압측의 토출량이 증가하게 되므로 고압측의 압력은 상승하게 된다.

반면에 냉매의 충진량이 규정량보다 적은 경우에는 고압측 압력은 낮아지게 되고 컴프

레서(compressor) 및 콘덴서(condenser)의 능력이 증가하는 경우에도 고압측의 흡입 및 액화 량이 향상되기 때문에 고압측 압력은 낮아지게 된다.

■ **저압측의 변화**

저압측은 컴프레서(compressor)의 회전수가 높아지면 냉매는 석션(suction)측으로 흡입이 용이하게 되어 저압측의 압력은 낮아지게 된다. 따라서 컴프레서의 회전수를 규정치로 하였을 때 저압측 압력이 규정이상으로 낮은 경우에는 냉매 충진량 부족을 생각 할 수 있다. 반면에 저압측이 규정치 보다 높은 경우에는 냉매량의 유입 증가 및 컴프레서(compressor)의 압축 능력이 저하로 생각할 수 있다.

이와 같이 에어컨의 순화 사이클 내의 고압측과 저압측의 압력은 변화하기 때문에 압력을 통해 에어컨의 순화 사이클을 진단 할 수가 있다.

(2) 매니폴드 게이지에 의한 진단

에어컨(air-con)의 점검은 먼저 에어컨을 작동한 후 엔진의 회전수를 약 1500rpm 정도로 2~3분 정도 작동 한 후에 블로어 스위치(blower switch)를 최대로 위치 해 벤트의 토출구로부터 온도를 측정하여 4~8℃ 정도이면 에어컨의 냉방 성능은 정상이다.

만일 토출구의 온도가 8℃ 이상인 경우에는 에어컨의 순환 사이클에 매니폴드 게이지(manifold gauge)을 연결하여 점검하여야 한다.

① **고압측 압력이 규정치 보다 낮고 저압측이 규정치 보다 낮을 때** : 이 경우에는 사이트 글래스(sight glass)에 기포가 보이는 경우에는 대부분 냉매 가스 충진량이 부족한 것으로 냉매 가스를 충진하여야 한다.

냉매 가스를 보충전에는 반드시 냉매의 가스 부족 원인이 냉매 가스 누설에 의한 것인지를 확인하고 충진하여야 한다.

또한 리시버 드라이어(reciever drier)후단이 막히는 경우에도 리시버 드라이어의 후단에 냉매가 액체 상태로 유지하고 있기 때문에 고압측의 압력은 비교적 낮아지게 된다.

② **고압측 압력이 규정치 보다 조금 낮고 저압측이 규정치 보다 높을 때** : 이 경우에도 냉매의 충진량이 규정치 보다 많을 때에도 이배퍼레이터(evaporator)에서 액상 냉매가 충분히 기화 되지 않아 저압측의 압력이 규정치 보다 높아지게 된다. 익스팬션 밸브의 감온부는 이배퍼레이터의 출구 온도를 감지하는 부위이므로 감온부의 접촉이 좋

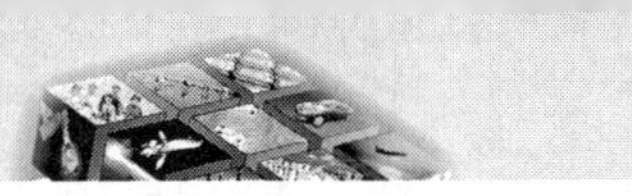

지 않거나 익스팬션 밸브(expansion valve)의 조정 불량으로 밸브의 열리는 정도가 크면 이배퍼레이터(evaporetor)의 출구로부터 나오는 냉매가 충분히 기화 되지 않아 저압측의 압력은 상승 할 수가 있다.

③ **고압측 압력이 규정치 보다 높고 저압측이 규정치 보다 낮을 때** : 고압측의 압력이 이상이 높은 경우가 발생하는 경우는 리시버 드라이어(reciever direr)의 전단 부위가 막히는 것을 예상 할 수 있는데 이 경우에는 막힌 부의 전단 부위는 압력이 감소하게 돼 순환관이 온도가 높아지므로 손으로도 에어컨 관의 온도 변화를 느낄 수가 있어 막힘 부위를 쉽게 발견 할 수가 있다.

④ **고압측 압력이 규정치 보다 높고 저압측이 규정치 보다 조금 낮을 때** : 고압측이 규정치 보다 높은 상태에서 리시버 드라이(reciever drier)의 온도가 40 ~ 50℃ 정도가 되면 리시버 드라이어의 온도를 손으로 만져 느낄 수가 있으므로 이 경우에는 냉매 가스가 과 충진된 상태이므로 냉매 가스를 규정량으로 빼내야 한다. 또한 냉매 가스가 과충진 되면 콘덴서(condenser) 부위의 순환관에 냉매량이 증가하게 되어 콘덴서(condenser)의 출구 온도가 정상시 보다 낮아지게 된다.

⑤ **고압측 압력이 규정치 보다 낮고 저압측이 규정치 보다 높을 때** : 컴프레셔의 온도가 이상이 높고 고압측 압력이 이상이 높은 경우에는 컴프레서(compressor)의 압축 능력 부족을 생각 할 수 있는데 특히 이 경우에는 에어컨(air-con)을 OFF 하였을 때 고압과 저압의 밸런스(balance)가 1분 이내에 유지되는 경우에는 컴프레서(compressor)의 이상으로 생각 할 수 있다. 컴프레서의 압축 능력이 떨어져 컴프레서(compressor)의 흡입 및 토출량이 적어지면 압축된 냉매를 다시 흡입하게 되고 흡입량이 적으므로 저압측의 압력은 상승하게 된다.

12
부 록

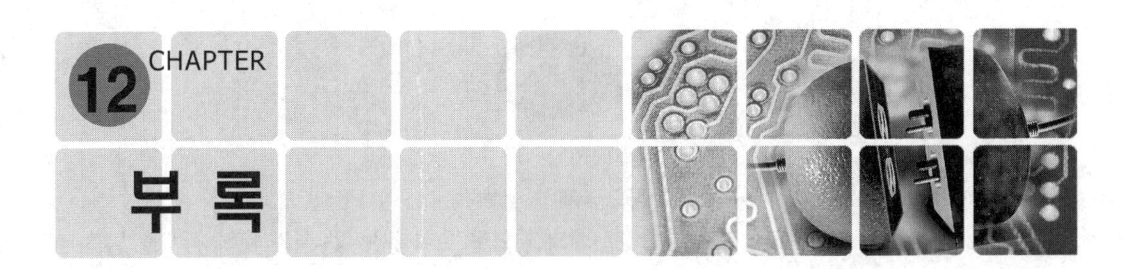

12 CHAPTER 부 록

1 주요 약어

AAP(auxiliary acceleration pump)	보조 가속 펌프
ABS(anti lock brake system)	차륜 록(lock) 방지의 브레이크 장치
A/C(air conditioner)	공기 조화 장치(냉방 장치)
ACC(accessory)	보조 기구의 통칭
ACV(air cut valve)	2차 공기 차단 밸브
A/F(air fuel)	공연비
AFS(air flow sensor)	공기 유량 센서
AI(artificial intelligence)	인공 지능
API(american petrol institute)	미국 석유 협회
ARB(air resource board)	미국 캘리포니아주에 있는 대기 자원국
A/T(automatic transmission)	자동 변속기
ATDC(after top dead center)	상사점후
ATF(automatic transmission fluid)	자동 변속기 오일
AV(audio & vedio)	음향 및 영상
ATC(automatic temperature controller)	자동 온도 조절 장치

BATT(battery)	배터리
BCV(boost control valve)	과급 제어 밸브
BCM(body control module)	운전자의 편의를 위한 경보 및 시간 제어 장치를 말함
BTDC(before top dead center)	상사점전

CAS(crank angle sensor)	크랭각 센서
CAN(controller area network)	전자 제어용 표준 통신 방식
CC(catalytic converter)	촉매 장치
CDI(condenser discharge ignition)	축전기 용량식 점화 장치
CPU(center process unit)	컴퓨터의 중앙 연산 처리 장치
CV(constant velocity)	등속도

DLI(distributor less ignition)	배전기가 없는 점화 방식
DOHC(double over head cam)	흡 · 배기 밸브가 각각 2개인 흡배기 장치

ECU(electronic control unit)	전자 제어 장치
ECS(electronic control suspension)	전자 제어 현가장치
EEPROM(electrical erasable and programmable read only memory)	플래시 메모리
EFI(electronic fuel injection)	전자 제어 연료 분사
EGI(electronic gasoline injection)	전자 제어 연료 분사
EGR(exhaust gas recirculation)	배기 가스 재순환 장치
ELC A/T(electronic control automatic transmission)	전자 제어 오토 트랜스밋션

EPS(electronic power steering)	전자 제어 조향 장치
ESV(experimental safety vehicle)	안전 실험차
ESS(engine speed sensor)	차속 센서
ESA(electronic spark advance)	전자 제어 점화 진각 장치
ETACS(electronic time and alarm control system)	시간 및 경보 제어 장치
EX(exhaust)	배기, 배출을 의미
EGW(exhaust gas warning)	배기가스 경보

FCSV(fuel cut solenoid valve)	연료 차단 밸브
FBC(feedback carburetor)	전자 기화기 방식
FF(front engine front drive)	전륜 구동 방식
FIC(fast idle control)	워밍업 시간 단축을 위한 공회전 속도 조절
F/P(fuel pump)	연료 펌프
FR(front engine rear dirve)	후륜 구동 방식
F1(formula-1)	경주용 전용 자동차
FT(foot)	영국식 길이의 단위로 1 foot 는 12 인치를 말함

G-센서(gravity sensor)	가속도를 검출하는 센서
G-신호(group signal)	실린더 판별 신호
GND(ground)	접지
GPS(global positioning system)	위치 추적 시스템

HC(hydro carbon)	탄화수소
HCU(hydraulic coupling unit)	동력전달 장치의 유압 연결 유닛
H/P(high pressure)	고압
HU(hydraulic unit)	ABS의 유압 발생 작동부

IC(integrated circuit)	집적 회로
I/C(inter cooler)	인터쿨러
IG(ignition)	점화
IDL(idle)	아이들 스위치
INS(inertial navigation system)	관성식 항법 장치
INT(interval)	간격, 간극
INT(intermit)	간헐적
ISC(idle speed control)	공회전 속도 조절
ISO(international standardization organization)	국제 표준화 기구
ITC(intake air temperature compensator)	흡기 온도 보정

KCS(knock control system)	노킹 컨트롤 장치
KD(kick down)	킥 다운

L(lubricate)	윤활
LAN(local area network)	시리얼 통신 방식의 일종
L/C(lock up clutch)	록업 클러치
LH(left hand)	좌측
LLC(long life coolant)	냉각수
LNG(liquefied natural gas)	액화 천연 가스
LPG(liquefied petroleum gas)	액화 석유 가스
LSD(limited slip differential)	차동 제한 장치
LPWS(low pressure warning switch)	ABS 어큐뮬레이터의 하한 설정 액압 감지

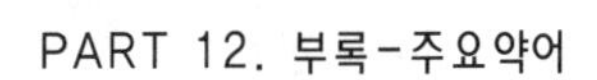

M

MAP(manifold avsolute pressure)	흡기관 압력
MAX(maximum)	최대
MCS(multi communication system)	생활 정보, 방송 수신 등의 기능을 갖춘 총칭
MCV(mixture control valve)	throttle valve가 급격히 닫힐 때 별도 공기도입밸브
MF battery(maintanance free battery)	무보수 배터리
MIN(minimum)	최소
MPI(multi point injection)	전자 제어 엔진의 한 방식
MPS(motor position sensor)	모터 포지션 센서
M/T(manual transmission)	수동 변속기
MUT(multi use tester)	전자 제어 장치의 고장 진단 테스터
MWP(mulitipole water proof-type connector)	전극별 독립 방수 커넥터

N(neutral)	중립
N/A(natural aspiration)	자연 흡기
Ne 신호	크랭각 신호
Nox(nitrogen oxide)	질소 산화물

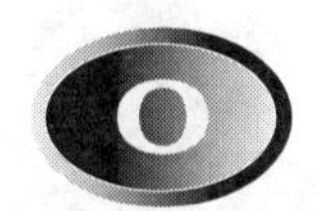

OCV(oil control valve)	유압 통로를 개폐하여 2차 흡기 밸브를 제어하는 밸브
OD(over drive)	고속용 기어 기구
OHC(over head cam)	1개의 캠 샤프트로 흡기, 배기의 밸브를 개폐하는 캠 샤프트
OPT(option)	선택 품목

P(parking)	주차
PCV(positive crankcase ventilation)	블로우 바이 가스 재순환 장치
PG(pulse generator)	펄스 제너레이터(마그네틱 픽업 코일 방식)
PIM	흡기관 압력
PS(power steering)	파워 스티어링
PTC(positive temperature coefficient)	정온도 특성
PTO(power take off)	엔진의 동력을 이용한 윈치 또는 펌프
P/W(power window)	파워 윈도우

R(resistor)	저항
R-16(resistor-16)	고압 케이블의 저항이 1m에 16kΩ을 의미
RAM(random access memory)	일시 기억 소자
RH(right hand)	우측
ROM(read only memory)	영구 기억 소자
RPM(revolution per minute)	1분간의 회전수
RR(rear engine rear drive)	후부의 엔진과 후륜 구동
RV(recreation vehicle)	레크레이션용 자동차

SAE(society of automotive engine)	미국 자동차 기술자 협회
SCR(silicon controlled rectifier)	실리콘 제어 정류 소자
SCSV(slow cut solenoid valve)	감속시 연료 차단밸브
S/C(super charger)	슈퍼 챠져 과급기
SI(system international units)	국제 단위계
SLV(select low valve)	ABS에서 차륜의 유압을 조절하는 밸브
SOHC(single over head cam shaft)	캠 축이 1개인 OHC 엔진
SPI(single point injection)	전자 제어 연료 분자 장치의 일종
SRS(supplemental restraint system)	에어백 장치
SSI(small scale integration)	소형 집적 회로

SS(standing start)	정지에서 발진을 말함
STM(step motor)	스텝 모터
STD(standard)	표준
STP(stop)	정지
SW(switch)	스위치

T(tighten)	단단한
T/C(turbo charger)	터보 차저
TCL(traction control system)	구동력 제어 장치
TDC(top dead center)	상사점
TEMP(temperature)	온도
TPS(throttle position sensor)	스로틀 개도 위치 감지 센서

UCC(under floor catalytic converter)	언더 플로우에 장착된 촉매 장치
UV(ultraviolet ray)	자외선

VCU(viscous coupling)	비스커스 커플링, 점성 계수
VCM(vacuum control modulator)	배큠 컨트롤 모듈레이터
VENT(ventilator)	환기, 통기 장치의 약어
VOL(volume)	체적, 음량
VSV(vacuum switching valve)	부압 교체 밸브

WB(wheel base)	축간 거리
4WD(4 wheel drive)	4륜 구동
W/P(water pump)	워터 펌프
WTS(water temperature sensor)	수온 센서

저자약력 및 Q&A

◆ **김 민 복** (現) e-자동차 전기 연구원
E-mail : eecar1234@yahoo.co.kr

◆ **장 형 성** (現) 신흥대학
E-mail : hsjang@shc.ac.kr

◆ **이 정 익** (現) 용인송담대학
E-mail : jilee@ysc.ac.kr

◆ **장 용 훈** (現) 인덕대학
E-mail : yhchang3@induk.ac.kr

전기전자시리즈 ❷

◈ **최신 자동차전기**

정가 20,000원

2007년 1월 22일 초 판 발 행
2022년 9월 1일 제1판4쇄발행

엮 은 이 : 김민복·장형성·이정익·장용훈
발 행 인 : 김 길 현
발 행 처 : ㈜ 골든벨
등 록 : 제 1987-000018 호

I S B N : 978-89-7971-696-2-93550

㉾ 04316 서울특별시 용산구 245(원효로1가 53-1) 골든벨빌딩 5~6F
• TEL : 도서 주문 및 발송 02-713-4135 / 회계 경리 02-713-4137
내용 관련 문의 02-713-7452 / 해외 오퍼 및 광고 02-713-7453
• FAX_ 02-718-5510 • 홈페이지_ www.gbbook.co.kr • E-mail_ 7134135@ naver.com
※ 파본은 구입하신 서점에서 교환해 드립니다.